操作系统原型
——xv6分析与实验

罗秋明　著

清华大学出版社

北京

内 容 简 介

本书作为系统软件系列丛书的第四本，与已出版的《Linux GNU C 程序观察》《操作系统之编程观察》《Linux 技术内幕》共同组成系统软件学习的递进学习材料。

本书共 12 章，全面分析了 xv6 的实现并提供了丰富的实验及其示例代码。在分析方面不仅包含了几乎完整的 C 代码解读，还包括编译、链接和程序装入细节，并给出了 QEMU 仿真、GDB 调试和底层系统硬件架构相关的必要知识。实验方面安排了入门、中级和高级三个层次的内容：入门实验指导读者自行增加一个系统调用并通过应用程序验证其功能，开启修改操作系统第一步；中级实验全面体验了调度机制和算法，以及进程间通信中的信号量、共享内存和消息队列的实现，还有内存管理中的离散内存管理和代码数据隔离实验；高级实验综合多方面的知识，实现线程机制、文件功能扩展、虚拟内存实验以及多终端实验。

本书可作为计算机相关专业本科高年级学生和研究生的操作系统实验课程教学用书，也可作为相关专业人员深入了解操作系统的实践用书。

图书在版编目（CIP）数据

操作系统原型：xv6 分析与实验/罗秋明著. —北京：清华大学出版社，2021.6（2025.3重印）
ISBN 978-7-302-57998-4

Ⅰ. ①操… Ⅱ. ①罗… Ⅲ. ①操作系统 Ⅳ. ①TP316

中国版本图书馆 CIP 数据核字（2021）第 070726 号

责任编辑：龙启铭
封面设计：何凤霞
责任校对：徐俊伟
责任印制：刘 菲

出版发行：清华大学出版社
    网 址：https://www.tup.com.cn，https://www.wqxuetang.com
    地 址：北京清华大学学研大厦 A 座   邮 编：100084
    社 总 机：010-83470000   邮 购：010-62786544
    投稿与读者服务：010-62776969，c-service@tup.tsinghua.edu.cn
    质量反馈：010-62772015，zhiliang@tup.tsinghua.edu.cn
    课件下载：https://www.tup.com.cn，010-83470236
印 装 者：天津鑫丰华印务有限公司
经 销：全国新华书店
开 本：185mm×230mm   印 张：36   字 数：744 千字
版 次：2021 年 7 月第 1 版   印 次：2025 年 3 月第 4 次印刷
定 价：99.00 元

产品编号：084525-01

前言

操作系统一词的内涵比较丰富。当我们听说某人是操作系统高手时,可能指这个人是操作系统"系统管理"高手。也就是说,这个人可以快速架设 Web 服务,能把崩溃的文件系统修复,能设置复杂的网络绕过防火墙又不失安全,等等;又或者这个人是一个"系统编程"高手,能够编写复杂而高效的服务器程序,将多进程/多线程并发、通信与同步等各种技艺玩得炉火纯青;还可能这个人是一个"内核编程"的高手,不仅会编写实现不同文件系统的各种内核模块、还精通编写各种硬件的设备驱动程序。

无论上述哪种高手,都离不开对操作系统基本原理的认知,如果对操作系统的核心机制和编码实现有所认知,都将如虎添翼。操作系统的基本原理和算法层面的知识,我们在大学本科操作系统课程已经掌握得很好了,但对于操作系统的核心机制——特别是软硬件结合的机制,则明显不足,更别说编码实现了。因此上面提到的高手,大多是在职业生涯中自我修炼而成的。说是修炼,是因为没有系统的指导,也没有系统的训练教材,甚至没有人指出成长学习的路径和步骤。

系统软件系列丛书,为大家提供了明确的学习成长路径和充分的学习材料,尝试将原来刻苦的摸索和修炼,变成人人可以科学实施自学的系列课程。我们将该课程分解成四个步骤逐级推进,这四个步骤是:

(1) 打通 C 语言—可执行文件—进程映像的通路。

(2) 用观测手段将操作系统从黑盒变白盒。

(3) 掌握在"裸硬件"上设计和实现操作系统核心机制的能力。

　　(4) 钻研真实操作系统代码。

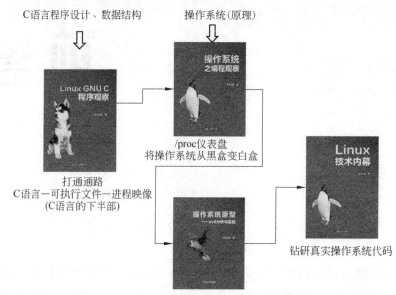

《Linux GNU C 程序观察》是第一块基石,将打通从 C 语言源程序一直到操作系统进程映像的通路。C 语言编程和进程的概念,大家都很熟悉,但是如何从 C 语言到进程,这两者间的环节缺失太多。《Linux GNU C 程序观察》自称为 C 语言的"下半部"基石,澄清了(1)C 语言代码如何编译成汇编代码;(2)汇编代码(严格说是二进制机器码)如何通过链接形成可执行文件,链接过程中符号解析和静态/动态重定位过程,以及最终的 ELF 文件格式;(3)ELF 格式如何将可执行文件创建进程映像;(4)如何跟踪和分析程序运行的行为。在解决了进程映像怎么来的问题后,就可以进入下一个问题——多个进程在操作系统中如何共存,如何被操作系统管理。

《操作系统之编程观察》则是第二块基石,将原来被错作黑盒的操作系统,通过/proc文件系统等手段进行观测、测量,从而建立对操作系统功能和行为的直观认知。该书首先给读者介绍了一款必备工具——其类似于电路课程中的万用表和示波器。其次是将本科操作系统课程学习过的四大管理,通过系统编程知识逐一编写应用程序,调用或触发操作系统的相关功能,并用/proc 及其他内核测量/统计信息,分析多个进程在操作系统发出各种请求时所发生的动作。例如,可观察或定量地给出了进程空间因分配、回收和文件映射等行为引起的堆、栈的动态变化;多进程/多线程的各种资源开销,因调度策略和优先级的差异而竞争 CPU 使用时间,因负载均衡而在多个 CPU 间迁移等;文件系统上的元数据格式及其在文件操作过程中呈现的变化等等。此时,可以说读者已经能将本科操作系统课程中的概念,与操作系统的具体行为建立起了全面的对应关系,能获得知识落地的感觉。

第三块基石是《操作系统原型——xv6 分析与实验》,为读者提供操作系统编码实现的初步经验。xv6 是操作系统实验的典型系统,被大家广泛学习。如果读者只是想零星地体验一下内核设计,比如看看进程管理、进程调度,会发现非常简单,甚至马上就能发现增强或优化的地方。但 xv6 本身并非只专注于解决四大管理的上层问题,而是更专注于解决如何在"裸硬件"上支撑分页、进程切换(映像切换和执行流切换)、中断与系统调用、系统启动等底层机制上的问题。虽然互联网上有各位高手对不同子系统的详尽分析,但也是上层分析居多,底层细节偏少,而且缺少独立详尽的材料能将所需的知识系统地有逻辑地呈现给读者。因为 xv6 本身麻雀虽小但面面俱到,所以《操作系统原型——xv6 分析与实验》也将源代码的分析做到面面俱到——完整地分析了 xv6 的所有内容,包括 C 源文件、汇编 S 文件、Makefile,以及所需的 x86 处理器和核外的键盘、显示器和硬盘控制器等硬件知识。特别是关于 x86 的地址部件和进程执行流切换过程的细节,体现了精巧的设计思路和编程技巧,属于比较烧脑的部分。除此之外,本书还提供了初级、中级和高级三种实验及其示例代码,也设计了一些额外的练习题目,以供读者练手之用。当读者踏上第三块基石之时,已经对操作系统的设计和编码实现了然于胸,大多数人也可止步于此。

《Linux 技术内幕》则是本系列的最后一块基石,也是系列丛书中最繁冗的一部。对于需要在 Linux 真实系统上进行开发实践的读者,可以将它作为备选材料之一,毕竟 Linux 内核的几部经典书籍大家都耳熟能详。但本书有自己的特色和优势,主要体现于开篇时给出了操作系统的多角度视图,拓展读者思考分析的视角,避免陷入盲人摸象的困境。读者借助于明确的功能模型、内存模型和时空模型这三个视角,能在阅读源码过程中将知识内化和自洽。其次在一些局部主题上也可能有一些优势,例如进程切换细节、文件系统各部件的联系等。

系统软件系列丛书共 4 本,其中前三本都是独具特色,各有建树,是系统软件学习环节不可或缺的知识材料,第四本也可圈可点。本系列丛书来源于深圳大学高性能计算所的教研实践,基于龙芯和 Open Power8 的国产高性能计算机研制,以及华为昆仑小型机、华为泰山/鲲鹏服务器系统软件开发,由积累的本科和研究生教学操作系统的经验汇集而成。

在操作系统的学习过程中,最难之处在于将知识内化和自洽。操作系统作为跨越软件和硬件的系统软件,所需背景知识极为庞杂。如果不能有效地从不同来源获取知识,并将这些知识系统性地综合起来,难度极大且效率极低。我们希望本系列丛书所汇聚和组织的知识能成为读者的攀登基石，协助读者一起推动系统软件的发展进步！

深圳大学计算机与软件学院

高性能计算所系统技术组

罗秋明

2021 年 6 月

ACKNOWLEDGMENTS 致谢

深圳大学计算机与软件学院近年选用 xv6 作为操作系统实验平台,将课程实验水平提升到能与国际知名大学相接轨。由课程组长谭舜泉老师推动,在周明洋、杜志华、朱泽轩、刘凤、阮元和梁正平老师的共同努力下,实验教学得以顺利开展。本书正是缘于这一教学活动,首先对课程组的各位老师表示衷心的感谢!

计算机与软件学院高性能计算所的研究生和本科生也对本书内容做出了不小的贡献。其中邓文丰和梁仕钢同学参与第 8 章中级实验和第 11 章的高级实验样例代码的整理,2018 级李钰彬同学对高中低三档实验进行了复现和检验。参与代码修正和文本校对的研究生有沙士豪、杜海鑫、张靖、温志伟、卓维铭、李锦荣、梁子鹏、何伟凯和王鸿鑫同学。另有 2017 级和 2018 级操作系统课程的学生,也参与了实验活动。在此对以上同学一并表示感谢!

CONTENTS

目 录

第 1 章

xv6 安装使用

xv6 是一个教学操作系统,它是 Dennis Ritchie 和 Ken Thompson 的 UNIX Version 6（v6）的简单实现,但并不严格遵循 v6 的结构和风格。xv6 用 ANSI C 实现,运行于 x86 多核系统之上,麻省理工大学的网站（http://pdos.csail.mit.edu/6.828/2011/xv6.html）上有 xv6 前世今生的详细介绍。由于不同版本略有不同,所以强调一下本书使用的是 rev 9。

在我们后面的操作中,将使用 x86 仿真器来观察 xv6 的运行过程。我们先安装 QEMU（当然也可以用 bochs）,然后再安装 xv6。需要注意的是,xv6 生成的代码是 32 位代码。

1.1 运行于 QEMU 的 xv6

我们先以 CentOS 7 64 位 Linux 为例说明 xv6 的安装过程。后面再介绍在 Ubuntu 18 64 位 Linux 上安装 xv6 的过程。在这两种操作系统环境中,都是以 QEMU 仿真系统来运行 xv6 的。QEMU 是一套由法布里斯贝拉（Fabrice Bellard）编写的处理器仿真软件,是在 GNU/Linux 平台上广泛使用的 GPL 开源软件。xv6 操作系统可以运行于该仿真系统上。

1.1.1 CentOS 7＋QEMU＋xv6

如果读者想在 CentOS 7 环境中安装 QEMU 仿真器来运行 xv6 操作系统,那么可以按照以下的步骤操作。我们假设 CentOS 7 系统中已经有 GCC 等基本开发环境。

1. 安装 QEMU

比较简单的方式是使用 yum install qemu 命令完成 QEMU 的安装,将自动检测软件依赖关系并下载所需其他软件后进行安装。由于 CentOS 7 默认的 yum 源出于稳定性考虑,其中的软件版本都比较滞后,很可能找不到 QEMU。此时可以先执行 yum -y install epel-release 命令,安装 Fedora 社区打造的 EPEL(Extra Packages for Enterprise Linux)扩展源。

2. 安装 xv6

xv6 源码可以从多个地方获得,例如从 https://github.com/mit-pdos/xv6-public 网站下载 xv6 的源码。

我们是用浏览器在 github 网站 https://github.com/mit-pdos/xv6-public/releases 下载 rev9 版本的 xv6 源码包 xv6-public-xv6-rev9.tar.gz,然后用 tar -zxvf xv6-public-xv6-rev9.tar.gz 解压缩,最后进入源代码目录中执行 make 即可进行编译,如果没有提示错误则已完成安装。

如果有编译错误,请查看具体问题并解决。

在安装目录下执行 make qemu,则可以启动 QEMU 仿真环境运行 xv6 操作系统,如图 1-1 所示。当单击 QEMU 仿真窗口被该窗口捕获后,会发生系统无法响应鼠标操作的现象。如果需要从仿真窗口退出,需要用 Ctrl+Alt 组合键把鼠标从仿真窗口中释放出来。如果是使用 make qemu-nox 启动的,则可以在仿真窗口中先按下 Ctrl+A 组合键,松开后再按"x 键"来结束仿真。

1.1.2　Ubuntu 18＋QEMU＋xv6

本节我们使用 Ubuntu 18.04.01 的 ISO 镜像(ubuntu-18.04.1-desktop-amd64)来安装具有开发环境的操作系统,安装期间选择不更新其他软件包也不安装第三方软件。Ubuntu 安装结束后,输入用户名和密码后即可完成登录。如果要修改 root 账户的密码,则执行 sudo passwd root,然后输入新密码就可以了。如果需要使用终端,则在桌面空白处按下 Ctrl+Alt+T 组合键弹出终端。使用 Ctrl+Alt+F1~F6 可以在多个终端之间切换。

下面介绍如何在 Ubuntu 上安装 xv6 及相关软件。

1. QEMU 安装

如前所述,QEMU 是一套由法布里斯贝拉(Fabrice Bellard)编写的处理器仿真软件,是在 GNU/Linux 平台上广泛使用的 GPL 开源软件。以管理员身份,在终端窗口直接执

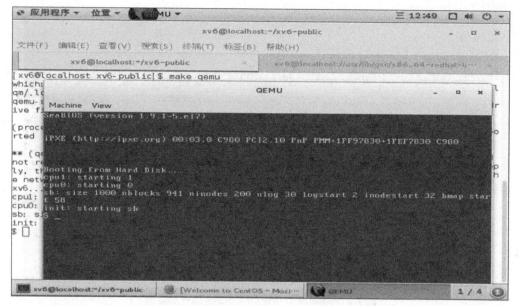

图 1-1　CentOS 7＋QEMU＋xv6 运行示意图

行 apt-get install qemu 命令即可完成安装。

2. xv6 安装

在 github 网站 https://github.com/mit-pdos/xv6-public/releases 下载 rev9 版本的 xv6 源码包 xv6-public-xv6-rev9.tar.gz，然后用 tar -zxvf xv6-public-xv6-rev9.tar.gz 解压缩，最后进入源代码目录中执行 make 即可完成编译。如果系统还没有安装 make，则需要用 apt install make 进行安装。类似地，如果 make 提示还未安装 gcc，则需要执行 apt install gcc 完成相应的安装。

此时，在 xv6 目录下执行 make qemu 即可启动仿真运行，如图 1-2 所示。当单击 QEMU 仿真窗口被该窗口捕获后，会发生系统无法响应外部鼠标操作的现象。如果需要从仿真窗口退出，需要用 Ctrl＋Alt 组合键把鼠标从仿真窗口中释放出来。如果是使用 make qemu-nox 启动的，则可以在仿真窗口中先按下 Ctrl＋A 组合键松开后再按"x 键"来结束仿真。

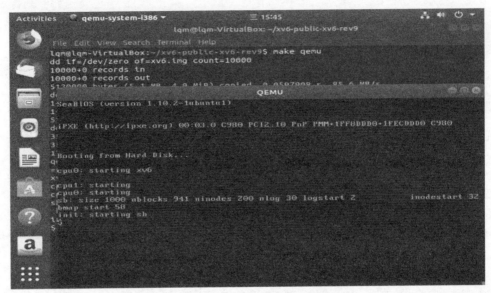

图 1-2　Ubuntu 18＋QEMU＋xv6 运行示意图

1.2　调试观察

在学习 xv6 代码的过程中,我们需要不断地用 gdb 调试器观察代码的行为,因此读者需要掌握 gdb 的常用命令。如果读者学习过本系列丛书的《Linux GNU C 程序观察》一书,则已具备足够的背景知识。否则,就需要自行学习 gdb 调试器基本命令的使用。

1.2.1　xv6 shell 命令

在 xv6 源码目录下执行 make qemu 将启动 QEMU 仿真器运行 xv6 操作系统,此时会弹出一个独立的窗口用于显示 xv6 的输出,如图 1-3 所示。如果执行 make qemu-nox,则不会另外弹出窗口,而是在原有的 shell 文本窗口显示 xv6 的输出。

再次提醒,如果在 QEMU 仿真窗口单击鼠标,那么鼠标输入会被捕获而且无法移出仿真窗口,用户容易误以为系统无法操作。如果需要解除鼠标捕获,则需要按下 Ctrl＋Alt 组合键。

此时在 xv6 shell(或 QEMU 仿真窗口)中执行 ls 命令,可以看到 xv6 文件系统中所有的可执行文件,如屏显 1-1 所示。

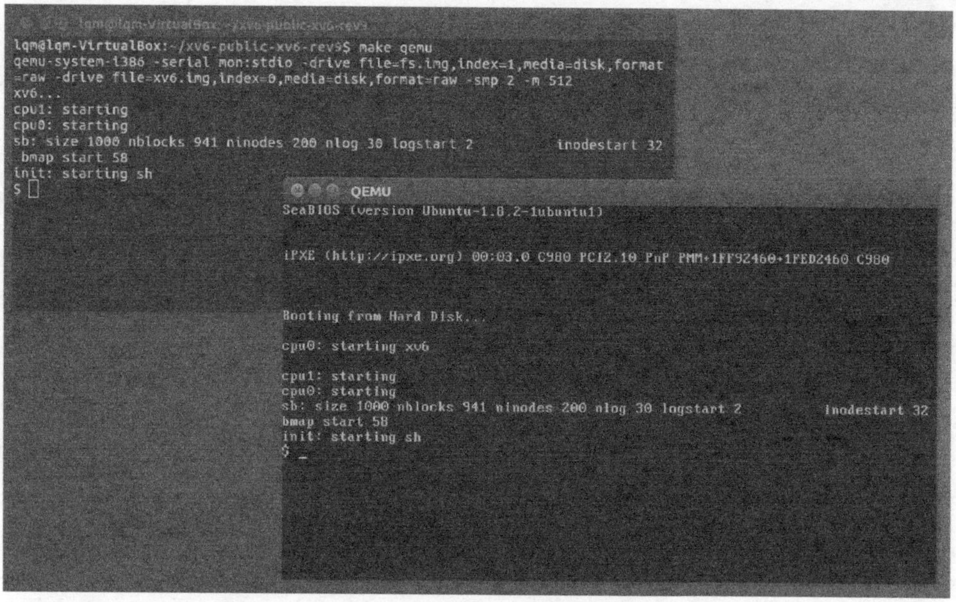

图 1-3　make qemu 启动 QEMU 仿真器运行 xv6

屏显 1-1　ls 列出所有磁盘文件

```
$ ls
.                      1 1 512
..                     1 1 512
README                 2 2 2191
cat                    2 3 13236
echo                   2 4 12428
forktest               2 5 8136
grep                   2 6 15176
init                   2 7 13016
kill                   2 8 12468
ln                     2 9 12376
ls                     2 10 14592
mkdir                  2 11 12492
rm                     2 12 12468
sh                     2 13 23108
stressfs               2 14 13148
usertests              2 15 55568
```

```
wc              2 16 14004
zombie          2 17 12200
console         3 20 0
$
```

读者可以尝试用 cat README 查看 README 内容，或者用 echo 显示某一行消息等。甚至还可以尝试其他 Linux 常用功能，例如用管道将两个命令连接执行，即 cat README |grep xv6。xv6 对目录操作的几个命令和 Linux 的命令差不多，如 mkdir、rm 和内部命令 cd 等。

如果在 shell 中按下 Ctrl＋P 组合键，则会显示当前运行的进程信息，如屏显 1-2 所示。此时有两个进程，进程号为 1 的是 init 进程，当前处于 sleep 阻塞状态；进程号为 2 的是 sh 进程，当前也是处于 sleep 阻塞状态。后面我们会看到，上面的信息实际上是通过内核函数 procdump() 打印出来的。

屏显 1-2　用 Ctrl＋P 查看运行进程信息

```
$
$ 1 sleep   init 80103e4f 80103ee9 80104789 801057a9 8010559b
2 sleep   sh 80103e13 801002a2 80100f5c 80104a82 80104789 801057a9 8010559b
```

每个进程后面的数字，是调用栈中关于函数调用的返回地址。如果读者对它们感兴趣，可以用 addr2line 工具找出它们各自属于什么文件的哪一行。例如我们执行 addr2line -e kernel 80103e13，可以知道地址 0x80103e13 对应于 kernel 内核代码 proc.c 文件的第 388 行，如屏显 1-3 所示。查看 proc.c 的 388 可以知道它位于 sleep() 函数内。

屏显 1-3　用 addr2line 查看地址 80103e13 在 kernel 源代码中的位置

```
lqm@lqm-VirtualBox:~/xv6-public-xv6-rev9$ addr2line -e kernel 80103e13
/home/lqm/xv6-public-xv6-rev9/proc.c:388
lqm@lqm-VirtualBox:~/xv6-public-xv6-rev9$
```

将调用栈的所有地址逐个检查一遍，就可以还原该进程阻塞前的函数调用嵌套情况。例如上面的 sh 进程是通过系统调用进入到内核的，具体过程包括 alltraps -> trap -> syscall->sys_read() ->readi() ->consoleread() ->sleep()，如图 1-4 所示。

1.2.2　QEMU＋gdb 调试

用 GDB 调试 QEMU 时，可以将调试目标分为两种，一种是用 GDB 调试由 QEMU

```
[trapasm.S:24]  alltraps
    ->[trap.c:44]      trap()
        ->[syscall.c:133]  syscall()
            ->[sysfile.c:75]  sys_read()
                ->[file.c:106]        readi()
                    ->[console.c:243]  consoleread()
                        ->[ proc.c:388]          sleep()
```

图 1-4　sh 进程进入阻塞的过程示意图

启动的虚拟机,即远程调试虚拟机系统内核,可以从虚拟机的 bootloader 开始调试虚拟机启动过程,另一种是调试 QEMU 本身的代码而不是虚拟机要运行的代码。我们这里需要调试的是 xv6 代码,而不是 QEMU 仿真器的代码。

当用 gdb 调试时涉及三个窗口,如图 1-5 所示。一个是启动 QEMU 的 shell 窗口(左上角),一个是 QEMU 虚拟机的输出窗口(左下角),一个是运行 gdb 的 shell 窗口(右上角)。下面将详细讨论这三个窗口中运行的命令。

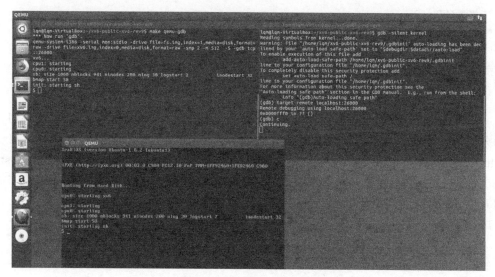

图 1-5　用 gdb 调试运行于 QEMU 环境的 xv6

首先,我们在一个终端 shell 中进入 xv6 源码目录,执行 make qemu-gdb 启动调试模式,实际上是执行调试服务器 gdbserver 的角色,等待 gdb 客户端的接入,如屏显 1-4 所示。此时将会弹出一个 QEMU 的窗口,窗口标题显示“Stopped”状态,表示被调试(Traced)但未运行。

屏显 1-4　启动 QEMU 调试模式

```
lqm@lqm-VirtualBox:~/xv6-public-xv6-rev9$ make qemu-gdb
dd if=/dev/zero of=xv6.img count=10000
记录了 10000+0 的读入
记录了 10000+0 的写出
5120000 bytes (5.1 MB, 4.9 MiB) copied, 0.0402051 s, 127 MB/s
dd if=bootblock of=xv6.img conv=notrunc
记录了 1+0 的读入
记录了 1+0 的写出
512 bytes copied, 0.0271599 s, 18.9 kB/s
dd if=kernel of=xv6.img seek=1 conv=notrunc
记录了 333+1 的读入
记录了 333+1 的写出
170532 bytes (171 kB, 167 KiB) copied, 0.0142105 s, 12.0 MB/s
sed "s/localhost:1234/localhost:26000/" < .gdbinit.tmpl > .gdbinit
*** Now run 'gdb'
qemu-system-i386 -serial mon:stdio -drive file=fs.img,index=1,media=disk,
format=raw -drive file=xv6.img,index=0,media=disk,format=raw -smp 2 -m 512
-S -gdb tcp::26000
main-loop: WARNING: I/O thread spun for 1000 iterations
```

从屏显 1-4 可以看出调试服务器 gdbserver 在 TCP 端口 26000 上监听，因此我们在另外一个终端上启动 gdb，连接到该主机的 26000 端口上。执行 gdb -silent kernel 启动 gdb 对 xv6 内核 kernel 的调试，然后在 gdb 命令提示符下执行 target remote localhost：26000 连接到 xv6 目标系统上，如屏显 1-5 所示。注意被调试对象（kernel 文件）要在当前目录中，如果不在，则需要用路径指定其位置。

屏显 1-5　gdb 客户端接入

```
lqm@lqm-VirtualBox:~/xv6-public-xv6-rev9$ gdb -silent kernel
Reading symbols from kernel...done
warning: File "/home/lqm/xv6-public-xv6-rev9/.gdbinit" auto-loading has been
declined by your `auto-load safe-path' set to "$debugdir:$datadir/auto-load"
To enable execution of this file add
    add-auto-load-safe-path /home/lqm/xv6-public-xv6-rev9/.gdbinit
line to your configuration file "/home/lqm/.gdbinit"
To completely disable this security protection add
```

```
set auto-load safe-path /
line to your configuration file "/home/lqm/.gdbinit"
For more information about this security protection see the
"Auto-loading safe path" section in the GDB manual.  E.g., run from the shell:
    info "(gdb)Auto-loading safe path"
(gdb) target remote localhost:26000
Remote debugging using localhost:26000
0x0000fff0 in ??()
(gdb)
```

　　虽然我们将 gdb 连接到被调试的 xv6 上，但是屏显 1-5 提示没有执行.gdbinit 脚本。按照所提示的解决方法，需将"set auto-load safe-path /"添加到用户主目录（本例子是 /home/lqm，读者按自己目录修改）下的.gdbinit 文件中。此时再启动 gdb -silent kernel，不仅没有警告提示，而且无需执行 target remote localhost：26000，因为/home/lqm/xv6-public-xv6-rev9/.gdbinit 初始化脚本已经为我们准备好了，如屏显 1-6 所示。

屏显 1-6　修正.gdbinit 后，再次运行 gdb kernel 命令

```
lqm@lqm-VirtualBox:~/xv6-public-xv6-rev9$ gdb kernel -silent
Reading symbols from kernel...done
+ target remote localhost:26000
The target architecture is assumed to be i8086
[f000:fff0]    0xffff0:    ljmp    $0x3630,$0xf000e05b
0x0000fff0 in ??()
+ symbol-file kernel
(gdb)
```

　　此时读者用 gdb 的 c 命令，将开始执行 xv6 内核代码，并在 xv6 终端上看到系统启动执行 shell 的界面，如屏显 1-7 所示。同时，在 QEMU 输出窗口中显示了相同的启动过程。

屏显 1-7　xv6 启动运行

```
xv6...
cpu1: starting
cpu0: starting
sb: size 1000 nblocks 941 ninodes 200 nlog 30 logstart 2      inodestart 32 bmap start 58
```

```
init: starting sh
$
```

本书其余部分将使用 QEMU＋gdb 的调试方式来观察 xv6 的运行。

1.2.3　多核调试

我们重新执行 make qemu-gdb 启动仿真器,并在另一终端执行 gdb kernel 调试,观察两个处理器核并行执行的情况,如屏显 1-8 所示。首先用 b main 将断点设置在内核 main()入口,然后用 c 命令运行到该处,接着用多个 n 命令,逐个执行直到 startothers(),最后用 info threads 查看线程信息。

屏显 1-8　用 gdb 运行 kernel 到 startothers()

```
(gdb) b main
Breakpoint 1 at 0x80102f20: file main.c, line 19
(gdb) c
Continuing
The target architecture is assumed to be i386
=> 0x80102f20 <main>:    lea    0x4(%esp),%ecx

Thread 1 hit Breakpoint 1, main () at main.c:19
19.    {
(gdb) n
=> 0x80102f2f <main+15>:    sub    $0x8,%esp
main () at main.c:20
20.    kinit1(end, P2V(4 * 1024 * 1024));        //phys page allocator
(gdb) n
=> 0x80102f41 <main+33>:    call    0x801067e0 <kvmalloc>
21.    kvmalloc();                          //kernel page table

...省略,以节省篇幅

(gdb) n
=> 0x80102f94 <main+116>:    mov    0x801112c4,%ebx
35.    if(!ismp)
(gdb)
```

```
=> 0x80102fa5 <main+133>:      sub    $0x4,%esp
37.        startothers();                          //start other processors
(gdb) info threads
  Id   Target Id            Frame
* 1.      Thread 1 (CPU#0 [running]) main () at main.c:37
  2.      Thread 2 (CPU#1 [halted]) 0x000fd412 in ??()
(gdb)
```

上面屏显 1-8 显示的 info threads 输出表明当前 cpu1 对应的线程 2 还是停机 halted 状态。相应地,此时 QEMU 仿真终端中显示 cpu0 启动,但未见 cpu1 的启动信息,如图 1-6 所示。

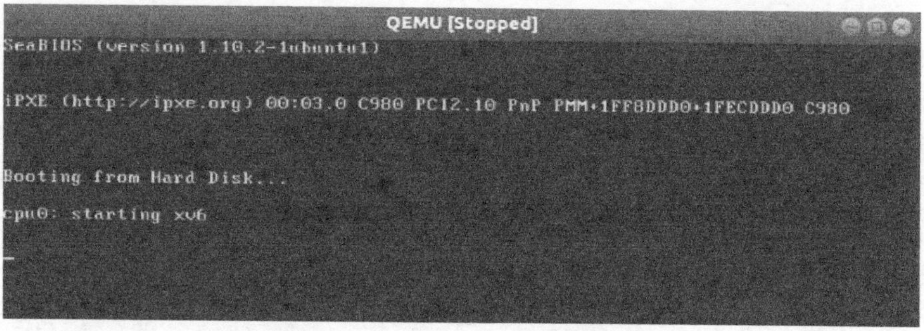

图 1-6　cpu0 启动而 cpu1 未启动时的 xv6

此时继续用 n 命令往下执行,当执行完 startothers()之后,此时用 info threads 或 i threads 查看到 cpu1 对应的 thread2 已经退出 halted 状态,变为 running 状态,如屏显 1-9 所示。

屏显 1-9　执行 startothers()启动 cpu1

```
...
(gdb) n
=> 0x80102fa5 <main+133>:      sub    $0x4,%esp
37.        startothers();              //start other processors
(gdb) i threads
  Id   Target Id            Frame
* 1.      Thread 1 (CPU#0 [running]) main () at main.c:38
  2.      Thread 2 (CPU#1 [running]) getcallerpcs (pcs=0x801118ec <ptable+12>,
     v=0x803befb0) at spinlock.c:77
(gdb)
```

相应地,在 QEMU 仿真窗口可以看到 cpu1 启动的信息,如图 1-7 所示。

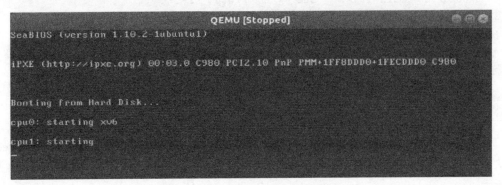

图 1-7　cpu0 和 cpu1 都已完成启动

如果执行 thread 2 命令,我们将调试器连接到线程 2 从而控制 cpu1 的运行。此时再用 info threads 命令查看,会发现线程 2 的前面会标注有"∗"符号。

如果我们希望各个线程都受 gdb 控制而执行,而不是现在只控制其中一个线程,那么我们设置 set scheduler-locking on,反之设置为 off。我们还可以控制调试命令施加到指定的线程上,例如用具体的 ID 列表,或者用 all 指代所有线程,具体的命令形式如下:

thread apply ID1 ID2 command	让指定的线程(ID1/ID2…)执行 GDB 命令 command
thread apply all command	让所有被调试线程执行 GDB 命令 command

1.3　本章小结

本章先完成了 xv6 实验系统的建立,介绍了 CentOS 7 和 Ubuntu 18 上 QEMU 的安装和 xv6 的安装过程。为了方便,可以在 VirtualBox 或其他虚拟机上安装 QEMU 的宿主操作系统 CentOS 7 和 Ubuntu 18。之后简单展示了 xv6 shell 中如何执行磁盘上的外部命令,如何用 gdb 调试 xv6 代码的运行,重点是对 QEMU 仿真的多核环境下不同执行流的跟踪。

练习

1. 请修改 Makefile 中的"CPUS：＝2"，将 CPU 数量设置为 3 或 4，重新生成 xv6 的内核。注意观察启动时所打印信息的变化，然后用 gdb 将各个处理器所执行的代码分别停在 scheduler() 的不同指令处（或你感兴趣的其他代码处），并用 info threads 查看线程的数量是否与预期一致。

2. 执行 make qemu-nox 运行 xv6，看看此时的显示方式和原来用的 make qemu 有什么不同。

第 2 章

入门实验

在深入学习和修改内核代码之前,我们先来学习一些外围的编程操作。先学会如何添加新的应用程序,如何增加新的系统调用,之后才能做一些更加复杂的实验修改。本章实验的完整代码可以从 https://github.com/luoszu/xv6-exp/tree/master/code-examples/l1 下载。

首先我们先来实施一个最简单的热身动作,修改 xv6 启动时的提示信息。打开 main.c 程序,将其中的 cprintf( )函数打印的启动提示信息"cpu0:starting xv6"修改成你所希望的样子,例如将它修改成图 2-1 所示的样子,这标志着自己开始动手修改 xv6 操作系统了。

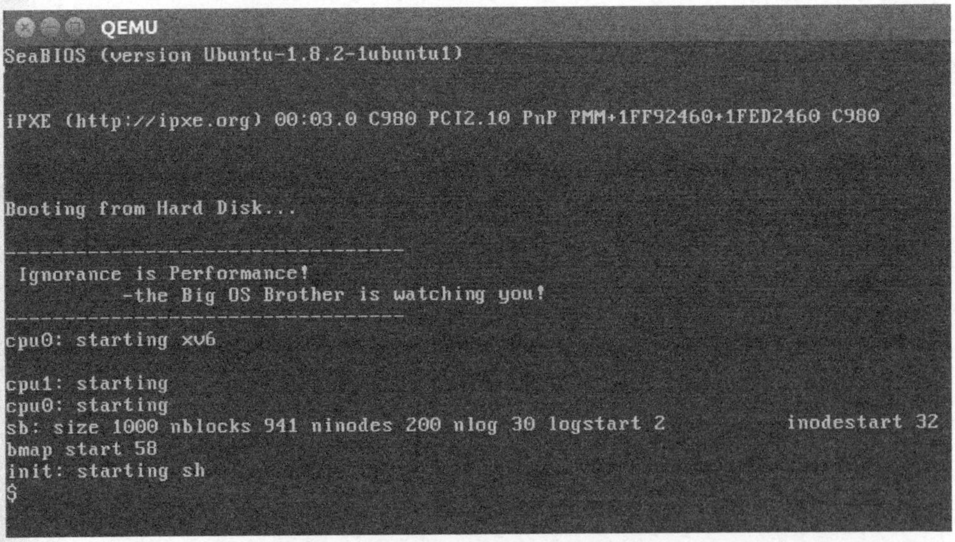

图 2-1　修改后的启动提示信息

2.1 新增可执行程序

为了给 xv6 添加新的可执行文件,需要先了解 xv6 磁盘文件系统是如何生成的,然后才能编写出现在 xv6 磁盘文件系统中的应用程序。

2.1.1 磁盘映像的生成

现在先来了解 xv6 磁盘文件系统上的可执行文件是怎么生成的,其包括两个步骤:
(1) 生成各个应用程序。
(2) 将应用程序构成文件系统映像。

首先,在 Makefile 中有一个默认规则,那就是所有的 *.c 文件都需要通过默认的编译命令生成 *.o 文件。另外在 Makefile 中有一个规则用于指出可执行文件的生成,如代码 2-1 所示。该模式规则说明,对于所有的 %.o 文件将结合 $(ULIB) 一起生成可执行文件_%,比如说 ls.o(即依赖文件 $^)将链接生成_ls(即输出目标 $@)。-Ttext 0 用于指出代码存放在 0 地址开始的地方,-e main 参数指出以 main 函数代码作为运行时的第一条指令,-N 参数用于指出 data 节与 text 节都是可读可写、不需要在页边界对齐。

代码 2-1　Makefile 中可执行文件的生成规则

```
1.  ULIB = ulib.o usys.o printf.o umalloc.o
2.
3.  _%: %.o $(ULIB)
4.          $(LD) $(LDFLAGS) -N -e main -Ttext 0 -o $@ $^
5.          $(OBJDUMP) -S $@ > $*.asm
6.          $(OBJDUMP) -t $@ | sed '1,/SYMBOL TABLE/d; s/ .* //; /^$$/d' > $*.sym
```

代码 2-2 是 Makefile 中创建磁盘文件系统的相关部分。其中变量 UPROGS 包含了所有相关的可执行文件名。磁盘文件系统 fs.img 目标依赖于 UPROGS 变量,并且将它们和 README 文件一起通过 mkfs 程序转换成文件系统映像 fs.img。

代码 2-2　Makefile 中创建磁盘文件系统的部分

```
1.  UPROGS=\
2.          _cat\
3.          _echo\
```

```
4.              _forktest\
5.              _grep\
6.              _init\
7.              _kill\
8.              _ln\
9.              _ls\
10.             _mkdir\
11.             _rm\
12.             _sh\
13.             _stressfs\
14.             _usertests\
15.             _wc\
16.             _zombie\
17.
18. fs.img: mkfs README $(UPROGS)
19.             ./mkfs fs.img README $(UPROGS)
```

2.1.2　添加简单程序

我们先在 xv6 源码目录下,编写一个程序作为我们为 xv6 增加的一个应用程序,如代码 2-3 所示。其中 types.h、stat.h 和 user.h 都是本目录中的头文件。此处的 printf() 的第一个参数用于指出输出文件,例如 0 号是标准输入文件,1 号是标准错误输出文件,2 号是出错文件。程序运行结果是打印一行信息"This is my own app! \n"。

代码 2-3　my-app.c

```
1.  #include "types.h"
2.  #include "stat.h"
3.  #include "user.h"
4.
5.  int
6.  main(int argc, char * argv[])
7.  {
8.          printf(1,"This is my own app!\n");
9.          exit();
10. }
```

之后我们修改 Makefile 中的 UPROGS 变量,添加一个_my-app。然后执行 make,此时可以看到输出的_my-app 文件,如屏显 2-1 所示。其中第 2 行 gcc 编译命令是由默认规则触发的,生成 my-app.o。第 3、4、5 行的命令是代码 2-1 的规则触发的,其中 ld 链接命令生成_my-app 可执行文件。由于可执行文件发生了更新,因此触发了磁盘文件系统 fs.img 目标的规则,第 6 行显示的命令使用 mkfs 程序生成 fs.img 磁盘映像文件,其中可执行文件列表的最后一个就是我们刚生成的_my-app。

屏显 2-1   编译 my-app.c

```
1.  lqm@lqm-VirtualBox:~/xv6-public-xv6-rev9$ make
2.  gcc -fno-pic -static -fno-builtin -fno-strict-aliasing -O2 -Wall -MD -ggdb
    -m32 -Werror -fno-omit-frame-pointer -fno-stack-protector  -c -
    o my-app.o my-app.c
3.  ld -m    elf_i386 -N -e main -Ttext 0 -o _my-app my-app.o ulib.o usys.o printf.
    o umalloc.o
4.  objdump -S _my-app > my-app.asm
5.  objdump -t _my-app | sed '1,/SYMBOL TABLE/d; s/ .* //; /^$/d' > my-app.sym
6.  ./mkfs fs.img README _cat _echo _forktest _grep _init _kill _ln _ls _mkdir _rm _
    sh _stressfs _usertests _wc _zombie _my-app
7.  nmeta 59 (boot, super, log blocks 30 inode blocks 26, bitmap blocks 1) blocks 941
    total 1000
8.  balloc: first 590 blocks have been allocated
9.  balloc: write bitmap block at sector 58
10. dd if=/dev/zero of=xv6.img count=10000
11. 记录了 10000+0 的读入
12. 记录了 10000+0 的写出
13. 5120000 bytes (5.1 MB, 4.9 MiB) copied, 0.0628553 s, 81.5 MB/s
14. dd if=bootblock of=xv6.img conv=notrunc
15. 记录了 1+0 的读入
16. 记录了 1+0 的写出
17. 512 bytes copied, 0.000215976 s, 2.4 MB/s
18. dd if=kernel of=xv6.img seek=1 conv=notrunc
19. 记录了 333+1 的读入
20. 记录了 333+1 的写出
21. 170532 bytes (171 kB, 167 KiB) copied, 0.000703954 s, 242 MB/s
22. lqm@lqm-VirtualBox:~/xv6-public-xv6-rev9$ ll _my-app
```

```
23. -rwxrwxr-x 1 lqm lqm 12268 3月   7 19:42 _my-app*
24. lqm@lqm-VirtualBox:~/xv6-public-xv6-rev9$
```

最后用 ll _my-app 命令查看所生成的可执行文件，占用了 12268 字节的空间。

启动 xv6 系统后，执行 my-app 程序，正确地输出了我们期待的"This is my own app!"字符串，如图 2-2 所示。

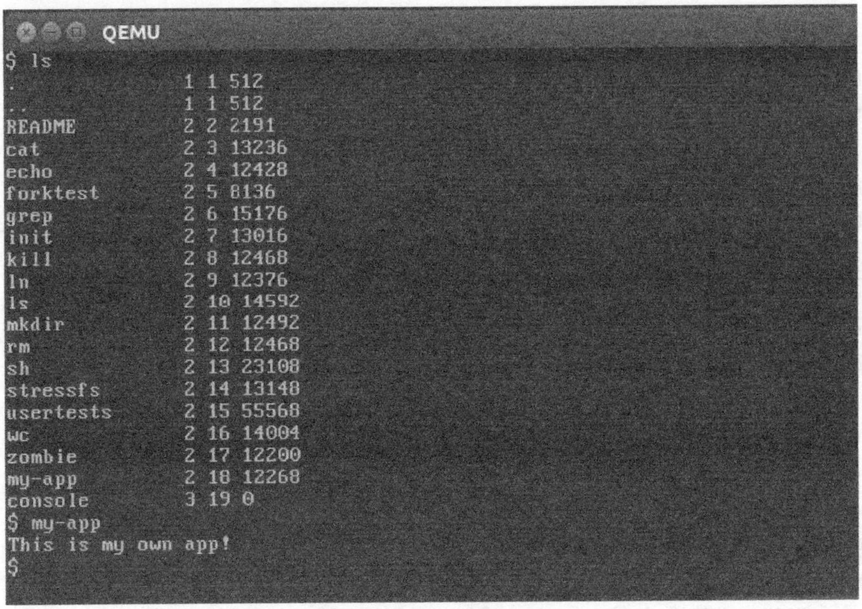

图 2-2 在 xv6 中运行新增的 my-app 程序

2.2 新增系统调用

如果我们修改 xv6 的代码，例如增加调度优先级，那么就需要有设置优先级的系统调用，并且通过应用程序调用该系统调用进行优先级设置。下面我们需要先学习如何增加新的系统调用，以及如何在应用程序中进行系统调用，之后才能验证修改后 xv6 的功能。

如果进程希望知道自身所在的处理器编号，这可以通过一个新的系统调用来实现。下面我们先学习如何在应用程序中调用现成的系统调用，然后再学习如何实现上述的新系统调用。

2.2.1 系统调用示例

可用的系统调用都在代码 7-8 中定义,我们在程序中直接使用即可。我们以获取进程号的 getpid()系统调用为例,编写如代码 2-4 所示的代码。

代码 2-4　print-pid.c

```
1.   #include "types.h"
2.   #include "stat.h"
3.   #include "user.h"
4.
5.   int
6.   main(int argc, char * argv[])
7.   {
8.
9.       printf(1, "My PID is: %d\n",getpid());
10.      exit();
11.  }
```

按照前面的方法修改 Makefile 并重新生成 xv6,启动后在 shell 中执行 print-pid 并成功打印进程号,如图 2-3 所示。

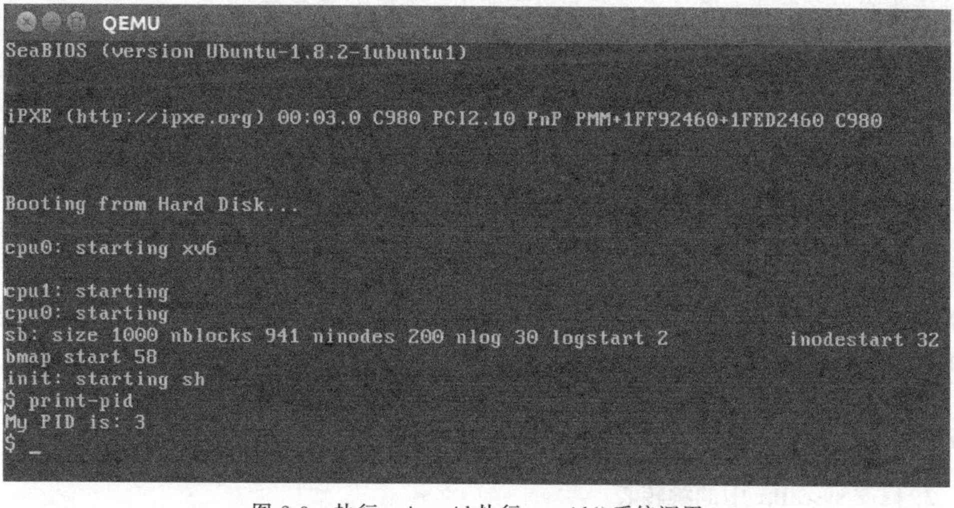

图 2-3　执行 print-pid 执行 getpid()系统调用

2.2.2　添加系统调用

系统调用涉及内容较多且分散在多个文件之中,其包括系统调用号的分配、系统调用的分发代码(依据系统调用号)修改、系统调用功能的编码实现、用户库头文件修改等。另外还涉及验证用的样例程序,用于检验该系统调用的功能。

1. 增加系统调用号

xv6 的系统调用都有一个唯一编号,定义在 syscall.h 中,如代码 7-5 所示。我们可以在 SYS_close 的后面,新加入一行"♯define SYS_getcpuid 22"即可,这里的编号 22 可以是其他值,只要该值不是前面使用过的就好。

2. 增加用户态入口

为了让用户态代码能进行系统调用,需要提供用户态入口函数 getcpuid()和相应的头文件。

■ 修改 user.h

为了让应用程序能调用用户态入口函数 getcpuid(),需要在代码 7-8 中加入一行函数原型声明"int getcpuid(void);"。该头文件会被应用程序段源代码所使用,因为它声明了所有用户态函数的原型。除此之外,所有标准 C 语言库的函数都不能使用,因为 Makefile 用参数"-nostdinc"禁止使用 Linux 系统的头文件,而且用"-I."指出在当前目录中搜索头文件。也就是说 xv6 系统并没有实现标准的 C 语言库。

■ usys.S 中定义用户态入口

定义了 getcpuid()原型之后,还需要实现 getcpuid()函数。我们在代码 7-9 中加入一行"SYSCALL(getcpuid)",例如插入到 usys.S 第 28 行后面。SYSCALL 是一个宏,定义于代码 7-9 的第 4 行。SYSCALL(getcpuid)经过宏展开,将"getcpuid"定义为入口函数名,然后把 SYS_ getcpuid＝22 作为系统调用号保存到 eax 寄存器中,最后发出 int 指令进行系统调用"int ＄T_SYSCALL"。这样,经过用户态函数 getcpuid(),借助 int 指令进入到系统调用公共入口后,以 eax 作为下标在系统调用表 syscalls[]中就可以找到需要执行的对应该系统调用的具体代码。

这里定义的 getcpuid()函数,就是在需要执行系统调用时所调用的用户态函数,使得用户代码无需编写汇编指令来执行 int 指令。

3. 修改 syscall.c 中的跳转表

在系统调用公共入口 syscall()中,xv6 将根据系统调用号进行分发处理。负责分发处理的函数 syscall()(定义于代码 7-7),分发依据是一个跳转表。我们需要修改这个跳转表,首先要在代码 7-7 的第 102 行中的分发函数表 syscalls[]中加入"[SYS_getcpuid] sys_getcpuid,",也就是下标 22 对应的是 sys_getcpuid()函数地址(后面我们会实现该函数)。其次,由于 sys_getcpuid 未声明,因此要在它前面(例如第 100 行后面的位置)加入一行"extern int sys_getcpuid(void);"用于指出该函数是外部符号。

前面提到:当用户发出 22 号系统调用是通过用户态函数 getcpuid()完成的,其中系统调用号 22 是保存在 eax 的。因此 syscall()系统调用入口代码可以通过 proc->tf->eax 获得该系统调用号,并保存在 num 变量中,于是 syscalls[num]就是 syscalls[22],也就是 sys_getcpuid()。代码 2-5 是从 syscall.c 中截取的 syscall()部分。

代码 2-5　系统调用分发代码 syscall()

```
1.  void
2.  syscall(void)
3.  {
4.    int num;
5.
6.    num= proc->tf->eax;
7.    if(num > 0 && num < NELEM(syscalls) && syscalls[num]) {
8.      proc->tf->eax = syscalls[num]();
9.    } else {
10.     cprintf("%d %s: unknown sys call %d\n",
11.             proc->pid, proc->name, num);
12.     proc->tf->eax = -1;
13.   }
14. }
```

4. 实现 sys_getcpuid()

前面的工作使得用户可以用 getcpuid()作为系统调用户态的入口,而且进入系统调用的分发例程 syscall()中也能正确地转入到 sys_getcpuid()函数里,但是我们还未实现 sys_getcpuid()函数。如代码 2-6 所示,在 sysproc.c 中加入系统调用处理函数 sys_getcpuid(),注意要与同名的用户态函数区分开来。

代码 2-6　sysproc.c 中添加 sys_getcpuid()

```
1.  int
2.  sys_getcpuid()
3.  {
```

```
4.    return getcpuid ();
5.  }
```

现在在 proc.c 中实现内核态的 getcpuid()函数,如代码 2-7 所示。

代码 2-7　proc.c 中添加 getcpuid()

```
1.  int getcpuid()
2.  {
3.    return cpunum();
4.  }
```

为了让 sysproc.c 中的 sys_getcpuid()能调用 proc.c 中的 getcpuid(),还需要在 defs.h 加入一行"int getcpuid(void);",用作内核态代码调用 getcpuid()时的函数原型。defs.h 定义了 xv6 几乎所有的内核数据结构和函数,也被几乎所有内核代码所包含。

```
1.  //PAGEBREAK: 16
2.  //proc.c
3.  void          exit(void);
4.  int           fork(void);
5.  int           growproc(int);
6.  int           kill(int);
7.  void          pinit(void);
8.  void          procdump(void);
9.  void          scheduler(void) __attribute__((noreturn));
10. void          sched(void);
11. void          sleep(void*, struct spinlock*);
12. void          userinit(void);
13. int           wait(void);
14. void          wakeup(void*);
15. void          yield(void);
16. int           getcpuid(void);
```

2.2.3　验证新系统调用

下面,我们验证应用程序是否能正常使用新增的系统调用。由于前面已经在 user.h 中声明了 getcpuid()用户态函数原型,因此可以在应用程序中对其进行调用。编写如代

码 2-8 所示的程序,打印本进程所在的 CPU 编号。参照前面 my_app.c 实验,完成其编译
过程、加入到磁盘文件系统(记得要修改 Makefile 的 UPROGS 目标加上_pcpuid)。

代码 2-8 pcpuid.c

```
1.   #include "types.h"
2.   #include "stat.h"
3.   #include "user.h"
4.
5.   int
6.   main(int argc, char * argv[])
7.   {
8.          printf(1,"My CPU id is :%d\n",getcpuid());
9.          exit();
10. }
```

执行 pcpuid 程序,将打印出本进程所在的处理器编号,如屏显 2-2 所示。

屏显 2-2 pcpuid 运行结果

```
$ pcpuid
cpu called from 801047c8 with interrupts enabled
My CPU id is :1
$
```

2.3 观察调度过程

在本章结束之前,我们再编写一个程序,它可以创建多个进程并发运行,读者用之可
观察多进程分时运行的现象。我们将 my-app.c 稍作修改,调用两次 fork()来创建(实际
上是复制自己)新的进程,两次 fork 调用将一共创建 4 个进程,如代码 2-9 所示。

代码 2-9 my-app-fork.c

```
1.   #include "types.h"
2.   #include "stat.h"
3.   #include "user.h"
4.
```

```
5.
6.  int
7.  main(int argc, char * argv[])
8.  {
9.          int a;
10.         printf(1,"This is my own app!\n");
11.         a=fork();
12.         a=fork();
13.         while(1)
14.                 a++;
15.         exit();
16. }
```

按前面的 my-app 的方法,我们重新在磁盘文件系统中增加 my-app-fork 程序,运行后间断性地键入 Ctrl+P 用于显示当时的进程状态,如屏显 2-3 所示。在四次查看进程的状态中,发现第一次进程 3、6 在运行,第二次时进程 3、4 在运行,第三次只有进程 3 在运行,第四次进程 5、6 在运行。也就是说最多有两个进程能拥有 CPU,其中第三次进程 3 在一个 CPU 上运行,另一个 CPU 在运行 scheduler 执行流。

屏显 2-3　查看 my-app-fork 运行时的进程状态

```
$ my-app-fork
This is my own app!
1. sleep   init 80103e4f 80103ee9 80104789 801057a9 8010559b
2. sleep   sh 80103e4f 80103ee9 80104789 801057a9 8010559b
3. run     my-app-fork
4. runble  my-app-fork
5. runble  my-app-fork
6. run     my-app-fork

1. sleep   init 80103e4f 80103ee9 80104789 801057a9 8010559b
2. sleep   sh 80103e4f 80103ee9 80104789 801057a9 8010559b
3. run     my-app-fork
4. run     my-app-fork
5. runble  my-app-fork
6. runble  my-app-fork
```

```
1. sleep    init 80103e4f 80103ee9 80104789 801057a9 8010559b
2. sleep    sh 80103e4f 80103ee9 80104789 801057a9 8010559b
3. run      my-app-fork
4. runble my-app-fork
5. runble my-app-fork
6. runble my-app-fork

1. sleep    init 80103e4f 80103ee9 80104789 801057a9 8010559b
2. sleep    sh 80103e4f 80103ee9 80104789 801057a9 8010559b
3. runble my-app-fork
4. runble my-app-fork
5. run      my-app-fork
6. run      my-app-fork
```

2.4 本章小结

在未阅读 xv6 内核代码之前，读者先完成两个 xv6 的入门小实验，可以近距离体验到内核修改所带来的成就感。除了本书组织的初级、中级和高级实验外，感兴趣的读者还可以进一步完成各章后面的练习或者直接学习美国大学的操作系统课程的实验内容（例如华盛顿大学的实验内容[①]）。

练习

1. 请为 xv6 增加一个新的应用程序，读者自行选定其功能。

2. 定义一个用于进程间共享的内核全局变量。设计并实现两个系统调用 read_sh_var() 和 write_sh_var() 用于读取和修改该全局变量的值。编写应用程序，检验是否能在进程间实现数值的共享。

[①] https://courses.cs.washington.edu/courses/cse451/15au/index.html

第 3 章

xv6 概述

    xv6 是对 UNIX 操作系统的一种简化实现,因此 xv6 的基本概念和 UNIX 同源。本书假定读者对 UNIX 或 Linux 有基本的认知,因此没有对 UNIX 的基本概念进行完整的陈述,而是着重于这些概念的代码实现及其细节。读者如果对 UNIX 还不熟悉,建议先阅读《操作系统之编程观察》,了解一下 Linux/UNIX 的核心概念。学习过程中如想进一步扩展有关 OS 开发的软硬件知识,可以在 OSDev Wiki[①]网站查看资料并参与讨论。

    下面我们先简单了解一下 xv6 软件项目所用到的启动扇区 bootblock 文件、内核代码 kernel 文件和磁盘映像文件。然后学习 xv6 进程管理与调度、内存管理、文件系统和设备的基本概念,作为进一步学习的基础。

3.1　xv6 代码总览

    xv6 的源代码总量较小,我们先用 ls 命令简单查看一下,可以获得屏显 3-1 所示的列表。其中第一部分 ls *.S 列出的是汇编代码文件的列表,中间 ls *.h 列出的是头文件列表,最后 ls *.c 列出的是 C 程序代码。

屏显 3-1　xv6 的汇编和 C 源代码列表

```
lqm@lqm-VirtualBox:~/xv6-public-xv6-rev9$ ls *.S
bootasm.S  entryother.S  entry.S  initcode.S  swtch.S  trapasm.S  usys.S
vectors.S
```

---

① https://wiki.osdev.org/

```
lqm@lqm-VirtualBox:~/xv6-public-xv6-rev9$ ls *.h
asm.h   date.h  elf.h   file.h  kbd.h     mmu.h   param.h  spinlock.h
syscall.h types.h x86.h
buf.h  defs.h  fcntl.h fs.h   memlayout.h mp.h   proc.h  stat.h    traps.h
    user.h
lqm@lqm-VirtualBox:~/xv6-public-xv6-rev9$ ls *.c
bio.c      file.c    ioapic.c log.c   mp.c    sh.c      sysproc.c usertests.c
bootmain.c forktest.c kalloc.c ls.c   picirq.c spinlock.c timer.c  vm.c
cat.c      fs.c      kbd.c    main.c  pipe.c  stressfs.c trap.c   wc.c
console.c  grep.c    kill.c   memide.c printf.c string.c  uart.c   zombie.c
echo.c     ide.c     lapic.c  mkdir.c proc.c  syscall.c ulib.c
exec.c     init.c    ln.c     mkfs.c  rm.c    sysfile.c umalloc.c
lqm@lqm-VirtualBox:~/xv6-public-xv6-rev9$
```

另外还有一些辅助性的代码以及 Makefile 等编译有关的文件。

3.2　xv6 二进制代码与镜像

在一头钻进 xv6 的源代码学习之前,我们先了解一下 xv6 内核的二进制代码和 xv6 磁盘系统镜像。

xv6 二进制代码分成两部分,一个是启动扇区的代码 bootblock,另一个是内核代码 kernel。由于都是 Linux 系统下使用 GNU GCC 工具生成的代码,因此都是使用 ELF 格式的目标文件,可以用 binutils 工具查看和分析。

注意:不熟悉 ELF 程序格式、程序装载、运行以及 binutils 工具的读者可以参阅《Linux GNU C 程序观察》[①]的第 4 章内容。

3.2.1　启动扇区

在 x86 PC 启动的时候,首先执行的代码是主板上的 BIOS(Basic Input Output System)[②],其主要完成一些硬件自检的工作。在这些工作完成之后,BIOS 会从启动盘里读取第一扇区(启动扇区 boot sector)的 512 字节数据到内存中,这 512 字节的代码就是我们熟知的 bootloader。在导入完之后,BIOS 就会把 CPU 的控制权给 bootloader。

---

① 《Linux GNU C 程序观察》是本书的前序知识,如果学习过《操作系统之编程观察》则更好。
② 由于我们的实验是在 qemu 仿真系统上完成的,因此这些 BIOS 功能就由 qemu 执行。

BIOS 会把 bootloader 导入到物理地址 0x7c00 开始的地方,然后把 PC 指针设成此地址,并将控制权转交给 bootloader。

xv6 启动扇区的代码 bootblock 就是上述 bootloader 的角色,它将继续负责将 xv6 的内核代码 kernel 装载到内存,并将控制权转交给 kernel,从而完成启动过程。

1. 启动扇区的生成

xv6 系统的启动扇区是通过 bootasm.S 和 bootmain.c 生成 bootblock.o 目标文件后,
再通过 objcopy 工具将其中的代码节 .text 抽取出来到 bootblock 文件中所产生的。图 3-1 给出了 bootblock 的生成过程,下面我们逐步分析。

启动扇区 bootblock 的生成步骤包括编译、链接与定制。代码 3-1 是 Makefile 中生成 bootblock 的部分,其中变量 CC 是编译器,LD 是链接器,OBJDUMP 是 objdump 工具,OBJCOPY 是 objcopy 工具。第 2 行编译了 bootmain.c,默认输出是 bootmain.o;第 3 行将 bootasm.S 汇编生成 bootasm.o。第 4 行的链接命令将 bootasm.o 和 bootmain.o 通过静态链接方式生成 bootblock.o,并且将代码段定位于 0x7c00(即 BIOS 指定的入口)。第 5 行将 bootblock.o 的汇编代码输出到 bootblock.asm 中。第 6、7 行的定制工作将在后面再进行分析。

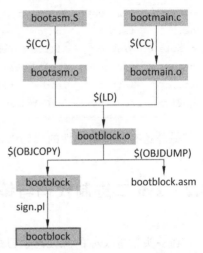

图 3-1　启动扇区 bootblock 生成过程

可以看出,使用了 -nostdinc 参数,编译器将不在系统头文件路径下搜索。这是因为 xv6 并没有实现标准 C 语言库,取而代之的是 “-I.” 指出当前路径为头文件搜索路径,用于找到例如 xv6 内核头文件 defs.h 等。

代码 3-1　Makefile 中生成 bootblock

```
1.  bootblock: bootasm.S bootmain.c
2.        $(CC) $(CFLAGS) -fno-pic -O -nostdinc -I. -c bootmain.c
3.        $(CC) $(CFLAGS) -fno-pic -nostdinc -I. -c bootasm.S
4.        $(LD) $(LDFLAGS) -N -e start -Ttext 0x7C00 -o bootblock.o bootasm.o
          bootmain.o
5.        $(OBJDUMP) -S bootblock.o > bootblock.asm
6.        $(OBJCOPY) -S -O binary -j .text bootblock.o bootblock
7.        ./sign.pl bootblock
```

2. bootblock.o

我们进入到源代码目录,用 readelf -l bootblock.o 查看段的情况,如屏显 3-2 所示,可以看到启动扇区 bootblock.o 只有编号为 00 段的类型为 LOAD,表示该段需要装入内存,长度为 0x274(大于一个扇区的长度)且装入地址为 0x7c00,该地址是 PC 的 BIOS 决定的。PC 启动后最先执行的是主板 BIOS 代码,它将启动设备的启动扇区内容读入到内存的 0x7c00 位置,然后再跳转到启动代码的第一条指令。

屏显 3-2　xv6 启动扇区 bootblock.o 的 ELF 段

```
lqm@lqm-VirtualBox:~/xv6-public-xv6-rev9$ readelf -l bootblock.o

Elf 文件类型为 EXEC (可执行文件)
入口点 0x7c00
共有 2 个程序头,开始于偏移量 52

程序头:
  Type           Offset     VirtAddr     PhysAddr     FileSiz   MemSiz    Flg Align
  LOAD           0x000074   0x00007c00   0x00007c00   0x00274   0x00274   RWE 0x4
  GNU_STACK      0x000000   0x00000000   0x00000000   0x00000   0x00000   RWE 0x10

 Section to Segment mapping:
  段节...
  00      .text.eh_frame
  01
lqm@lqm-VirtualBox:~/xv6-public-xv6-rev9$
```

然后在"段节"映射中,看到 00 段是由.text 节和.eh_frame 节构成的。其中.text 会被复制到 bootblock 文件中,而.eh_frame 节(eh 表示 exception handling 异常处理)将被丢弃。

既然只有.text 节有用,我们继续用 readelf -S bootblock.o 查看 bootblock.o 的节的信息,如屏显 3-3 所示。我们看到.text 是 bootblock.o 的代码节,Off 列指出.text 节位于 bootblock.o 文件的 0x74 字节偏移的位置,Size 列指出其长度为 0x1c0,Addr 列指出装入地址为 0x7c00(与 BIOS 约定相一致)。从 Flg 标志列可以看出需要在内存分配空间(A),访问权限为可执行(X)和可写(W)。我们不关心其中有关异常处理的.eh_frame 节,因为在 xv6 刚启动时即使有异常也没什么能力去处理。

屏显 3-3　xv6 启动扇区 bootblock.o 的 ELF 节

```
qm@lqm-VirtualBox:~/xv6-public-xv6-rev9$ readelf -S bootblock.o
There are 13 section headers, starting at offset 0x1220:

Section Headers:
  [Nr] Name              Type            Addr     Off    Size   ES Flg Lk Inf Al
  [ 0]                   NULL            00000000 000000 000000 00     0   0   0
  [ 1] .text             PROGBITS        00007c00 000074 0001c0 00 WAX 0   0   4
  [ 2] .eh_frame         PROGBITS        00007dc0 000234 0000bc 00 A   0   0   4
  [ 3] .comment          PROGBITS        00000000 0002f0 00002a 01 MS  0   0   1
  [ 4] .debug_aranges    PROGBITS        00000000 000320 000040 00     0   0   8
  [ 5] .debug_info       PROGBITS        00000000 000360 00050b 00     0   0   1
  [ 6] .debug_abbrev     PROGBITS        00000000 00086b 0001e3 00     0   0   1
  [ 7] .debug_line       PROGBITS        00000000 000a4e 00012c 00     0   0   1
  [ 8] .debug_str        PROGBITS        00000000 000b7a 0001e0 01 MS  0   0   1
  [ 9] .debug_loc        PROGBITS        00000000 000d5a 00022a 00     0   0   1
  [10] .symtab           SYMTAB          00000000 000f84 0001a0 10    11  18   4
  [11] .strtab           STRTAB          00000000 001124 00007c 00     0   0   1
  [12] .shstrtab         STRTAB          00000000 0011a0 00007f 00     0   0   1
Key to Flags:
  W (write), A (alloc), X (execute), M (merge), S (strings), I (info),
  L (link order), O (extra OS processing required), G (group), T (TLS),
  C (compressed), x (unknown), o (OS specific), E (exclude),
  p (processor specific)
lqm@lqm-VirtualBox:~/xv6-public-xv6-rev9$
```

3. bootblock

　　从 Makefile 中的 bootblock 的生成规则(代码 3-1)看,它先通过 objcopy 将其中的 .text 节复制到 bootblock 文件中(此时长度是 448 字节,小于一个扇区)。然后再通过 sign.pl 的一个 Perl 脚本规整为一个磁盘扇区的 512 字节大小,并将最后两个字节填写上 0x55 和 0xaa。也许读者没有学习过 Perl 脚本语言,但是根据代码 3-2 中我们所添加的中文注释,应该能看懂 sign.pl 所进行的操作。

代码 3-2　sign.pl

```
1.  #!/usr/bin/perl
2.
```

```
3.  open(SIG, $ARGV[0]) || die "open $ARGV[0]: $!";  //打开命令行参数指出的文件
4.
5.  $n = sysread(SIG, $buf, 1000);                    //读入 1000 字节到 buf 中
6.
7.  if($n > 510) {                                    //如果读入字节数大于 510
8.      print STDERR "boot block too large: $n bytes (max 510) \n";  //提示超出一个扇区
9.      exit 1;                                       //剩余两个字节需要保存 0x55、0xaa
10. }
11.
12. print STDERR "boot block is $n bytes (max 510) \n";  //打印提示：启动扇区有效字节数
13.
14. $buf .= "\0" x (510-$n);
15. $buf .= "\x55\xAA";                               //缓冲区末尾填写 0x55、0xaa
16.
17. open(SIG, ">$ARGV[0]") || die "open >$ARGV[0]: $!";
18. print SIG $buf;                                    //将缓冲区内容写回文件
19. close SIG;
```

3.2.2　内核代码

启动扇区 bootblock 的主要任务就是将 xv6 内核 kernel 文件读入,并将控制权转交给 kernel 代码,从而运行 xv6 操作系统。kernel 代码本身又包括主体代码和辅助初始化代码两个部分,其生成过程如图 3-2 所示。下面我们将分别介绍各部分的生成过程。

1. kernel 的生成

xv6 内核主体代码由许多独立的 C 源程序编译、链接而成,其中主要的源代码用于实现操作系统的进程管理、内存管理、文件系统和设备管理等,再加上辅助的初始化代码等。完整内核代码的生成过程如图 3-2 所示,其中图 3-2 左上角的 entry.o 负责从 x86 的线性地址模式转向分页的虚地址模式、建立页表映射等内核启动的初始化工作。而 $(OBJS)所对应的 xv6 内核主体是运行在分页地址模式之下,使用页表映射的虚拟内存。右边的 initcode 部分是第一个进程的前身,entryother 是其他 CPU 核启动时的初始化代码。

■ 编译

我们查看 Makefile 中 kernel 目标(见代码 3-3),发现其依赖于 $(OBJS)、entry.o、entryother、initcode 和 kernel.ld。其中 OBJS 变量包含了内核所需的主要目标文件名,另外的 entry.o、entryother 和 initcode 属于内核的启动代码,最后的 kernel.ld 是用于描述链

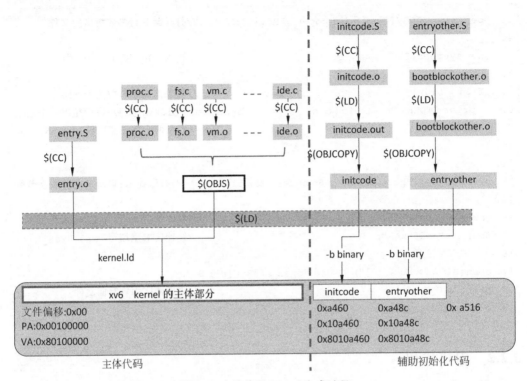

图 3-2　内核代码 kernel 生成过程

接布局和内存定位的链接脚本。

　　在后面的学习中,主要集中于对 $(OBJS)所对应的 C 代码进行分析,操作系统的四大管理功能均由这些代码实现。

　　代码 3-3 的第 4 行表明,内核符号表通过 objdump 工具输出到 kernel.sym 文件中,用于记录所有内核符号和相应的地址。在将来调试中分析某个地址的时候,可以从中获得参考帮助。

代码 3-3　Makefile 中生成 kernel 的部分

```
1.   kernel: $(OBJS) entry.o entryother initcode kernel.ld
2.         $(LD) $(LDFLAGS) -T kernel.ld -o kernel entry.o $(OBJS) -b binary
             initcode entryother
3.         $(OBJDUMP) -S kernel > kernel.asm
4.         $(OBJDUMP) -t kernel | sed '1,/SYMBOL TABLE/d; s/ .* //; /^$$/d' >
             kernel.sym
```

我们用 wc -l 命令统计 kernel.sym 符号个数为 516 个。kernel.sym 内容分为两列，第一列是地址,第二列是对应的符号,前 10 行内容如屏显 3-4 所示。

屏显 3-4　　kernel.sym 行数及前 10 行内容

```
lqm@lqm-VirtualBox:~/xv6-public-xv6-rev9$ wc -l kernel.sym
516 kernel.sym
lqm@lqm-VirtualBox:~/xv6-public-xv6-rev9$ head kernel.sym
80100000 .text
80106de0 .rodata
80107784 .stab
80107785 .stabstr
80108000 .data
8010a520 .bss
00000000 .debug_line
00000000 .debug_info
00000000 .debug_abbrev
00000000 .debug_aranges
lqm@lqm-VirtualBox:~/xv6-public-xv6-rev9$
```

■ **链接**

内核链接过程是代码 3-3 的第 2 行命令完成的,它将 entry.o 和 $(OBJS)按照 kernel.ld 链接脚本的要求进行链接,而且将参数-b binary 之后的 initcode 和 entryother 按照二进制方式安排布局在指定地址。也就是说,initcode 和 entryother 是已经经过链接布局的,并不需要像 $(OBJS)和 entry.o 那样(会将同类的.text、data、bss 等节进行合并布局),而是按照自己原有的 ELF 格式进行独立布局,并拼接在 entry.o 和 $(OBJS)链接结果的后面。

代码 3-4 是编译 xv6 内核文件时使用的链接器脚本 kernel.ld。我们从 SECTIONS 语句中第 12 行的".= 0x80100000"看出,内核代码的地址布局从 0x80100000 开始,但是第 14 行指出其代码的装载地址是 0x100000。我们在图 3-2 标注了内核主体的装载地址 PA=0x00100000,运行地址 VA=0x80100000,后面会解释装载地址和运行地址的差异。

第 6 行的 ENTRY(_start)命令将_start 作为入口地址,_start 符号在代码 4-10 中定义,取值为 0x0010000c,该地址将记录在内核 ELF 文件的文件头结构体 elfhdr 的 entry 成员中(即 elfhdr.entry),可通过 readelf 工具读取查看(见后面屏显 3-5 的"入口点")。

代码 3-4　kernel.ld

```
1.  /* Simple linker script for the JOS kernel.
2.     See the GNU ld 'info' manual ("info ld") to learn the syntax. */
3.
4.  OUTPUT_FORMAT("elf32-i386", "elf32-i386", "elf32-i386")
5.  OUTPUT_ARCH(i386)
6.  ENTRY(_start)
7.
8.  SECTIONS
9.  {
10.     /* Link the kernel at this address: "." means the current address */
11.         /* Must be equal to KERNLINK */
12.     . = 0x80100000;
13.
14.     .text : AT(0x100000) {
15.         *(.text .stub .text.* .gnu.linkonce.t.*)
16.     }
17.
18.     PROVIDE(etext = .);     /* Define the 'etext' symbol to this value */
19.
20.     .rodata : {
21.         *(.rodata .rodata.* .gnu.linkonce.r.*)
22.     }
23.
24.     /* Include debugging information in kernel memory */
25.     .stab : {
26.         PROVIDE(__STAB_BEGIN__ = .);
27.         *(.stab);
28.         PROVIDE(__STAB_END__ = .);
29.         BYTE(0)         /* Force the linker to allocate space
30.                 for this section */
31.     }
32.
33.     .stabstr : {
34.         PROVIDE(__STABSTR_BEGIN__ = .);
35.         *(.stabstr);
```

```
36.        PROVIDE(__STABSTR_END__ = .);
37.        BYTE(0)        /* Force the linker to allocate space
38.                        for this section */
39.    }
40.
41.    /* Adjust the address for the data segment to the next page */
42.    . = ALIGN(0x1000);
43.
44.    /* Conventionally, UNIX linkers provide pseudo-symbols
45.     * etext, edata, and end, at the end of the text, data, and bss
46.     * For the kernel mapping, we need the address at the beginning
47.     * of the data section, but that's not one of the conventional
48.     * symbols, because the convention started before there was a
49.     * read-only rodata section between text and data. */
50.    PROVIDE(data = .);
51.
52.    /* The data segment */
53.    .data : {
54.        * (.data)
55.    }
56.
57.    PROVIDE(edata = .);
58.
59.    .bss : {
60.        * (.bss)
61.    }
62.
63.    PROVIDE(end = .);
64.
65.    /DISCARD/ : {
66.        * (.eh_frame .note.GNU-stack)
67.    }
68. }
```

我们用 readelf -l 查看链接输出的 kernel 文件，可以看到只有一个编号为 00 的段需要装入，如屏显 3-5 所示。其所占磁盘大小为 0xa516，正好是图 3-2 中 entryother 的结束地址。

屏显 3-5　xv6 内核 kernel 的 ELF 段

```
lqm@lqm-VirtualBox:~/xv6-public-xv6-rev9$ readelf -l kernel

Elf 文件类型为 EXEC (可执行文件)
入口点 0x10000c
共有 2 个程序头,开始于偏移量 52

程序头:
  Type           Offset    VirtAddr    PhysAddr    FileSiz   MemSiz   Flg Align
  LOAD           0x001000  0x80100000  0x00100000  0x0a516   0x14068  RWE 0x1000
  GNU_STACK      0x000000  0x00000000  0x00000000  0x00000   0x00000  RWE 0x10

 Section to Segment mapping:
  段节...
  00     .text .rodata .stab .stabstr .data .bss
  01
lqm@lqm-VirtualBox:~/xv6-public-xv6-rev9$
```

kernel.code.section 文件是内核所有代码节的 objdump 内容。

2. 辅助初始化代码

kernel 文件中包含了一部分代码,用于 init 进程初始化及其他处理器启动的初始化代码。其中,init 进程的代码将被装载到 0x0000 地址,而其他核启动初始化代码将装入 0x7000 地址处。注意上面提到的地址,它们都是 0 号处理器核启动之后使用的,因此都是虚地址。

其中的 entryother 刚开始随着内核主体代码一起装入到 0x100000 地址(准确地说是 0x10a48c,见图 3-2)。在主处理器启动完成之后,entryother 将被复制到 0x7000 地址(和链接时指定的起始地址一致),作为其他处理器的启动代码。

initcode 在启动时随内核主体代码一起装入到 0x100000(准确地说是 0x10a460,见图 3-2)。创建第一个进程时,复制到用户空间 0 地址处作为第一个进程(init 进程)的内存映像。xv6 的进程代码是按照 0 地址(虚地址)开始布局的。

代码 3-5 是 Makefile 中生成 entryother 和 initcode 的部分。从第 3 行可知,链接器使用了-N 选项,也就是把.text 和.data 节设置为可读写。

代码 3-5　Makefile 中生成 entryother 和 initcode 的部分

```
1.  entryother: entryother.S
2.          $(CC) $(CFLAGS) -fno-pic -nostdinc -I. -c entryother.S
3.          $(LD) $(LDFLAGS) -N -e start -Ttext 0x7000 -o bootblockother.o
            entryother.o
4.          $(OBJCOPY) -S -O binary -j .text bootblockother.o entryother
5.          $(OBJDUMP) -S bootblockother.o > entryother.asm
6.
7.  initcode: initcode.S
8.          $(CC) $(CFLAGS) -nostdinc -I. -c initcode.S
9.          $(LD) $(LDFLAGS) -N -e start -Ttext 0 -o initcode.out initcode.o
10.         $(OBJCOPY) -S -O binary initcode.out initcode
11.         $(OBJDUMP) -S initcode.o > initcode.asm
```

3. kernelmemfs 的生成

虽然大多数情况下 xv6 使用 IDE 磁盘作为文件系统载体,但在某些情况下也会使用内存盘作为文件系统的载体。当使用内存盘的时候,对应的内核不是 kernel 文件,而是 kernelmemfs。该内核将完整的磁盘文件系统映像包含进来。当启动扇区装载这个 kernelmemfs 内核的时候,已经把整个文件系统一起装入内存,因此后续的磁盘操作都按内存操作方式完成。kernelmemfs 的生成过程如图 3-3 所示,与 kernel 的生成过程类似。

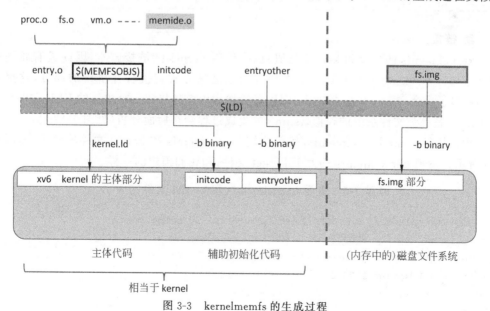

图 3-3　kernelmemfs 的生成过程

■ **编译**

当使用 kernelmemfs 镜像时，内核的主体代码不是由 $(OBJS) 构成的，而是用 $(MEMFSOBJS)，将 $(OBJS) 去除 ide.o 并替换为 memide.o（见代码 3-6 的第 7 行）。因为此时磁盘文件系统是使用内存模拟的，因此文件系统读写磁盘时不再使用 ide.o 中的代码，而是利用 memide.o 中的代码。

代码 3-6　Makefile 中的 kernelmemfs 部分

```
1.  #kernelmemfs is a copy of kernel that maintains the
2.  #disk image in memory instead of writing to a disk
3.  #This is not so useful for testing persistent storage or
4.  #exploring disk buffering implementations, but it is
5.  #great for testing the kernel on real hardware without
6.  #needing a scratch disk
7.  MEMFSOBJS = $(filter-out ide.o,$(OBJS)) memide.o
8.  kernelmemfs: $(MEMFSOBJS) entry.o entryother initcode kernel.ld fs.img
9.          $(LD) $(LDFLAGS) -T kernel.ld -o kernelmemfs entry.o  $(MEMFSOBJS) -b
    binary initcode entryother fs.img
10.         $(OBJDUMP) -S kernelmemfs > kernelmemfs.asm
11.         $(OBJDUMP) -t kernelmemfs | sed '1,/SYMBOL TABLE/d; s/ .* / /; /^$$/d'
    > kernelmemfs.sym
```

■ **链接**

kernelmemfs 的链接和 kernel 类似，也是使用 kernel.ld 链接脚本，因此具有相同的内存布局。不同之处在于-b binary 之后按照二进制方式直接合并拼接的部分，这里比 kernel 多了一个 fs.img 的链接输入，即磁盘镜像和内核链接成一个单一的 ELF 文件。其中 fs.img 是磁盘文件系统的映像，fs.img 的生成过程会在后面分析（见图 3-4）。

我们执行 make kernelmemfs，然后比较 kernelmemfs 和 kernel 文件的大小，如屏显 3-6 所示。发现 kernelmemfs 远大于 kernel 文件，和我们预想的一样。

屏显 3-6　查看 kernelmemfs 和 kernel 文件的大小

```
qm@lqm-VirtualBox:~/xv6-public-xv6-rev9$ ls -l  kernelmemfs
-rwxrwxr-x 1 lqm lqm 678076 3月    8 22:31 kernelmemfs
lqm@lqm-VirtualBox:~/xv6-public-xv6-rev9$ ls -l kernel
-rwxrwxr-x 1 lqm lqm 170532 3月    8 18:17 kernel
lqm@lqm-VirtualBox:~/xv6-public-xv6-rev9$
```

接着我们查看 kernelmemfs 的段和节的情况,如屏显 3-7 所示。如果与屏显 3-5 中 kernel 大小 0x0a516 相比较的话,只能看出需要 LOAD 装入的 00 段比较大(0x87516)。

屏显 3-7　kernelmemfs 的 ELF 段

```
lqm@lqm-VirtualBox:~/xv6-public-xv6-rev9$ readelf -l kernelmemfs

Elf 文件类型为 EXEC (可执行文件)
入口点 0x10000c
共有 2 个程序头,开始于偏移量 52

程序头:
  Type           Offset     VirtAddr    PhysAddr    FileSiz   MemSiz    Flg  Align
  LOAD           0x001000   0x80100000  0x00100000  0x87516   0x91008   RWE  0x1000
  GNU_STACK      0x000000   0x00000000  0x00000000  0x00000   0x00000   RWE  0x10

 Section to Segment mapping:
  段节...
  00      .text .rodata .stab .stabstr .data .bss
  01
lqm@lqm-VirtualBox:~/xv6-public-xv6-rev9$
```

继续查看 kernelmemfs 的节,从.data 节的大小可知 fs.img 是以数据的形式并入到 .data 节的,如屏显 3-8 所示。

屏显 3-8　kernelmemfs 的 ELF 节

```
lqm@lqm-VirtualBox:~/xv6-public-xv6-rev9$ readelf -S kernelmemfs
共有 18 个节头,从偏移量 0xa55ec 开始:

节头:
  [Nr] Name        Type      Addr      Off     Size     ES  Flg  Lk  Inf  Al
  [ 0]             NULL      00000000  000000  000000   00       0   0    0
  [ 1] .text       PROGBITS  80100000  001000  006c06   00  AX   0   0    16
  [ 2] .rodata     PROGBITS  80106c20  007c20  000985   00  A    0   0    32
  [ 3] .stab       PROGBITS  801075a5  0085a5  000001   0c  WA   4   0    1
  [ 4] .stabstr    STRTAB    801075a6  0085a6  000001   00  WA   0   0    1
  [ 5] .data       PROGBITS  80108000  009000  07f516   00  WA   0   0    4096
```

```
 [ 6] .bss            NOBITS    80187520 088516 009ae8 00  WA  0   0   32
 [ 7] .debug_line     PROGBITS  00000000 088516 002483 00      0   0   1
 [ 8] .debug_info     PROGBITS  00000000 08a999 00d99c 00      0   0   1
 [ 9] .debug_abbrev   PROGBITS  00000000 098335 00356c 00      0   0   1
 [10] .debug_aranges  PROGBITS  00000000 09b8a8 0003a8 00      0   0   8
 [11] .debug_loc      PROGBITS  00000000 09bc50 0050bf 00      0   0   1
 [12] .debug_ranges   PROGBITS  00000000 0a0d0f 000818 00      0   0   1
 [13] .debug_str      PROGBITS  00000000 0a1527 000de6 01  MS  0   0   1
 [14] .comment        PROGBITS  00000000 0a230d 000035 01  MS  0   0   1
 [15] .shstrtab       STRTAB    00000000 0a5546 0000a5 00      0   0   1
 [16] .symtab         SYMTAB    00000000 0a2344 002060 10      17  80  4
 [17] .strtab         STRTAB    00000000 0a43a4 0011a2 00      0   0   1
Key to Flags:
 W (write), A (alloc), X (execute), M (merge), S (strings)
 I (info), L (link order), G (group), T (TLS), E (exclude), x (unknown)
 O (extra OS processing required) o (OS specific), p (processor specific)
lqm@lqm-VirtualBox:~/xv6-public-xv6-rev9$
```

再进一步,我们用 readelf -s 命令查看 kernelmemfs 的符号表,如屏显 3-9 所示,发现在数据节(5 号节)有_binary_fs_img_start,这是链接器以 binary 方式将 fs.img 链接进来的时候创建的符号。其地址位于 0x8010a516,正好是在原来 kernel 结束的地方(kernel 大小为 0xa516),另有 fs.img 结束位置符号_binary_fs_img_end=80187516。链接器也为 fs.img 的大小创建了符号_binary_fs_img_size=0x0007d000,正好等于 fs.img 的大小 0x7d000=512000(见屏显 3-10)。

屏显 3-9　查看 kernelmemfs 中有关 fs.img 的符号

```
lqm@lqm-VirtualBox:~/xv6-public-xv6-rev9$ readelf -s kernelmemfs |grep fs.img
   124: 8010a516     0 NOTYPE  GLOBAL DEFAULT    5 _binary_fs_img_start
   258: 0007d000     0 NOTYPE  GLOBAL DEFAULT  ABS _binary_fs_img_size
   459: 80187516     0 NOTYPE  GLOBAL DEFAULT    5 _binary_fs_img_end
lqm@lqm-VirtualBox:~/xv6-public-xv6-rev9$
```

3.2.3　磁盘镜像

在内核启动之后,需要有文件系统保存程序和数据,例如 shell 程序、shell 所执行的外部命令 ls、mkdir、rm、cp、用户所需的其他程序和数据文件等。由于我们将 xv6 运行于

QEMU 仿真环境,因此需要把相应的文件系统内容形成磁盘映像文件,并由 QEMU 负责仿真磁盘的行为。

　　xv6 采用了两个磁盘镜像,一个是 xv6.img,用于存放 xv6 操作系统,另一个是 fs.img,是磁盘文件系统的镜像。这两个镜像的生成过程如图 3-4 所示。当使用 QEMU 仿真器运行 xv6 时,将使用上述两个镜像。如代码 3-7 所示,Makefile 中定义了 QEMUOPTS 变量,用作 QEMU 仿真参数,其中使用-driver 选项定义了两个磁盘驱动器:

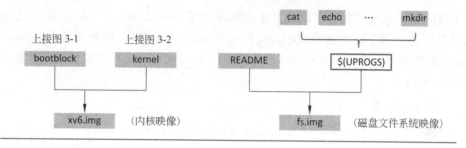

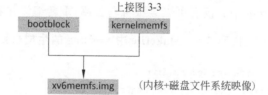

图 3-4　xv6.img、fs.img 和 xv6memfs.img 构成

代码 3-7　Makefile 中关于 QEMU 仿真时使用的磁盘镜像

```
1.  QEMUOPTS = -drive file=fs.img, index=1, media=disk, format=raw -drive file=
    xv6.img, index=0, media=disk, format=raw -smp $(CPUS) -m 512 $(QEMUEXTRA)
2.
3.  qemu: fs.img xv6.img
4.          $(QEMU) -serial mon:stdio $(QEMUOPTS)
5.
6.  qemu-memfs: xv6memfs.img
7.          $(QEMU) -drive file=xv6memfs.img, index=0, media=disk, format=raw -
    smp $(CPUS) -m 256
8.
9.  qemu-nox: fs.img xv6.img
10.         $(QEMU) -nographic $(QEMUOPTS)
```

- 第一个驱动器编号为 0,镜像文件使用的是 xv6.img,格式为 raw-smp。
- 第二个驱动器编号为 1,镜像文件使用的是 fs.img,格式为 raw。

QEMUOPTS 变量中还包括与磁盘无关的 CPU 个数 $(CPUS),内存大小-m512 指出内存容量为 512MB。QEMUOPTS 中的 QEMUEXTRA 暂时没有定义,顾名思义,读者可以根据自己的需要扩充其他额外的选项。

1. QEMU 仿真中的磁盘镜像

例如 make qemu 时,不仅包括上述选项,还包括-serial mon:stdio。而 make qemu-nox 虽然还是使用上述的选项,但是多了一个-nographic 选项,因此不会弹出额外的窗口,而是直接在现有终端下显示 xv6 的输出。make qemu-memfs 则是使用内存盘来保存整个文件系统。

2. xv6.img 映像

从代码 3-8 的 Makefile 中 xv6.img 的生成规则看,xv6.img 依赖于启动扇区 bootblock 以及内核 kernel。虽然依赖关系上也写了 fs.img,但实际上后面的命令中并没有将它加入到 xv6.img 中。读者可以尝试将它去掉,重新编译并看看是否能正常启动。

代码 3-8　Makefile 中 xv6.img 的生成规则

```
1.  xv6.img: bootblock kernel fs.img
2.        dd if=/dev/zero of=xv6.img count=10000
3.        dd if=bootblock of=xv6.img conv=notrunc
4.        dd if=kernel of=xv6.img seek=1 conv=notrunc
```

3. fs.img 映像

磁盘映像 fs.img 是通过 mkfs 工具完成的,相应的 Makefile 规则如代码 3-9 所示。

代码 3-9　Makefile 中 fs.img 的生成规则

```
1.  fs.img: mkfs README $(UPROGS)
2.        ./mkfs fs.img README $(UPROGS)
```

也就是说,mkfs 将 README 和 $(UPROGS)指定的那些文件创建出符合 xv6 文件系统格式的磁盘映像。$(UPROGS)给出的文件名对应于可以运行于 xv6 系统的可执行文件,我们会在学习了 xv6 的 $(OBJS)内核主体代码之后,再来学习和分析这些 xv6 的应用程序。

我们用 ll 命令可了解该磁盘文件系统的总容量为 512000 字节,大致为 500KB,如屏显 3-10 所示。

屏显 3-10   用 ll 查看 fs.img

```
lqm@lqm-VirtualBox:~/xv6-public-xv6-rev9$ ll fs.img
-rw-rw-r-- 1 lqm lqm 512000 3月   8 21:35 fs.img
lqm@lqm-VirtualBox:~/xv6-public-xv6-rev9$
```

由于我们还没有学习 xv6 的文件系统格式,因此现在也无法分析 fs.img 的格式和生成过程。在后面学习完第 9 章的时候,读者就有能力来分析 mkfs 工具的实现。

4. xv6mem.img 映像

与 xv6.img 由启动扇区 bootblock 和内核 kernel 组成不同,xv6mem.img 还包含了完整的磁盘文件系统的内容,即 kernelmemfs ＝ kernel ＋ fs.img,如代码 3-10 所示。

代码 3-10   Makefile 中 xv6memfs.img 的生成规则

```
1.  xv6memfs.img: bootblock kernelmemfs
2.          dd if=/dev/zero of=xv6memfs.img count=10000
3.          dd if=bootblock of=xv6memfs.img conv=notrunc
4.          dd if=kernelmemfs of=xv6memfs.img seek=1 conv=notrunc
```

3.2.4   xv6 的 Makefile

下面的代码 3-11 是 xv6 的 Makefile 的完整内容,我们已经解读了其中的部分内容。随着分析和实验的开展,我们会解读和修改其中的部分内容,读者需要不时地查阅。

由于编译选项中加入了-MD 选项,因此 GCC 分析依赖关系后,会输出 ∗.d 文件。

代码 3-11   xv6 的 Makefile(完整)

```
1.  OBJS = \
2.      bio.o\
3.      console.o\
4.      exec.o\
5.      file.o\
6.      fs.o\
7.      ide.o\
8.      ioapic.o\
9.      kalloc.o\
10.     kbd.o\
```

```
11.     lapic.o\
12.     log.o\
13.     main.o\
14.     mp.o\
15.     picirq.o\
16.     pipe.o\
17.     proc.o\
18.     spinlock.o\
19.     string.o\
20.     swtch.o\
21.     syscall.o\
22.     sysfile.o\
23.     sysproc.o\
24.     timer.o\
25.     trapasm.o\
26.     trap.o\
27.     uart.o\
28.     vectors.o\
29.     vm.o\
30.
31. #Cross-compiling (e.g., on Mac OS X)
32. #TOOLPREFIX = i386-jos-elf
33.
34. #Using native tools (e.g., on x86 Linux)
35. #TOOLPREFIX =
36.
37. #Try to infer the correct TOOLPREFIX if not set
38. ifndef TOOLPREFIX
39. TOOLPREFIX := $(shell if i386-jos-elf-objdump -i 2>&1 | grep '^elf32-i386$$'
    >/dev/null 2>&1; \
40.     then echo 'i386-jos-elf-'; \
41.     elif objdump -i 2>&1 | grep 'elf32-i386' >/dev/null 2>&1; \
42.     then echo ''; \
43.     else echo "***" 1>&2; \
44.     echo "*** Error: Couldn't find an i386-*-elf version of GCC/binutils." 1>&2; \
45.     echo "*** Is the directory with i386-jos-elf-gcc in your PATH?" 1>&2; \
46.     echo "*** If your i386-*-elf toolchain is installed with a command" 1>&2; \
```

```
47.        echo "*** prefix other than 'i386-jos-elf-', set your TOOLPREFIX" 1>&2; \
48.        echo "*** environment variable to that prefix and run 'make' again." 1>&2; \
49.        echo "*** To turn off this error, run 'gmake TOOLPREFIX= ...'." 1>&2; \
50.        echo "***" 1>&2; exit 1; fi)
51. endif
52.
53. # If the makefile can't find QEMU, specify its path here
54. # QEMU = qemu-system-i386
55.
56. # Try to infer the correct QEMU
57. ifndef QEMU
58. QEMU = $(shell if which qemu > /dev/null; \
59.     then echo qemu; exit; \
60.     elif which qemu-system-i386 > /dev/null; \
61.     then echo qemu-system-i386; exit; \
62.     else \
63.     qemu=/Applications/Q.app/Contents/MacOS/i386-softmmu.app/Contents/
    MacOS/i386-softmmu; \
64.     if test -x $$qemu; then echo $$qemu; exit; fi; fi; \
65.     echo "***" 1>&2; \
66.     echo "*** Error: Couldn't find a working QEMU executable." 1>&2; \
67.     echo "*** Is the directory containing the qemu binary in your PATH" 1>&2; \
68.     echo "*** or have you tried setting the QEMU variable in Makefile? " 1>&2; \
69.     echo "***" 1>&2; exit 1)
70. endif
71.
72. CC = $(TOOLPREFIX)gcc
73. AS = $(TOOLPREFIX)gas
74. LD = $(TOOLPREFIX)ld
75. OBJCOPY = $(TOOLPREFIX)objcopy
76. OBJDUMP = $(TOOLPREFIX)objdump
77. CFLAGS = -fno-pic -static -fno-builtin -fno-strict-aliasing -O2 -Wall -MD
    -ggdb -m32 -Werror -fno-omit-frame-pointer
78. # CFLAGS = -fno-pic -static -fno-builtin -fno-strict-aliasing -fvar-
    tracking -fvar-tracking-assignments -O0 -g -Wall -MD -gdwarf-2 -m32 -Werror
    -fno-omit-frame-pointer
```

```
79.  CFLAGS += $(shell $(CC) -fno-stack-protector -E -x c /dev/null >/dev/null 2
     >&1 && echo -fno-stack-protector)
80.  ASFLAGS = -m32 -gdwarf-2 -Wa,-divide
81.  #FreeBSD ld wants ``elf_i386_fbsd''
82.  LDFLAGS += -m $(shell $(LD) -V | grep elf_i386 2>/dev/null)
83.
84.  xv6.img: bootblock kernel
85.      dd if=/dev/zero of=xv6.img count=10000
86.      dd if=bootblock of=xv6.img conv=notrunc
87.      dd if=kernel of=xv6.img seek=1 conv=notrunc
88.
89.  xv6memfs.img: bootblock kernelmemfs
90.      dd if=/dev/zero of=xv6memfs.img count=10000
91.      dd if=bootblock of=xv6memfs.img conv=notrunc
92.      dd if=kernelmemfs of=xv6memfs.img seek=1 conv=notrunc
93.
94.  bootblock: bootasm.S bootmain.c
95.      $(CC) $(CFLAGS) -fno-pic -O -nostdinc -I. -c bootmain.c
96.      $(CC) $(CFLAGS) -fno-pic -nostdinc -I. -c bootasm.S
97.      $(LD) $(LDFLAGS) -N -e start -Ttext 0x7C00 -o bootblock.o bootasm.o
     bootmain.o
98.      $(OBJDUMP) -S bootblock.o > bootblock.asm
99.      $(OBJCOPY) -S -O binary -j .text bootblock.o bootblock
100.     ./sign.pl bootblock
101.
102. entryother: entryother.S
103.     $(CC) $(CFLAGS) -fno-pic -nostdinc -I. -c entryother.S
104.     $(LD) $(LDFLAGS) -N -e start -Ttext 0x7000 -o bootblockother.o entryother.o
105.     $(OBJCOPY) -S -O binary -j .text bootblockother.o entryother
106.     $(OBJDUMP) -S bootblockother.o > entryother.asm
107.
108. initcode: initcode.S
109.     $(CC) $(CFLAGS) -nostdinc -I. -c initcode.S
110.     $(LD) $(LDFLAGS) -N -e start -Ttext 0 -o initcode.out initcode.o
111.     $(OBJCOPY) -S -O binary initcode.out initcode
112.     $(OBJDUMP) -S initcode.o > initcode.asm
113.
```

```
114. kernel: $(OBJS) entry.o entryother initcode kernel.ld
115.     $(LD) $(LDFLAGS) - T kernel.ld - o kernel entry.o $(OBJS) - b binary
     initcode entryother
116.     $(OBJDUMP) -S kernel > kernel.asm
117.     $(OBJDUMP) -t kernel | sed '1,/SYMBOL TABLE/d; s/ .* / /; /^$$/d' >
     kernel.sym
118.
119. #kernelmemfs is a copy of kernel that maintains the
120. #disk image in memory instead of writing to a disk
121. #This is not so useful for testing persistent storage or
122. #exploring disk buffering implementations, but it is
123. #great for testing the kernel on real hardware without
124. #needing a scratch disk
125. MEMFSOBJS = $(filter-out ide.o,$(OBJS)) memide.o
126. kernelmemfs: $(MEMFSOBJS) entry.o entryother initcode kernel.ld fs.img
127.     $(LD) $(LDFLAGS) - T kernel.ld - o kernelmemfs entry.o  $(MEMFSOBJS) - b
     binary initcode entryother fs.img
128.     $(OBJDUMP) -S kernelmemfs > kernelmemfs.asm
129.     $(OBJDUMP) -t kernelmemfs | sed '1,/SYMBOL TABLE/d; s/ .* / /; /^$$/d' >
     kernelmemfs.sym
130.
131. tags: $(OBJS) entryother.S _init
132.     etags *.S *.c
133.
134. vectors.S: vectors.pl
135.     perl vectors.pl > vectors.S
136.
137. ULIB = ulib.o usys.o printf.o umalloc.o
138.
139. _%: %.o $(ULIB)
140.     $(LD) $(LDFLAGS) -N -e main -Ttext 0 -o $@ $^
141.     $(OBJDUMP) -S $@ > $*.asm
142.     $(OBJDUMP) -t $@ | sed '1,/SYMBOL TABLE/d; s/ .* / /; /^$$/d' > $*.sym
143.
144. _forktest: forktest.o $(ULIB)
145.     #forktest has less library code linked in - needs to be small
146.     #in order to be able to max out the proc table
```

```
147.    $(LD) $(LDFLAGS) -N -e main -Ttext 0 -o _forktest forktest.o ulib.o usys.o
148.    $(OBJDUMP) -S _forktest > forktest.asm
149.
150. mkfs: mkfs.c fs.h
151.    gcc -Werror -Wall -o mkfs mkfs.c
152.
153. # Prevent deletion of intermediate files, e.g. cat.o, after first build, so
154. # that disk image changes after first build are persistent until clean.   More
155. # details:
156. # http://www.gnu.org/software/make/manual/html_node/Chained-Rules.html
157. .PRECIOUS: %.o
158.
159. UPROGS=\
160.    _cat\
161.    _echo\
162.    _forktest\
163.    _grep\
164.    _init\
165.    _kill\
166.    _ln\
167.    _ls\
168.    _mkdir\
169.    _rm\
170.    _sh\
171.    _stressfs\
172.    _usertests\
173.    _wc\
174.    _zombie\
175.    _my-app\
176.        _print-pid\
177.
178. fs.img: mkfs README $(UPROGS)
179.    ./mkfs fs.img README $(UPROGS)
180.
181. -include *.d
182.
183. clean:
```

```
184.     rm -f *.tex *.dvi *.idx *.aux *.log *.ind *.ilg \
185.     *.o *.d *.asm *.sym vectors.S bootblock entryother \
186.     initcode initcode.out kernel xv6.img fs.img kernelmemfs mkfs \
187.     .gdbinit \
188.     $(UPROGS)
189.
190. #make a printout
191. FILES = $(shell grep -v '^\#' runoff.list)
192. PRINT = runoff.list runoff.spec README toc.hdr toc.ftr $(FILES)
193.
194. xv6.pdf: $(PRINT)
195.     ./runoff
196.     ls -l xv6.pdf
197.
198. print: xv6.pdf
199.
200. #run in emulators
201.
202. bochs : fs.img xv6.img
203.     if [ ! -e .bochsrc ]; then ln -s dot-bochsrc .bochsrc; fi
204.     bochs -q
205.
206. #try to generate a unique GDB port
207. GDBPORT = $(shell expr `id -u` % 5000 + 25000)
208. #QEMU's gdb stub command line changed in 0.11
209. QEMUGDB = $(shell if $(QEMU) -help | grep -q '^-gdb'; \
210.     then echo "-gdb tcp::$(GDBPORT)"; \
211.     else echo "-s -p $(GDBPORT)"; fi)
212. ifndef CPUS
213. CPUS := 2
214. endif
215. QEMUOPTS = -drive file=fs.img, index=1, media=disk, format=raw -drive file
     =xv6.img, index=0, media=disk, format=raw -smp $(CPUS) -m 512 $(QEMUEXTRA)
216.
217. qemu: fs.img xv6.img
218.     $(QEMU) -serial mon:stdio $(QEMUOPTS)
219.
```

```
220. qemu-memfs: xv6memfs.img
221.     $(QEMU) -drive file=xv6memfs.img,index=0,media=disk,format=raw -smp
     $(CPUS) -m 256
222.
223. qemu-nox: fs.img xv6.img
224.     $(QEMU) -nographic $(QEMUOPTS)
225.
226. .gdbinit: .gdbinit.tmpl
227.     sed "s/localhost:1234/localhost:$(GDBPORT)/" < $^ > $@
228.
229. qemu-gdb: fs.img xv6.img .gdbinit
230.     @echo "*** Now run 'gdb'." 1>&2
231. #   $(QEMU) -serial mon:stdio $(QEMUOPTS) -S $(QEMUGDB)
232.     $(QEMU) -monitor stdio  $(QEMUOPTS) -S $(QEMUGDB)
233.
234. qemu-nox-gdb: fs.img xv6.img .gdbinit
235.     @echo "*** Now run 'gdb'." 1>&2
236.     $(QEMU) -nographic $(QEMUOPTS) -S $(QEMUGDB)
237.
238. #CUT HERE
239. #prepare dist for students
240. #after running make dist, probably want to
241. #rename it to rev0 or rev1 or so on and then
242. #check in that version.
243.
244. EXTRA=\
245.     mkfs.c ulib.c user.h cat.c echo.c forktest.c grep.c kill.c\
246.     ln.c ls.c mkdir.c rm.c stressfs.c usertests.c wc.c zombie.c\
247.     printf.c umalloc.c\
248.     README dot-bochsrc *.pl toc.* runoff runoff1 runoff.list\
249.     .gdbinit.tmpl gdbutil\
250.
251. dist:
252.     rm -rf dist
253.     mkdir dist
254.     for i in $(FILES); \
255.     do \
```

```
256.        grep -v PAGEBREAK $$i >dist/$$i; \
257.    done
258.    sed '/CUT HERE/,$$d' Makefile >dist/Makefile
259.    echo >dist/runoff.spec
260.    cp $(EXTRA) dist
261.
262. dist-test:
263.    rm -rf dist
264.    make dist
265.    rm -rf dist-test
266.    mkdir dist-test
267.    cp dist/* dist-test
268.    cd dist-test; $(MAKE) print
269.    cd dist-test; $(MAKE) bochs || true
270.    cd dist-test; $(MAKE) qemu
271.
272. #update this rule (change rev#) when it is time to
273. #make a new revision.
274. tar:
275.    rm -rf /tmp/xv6
276.    mkdir -p /tmp/xv6
277.    cp dist/* dist/.gdbinit.tmpl /tmp/xv6
278.    (cd /tmp; tar cf - xv6) | gzip >xv6-rev9.tar.gz   #the next one will be 9 (6/
     27/15)
279.
280. .PHONY: dist-test dist
```

3.3　xv6 内核简介

前面我们已经了解到 xv6 系统包括启动引导代码、内核主体、磁盘文件系统中的应用程序三个组成部分。这一节则是对内核主体代码的一个简要介绍。按照操作系统功能，我们从进程管理、内存管理、文件系统和设备四个方面展开。

3.3.1　进程管理

xv6 是分时多任务操作系统,与任何其他分时多任务操作系统一样,进程都是其核心概念。xv6 通过 PCB 进程控制块管理进程,xv6 的进程控制块是一个 proc 结构体。所有的进程控制块构成一个静态的数组 ptable[NPROC](NPROC=64),未使用的进程控制块其状态设置为未使用(ptable[X].state=UNUSED)。xv6 进程控制块在进程亲缘关系方面只记录父进程,并不像 Linux 那样还记录子进程、兄弟进程等复杂的关系。进程控制块 proc 中记录的进程资源主要是该进程所打开的文件、页表、内核栈等少量信息。

从这里可以看出 xv6 仅可以作为教学系统,虽然"麻雀虽小五脏俱全",但是设计和实现上确实非常简陋。

1. 进程调度

由于各个处理器共享一个全局进程表(ptable[]),因此 xv6 的调度可以用图 3-5 表示。调度算法采用了极简单的时间片轮转算法。因为各处理器核上的调度器并发地共享一个就绪进程队列,所以需要用自旋锁进行互斥保护。

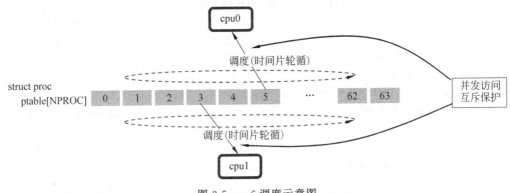

图 3-5　xv6 调度示意图

■ 时间片轮转调度

如果用户程序一直占有 CPU 使得 xv6 操作系统得不到运行,那么操作系统什么事也做不了。因此计算机上通常设置了定时中断,通过中断转去执行中断服务代码,这些代码属于操作系统内核,所以操作系统才有机会接管系统并进行相关的管理。除了定时中断外,其他中断和异常(包括系统调用),都使内核有接管系统的机会。

定时器每经过一个计时周期 tick 就会发出时钟中断,每次都会经时钟中断处理函数进入到调度函数,从而引发一次调度。调度器则是简单地循环扫描 ptable[],找到下一个就绪进程,并且切换过去。

也就是说,xv6 的时间片并不是指一个进程每次能执行一个时间片 tick 对应的时长,而是不管该进程什么时候开始拥有 CPU 的,只要到下一个时钟 tick 就必须再次调度。每一遍轮转过程中,各个进程所占有的 CPU 时间是不确定的,小于或等于一个时钟 tick 长度。例如某个进程 A 在执行了半个 tick 时间然后阻塞睡眠,此时调度器执行另一个就绪进程 B,那么 B 执行半个 tick 后就将面临下一次调度。

■ 调度切换时机

除了被动的定时中断原因外,还可能因为进程发出系统调用进入内核,出于某些原因而需要阻塞,从而主动要求切换到其他进程。例如发出磁盘读写操作、或者直接进行 sleep 系统调用都可能进入阻塞并切换到其他进程。

■ 执行断点

在继续讨论之前,我们先要澄清或定义一下"断点"的概念。根据被中断的代码运行级别,它可能是用户态断点或内核态断点。根据引发代码断点原因,它可以分为系统调用/中断引起或代码切换引起。这些断点根据上述组合,可以出现 4 大类,如表 3-1 所示。

表 3-1　xv6 断点类型

断点原因 断点所处状态	系统调用/中断	进程切换
用户态	进入内核态,断点在 trapframe	无
内核态	保持内核态,断点在 trapframe	断点在 context

■ 系统调用/中断引起的断点

这类断点都是用 trapframe 来保存的,如果发生在用户态则在 trapframe 中有 ss 和 esp;否则在内核态发生系统调用/中断,则 trapframe 中没有保存 ss 和 esp。

- **进程的用户态断点**:例如 shell 进程发出读按键操作的 read() 系统调用从而进入内核态,此时 shell 的用户态代码断点就是发出 read() 系统调用的位置,当从系统调用返回时需要从该位置的下一条指令开始运行。又或者,shell 进程在执行某条用户态代码中的指令 X,此时发生了时钟中断从而进入内核态执行中断服务程序,那么此时 shell 用户态断点就是 X 指令处,下次再被调度执行返回到用户态时,需要从该断点处恢复执行 X+1 指令。
- **进程的内核态断点**:例如,当进程在执行 getpid 系统调用的过程中,发生了一次中断,那么断点在 getpid() 函数的某处。此时该断点也是通过一个 trapframe 保存在本进程的内核栈中。

■ **切换代码断点**

该断点仅仅是进程切换的辅助代码中的断点，与进程本身没有关系，既不是系统调用应该执行的代码，也不是中断服务所需要执行的代码。而仅仅是 swtch() 切换代码的断点。

例如，上述 shell 进程进入到 read() 系统调用的内核态代码后，发现没有按键，则通过 sleep() 进入阻塞以等待按键发生，sleep() 进一步调用 sched() 切换到其他进程，此时 shell 进程在 sched() 中的某处停止运行，该断点称为切换代码的断点。当用户按下某个字符键之后进程重新成为就绪进程，下次被调度时需要从 sched() 处的断点位置恢复运行，并逐级返回将按键值传给 shell 进程。类似地，如果 shell 是因为时钟中断而进入内核代码，也存在 sched() 某处停止运行的断点，再次被调度时从该断点处继续运行。

注意：我们后面将系统调用/中断引起的断点简称为"中断断点"，而切换代码断点称为"切换断点"。

■ **进程切换过程**

xv6 通过上面的调度机制，实现多个进程在处理器上断续地、轮流地获得执行。我们称让出 CPU 的为换出进程，即将获得 CPU 的为切入进程，换出和切入两种操作就称为进程切换过程。在 xv6 代码中，调度代码相对比较简单易懂，但是进程切换过程的代码则比较复杂。这些精巧构思的方案体现了编码实现的工程之美，但是通常难以实施教学过程，因此总是被有意或无意地忽略。

进程切换总是发生在内核态，在底层实现上分成两个步骤：从换出进程的内核执行流切换到调度器 scheduler 的执行流，然后再从调度器 scheduler 的执行流切换到切入进程的执行流。图 3-6 展示了从换出进程 shell 切换到切入进程 cat 的两个步骤。选择下一个被执行进程的调度操作是通过 scheduler() 函数完成，该函数虽然没有独立的进程号，但是具有独立的执行流，拥有独立的用于保存断点现场的堆栈。scheduler() 被设计成一个无限循环，其工作就是选取下一个就绪进程，然后切换过去执行。

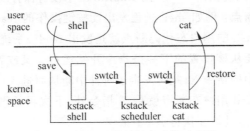

图 3-6　进程切换的两个步骤示意图

从图 3-6 可以看出，用户进程必须进入到内核态（通过中断或系统调用）才可能发生切换,也就是说无论是 shell 进程被打断的位置,还是 cat 恢复执行的位置,都是处于某一段内核代码中的。因此进程切换所关心的进程执行"切换断点"并不在用户代码处,也就是说此处所谓的执行流的"断点"和用户代码没有关系。当然从切换断点恢复执行后,最终还是要返回到因"系统调用/中断"引起的用户态断点或内核态断点的。例如我们这里从 shell 进程的"切换断点"恢复执行后,最终还将返回到用户态断点(例如 read()的下一条指令)继续运行。

由于存在"换出进程->内核->切入进程"执行流的转换,需要解决执行流被打断执行后内核断点的现场保存,以及将新进程从上次内核断点处恢复现场并再次运行的问题。xv6 使用堆栈来保存这些现场,这就要求每个进程有自己的独立"内核栈",而每个处理器上的 scheduler()内核执行流也要有自己的独立内核栈。同理,用户态断点也需要保存现场,xv6 代码借助 x86 的硬件中断机制,利用堆栈中的陷阱帧 trapframe 保存现场。

整个切换过程可以用图 3-7 表示,读者注意其中的用户态、内核态断点现场保存,并

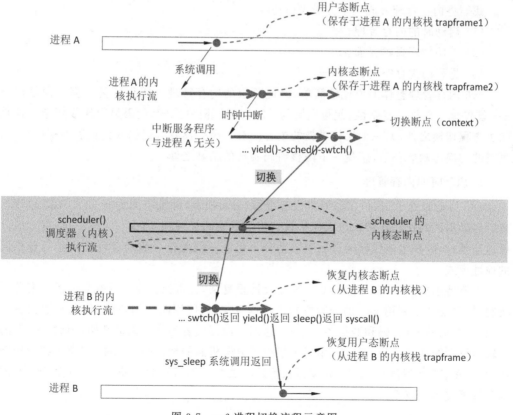

图 3-7　xv6 进程切换流程示意图

且自行思考进程 B 如何切换到进程 C 以及相应 scheduler 执行流的变化(注意前面提到过该函数是无限循环,每次循环选择一个就绪进程并切换过去执行)。

2. 负载均衡

xv6 进程管理涉及进程的简单调度,多个处理器核共用一个就绪任务队列并按照轮循方式进行调度。也就是说 xv6 并没有显式地进行负载均衡,只是在调度中简单地处理负载均衡问题。

例如两个处理器各自的调度器都从一个公共的 ptable[]中查找就绪进程,并执行该进程一个时间片,然后进入下一个调度周期。因此 ptable[]的任务并不绑定于某个处理器,从而不会出现一个处理器忙而另一个处理器空闲的情况,这就间接地在一定程度上实现了负载均衡。

3.3.2　内存管理

我们将内存管理分成三个方面来讨论:

(1) 启动时的内存管理。

(2) 空闲物理页帧管理。

(3) 进程的虚存空间管理。

xv6 内存管理整体上说比较简单,因此顶层的内存管理代码很容易掌握。但是由于 x86 硬件地址部件的复杂性,使得底层与 CPU 地址部件的交互代码显得比较繁杂。这是除了进程切换之外,另一个比较难教的内容。有兴趣的读者可以深入到页表的初次建立、页表的切换等微妙环节,感受一下内核编码实现的精妙之处。

1. 启动时的内存管理

x86 启动时处于 16 位状态并且没有分段/分页机制,寻址空间为 $0 \sim 2^{20-1}$(共 1MB),然后启动扇区的代码将很快进入保护模式将寻址空间扩展到 $0 \sim 2^{32-1}$(共 4GB)并开启分段地址模式,内核主体代码运行后则启动分页机制。因此整个启动过程经历了三种不同的地址模式。

需要特别提到的是,虽然 x86 处理器设计很复杂,进入保护模式后既有分段又有分页机制,但是 xv6 仅利用 x86 的分段机制作特权级控制,使用两个用户段(代码和数据各一个)和两个内核段(代码和数据各一个)。这四个段都设置为从 0 地址开始,因此 x86 下的逻辑地址和线性地址是一致的,相当于架空了分段机制的地址映射功能(保留了特权控制能力)。ARM 处理器和 MIPS 处理器只使用分页机制而没有分段机制,相对而言它们的内存管理代码比较简洁。

2. 空闲物理页帧管理

启动分页机制后,空闲的物理页帧是按照链表方式管理的。每个空闲物理页帧的头部几个字节用作链接指针,链表头由 kmem.freelist 管理。当需要分配物理页帧时,通过 kalloc() 从链表头部取下一个页帧,反之释放一个页帧后通过 kfree() 将其加入到该空闲列表中。相对于 Linux 使用 buddy 系统来管理物理页帧,xv6 的物理内存管理显得非常简陋。

3. 进程的虚存空间管理

xv6 的进程在启动时的内存空间使用情况是由可执行文件中的信息决定的,运行后还可能申请新的空间或释放内存空间,呈现动态变化。xv6 进程空间的内存管理也比较简单,只是一个连续区间的伸缩变化,而不像 Linux 进程那样会出现多个离散的区间。

3.3.3　文件系统

xv6 实现了 UNIX/Linux 风格的文件系统,虽然功能简单缺少性能上的考虑,但却能体现 UNIX 文件系统所有的核心概念。该文件系统可以提供用户数据的保存和管理,实现了 IDE 硬盘上的数据持久化(persistence)。

简单来说,xv6fs 文件系统和其他文件系统一样,需要解决以下几个问题:

- 磁盘空间的管理:需要按照功能不同对磁盘盘块进行划分和布局。
- 盘块使用管理:记录哪些盘块已经装有数据,哪些盘块是空闲可用的。
- 文件数据盘块的组织:记录一个文件所包含的数据盘块有哪些。
- 按名访问的能力:文件按路径进行访问,形成树状组织关系。
- 文件的读写操作:提供系统调用,用于实现文件的读写操作过程。

为了提高性能和可靠性,xv6 和通常的文件系统一样,还提供了以下功能:

- 提供磁盘盘块缓冲:用内存空间充当磁盘数据的缓冲,形成二级存储体系提高访问性能。
- 保证数据完整性:在文件写操作中,用日志方式来实现,即便系统崩溃也能保证数据完整性。

读者在后面学习了 9.1 节后应当掌握图 3-8 所示的几个知识点,明白它们各自的功能作用,并理解它们之间的联系互动。

1. 磁盘布局

xv6fs 将整个磁盘进行分割以形成不同用途的区域:超级块,用于记录文件系统的整体信息,包含磁盘空间的布局情况;索引节点区,其每个索引节点记录一个文件的数据盘块位置;盘块位图区,其每位表示对应的数据盘块是含有文件数据还是空闲;数据盘块区,

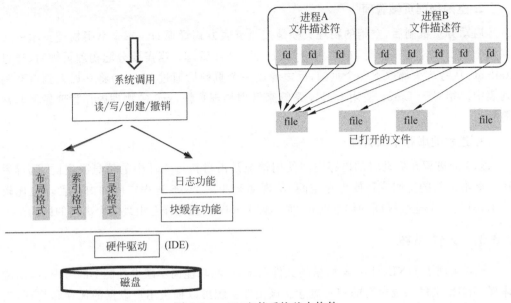

图 3-8   xv6fs 文件系统基本构件

用于保存各种文件数据;日志区,用于保存写操作的日志。xv6 文件系统所形成的布局如图 9-2 所示。

2. 文件数据盘块组织

一个 xv6fs 中的文件用一个索引节点 inode 来管理其数据盘块,即操作系统课程中所谓的混合索引方式。一部分数据的盘块号直接记录在 inode 的一个数组成员变量中,可以快速方便地访问到。其余的数据盘块号(如果有的话)记录到一个索引盘块中,需要间接访问才能获得。一个文件索引节点 inode 对盘块的管理如图 9-5 所示。

3. 目录结构

索引节点虽然管理了一个文件的磁盘盘块,但是文件系统中有众多的文件需要有效管理,而实践中树形目录结构是常用的有效方式。xv6fs 中一个目录记录为一个文件,该文件的数据按照目录项的结构进行解析,每一个项包含一个文件(或子目录)名以及对应的索引节点号。与 Linux 的 EXT 文件系统类似,根目录"/"有固定的位置,xv6fs 的根目录对应索引节点为 1 的那个文件。通过目录文件的层次关系,就可以建立起目录的树形结构,如图 9-7 所示。普通文件和目录文件是通过它们各自的索引节点类型来区分的。

4. 读写操作

文件系统并不只是磁盘上的数据,而且还包含如何访问它们的代码。xv6fs 提供了若干文件系统访问的系统调用,包括读写、创建与删除、链接等。这些代码需要根据前面文件系统的存储规范(布局、索引等格式)来获取所需的数据,而且还需要和其他辅助系统互动:

- 需要 IDE 设备驱动来实现具体盘块的读写访问。
- 需要借助块缓存来加快文件读写操作(对应 Linux 使用的是页缓存)。
- 需要借助日志来保证写操作的原子性,实现文件数据的完整性。

3.3.4　设备

设备管理主要通过驱动程序来实现,设备驱动程序的用户接口是借助文件系统来实现的,也就是所谓的设备文件。当一个索引节点的类型被设置成"T_DEV"类型则代表一个设备,对这样的文件进行打开、关闭、读或写操作时,都不是对磁盘文件的操作,而是通过操作函数表转向设备驱动程序提供的代码。

其中键盘和 CRT 显示器这样的设备比较简单,磁盘则略显复杂一些。由于设备驱动和硬件细节绑定过紧,我们不能展开讨论,只能对键盘、显示器和 IDE 硬盘做的硬件操作进行简单介绍。本书主要还是着重分析通用的设备文件接口框架。

3.4　本章小结

在本章中,读者先了解了 xv6 的三部分可执行代码:启动扇区、内核主体代码和磁盘文件系统中的应用程序。再利用 ELF 可执行文件格式方面的知识,查看了 bootblock、kernel 的段、节信息。然后对 xv6 的四大管理功能,即进程管理、内存管理、文件系统和设备进行了简要的介绍。学习完本章之后,读者对 xv6 仅形成非常粗略的认知。

练习

请修改 Makefile,将 bootblock 的生成分成两个步骤,第一步将 bootblock.o 中的 .text 节输出到 bootblock.text 中,检查其文件大小。然后再利用自行编写的程序(替代 sign.pl 程序)将 bootblock.text 生成用于启动扇区的 bootblock 文件。

第 4 章

系统启动

xv6 的系统启动过程和 x86 上的其他操作系统启动过程类似,先从主板 BIOS 代码开始,再转入启动扇区代码,然后转入内核启动代码,最后创建 init 以及 shell 进程。

下面先简单介绍一些包含全局性信息的代码,再分析 bootloader 的启动扇区代码 bootblock,最后学习 xv6 操作系统的初始化代码。

注意:xv6 源代码是操作系统代码,因此与硬件架构有密切关系。特别是启动代码,不仅完成一些 x86 硬件初始化工作的细节,还将涉及到 x86 处理器发展史上的历史遗留问题而显得更加晦涩难懂。如果读者在阅读中有硬件架构上的疑惑,请参阅第 12 章有关 x86 处理器架构的信息。特别是对 x86 还非常陌生且在学习本章过程感觉到很吃力的读者,建议先阅读第 12 章。

4.1 全局性信息

之所以将全局性信息放在最开头,主要是方便读者查阅。类似地,代码分析的章节安排是按照程序开机,然后执行引导程序,再进入 xv6 初始化的顺序进行。但是从学习的角度上说,读者并不需要完全按此章节次序学习,例如,建议直接从 4.2 节开始学习,甚至可以先从大家比较熟悉的进程管理(第 6 章 6.1 节)入手更有成就感和收获感,然后在需要的时候再返回这里学习和查阅信息。

4.1.1 xv6 系统常数(param.h)

这个文件定义了几个常量,被后续的代码所引用。读者现在大致浏览一下,知道有哪些常量即可。后面在用到相关常数的时候可以回来查看。各个常数的用途在代码的注释部分有简要的说明。

代码 4-1　param.h

```
1.  #define NPROC          64           //maximum number of processes
2.  #define KSTACKSIZE 4096              //size of per-process kernel stack
3.  #define NCPU           8            //maximum number of CPUs
4.  #define NOFILE         16           //open files per process
5.  #define NFILE          100          //open files per system
6.  #define NINODE         50           //maximum number of active i-nodes
7.  #define NDEV           10           //maximum major device number
8.  #define ROOTDEV        1            //device number of file system root disk
9.  #define MAXARG         32           //max exec arguments
10. #define MAXOPBLOCKS    10           //max #of blocks any FS op writes
11. #define LOGSIZE        (MAXOPBLOCKS * 3)   //max data blocks in on-disk log
12. #define NBUF           (MAXOPBLOCKS * 3)   //size of disk block cache
13. #define FSSIZE         1000         //size of file system in blocks
```

4.1.2　x86.h 硬件相关代码

x86.h 主要提供了若干用于访问硬件的内嵌汇编函数,以及因中断/系统调用而进入内核态时在堆栈中建立的 trapframe。

1. 访问硬件(内嵌汇编)

该源文件用于封装 x86 汇编指令并形成内嵌(inline)函数,使得其他 C 代码可以方便地使用底层的硬件操作指令。例如 inb()用于从指定的 I/O 端口 port 读入一个字节,outb()是向指定的 I/O 端口 port 输出一个字符 data。其他用于 I/O 读写的函数还有insl()、outw()、outsl()、stosb()和 stosl()。

lgdt 用于设置 GDTR 寄存器,lidt()用于设置 IDTR 寄存器,ltr()用于设置 TR 寄存器。loadgs 用于设置附加段 GS 寄存器。

cli()用于关中断,sti()用于开中断。readeflags()用于读取标志寄存器的值。xchg()用于实现原子性的交换操作(用于支持同步操作),rcr2()用于读 CR2 寄存器内容,lcr3()用于设置页表寄存器 CR3。

除了前面的体系结构相关的操作外,还定义了一个 trap 的栈帧结构 trapframe,是进程进入内核态的时候在内核栈中构建的一个数据结构。trapframe 用于记录用户态断点的信息,其细节将在下面展开讨论。

2. trapframe

用户代码和内核代码是相互独立的执行流,用户代码的执行流会被内核代码执行流所中断,此时用户进程的执行流断点现场将保存在一个称为 trapframe 的陷阱帧中。trapframe 是一个非常关键的知识点,当读者分析中断处理代码、系统调用和进程切换的细节时,将会用到该数据结构。

从用户态切换到内核态前,我们需要在内核堆栈中保存用户态断点的一些现场信息,以便将来返回到用户态断点继续运行。硬件中断会在堆栈中压入 ss、esp、eflags、cs 和 ip 等几个寄存器的信息作为 trapframe 的起点,然后中断处理进入到公共入口 alltraps(定义在代码 7-1 的第 5 行)之后,将继续建立 trapframe,除了硬件自动压入的一些寄存器外还将继续压入 ds、es、fs 和 gs,然后用 pushal 指令又压入了 eax、ecx、edx、ebx、oesp、ebp、esi 和 edi。此时构造了完整的 trapframe,保存了用户态断点的所有信息,也是恢复被中断的用户态执行现场所需的全部信息。

在代码 4-2 的第 150 行处定义了 trapframe 结构体,需要注意的是结构体成员在代码中从前往后的次序,对应于从低地址逐渐往高地址的布局,因此对应图 4-1 从下往上的顺序。

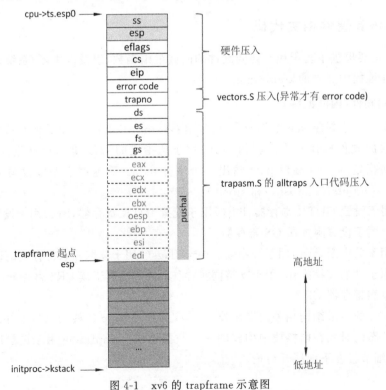

图 4-1 xv6 的 trapframe 示意图

在系统调用过程中,通过调用 trap()函数(参见代码 7-2 的第 35 行),将进行任务分发,根据堆栈 trapframe 里保存的中断号(trapno)转入到相应函数去处理。

如果中断(或系统调用)是在内核态发生的,则 trapframe 顶部没有 ss 和 esp 两项,直接从 eflsgs 开始。

3. x86.h

本节前面已经提到过,x86.h 文件定义了访问 x86 硬件端口、控制寄存器、开关中断、原子交换等操作的内联函数,这些操作的具体实现都是通过内嵌汇编实现的。因此我们先简单介绍一下内嵌汇编的一些常识,以便读者能阅读 x86.h。

在使用内嵌汇编时,要先编写汇编指令模板,然后将 C 语言表达式(变量)与指令的操作数相关联,并告诉 GCC 对这些操作有哪些限制条件。代码 4-2 里的内嵌汇编是以类似"asm volatile("…"∶"…"∶"…"∶"…");"的形式出现,括号内是"汇编语句模板∶输出部分∶输入部分∶破坏(输出、修改)描述部分"。例如代码 4-2 里 inb()所对应的内嵌汇编摘录如下:

```
1.   inb(ushort port)
2.   {
3.       uchar data;
4.
5.       asm volatile("in %1,%0" : "=a" (data) : "d" (port));
6.       return data;
7.   }
```

上面的"in ％1,％0"是指令模板;"in"是操作指令,"％0"和"％1"代表指令的操作数,称为占位符,内嵌汇编靠它们将 C 语言表达式映射到汇编指令的操作数。指令模板后面用小括号括起来的是 C 语言表达式,本例中只有两个,"data"和"port",它们按照出现的顺序分别与指令操作数"％0","％1"对应。注意对应顺序:第一个 C 表达式对应"％0";第二个表达式对应"％1",以此类推。操作数至多有 10 个,分别用"％0","％1",…,"％9"表示。说明该 in 汇编指令从 port 指定的端口读入数据到 data 所在内存单元。

在每个操作数前面有一个用引号括起来的字符串,字符串的内容是对该操作数的限制或要求。其中输入部分的 port 要映射到 edx。输出部分的"＝"用于区分输入部分,而""＝a" (data)"则表示将 eax 寄存器与 data 变量关联,指令执行完毕后从端口读入到 eax 的值最终要更新到 data 变量中。类似地,下面举例几个映射限制字符:b->ebx、c->ecx、d->edx…,r 则表示映射到通用寄存器即可,m 表示内存变量。

C 表达式(或者变量)与寄存器的关系由 GCC 自动处理,我们只需使用限制字符串指导 GCC 如何处理即可。这些表达式(变量)与寄存器之间的关联(或者称为映射),使得指令的效果像是直接对关联变量进行的操作。限制字符必须与指令对操作数的要求相匹配,否则产生的汇编代码将会有错。

另一个需要注意的是汇编指令的 rep 重复前缀,也就是重复执行被修饰的指令,重复次数记录在 ecx 寄存器中。

在 x86.h 的后面定义了陷阱帧 trapframe 结构体,用于保存中断时的现场。trapframe 的高地址中的 esp 和 ss 仅用于从用户态中断的情况。

代码 4-2　x86.h

```
1.  //Routines to let C code use special x86 instructions
2.
3.  static inline uchar
4.  inb(ushort port)
5.  {
6.    uchar data;
7.
8.    asm volatile("in %1,%0" : "=a" (data) : "d" (port));
9.    return data;
10. }
11.
12. static inline void
13. insl(int port, void *addr, int cnt)    //从端口 port 连续读入 cnt 个整数(4 字节)
14. {
15.   asm volatile("cld; rep insl" :
16.            "=D" (addr), "=c" (cnt) :
17.            "d" (port), "0" (addr), "1" (cnt) :
18.            "memory", "cc");
19. }
20.
21. static inline void
22. outb(ushort port, uchar data)              //往 port 端口写出一个字节
23. {
24.   asm volatile("out %0,%1" : : "a" (data), "d" (port));
25. }
26.
```

```
27. static inline void
28. outw(ushort port, ushort data)          //往 port 端口写出一个字(两个字节)
29. {
30.     asm volatile("out %0,%1" : : "a" (data), "d" (port));
31. }
32.
33. static inline void
34. outsl(int port, const void * addr, int cnt)   //往端口 port 写出 cnt 个整数(4字节)
35. {
36.     asm volatile("cld; rep outsl" :
37.                 "=S" (addr), "=c" (cnt) :
38.                 "d" (port), "0" (addr), "1" (cnt) :
39.                 "cc");
40. }
41.
42. static inline void
43. stosb(void * addr, int data, int cnt)
44. {
45.     asm volatile("cld; rep stosb" :
46.                 "=D" (addr), "=c" (cnt) :
47.                 "0" (addr), "1" (cnt), "a" (data) :
48.                 "memory", "cc");
49. }
50.
51. static inline void
52. stosl(void * addr, int data, int cnt)
53. {
54.     asm volatile("cld; rep stosl" :
55.                 "=D" (addr), "=c" (cnt) :
56.                 "0" (addr), "1" (cnt), "a" (data) :
57.                 "memory", "cc");
58. }
59.
60. struct segdesc;
61.
62. static inline void
63. lgdt(struct segdesc * p, int size)
```

```
64. {
65.    volatile ushort pd[3];
66.
67.    pd[0] = size-1;
68.    pd[1] = (uint)p;
69.    pd[2] = (uint)p >> 16;
70.
71.    asm volatile("lgdt (%0)" : : "r" (pd));
72. }
73.
74. struct gatedesc;
75.
76. static inline void
77. lidt(struct gatedesc * p, int size)
78. {
79.    volatile ushort pd[3];
80.
81.    pd[0] = size-1;
82.    pd[1] = (uint)p;
83.    pd[2] = (uint)p >> 16;
84.
85.    asm volatile("lidt (%0)" : : "r" (pd));
86. }
87.
88. static inline void
89. ltr(ushort sel)
90. {
91.    asm volatile("ltr %0" : : "r" (sel));
92. }
93.
94. static inline uint
95. readeflags(void)
96. {
97.    uint eflags;
98.    asm volatile("pushfl; popl %0" : "=r" (eflags));
99.    return eflags;
```

```
100. }
101.
102. static inline void
103. loadgs(ushort v)              //给附加段 GS(用于 per-CPU 变量)选择子填写内容
104. {
105.     asm volatile("movw %0, %%gs" : : "r" (v));
106. }
107.
108. static inline void
109. cli(void)
110. {
111.     asm volatile("cli");
112. }
113.
114. static inline void
115. sti(void)
116. {
117.     asm volatile("sti");
118. }
119.
120. static inline uint
121. xchg(volatile uint * addr, uint newval)     //原子交换操作,用于自旋锁
122. {
123.    uint result;
124.
125.    //The + in "+m" denotes a read-modify-write operand
126.    asm volatile("lock; xchgl %0, %1" :
127.              "+m" (* addr), "=a" (result) :
128.              "1" (newval) :
129.              "cc");
130.    return result;
131. }
132.
133. static inline uint
134. rcr2(void)
135. {
136.    uint val;
```

```
137.    asm volatile("movl %%cr2,%0" : "=r" (val));
138.    return val;
139. }
140.
141. static inline void
142. lcr3(uint val)
143. {
144.    asm volatile("movl %0,%%cr3" : : "r" (val));
145. }
146.
147. //PAGEBREAK: 36
148. //Layout of the trap frame built on the stack by the
149. //hardware and by trapasm.S, and passed to trap()
150. struct trapframe {
151.    //registers as pushed by pusha
152.    uint edi;
153.    uint esi;
154.    uint ebp;
155.    uint oesp;                    //useless & ignored
156.    uint ebx;
157.    uint edx;
158.    uint ecx;
159.    uint eax;
160.
161.    //rest of trap frame
162.    ushort gs;
163.    ushort padding1;
164.    ushort fs;
165.    ushort padding2;
166.    ushort es;
167.    ushort padding3;
168.    ushort ds;
169.    ushort padding4;
170.    uint trapno;
171.
172.    //below here defined by x86 hardware
173.    uint err;
```

```
174.    uint eip;
175.    ushort cs;
176.    ushort padding5;
177.    uint eflags;
178.
179.    //below here only when crossing rings, such as from user to kernel
180.    uint esp;
181.    ushort ss;
182.    ushort padding6;
183. };
```

4. 段描述符

启动扇区 bootblock 将启动 x86 保护模式,在保护模式下需要设置段描述符,更多细节需要到第 5 章内存管理再学习,当前可以先跳过与段描述符有关的内容,或者略读一下获得有大致了解即可。在 bootblock 汇编代码阶段,段描述符的产生依赖于 asm.h 中的 SEG_NULLASM 和 SEG_ASM 两个宏定义。而到后面 C 语言阶段后,段描述符的生成使用代码 5-3 中的 SEG 宏。

■ 创建段描述符

用于创建 x86 段的相关宏定义,分别是全空的段描述符 SGE_NULLASM,以及可以定制的段描述符 SEG_ASM。这两个宏在 bootloader 中用于构建 GDT 表的内容,以便进入保护模式。另外有关于段属性(标志位)的宏,例如 STA_X 用于设置段描述符中的可执行标志位。从代码 4-3 中的 SEG_ASM 可以看出,这个宏可以定制段描述符的起点 base、长度上限 lim,并且定制其他字段。具体信息可以参照图 12-10 及相关文字说明。

■ asm.h

代码 4-3 中定义了汇编代码创建段描述符所用的 SEG_NULLASM(第 5 行)和 SEG_ASM(第 11 行)两个宏,以及段类型属性位的辅助信息(第 16～21 行)。

代码 4-3　asm.h

```
1.  //
2.  //assembler macros to create x86 segments
3.  //
4.
5.  #define SEG_NULLASM                                      \
```

```
6.          .word 0, 0;                                          \
7.          .byte 0, 0, 0, 0
8.
9.    //The 0xC0 means the limit is in 4096-byte units
10.   //and (for executable segments) 32-bit mode
11.   #define SEG_ASM(type,base,lim)                             \
12.          .word (((lim) >> 12) & 0xffff), ((base) & 0xffff);  \
13.          .byte (((base) >> 16) & 0xff), (0x90 | (type)),     \
14.                 (0xC0 | (((lim) >> 28) & 0xf)), (((base) >> 24) & 0xff)
15.
16.   #define STA_X      0x8        //Executable segment
17.   #define STA_E      0x4        //Expand down (non-executable segments)
18.   #define STA_C      0x4        //Conforming code segment (executable only)
19.   #define STA_W      0x2        //Writeable (non-executable segments)
20.   #define STA_R      0x2        //Readable (executable segments)
21.   #define STA_A      0x1        //Accessed
```

4.2 bootblock

本小节开始分析 xv6 的启动过程。启动的整个流程包括 BIOS-> bootloader-> kernel，xv6 的 bootloader 是启动扇区 bootblock 文件，kernel 是内核文件 kernel。将启动过程涉及的代码按照时间顺序绘制框图如图 4-2 所示，包括主 CPU 启动和其他 CPU 启动两个分支，其中主 CPU 的启动过程才是重点，基本完成了系统运行所需的全部准备工作。其他处理器的启动相对比较简单，主要是在 0 号处理器准备好的环境上运行调度程序。

每个处理器启动完成后，都将进入 scheduler()内核执行流，不断查找下一个就绪态进程并切换过去执行，进入调度循环。

启动过程刚开始是工作在 16 位实地址模式，然后需要转换到 32 位保护模式。32 位保护模式刚启动时是段式内存管理，后面要启动页式管理从而转变为段页式内存管理。段页式内存管理还要区分大页模式和小页模式，以及启动页面交换能力后形成完整的虚拟存储系统。

下面跟随图 4-2 所示启动过程，逐步分析 xv6 的启动代码。由于下面的内容涉及较多硬件背景知识，我们假设读者对 x86 硬件架构有一定认知，或者已经阅读过本书第 12

章的内容。

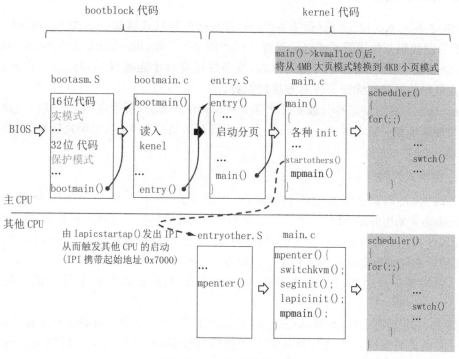

图 4-2　xv6 启动过程一览

4.2.1　16 位/32 位模式

在当前 PC 上运行 x86 实模式的程序有两种情况：一种是运行 DOS 系统；另一种是运行引导扇区的代码，它在系统启动时还没进入保护模式前获得运行。bootblock 则属于上述第二种情况，需要运行 16 位代码。

直到 1995 年以后，GNU 汇编器 AS 才逐步加入编写 16 位代码的能力。即便是在 1991 年 Linux 刚诞生的时候，也只使用 AS86 汇编器来编写自己的 16 位启动代码。因为 Linux 自其诞生起就是 32 位，就是多用户多任务操作系统，所以 GNU AS 一移植到 Linux 上就是用来编写 32 位保护模式代码的。而且 ELF 可执行文件格式也只有 ELF32 和 ELF64，没听说过有 ELF16 的格式。因此用 GNU AS 来写 16 位汇编并不常见，代码 4-7 的第 10 行专门指出 ".code16" 就是用于指示 GNU AS 生成 16 位代码用的。

4.2.2   bootasm.S

BIOS 装入 bootblock 后(位于 0x7c00)将会把控制权转移给 xv6 的 bootblock,自此 xv6 的启动代码开始接管系统启动过程。回顾图 3-1 可知,bootblock 是由 bootasm.S 和 bootmain.c 生成的,bootasm.S 运行在前,准备好环境后才能运行 bootmain.c 代码,因为系统在最初的时候还无法支持 C 程序的执行。

bootblock 的启动过程分成实模式部分和保护模式部分,所谓实地址模式就是程序地址和物理地址相一致的模式。bootasm.S 的主要任务就是从 16 位实模式转换到 32 位保护模式。

1. 实模式代码

代码 4-7 的第 10 行指出这是 16 位代码,可运行于 x86 的实模式。GNU AS 汇编器使用的汇编语言采用的是 AT&T 语法(Linux 环境下的通用标准),该语法和 Intel 语法不同。

BIOS 在执行的时候会打开中断,但这时 BIOS 已经将控制权转交给 bootblock,所以 BIOS 的中断向量表也就不再起作用。此时 bootloader 关闭中断(代码 4-7 的第 13 行 cli 指令),后面将在合适的时机设置 IDT 中断向量表,然后在初始化全部完成后再打开中断。

第 15~19 行将 DS、ES 和 SS 三个段寄存器清零,第四个段寄存器 CS 被 BIOS 设置成 0。实模式下地址部件通过把段寄存器的值(segment)左移四位然后加上地址偏移(offset)的方式来得到线性地址(segment <<4 + offset)。

第 21~37 行的代码用于打开地址 A20 线,从而可以访问高于 1MB 的物理内存,这是一个 PC 兼容性遗留的历史问题。在刚进入 bootblock 的时候,硬件处于实地址模式,在此模式下只能使用 16 位的寄存器,因此真正可寻址的范围是 20 位地址,也就是 1MB 的地址空间。现在要进入保护模式,使用 32 地址,因此需要启用物理地址高位。

第 39~45 行为进入到保护模式做准备,因此需要设置全局(段)描述符表 GDT,且要保证代码"无缝"平滑地执行。首先通过 lgdt gdtdesc 指令将第 85 行 gdtdesc 段描述符表的起始地址装入 GDTR 寄存器。其中 GDTR 寄存器如图 12-13 所示,包括一个 16 位 (.word)表的长度及 32 位(.long)表的起始地址(物理地址)。可以看出 GDT 表的起始地址对应行标 gdt,而行标 gdt 处有三个 GDT 表项(第 80~83 行)。第一个表项使用 SEG_NULLASM 宏来生成,而后面两项用 SEG_ASM 宏来生成,这两种宏定义于前面的代码 4-3。再结合图 12-10 可知:

- 第一项用 SEG_NULLASM 宏生成的项全是 0;
- 第二项 SEG_ASM(STA_X|STA_R, 0x0, 0xFFFF-FFFF)对应 bootblock 代码段,起点为 0x0,长度为 0xFFFF-FFFF,类型为 STA_X|STA_R(可读可执行);

- 第三项 SEG_ASM(STA_W，0x0，0xFFFF-FFFF)对应 bootblock 数据段,起点为 0x0,长度为 0xFFFF-FFFF,类型为 STA_W(可写)。

设置好 GDTR 后,第 43～45 行通过设置 CR0 的 PE 位从而使处理器进入保护模式。参见图 12-4 x86 地址部件,保护模式程序地址是用逻辑地址来表示的,逻辑地址通常保存成"段：偏移"(segment：offset)的形式。也就是说,此时 xv6 将所有段的起点都设置为 0,实际上弱化了 x86 硬件的段管理功能。Linux 也采用类似的方式来使用 x86 硬件的内存地址部件。

接下来通过第 51 行的长跳转指令"ljmp $(SEG_KCODE<<3)，$start32"跳转到 start32 标号所在的代码处。其中目的地址的段为 $(SEG_KCODE<<3)[1](SEG_KCODE 定义在代码 4-3 的第 43 行,取值为 1),也就是跳转目的地址段编号为 1,GDT 表的第 2 项(第一项编号为 0),即代码 4-3 的第 82 行通过 SEG_ASM 定义的代码段。前面已知代码段起点地址为 0,[1：start32]标识的地址就是 0＋start32 的取值,因此实际上"无缝平滑"地跳转到标号 start32 位置(即第 54 行的代码)。

虽然前面是 16 位代码,后面是 32 位代码(使用.code32 指示编译器按 32 位编译),但运行起来就如前后两条指令连续运行一般,从第 51 行顺序运行到第 54 行。

至此,开始了 32 位保护模式代码的运行阶段。

2. 保护模式代码

进入保护模式后,第 55～62 行代码是设置各个段的索引,可以看到 ds、es、ss 三个选择子都索引到了数据段(编号为 2 的 SEG_KDATA 段),fs 和 gs[2] 选择子则指向无效段(编号为 0 的 SEG_NULLASM)。参见图 4-3,启动保护模式之后的代码段和数据段都映射到 0～0xFFFF-FFFF 的线性地址范围。通过这样的设置使得 xv6 可以无视分段机制的地址映射问题,将逻辑地址和线性地址相等效地使用。也就是说无论是用 cs 的取指令,还是用 ds/es 的访问数据或用 ss 的访问堆栈,段的起点都是 0,起关键作用的是各自相应的段内偏移地址。

然后第 65 行设置堆栈指针 esp 为 $start(即 bootblock 的第一行代码位置,定义在代码 4-7 的第 11 行),由于 BIOS 将 bootblock 装载到 0x7c00 地址处,也就是说 start 地址就是 0x7c00,由于 bootblock 只占 1 个扇区共 512 字节,因此占用地址空间为 0x7c00～0x7d00。然后跳到 C 代码执行 bootmain(),bootblock 的汇编部分至此结束。

正常执行 bootmain()是不可能返回的,因此如果执行到了代码 4-7 的第 70 行代码,则说明系统出错了,例如后面 bootmain()读入磁盘数据后发现不是 ELF 格式(即没有发

---

[1]　需要左移 3 位的原因是段选择子的低三位不是索引编号(见图 12-8)。
[2]　GS 段后面会被用作"每 CPU 变量"(cpu 和 proc)的特殊段。

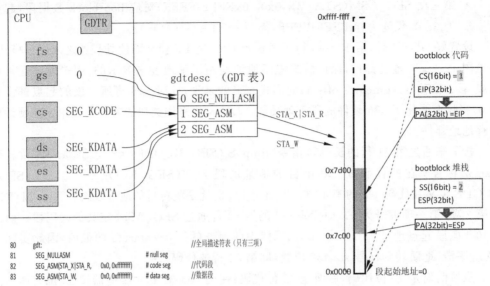

图 4-3　段寄存器(选择子)设置为 0 起点、覆盖全部 32 位地址空间

现有效的内核)。这些代码执行两个 outw 指令的 I/O 操作,向 0x8a00 端口写入数据从而引发 Bochs 虚拟机的 breakpoint(真实机器在 0x8a00 地址只是普通内存没有任何特定作用),然后进入无限循环。

至此,结束了图 4-2 左上角第一个方框中的 bootasm.S,开始了第二步骤 C 语言的 bootmain()代码运行阶段。

3. 调试 bootblock

由于 xv6 的默认设置中,其 gdb 初始化脚本.gdbinit 的内容如代码 4-4 所示,最后一行的命令指出所使用的符号表是 kernel-sym,因此是无法处理 bootblock 的代码和符号的。

代码 4-4　xv6 的 gdb 启动脚本.gdbinit

```
1.  set $lastcs = -1
2.
3.  define hook-stop
4.     #There doesn't seem to be a good way to detect if we're in 16- or
5.     #32-bit mode, but in 32-bit mode we always run with CS == 8 in the
6.     #kernel and CS == 35 in user space
```

```
7.     if $cs == 8 || $cs == 35
8.       if $lastcs != 8 && $lastcs != 35
9.         set architecture i386
10.      end
11.      x/i $pc
12.    else
13.      if $lastcs == -1 || $lastcs == 8 || $lastcs == 35
14.        set architecture i8086
15.      end
16.      #Translate the segment:offset into a physical address
17.      printf "[%4x:%4x] ", $cs, $eip
18.      x/i $cs * 16+$eip
19.    end
20.    set $lastcs = $cs
21. end
22.
23. echo + target remote localhost:26000\n
24. target remote localhost:26000
25.
26. echo + symbol-file kernel\n
27. symbol-file kernel
```

因此我们有两种方法解决:一是将最后一行从"symbol-file kernel"修改为"symbol-file bootblock.o"或"file bootblock.o",如代码 4-5 所示;二是直接在 gdb 启动后执行 file bootblock.o 命令,替换调试目标程序以及符号表,或者使用 gdb -silent bootblock.o 命令而使用 bootblock.o 的符号表。

代码 4-5   .gdbinit 修改为支持 bootblock 调试

```
28. #echo + symbol-file kernel\n
29. #symbol-file kernel
30. file bootblock.o
```

假设读者修改了.gdbinit 文件或者用 file 命令更改了目标文件,此时可以查看 bootblock 的信息,如屏显 4-1 所示。我们执行了 l start 查看了 bootblock 最初的几条指令,并用 p 命令查看到 cs=0xf000 和 eip=0xfff0 正处于 PC 还未执行 BIOS 的状态。

屏显 4-1   gdb 中执行 l start 查看 bootblock 的汇编源代码

```
(gdb) l start
8.     #with %cs=0 %ip=7c00.
9.
10.    .code16              #Assemble for 16-bit mode
11.    .globl start
12.    start:
13.       cli               #BIOS enabled interrupts; disable
14.
15.       #Zero data segment registers DS, ES, and SS
16.       xorw    %ax,%ax    #Set %ax to zero
17.       movw    %ax,%ds    #-> Data Segment
(gdb) p/x $cs
$3 = 0xf000
(gdb) p/x $eip
$5 = 0xfff0
(gdb)
```

我们用 b start 将断点设置在 bootblock 的第一条指令，并用 c 命令执行到该断点，检查看到 cs＝0x0、eip＝0x7coo，如屏显 4-2 所示。此时正是 BIOS 刚跳转到 bootblock 的第一条指令而将控制权转交给 bootblock 的时刻。

屏显 4-2   gdb 查看 bootblock 的 start 处断点

```
(gdb) b start
Breakpoint 1 at 0x7c00: file bootasm.S, line 13
(gdb) c
Continuing
[   0:7c00] => 0x7c00 <start>:   cli

Thread 1 hit Breakpoint 1, start () at bootasm.S:13
13.    cli                       #BIOS enabled interrupts; disable
(gdb) p/x $cs
$6 = 0x0
(gdb) p/x $eip
$7 = 0x7c00
(gdb)
```

此时用 gdb 的 i r 命令(即 info registers)eip＝0x7c00,如屏显 4-3 所示。

屏显 4-3　bootloader(bootblock.o)中的 x86 16 位模式代码

```
(gdb) i r
eax        0xaa55     43605
ecx        0x0        0
edx        0x80       128
ebx        0x0        0
esp        0x6f2c     0x6f2c
ebp        0x0        0x0
esi        0x0        0
edi        0x0        0
eip        0x7c00     0x7c00 <start>
eflags     0x202      [ IF ]
cs         0x0        0
ss         0x0        0
ds         0x0        0
es         0x0        0
fs         0x0        0
gs         0x0        0
(gdb)
```

然后我们用 l start32 查看 32 位代码的起始处,并用 b 56 将断点设置在 32 位代码的第一条汇编语句处,接着用 c 命令执行到断点,此时再用 gdb 的 i r 命令查看,可以看到 eip＝0x7c31,且 EFLAGS 的 PF 置位表示开启 32 位保护模式,如屏显 4-4 所示。

屏显 4-4　bootloader(bootblock.o)中的 x86 32 位模式代码

```
(gdb) l start32
51.    ljmp    $(SEG_KCODE<<3), $start32
52.
53.    .code32    #Tell assembler to generate 32-bit code now
54.    start32:
55.      #Set up the protected-mode data segment registers
56.      movw    $(SEG_KDATA<<3), %ax    #Our data segment selector
57.      movw    %ax, %ds    #-> DS: Data Segment
58.      movw    %ax, %es    #-> ES: Extra Segment
59.      movw    %ax, %ss    #-> SS: Stack Segment
```

```
60.    movw    $0, %ax                 #Zero segments not ready for use
(gdb) b 56
Breakpoint 2 at 0x7c31: file bootasm.S, line 56
(gdb) c
Continuing

Thread 1 hit Breakpoint 2, start32 () at bootasm.S:56
56.    movw    $(SEG_KDATA<<3), %ax    #Our data segment selector
(gdb) i r
eax        0x11    17
ecx        0x0     0
edx        0x80    128
ebx        0x0     0
esp        0x6f2c      0x6f2c
ebp        0x0     0x0
esi        0x0     0
edi        0x0     0
eip        0x7c31      0x7c31 <start32>
eflags     0x6     [ PF ]
cs         0x8     8
ss         0x0     0
ds         0x0     0
es         0x0     0
fs         0x0     0
gs         0x0     0
(gdb)
```

当程序运行到保护模式后，普通用户启动的 gdb 因特权级不够而无法读写 gdt 等寄存器。此时需要用 QEMU 的调试功能，我们需要将 xv6 默认的 Makefile 做一点小修改，将其中 qemu-gdb 目标的规则改为代码 4-6 所示的样子。

代码 4-6　修改 Makefile 的 qemu-gdb 规则以支持 QEMU 命令窗口

```
31. qemu-gdb: fs.img xv6.img .gdbinit
32.        @echo "*** Now run 'gdb'." 1>&2
33. #      $(QEMU) -serial mon:stdio $(QEMUOPTS) -S $(QEMUGDB)
34.        $(QEMU) -monitor stdio  $(QEMUOPTS) -S $(QEMUGDB)
```

此时在 shell 窗口中的内容不再是与 QEMU 仿真窗口相同,而是出现 QEMU 命令提示,如屏显 4-5 所示。

屏显 4-5　显示 QEMU 的 monitor

```
lqm@lqm-VirtualBox:~/xv6-public-xv6-rev9$ make qemu-gdb
*** Now run 'gdb'
qemu-system-i386 -monitor stdio  -drive file=fs.img,index=1,media=disk,format
=raw -drive file=xv6.img,index=0,media=disk,format=raw -smp 2 -m 512  -S -gdb
tcp::26000
QEMU 2.5.0 monitor - type 'help' for more information
(qemu)
```

此时输入命令 info registers,可以将整个系统的全部寄存器信息打印出来,如屏显 4-6 所示。后面的练习 4.2 中,要求读者调试跟踪到保护模式代码处,并检查相应的段描述符信息。

屏显 4-6　QEMU monitor 中查看所有寄存器

```
(qemu) info registers
EAX=0000aa55 EBX=00000000 ECX=00000000 EDX=00000080
ESI=00000000 EDI=00000000 EBP=00000000 ESP=00006f2c
EIP=00007c00 EFL=00000202 [-------] CPL=0 II=0 A20=1 SMM=0 HLT=0
ES =0000 00000000 0000ffff 00009300
CS =0000 00000000 0000ffff 00009b00
SS =0000 00000000 0000ffff 00009300
DS =0000 00000000 0000ffff 00009300
FS =0000 00000000 0000ffff 00009300
GS =0000 00000000 0000ffff 00009300
LDT=0000 00000000 0000ffff 00008200
TR =0000 00000000 0000ffff 00008b00
GDT=     000f6c00 00000037
IDT=     00000000 000003ff
CR0=00000010 CR2=00000000 CR3=00000000 CR4=00000000
DR0=00000000 DR1=00000000 DR2=00000000 DR3=00000000
DR6=ffff0ff0 DR7=00000400
EFER=0000000000000000
FCW=037f FSW=0000 [ST=0] FTW=00 MXCSR=00001f80
```

```
FPR0=0000000000000000 0000 FPR1=0000000000000000 0000
FPR2=0000000000000000 0000 FPR3=0000000000000000 0000
FPR4=0000000000000000 0000 FPR5=0000000000000000 0000
FPR6=0000000000000000 0000 FPR7=0000000000000000 0000
XMM00=00000000000000000000000000000000 XMM01=00000000000000000000000000000000
XMM02=00000000000000000000000000000000 XMM03=00000000000000000000000000000000
XMM04=00000000000000000000000000000000 XMM05=00000000000000000000000000000000
XMM06=00000000000000000000000000000000 XMM07=00000000000000000000000000000000
(qemu)
```

4. bootasm.S 代码

这时读者已经对 bootasm.S 的代码有了完整的了解,当然,也可以重新浏览代码 4-7 进行回顾。其中的第 11 行定义了一个全局变量 start,即 xv6 的第一条指令 cli 的地址。第 54 行的 start32 开始进入保护模式代码,并通过设置段寄存器构造出图 4-3 的内存安排。最后通过第 66 行的 call bootmain 跳入到 bootmain.c 中的 bootmain() 函数。正常情况是不会从 bootmain() 返回的,从 call bootmain 之后的代码对应于异常情况。

代码的最后分别是第 80 行定义的段描述符表,以及第 85 行定义 GDTR 全局描述符表寄存器的值。

代码 4-7   bootasm.S

```
1.  #include "asm.h"
2.  #include "memlayout.h"
3.  #include "mmu.h"
4.
5.  #Start the first CPU: switch to 32-bit protected mode, jump into C
6.  #The BIOS loads this code from the first sector of the hard disk into
7.  #memory at physical address 0x7c00 and starts executing in real mode
8.  #with %cs=0 %ip=7c00
9.
10. .code16                        #Assemble for 16-bit mode
11. .globl start
12. start:
13.    cli                         #BIOS enabled interrupts; disable   //关闭中断
14.
15.    #Zero data segment registers DS, ES, and SS        //对 DS/ES/SS 段寄存器清零
```

```
16.    xorw    %ax,%ax                 #Set %ax to zero
17.    movw    %ax,%ds                 #-> Data Segment
18.    movw    %ax,%es                 #-> Extra Segment
19.    movw    %ax,%ss                 #-> Stack Segment
20.
21.    #Physical address line A20 is tied to zero so that the first PCs
22.    #with 2 MB would run software that assumed 1 MB.  Undo that
23. seta20.1:
24.    inb     $0x64,%al               #Wait for not busy
25.    testb   $0x2,%al
26.    jnz     seta20.1
27.
28.    movb    $0xd1,%al               #0xd1 -> port 0x64
29.    outb    %al,$0x64
30.
31. seta20.2:
32.    inb     $0x64,%al               #Wait for not busy
33.    testb   $0x2,%al
34.    jnz     seta20.2
35.
36.    movb    $0xdf,%al               #0xdf -> port 0x60
37.    outb    %al,$0x60
38.
39.    #Switch from real to protected mode.  Use a bootstrap GDT that makes
40.    #virtual addresses map directly to physical addresses so that the
41.    #effective memory map doesn't change during the transition
42.    lgdt    gdtdesc                 //设置 GDTR 寄存器,gdtdesc 定义于第 85 行
43.    movl    %cr0, %eax              //将 cr0 读入到 eax
44.    orl     $CR0_PE, %eax           //设置 PE 标志(启动保护模式)
45.    movl    %eax, %cr0              //更新 cr0 的值(保护模式生效)
46.
47. //PAGEBREAK!
48.    #Complete the transition to 32-bit protected mode by using a long jmp
49.    #to reload %cs and %eip.  The segment descriptors are set up with no
50.    #translation, so that the mapping is still the identity mapping
51.    ljmp    $(SEG_KCODE<<3), $start32
52.
```

```
53. .code32    #Tell assembler to generate 32-bit code now
54. start32:
55.    #Set up the protected-mode data segment registers
56.    movw    $(SEG_KDATA<<3), %ax    #Our data segment selector
57.    movw    %ax, %ds               #-> DS: Data Segment
58.    movw    %ax, %es               #-> ES: Extra Segment
59.    movw    %ax, %ss               #-> SS: Stack Segment
60.    movw    $0, %ax                #Zero segments not ready for use
61.    movw    %ax, %fs               #-> FS
62.    movw    %ax, %gs               #-> GS
63.
64.    #Set up the stack pointer and call into C
65.    movl    $start, %esp           //堆栈在 start 之前(0x7c00 之前)
66.    call    bootmain               //正常情况是不会返回的
67.
68.    #If bootmain returns (it shouldn't), trigger a Bochs
69.    #breakpoint if running under Bochs, then loop
70.    movw    $0x8a00, %ax           #0x8a00 -> port 0x8a00
71.    movw    %ax, %dx
72.    outw    %ax, %dx
73.    movw    $0x8ae0, %ax           #0x8ae0 -> port 0x8a00
74.    outw    %ax, %dx
75. spin:
76.    jmp     spin
77.
78. #Bootstrap GDT
79. .p2align 2                        #force 4 byte alignment
80. gdt:                              //全局描述符表(只有三项)
81.    SEG_NULLASM                    #null seg
82.    SEG_ASM(STA_X|STA_R, 0x0, 0xffffffff) #code seg    //代码段
83.    SEG_ASM(STA_W, 0x0, 0xffffffff)       #data seg    //数据段
84.
85. gdtdesc:           //用于设置 GDTR 寄存器的值:16 位的长度、32 位的 GDT 起始地址
86.    .word   (gdtdesc - gdt - 1)   #sizeof(gdt) - 1
87.    .long   gdt                   #address gdt
```

4.2.3　bootmain.c

bootmain() 主要是从硬盘中读出 xv6 的 kernel 文件到内存,然后跳到入口点开始执行 kernel 的代码。由于 kernel 是按照 ELF 格式存到硬盘中的,所以首先读入 4KB 的 ELF 文件头结构体内容到 elf 指针变量指向的 0x10000 地址。下面讨论所涉及 ELF 文件格式的知识,我们会简单给予解释,如果需要了解更详细的 C 程序生成 ELF 格式文件的内容请参考《Linux GNU C 程序观察》。

1. kernel 装载过程

代码 4-8 的第 28 行通过 readseg()[①]将磁盘最开头(跳过启动扇区 bootblock)的 4096 字节读入到内存 elf=0x10000 地址处,这些内容是 kernel 的前 4KB 内容。由于 ELF 文件将 ELF 文件头部放在文件最开始的地方,因此 elf 指向的就是 kernel 文件的 ELF 文件头。第 30～32 行根据其是否包含了 ELF_MAGIC(参见代码 4-9 的第 3 行)来判定其是否为 ELF 格式的文件,如果不是则返回到 bootasm.S 并进入无限循环。ELF 文件头结构体用代码 4-9 的第 6 行 elfhdr 结构体来表示,各成员变量见代码的中文注释。

如果是 ELF 格式文件,则第 35～36 行根据程序头表的偏移 elf->phoff 计算出 ELF 程序头表的起始位置 ph=elf+elf->phoff 和结束位置 eph。每一个程序头表项记录一个 ELF“段”在磁盘文件中的位置偏移、应当装载到内存的什么位置等信息。程序头表结构体请见代码 4-9 的第 25 行。

第 37～42 行的 for 循环将遍历程序头表,将所有的段逐个读入到内存中。从前面屏显 4-5 可知 kernel 内核 ELF 文件只有一个段需要装入,我们将其信息摘取如下:

```
Elf 文件类型为 EXEC (可执行文件)
入口点 0x10000c
共有 2 个程序头,开始于偏移量 52

程序头:
  Type         Offset     VirtAddr     PhysAddr     FileSiz    MemSiz     Flg  Align
  LOAD         0x001000   0x80100000   0x00100000   0x0a516    0x14068    RWE  0x1000
  GNU_STACK    0x000000   0x00000000   0x00000000   0x00000    0x00000    RWE  0x10
```

根据上面需要装入的 ELF 段的各种地址信息,图 4-4 给出了将 kernel 从磁盘装入到内存中的过程,并给出了读入最初 4096 字节以及内核“代码-数据”段装入的地址细节。

---

① 磁盘操作函数在文件系统部分会展开讨论。

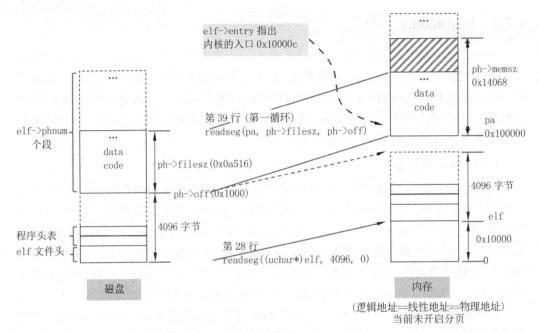

图 4-4　ELF 格式的 kernel 装入到内存的示意图

装入 kernel 后,bootmain()的第 46 行获得 kernel 的 ELF 文件头 elf->entry 入口地址,并执行 entry()调用,从而将控制权从 bootblock 启动扇区转移到 kernel 代码,即完成了图 4-2 流程中实心箭头所示的转换。进入到第三环节 entry.S 的 entry()代码后(参见4.3 节),启动代码完成了引导作用,而 kernel 开始接管系统。

kernel 的入口地址被 kernel.ld 链接脚本指定为_start 符号,该符号定义于代码 4-10的第 40 行,取值为 0010000c。

2. 文件读入操作

先分析一下从硬盘中读取数据的函数,readseg()从硬盘中读取数据到参数 pa 指定的内存地址,参数 count 是字节数,参数 offset 是内核映像在磁盘中的起始位置(字节偏移)。因为在硬盘中的最小单位是扇区(SECTSIZE,512 字节),所以我们先把 offset 字节偏移转换成 sector 计数的偏移。注意内核是从 sector1 开始的(sector 0 用于启动扇区),sector 计数的偏移转换成扇区编号之后的结果要加 1。下一步就是从指定 sector 开始,依次读取由 count 定义的字节数到内存中。

第 59 行的 readsect()函数就是往 I/O 端口中发送命令读取一个 sector 的数据到内存中。0x20 对应了 read sector 的命令,即读出一个 sector 的数据。由于此时还没有办法响应磁盘中断,因此使用的是查询方式,利用 waitdisk() 反复检查读入是否完成。

关于硬盘读写的具体操作细节将在文件系统和设备的章节讨论。

代码 4-8　**bootmain.c**

```
1.  //Boot loader
2.  //
3.  //Part of the boot block, along with bootasm.S, which calls bootmain()
4.  //bootasm.S has put the processor into protected 32-bit mode
5.  //bootmain() loads an ELF kernel image from the disk starting at
6.  //sector 1 and then jumps to the kernel entry routine
7.
8.  #include "types.h"
9.  #include "elf.h"
10. #include "x86.h"
11. #include "memlayout.h"
12.
13. #define SECTSIZE   512
14.
15. void readseg(uchar *, uint, uint);
16.
17. void
18. bootmain(void)
19. {
20.     struct elfhdr * elf;           //内核是 ELF 格式文件
21.     struct proghdr * ph, * eph;    //程序头表
22.     void (* entry)(void);          //ELF 入口地址
23.     uchar * pa;
24.
25.     elf = (struct elfhdr *)0x10000;    //scratch space
26.
27.     //Read 1st page off disk
28.     readseg((uchar *)elf, 4096, 0);    //此处 0 是内核的字节偏移,将转换为 1 号扇区
29.
30.     //Is this an ELF executable?        //判定是否为 ELF 格式文件
31.     if(elf->magic != ELF_MAGIC)
32.       return;                          //let bootasm.S handle error
33.
```

```
34.    //Load each program segment (ignores ph flags)
35.    ph = (struct proghdr *)((uchar *)elf + elf->phoff);
36.    eph = ph + elf->phnum;
37.    for(; ph < eph; ph++){                    //逐个将 ELF 段,读入到内存中
38.      pa = (uchar *)ph->paddr;
39.      readseg(pa, ph->filesz, ph->off);  //从文件偏移 ph->off 读入 ph->filesz 字节
40.      if(ph->memsz > ph->filesz)      //必要时扩展到 ph->memsz 大小(用 0 填充)
41.        stosb(pa + ph->filesz, 0, ph->memsz - ph->filesz);
42.    }
43.
44.    //Call the entry point from the ELF header
45.    //Does not return!
46.    entry = (void(*)(void))(elf->entry);    //获取入口地址
47.    entry();                        //跳转到 kernel 的入口地址
48. }
49.
50. void
51. waitdisk(void)                    //查询方式确认磁盘读入操作是否完成
52. {
53.    //Wait for disk ready
54.    while((inb(0x1F7) & 0xC0) != 0x40)
55.      ;
56. }
57.
58. //Read a single sector at offset into dst
59. void
60. readsect(void * dst, uint offset)    //读入磁盘扇区,offset 为扇区号
61. {
62.    //Issue command
63.    waitdisk();
64.    outb(0x1F2, 1);   //count = 1          //读入 1 个扇区
65.    outb(0x1F3, offset);                //LBA 参数的 0~7 位
66.    outb(0x1F4, offset >> 8);            //LBA 参数的 8~15 位
67.    outb(0x1F5, offset >> 16);           //LBA 参数的 16~23 位
68.    outb(0x1F6, (offset >> 24) | 0xE0);  //"1110"+LBA 参数的 27~24 位
69.    outb(0x1F7, 0x20);   //cmd 0x20 - read sectors    //发出读命令
70.
```

```
71.    //Read data.
72.    waitdisk();                              //等待数据读入操作的完成
73.    insl(0x1F0, dst, SECTSIZE/4);            //从 I/O 端口读入一个扇区数据
74. }
75.
76. //Read 'count' bytes at 'offset' from kernel into physical address 'pa'
77. //Might copy more than asked
78. void
79. readseg(uchar * pa, uint count, uint offset)   //读磁盘数据,offset 为字节偏移
80. {
81.    uchar * epa;
82.
83.    epa = pa + count;
84.
85.    //Round down to sector boundary
86.    pa -= offset % SECTSIZE;
87.
88.    //Translate from bytes to sectors; kernel starts at sector 1
89.    offset = (offset / SECTSIZE) + 1;         //扇区号要+1,传入 0,读的是 1 号扇区
90.
91.    //If this is too slow, we could read lots of sectors at a time
92.    //We'd write more to memory than asked, but it doesn't matter --
93.    //we load in increasing order
94.    for(; pa < epa; pa += SECTSIZE, offset++)
95.      readsect(pa, offset);                   //读入编号为 offset 的扇区到 pa 地址
96. }
```

4.2.4　ELF 文件格式

　　ELF 格式的文件既可以支持编译链接,也支持装载和运行环节。编译输出的 ELF 文件称为目标文件,主要利用其中的"节"来组织管理内部的代码和数据,而链接输出的可执行 ELF 文件主要利用其中的"段"信息来将程序转入内存。

　　ELF 格式主要用在可执行文件装入内存的过程中,并不影响对 xv6 其他环节的学习。读者也可以先跳过这里的内容,继续学习启动过程的其他环节。

1. 涉及 ELF 的代码

　　在 bootblock 载入 kernel 时、执行磁盘上可执行文件时执行的 exec() 系统调用,都会

涉及 ELF 文件格式。由于我们只需装载 ELF 可执行文件，无需关心其生成过程，因此只关注其 ELF 程序头表及其所描述的段（完全不用关注里面的节）。

2. elf.h

在 elf.h 文件中，定义了 ELF 可执行文件的文件头（file header）和程序头（program header）。其中文件头是 ELF 文件整体性的信息，由代码 4-9 的第 6 行 elfhdr 结构体所描述，其成员变量已经在代码中给出中文注释。例如，第 12 行的 elfhdr.entry 是程序入口地址，对于 kernel 的 ELF 文件而言，该入口地址被链接器脚本 kernel.ld 设置为"_start"符号，对应 0x10000c。bootblock 最后就是通过它进入到 kernel 代码的。

文件头将通过第 13 行的 elfhdr.phoff 指出程序头表的位置。程序头表则跟程序装入有关，所有的 ELF 段使用程序头表管理，将类型为 LOAD 的段装入内存。每个程序头表中的一个项描述了一个段，对应一个 struct proghdr 结构体（见第 25 行）。将 kernel 的 LOAD 类型段装入内存，就是使用了对应的程序头表项的信息，例如图 4-4 中"ph->filesz""ph->off"等信息就是来源于这里的 proghdr 结构体的 filesz、off 成员。

代码 4-9　elf.h

```
1.  //Format of an ELF executable file
2.
3.  #define ELF_MAGIC 0x464C457FU          //"\x7FELF" in little endian
4.
5.  //File header
6.  struct elfhdr {
7.    uint magic;  //must equal ELF_MAGIC    //ELF 魔数
8.    uchar elf[12];
9.    ushort type;
10.   ushort machine;                        //硬件平台
11.   uint version;                          //版本
12.   uint entry;                            //入口代码的地址
13.   uint phoff;                            //程序头表的偏移
14.   uint shoff;
15.   uint flags;
16.   ushort ehsize;                         //文件头大小
17.   ushort phentsize;                      //程序头表项的大小
18.   ushort phnum;                          //程序头表项的个数
19.   ushort shentsize;
20.   ushort shnum;
```

```
21.    ushort shstrndx;
22. };
23.
24. //Program section header              //程序头表项
25. struct proghdr {
26.    uint type;                         //段类型,例如 LOAD 表示需要装入内存
27.    uint off;                          //本段在文件中的偏移
28.    uint vaddr;                        //本段应该装入到内存的虚地址
29.    uint paddr;
30.    uint filesz;                       //本段在文件中所占空间大小
31.    uint memsz;                        //本段装入内存后所占空间(>=filesz)
32.    uint flags;                        //本段的属性(读写执行等),见第 40 行
33.    uint align;                        //本段在内存中的对齐属性
34. };
35.
36. //Values for Proghdr type
37. #define ELF_PROG_LOAD           1
38.
39. //Flag bits for Proghdr flags
40. #define ELF_PROG_FLAG_EXEC      1
41. #define ELF_PROG_FLAG_WRITE     2
42. #define ELF_PROG_FLAG_READ      4
43.
44. //PAGEBREAK!
45. //Blank page.
```

由于程序装入运行并不需要了解"节"的概念(节是编译链接环节的概念),因此 xv6 对节头表并不感兴趣。

4.3　kernel 启动

内核启动前,启动扇区 bootblock 已经为它准备好了内存映像,如前面图 4-4 所示,内核的代码和数据合并在一起构成一个"段"。注意此时已经进入保护模式开启了分段机制,但由于各个段描述符设置为:起点为 0 且长度为 0xFFFF-FFFF,实际上是放弃了分段地址映射功能,仅保留了 ring0～ring3 的分段保护功能,但此时还未开启 x86 地址的分页功能。

4.3.1 启动分页

进入内核代码 entry.S 后,将尽快开启分页机制。其中,entry.S 用于主处理器,entryother.S 用于后续启动的其他处理器。

entry.S

entry.S 是 xv6 kernel 的入口代码,它将进一步进入到 main.c 的 main()函数,即分别是图 4-2 的第三和第四环节,前者是汇编代码后者是 C 语言代码。

前面提到 bootloader 把内核从硬盘导入到 0x100000 处,至于为什么不放在 0x0 开始的地方是因为从 640kb 到 0x100000 的地方用于 I/O 设备的映射,所以为了保持内核代码的连续性,就从 0x100000(1MB)的内存区域开始存放。那么为什么不把内核导入到更高的物理地址处呢? 其原因主要是 PC 的物理内存有大有小,而这个低端地址是各种档次 PC 都应该具有的空间,所以放在 0x100000 处显然是最佳选择。

kernel 从代码 4-10 的第 47 行指令处开始运行,在第 40~45 行可以看到对应同一地址的两个符号: _start 和 entry。前者用于未启动分页时的物理地址,bootblock 运行时还未开启分页,因此使用的是_start = 0x0010000c 地址;后者用于 kernel 运行分页后的虚拟地址 entry = 0x8010000c。_start 符号是通过 V2P_WO 宏(参见代码 5-2 的第 14 行)将 entry 地址转换而来的。

在第 47~49 行代码中,我们首先设置 CR4 的 PSE 位为 1。CR4 的 PSE 是页大小扩展位(参见图 12-18)。如果 PSE 等于 0 则每页的大小是 4KB,如果 PSE 等于 1 则每页的容量可以是 4MB 或 4KB。使用大页模式时,只需要查询一级页表(页目录)即可查找到 4MB 的页帧,此时的页目录项的第 7 位(即 PS 位)为 1。否则如果检测到一级页表项的 ps=0,则还需要经过二级页表的转换才能找到 4KB 的页帧。这里采用大页模式主要是出于编程简单的原因,不用处理二级页表映射。

启动分页模式将分成两步完成,第一步设置 CR3 页表基地址寄存器,第二步通过 CR0 启动分页机制。第 50~52 行代码执行第一步,设置页表寄存器 CR3,将页表首地址 entrypgdir[1](物理地址)写入到 CR3 寄存器。此时使用的页表 entrypgdir 在代码 4-11 的第 106 行声明为"pde_t entrypgdir[NPDENTRIES]",可容纳 NPDENTRIES=1024 项。

当前页表 entrydir 只定义了两项,分别把虚拟地址 0~4MB 和 KERNBASE(0x8000-0000) ~ KERNBASE + 4MB 的空间映射到 0~4MB 的物理地址,也就是说从这两个地址空间访问到的是相同的内容,都能执行内核代码。保留映射虚地址 0~4MB 的原因是因为我们此时还运行在这个地址上,直到后面第 66 行的 jmp * %eax 时才使用高端地址

---

① 这是 entry.S 启动时使用的大页模式的页表,后面会被替换成 kpgdir。

来执行内核代码。

也就是说 xv6 在原来图 4-4 的基础之上，创建了分页的地址空间，此时的分页（大页模式）映射关系如图 4-5 所示。

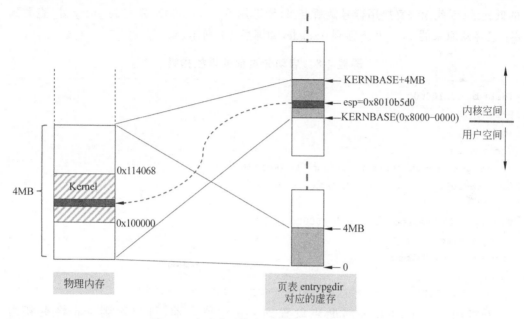

图 4-5　启动分页模式（使用 entrypgdir 页表）

虽然这时还没有启动换出功能，但是本书还是用虚地址或逻辑地址来指代这个空间。

第 53～56 行的代码执行第二步：启动分页模式，主要是置位 CR0 的 PG 位。因为我们不希望有人（包括内核代码自己）可以更改内核代码，所以把 WP 位置位。CR0 寄存器的定义如图 12-6，当前关注的是 WP（Write Protect）位。

第 59 行代码设置了堆栈指针 esp 为 stack ＋ KSTACKSIZE，由于 stack 是在第 68 行.comm 声明的，共占 KSTACKSIZE＝4096 字节，因此 esp 指向了该区间的地址上限（栈底）。我们查看 kernel 的符号表，知道 stack 被安排在 0x8010a5d0 的位置（加上栈的大小 4KB 则到 0x8010b5d0 的位置），如屏显 4-7 所示。

屏显 4-7　kernel 中 stack 符号的取值

```
lqm@lqm-VirtualBox:~/xv6-public-xv6-rev9$ readelf -s kernel |grep stack
  229: 8010a5d0    4096 OBJECT  GLOBAL DEFAULT    6 stack
lqm@lqm-VirtualBox:~/xv6-public-xv6-rev9$
```

上一次对 esp 的设置是在代码 4-7 的第 65 行,但是自从上次设置至今,发生了两次函数调用:汇编中 call bootmain 和 C 代码 entry()。我们用 gdb 调试这段代码,由于 kernel 是按照 0x80100000 地址链接的,此时内核代码还运行在未分页时 0x100000 开始的低地址,因此无法直接用行号做断点,只能够用 b ＊ 0x10000c 定位到 entry 处,查看到 esp 已经从原来的 0x7c00 下移到 0x7bdc,如屏显 4-8 所示。

屏显 4-8　启动分页前的堆栈指针

```
(gdb) b * 0x10000c
Breakpoint 1 at 0x10000c
(gdb) c
Continuing
The target architecture is assumed to be i386
=> 0x10000c:    mov     %cr4,%eax

Thread 1 hit Breakpoint 1, 0x0010000c in ??()
(gdb) p $esp
$1 = (void *) 0x7bdc
(gdb)
```

在将用 b ＊ 0x100028 将断点设置到 esp 赋值之前,可以看到 esp 将更新为 0x8010b5d0,如屏显 4-9 所示。esp - stack＝0x8010b5d0-8010a5d0＝4096 正好是堆栈的大小。

屏显 4-9　启动分页后的堆栈指针

```
(gdb) b * 0x100028
Breakpoint 2 at 0x100028
(gdb) c
Continuing
=> 0x100028:    mov     $0x8010b5d0,%esp

Thread 1 hit Breakpoint 2, 0x00100028 in ??()
(gdb)
```

反推回去,stack 符号位于未分页地址的 0x0010a5d0 处,紧靠在 kernel 结束位置 0x0010a516 之后。根据上面信息,我们将 esp 及堆栈空间标注在图 4-5。

最后第 65～66 行跳转到代码 4-11 的 main(),开始执行保护模式、具有分页管理的初始化代码，即进入了图 4-2 的第四个环节。根据图 4-5 看到物理内存中的 kernel 被映射到虚存的两个区间，但是在跳转前仍在 0～4MB 地址上运行（虽然堆栈 esp 已经使用高地址的那个页表项）。我们继续用 gdb 命令执行到 jmp 指令处，可以看出跳转的目的地址 \$ main＝0x80102ec0 位于高地址那个页，而当前 eip＝ 0x100032 仍处于低地址那个页。

屏显 4-10　使用内核地址空间的代码

```
(gdb) ni
=> 0x100028:    mov    $0x8010b5d0,%esp
0x00100028 in ? ? ()
(gdb) ni
=> 0x10002d:    mov    $0x80102ec0,%eax
0x0010002d in ? ? ()
(gdb) ni
=> 0x100032:    jmp    *%eax
0x00100032 in ? ? ()
(gdb) p $eip
$1 = (void (*)()) 0x100032
(gdb)
```

这里使用了间接跳转，因为直接跳转的话会生成 PC 相对跳转，无法进入到"高地址"的 0x8000-0000 之上的内核空间。

代码 4-10　entry.S

```
1.  #The xv6 kernel starts executing in this file. This file is linked with
2.  #the kernel C code, so it can refer to kernel symbols such as main()
3.  #The boot block (bootasm.S and bootmain.c) jumps to entry below
4.
5.  #Multiboot header, for multiboot boot loaders like GNU Grub
6.  #http://www.gnu.org/software/grub/manual/multiboot/multiboot.html
7.  #
8.  #Using GRUB 2, you can boot xv6 from a file stored in a
9.  #Linux file system by copying kernel or kernelmemfs to /boot
10. #and then adding this menu entry:
11. #                        //如何将内核 kernel 通过 GRUB 引导器实现系统启动
12. #menuentry "xv6" {
```

```
13. #   insmod ext2
14. #   set root='(hd0,msdos1)'
15. #   set kernel='/boot/kernel'
16. #   echo "Loading ${kernel}..."
17. #   multiboot ${kernel} ${kernel}
18. #   boot
19. #}
20.
21. #include "asm.h"
22. #include "memlayout.h"
23. #include "mmu.h"
24. #include "param.h"
25.
26. #Multiboot header.  Data to direct multiboot loader
27. .p2align 2
28. .text
29. .globl multiboot_header
30. multiboot_header:
31.     #define magic 0x1badb002
32.     #define flags 0
33.     .long magic
34.     .long flags
35.     .long (-magic-flags)
36.
37. #By convention, the _start symbol specifies the ELF entry point
38. #Since we haven't set up virtual memory yet, our entry point is
39. #the physical address of 'entry'
40. .globl _start
41. _start = V2P_WO(entry)                    //全局符号,指向 entry 入口地址
42.
43. #Entering xv6 on boot processor, with paging off
44. .globl entry
45. entry:
46.     #Turn on page size extension for 4Mbyte pages
47.     movl    %cr4, %eax                    //使用大页模式
48.     orl     $(CR4_PSE), %eax
49.     movl    %eax, %cr4
```

```
50.     #Set page directory                        //设置 CR3 页表寄存器
51.     movl    $(V2P_WO(entrypgdir)), %eax        //entrypgdir 参见代码 4-11 的第 106 行
52.     movl    %eax, %cr3
53.     #Turn on paging                            //启动分页
54.     movl    %cr0, %eax
55.     orl     $(CR0_PG|CR0_WP), %eax
56.     movl    %eax, %cr0
57.
58.     #Set up the stack pointer
59.     movl $(stack + KSTACKSIZE), %esp           //设置堆栈指针
60.
61.     #Jump to main(), and switch to executing at
62.     #high addresses. The indirect call is needed because
63.     #the assembler produces a PC-relative instruction
64.     #for a direct jump
65.     mov $main, %eax                            //跳转到 kernel 的 main()
66.     jmp * %eax
67.
68. .comm stack, KSTACKSIZE                        //声明为未初始化数据,含符号和长度两项
```

4.3.2　main()

随着主 CPU 启动到图 4-2 的第四步时,kernel 将从汇编 entry.S 转入到 main.c 的 C 代码 main()函数,完成若干项初始化工作,在 userinit()创建第一个用户进程后进入 mpmain()函数进行 scheduler()调度。

下面对 main()中的所调用的各种初始化函数按调用次序进行简单的介绍,后面再与之相关的章节中将继续深入讨论。其中内存初始化分成两步完成,分别是 kinit1() 和 kinit2(),具体参见代码 5-1 的第 30 行和第 38 行。

- kinit1()将现有的 4MB 物理页帧中未使用的部分,按照 4KB 页帧的尺寸构成链表。
- kvmalloc()用于对内核空间创建页表,此时使用的 4KB 页而不是使用原来的 4MB 大页模式的页表,具体参见代码 5-4 的第 147 行。所建立的内核空间的页表映射关系如图 5-7 所示。
- mpinit()用于检测其他 CPU 核,并根据收集的信息设置 cpus[ncpu]数组和 ismp 多核标志。

- lapicinit()对本地 apic 中断控制器进行初始化。
- seginit()段表中的段描述符初始化,在原来的两个内核段的基础上增加了用户态段。
- picinit()对 8259A 中断控制器初始化代码(适用于单核系统)。
- ioapicinit()对 I/O APIC 中断控制器初始化(适用于多核 SMP 系统)。
- consoleinit()完成控制台初始化。
- uartinit()完成串口初始化。
- pinit()通过 initlock()完成进程表 ptable 的互斥锁的初始化(开锁状态)。
- tvinit()对中断向量初始化,而真正将 IDT 装入到 IDTR 要等待 mpmain()->idtinit()的时候。
- binit()初始化磁盘块缓存(buffer cache),完成互斥锁初始化(开锁状态),并将缓冲区构成链表。
- fileinit()通过 initlock()完成对 ftable 的互斥锁进行初始化(开锁状态),table 记录系统所打开的文件,总数不超过 NFILE＝100。
- ideinit()对 IDE 控制器进行初始化,包括互斥锁的初始化、相应的中断使能以及检测是否有 driver1。
- 如果不是 SMP 多核系统(! ismp),则调用 timerinit()设置单核系统的定时器。
- startohters()用于启动其他处理器核。
- kinit2()函数将 4MB～240MB 地址范围的空闲页帧(4KB 大小的页帧)构成链表。
- userinit()在代码 5-2 的第 75 行定义,用于创建第一个用户态进程 init。
- mpmain()将 IDT 表的起始地址装入到 IDTR 寄存器中,然后开始执行 scheduler()内核执行流。

这些初始化函数将会在各自的子系统分析中加以讨论,例如 kvmalloc()在内存管理子系统中讨论。

1. mpmain()完成启动,执行调度器代码

当主处理器或其他 AP 处理器启动到 mpmain(),说明已经是启动代码的最后阶段,随后将进入 scheduler()调度器中的无限循环(不再返回)。因此,mpmain()的第一件事情就是打印"cpuX：starting "的信息,然用 idtinit()装入中断描述符 IDT 表以响应时钟中断(及其他中断),接着将 cpu->started 设置为 1,让其他处理器知道本处理器已经完成启动。最后进入到调度器的 scheduler()中的无限循环中,每隔一个 tick 时钟中断就选取下一个就绪进程来执行。

2. startothers(),启动其他 CPU 核

startothers()需要为其他处理器准备好启动代码,将 entryothers 代码从现在的位置

复制到 0x7000 物理地址,然后逐个 CPU 启动。每启动一个 CPU 核,需要为它传递独立的堆栈指针、mpenter()地址和系统共享的页表地址 entrypgdir。

代码 4-11   main.c

```
1.  #include "types.h"
2.  #include "defs.h"
3.  #include "param.h"
4.  #include "memlayout.h"
5.  #include "mmu.h"
6.  #include "proc.h"
7.  #include "x86.h"
8.
9.  static void startothers(void);
10. static void mpmain(void)  __attribute__((noreturn));
11. extern pde_t * kpgdir;
12. extern char end[];              //first address after kernel loaded from ELF file
13.
14. //Bootstrap processor starts running C code here
15. //Allocate a real stack and switch to it, first
16. //doing some setup required for memory allocator to work
17. int
18. main(void)
19. {
20.    kinit1(end, P2V(4 * 1024 * 1024)); //phys page allocator //end是 kernel 结束地址
21.    kvmalloc();                //kernel page table
22.    mpinit();                  //detect other processors
23.    lapicinit();               //interrupt controller
24.    seginit();                 //segment descriptors
25.    cprintf("\ncpu%d: starting xv6\n\n", cpunum());
26.    picinit();                 //another interrupt controller
27.    ioapicinit();              //another interrupt controller
28.    consoleinit();             //console hardware
29.    uartinit();                //serial port
30.    pinit();                   //process table
31.    tvinit();                  //trap vectors
32.    binit();                   //buffer cache
33.    fileinit();                //file table
```

```
34.     ideinit();                          //disk
35.     if(!ismp)
36.       timerinit();                      //uniprocessor timer
37.     startothers();                      //start other processors
38.     kinit2(P2V(4 * 1024 * 1024), P2V(PHYSTOP)); //must come after startothers()
39.     userinit();                         //first user process
40.     mpmain();                           //finish this processor's setup
41. }
42.
43. //Other CPUs jump here from entryother.S
44. static void                             //其他处理器通过 entryother.S 跳转到此处
45. mpenter(void)
46. {
47.     switchkvm();
48.     seginit();
49.     lapicinit();
50.     mpmain();
51. }
52.
53. //Common CPU setup code
54. static void
55. mpmain(void)
56. {
57.     cprintf("cpu%d: starting\n", cpunum());
58.     idtinit();      //load idt register //装载 IDT 表
59.     xchg(&cpu->started, 1);             //tell startothers() we're up
60.     scheduler();                        //start running processes
61. }
62.
63. pde_t entrypgdir[];                     //For entry.S
64.
65. //Start the non-boot (AP) processors
66. static void
67. startothers(void)
68. {                                       //_binary_entryother_start 是编译器创建的符号
69.     extern uchar _binary_entryother_start[], _binary_entryother_size[];
70.     uchar * code;
```

```
71.    struct cpu * c;
72.    char * stack;
73.
74.    //Write entry code to unused memory at 0x7000
75.    //The linker has placed the image of entryother.S in
76.    //_binary_entryother_start
77.    code = P2V(0x7000);
78.    memmove(code, _binary_entryother_start, (uint)_binary_entryother_size);
79.
80.    for(c = cpus; c < cpus+ncpu; c++){
81.      if(c == cpus+cpunum())              //We've started already
82.        continue;
83.
84.      //Tell entryother.S what stack to use, where to enter, and what
85.      //pgdir to use. We cannot use kpgdir yet, because the AP processor
86.      //is running in low  memory, so we use entrypgdir for the APs too
87.      stack = kalloc();                    //分配调度器内核栈 4KB
88.      * (void**)(code-4) = stack + KSTACKSIZE;
89.      * (void**)(code-8) = mpenter;
90.      * (int**)(code-12) = (void *) V2P(entrypgdir);
91.
92.      lapicstartap(c->apicid, V2P(code)); //启动 1 个从处理器,设置热启动地址
93.                                           //发出 IPI 复位中断
94.      //wait for cpu to finish mpmain()        //等待该处理器启动完成
95.      while(c->started == 0)
96.        ;
97.    }
98.  }
99.
100. //The boot page table used in entry.S and entryother.S
101. //Page directories (and page tables) must start on page boundaries,
102. //hence the __aligned__ attribute
103. //PTE_PS in a page directory entry enables 4Mbyte pages
104.
105. __attribute__((__aligned__(PGSIZE)))      //页边界对齐
106. pde_t entrypgdir[NPDENTRIES] = {
107.    //Map VA's [0, 4MB) to PA's [0, 4MB)
```

```
108.    [0] = (0) | PTE_P | PTE_W | PTE_PS,          //[0~4MB]虚地址
109.    //Map VA's [KERNBASE, KERNBASE+4MB) to PA's [0, 4MB)
110.    [KERNBASE>>PDXSHIFT] = (0) | PTE_P | PTE_W | PTE_PS, //[0x8000-0000~ ]虚地址
111. };
112.
113. //PAGEBREAK!
114. //Blank page
115. //PAGEBREAK!
```

4.4 多核启动

多核启动过程分成 0 号处理器(主处理器)的启动和其他处理器(xv6 中称为 AP)的启动,前面的分析主线是关于主处理器的启动过程,下面将详细分析其他处理器的启动过程。主处理器启动时在 main()中先后执行 mpinit()和 startothers(),前者收集和设置多核环境,后者将发出处理期间 IPI 消息激活其他处理器启动代码,进而执行 mpmain()从而完成启动。

4.4.1 检测多核信息

xv6 通过 mpinit()收集系统硬件的多核配置信息,这些信息的格式定义在 mp.c,相应的读入函数定义在 mp.c。xv6 收集这些处理器核和 IOAPIC 芯片的信息,其中处理器的信息为后面 startothers()启动其他处理器提供依据。搜集到的 CPU 核信息,保存在类型为 struct cpu 的 cpus[]数组中。其中,struct cpu 的定义在代码 6-1,由于该结构体和调度比较紧密,因此放在第 6 章分析。

1. mp.h

代码 4-12 的 mp.h 文件是有关硬件系统的多核信息,定义了各种硬件信息表的数据结构。读取这些信息的操作函数定义在代码 4-13 中。

x86 多核系统信息保存在 MP Floating Pointer Struct[①] 中,xv6 通过 mpconfig()读取该数据结构并保存到 mp 结构体中,根据 mp.c 的第 46~48 行的说明,不同的系统可能从三个不同的位置读入。如果存在 BIOS 扩展数据区域(EBDA),则在其中的第一 K 字

---

① 是"浮动指针"的意思,不要和"浮点数"相混淆。

节中进行查找,否则在系统基本内存的最后一 K 字节中寻找,如果还没找到则在 BIOS ROM 里的 0xF0000 到 0xFFFFF 的地址空间中寻找。

代码 4-12 mp.h

```
1.  //See MultiProcessor Specification Version 1.[14]
2.
3.  struct mp {                     //floating pointer
4.      uchar signature[4];         //"_MP_"
5.      void * physaddr;            //phys addr of MP config table
6.      uchar length;               //1
7.      uchar specrev;              //[14]
8.      uchar checksum;             //all bytes must add up to 0
9.      uchar type;                 //MP system config type
10.     uchar imcrp;
11.     uchar reserved[3];
12. };
13.
14. struct mpconf {                 //configuration table header
15.     uchar signature[4];         //"PCMP"
16.     ushort length;              //total table length
17.     uchar version;              //[14]
18.     uchar checksum;             //all bytes must add up to 0
19.     uchar product[20];          //product id
20.     uint * oemtable;            //OEM table pointer
21.     ushort oemlength;           //OEM table length
22.     ushort entry;               //entry count
23.     uint * lapicaddr;           //address of local APIC
24.     ushort xlength;             //extended table length
25.     uchar xchecksum;            //extended table checksum
26.     uchar reserved;
27. };
28.
29. struct mpproc {                 //processor table entry
30.     uchar type;                 //entry type (0)
31.     uchar apicid;               //local APIC id
32.     uchar version;              //local APIC verison
33.     uchar flags;                //CPU flags
```

```
34.     #define MPBOOT 0x02          //This proc is the bootstrap processor
35.     uchar signature[4];          //CPU signature
36.     uint feature;                //feature flags from CPUID instruction
37.     uchar reserved[8];
38. };
39.
40. struct mpioapic {                //I/O APIC table entry
41.     uchar type;                  //entry type (2)
42.     uchar apicno;                //I/O APIC id
43.     uchar version;               //I/O APIC version
44.     uchar flags;                 //I/O APIC flags
45.     uint * addr;                 //I/O APIC address
46. };
47.
48. //Table entry types
49. #define MPPROC     0x00          //One per processor
50. #define MPBUS      0x01          //One per bus
51. #define MPIOAPIC   0x02          //One per I/O APIC
52. #define MPIOINTR   0x03          //One per bus interrupt source
53. #define MPLINTR    0x04          //One per system interrupt source
54.
55. //PAGEBREAK!
56. //Blank page.
```

根据 mp 结构体记录的 MP Floating Pointer Struct 信息,通过其成员 physaddr 可以找到 MP Configuration Table 系统硬件的配置表头,通过查询配置表可以知道处理器数量及其信息。各处理器的 LAPIC 信息起始地址则记录在 mpconf 结构体的 lapicaddr 成员中。

结构体 mpconf 用于记录系统硬件的配置表头,类似于 ELF 文件表头描述了内部的数据组织,系统配置表头也描述了表项的起始地址,表项数量等信息。要注意表项长度不是固定的,因此不能直接定位到指定表项,只能逐项遍历。

每个表项的第一个字节表明其类型,表项的类型定义在第 49~53 行。根据类型的不同,使用不同的数据结构来记录。xv6 只处理记录处理器信息的 mpproc 结构体(见第 29 行)和记录本地中断控制器信息 mpioapic 结构体(见第 40 行)。

2. mp.c

mp.c 中的 mpinit()将收集多核处理器信息,以及相应的本地中断控制器信息。具体过程是先通过 mpinit()-> mpconfig()-> mpsearch()找到 MP Floating Pointer Struct,然后根据它所提供的信息找到 MP Configuration Table 系统硬件的配置表头,mpconfig()逐个表项检查从而获得处理器的数量和信息。

代码 4-13   mp.c

```
1.   //Multiprocessor support
2.   //Search memory for MP description structures
3.   //http://developer.intel.com/design/pentium/datashts/24201606.pdf
4.
5.   #include "types.h"
6.   #include "defs.h"
7.   #include "param.h"
8.   #include "memlayout.h"
9.   #include "mp.h"
10.  #include "x86.h"
11.  #include "mmu.h"
12.  #include "proc.h"
13.
14.  struct cpu cpus[NCPU];
15.  int ismp;
16.  int ncpu;
17.  uchar ioapicid;
18.
19.  static uchar
20.  sum(uchar * addr, int len)
21.  {
22.    int i, sum;
23.
24.    sum = 0;
25.    for(i=0; i<len; i++)
26.      sum += addr[i];
27.    return sum;
28.  }
29.
30.  //Look for an MP structure in the len bytes at addr
31.  static struct mp *
32.  mpsearch1(uint a, int len)
```

```
33. {
34.     uchar * e, * p, * addr;
35.
36.     addr = P2V(a);
37.     e = addr+len;
38.     for(p = addr; p < e; p += sizeof(struct mp))
39.       if(memcmp(p, "_MP_", 4) == 0 && sum(p, sizeof(struct mp)) == 0)
40.         return (struct mp * )p;
41.     return 0;
42. }
43.
44. //Search for the MP Floating Pointer Structure, which according to the
45. //spec is in one of the following three locations:
46. //1) in the first KB of the EBDA;
47. //2) in the last KB of system base memory;
48. //3) in the BIOS ROM between 0xE0000 and 0xFFFFF
49. static struct mp *
50. mpsearch(void)                    //读入 MP Floating Pointer Structure
51. {
52.     uchar * bda;
53.     uint p;
54.     struct mp * mp;
55.
56.     bda = (uchar * ) P2V(0x400);
57.     if((p = ((bda[0x0F]<<8)| bda[0x0E]) << 4)){
58.       if((mp = mpsearch1(p, 1024)))
59.         return mp;
60.     } else {
61.       p = ((bda[0x14]<<8)|bda[0x13]) * 1024;
62.       if((mp = mpsearch1(p-1024, 1024)))
63.         return mp;
64.     }
65.     return mpsearch1(0xF0000, 0x10000);
66. }
67.
68. //Search for an MP configuration table.  For now,
69. //don't accept the default configurations (physaddr == 0)
```

```
70.   //Check for correct signature, calculate the checksum and,
71.   //if correct, check the version
72.   //To do: check extended table checksum
73.   static struct mpconf *
74.   mpconfig(struct mp **pmp)
75.   {
76.       struct mpconf * conf;
77.       struct mp  * mp;
78.
79.       if((mp = mpsearch()) == 0 || mp->physaddr == 0)
80.         return 0;
81.       conf = (struct mpconf *) P2V((uint) mp->physaddr);
82.       if(memcmp(conf, "PCMP", 4) != 0)
83.         return 0;
84.       if(conf->version != 1 && conf->version != 4)
85.         return 0;
86.       if(sum((uchar *) conf, conf->length) != 0)
87.         return 0;
88.       * pmp = mp;
89.       return conf;
90.   }
91.
92.   void
93.   mpinit(void)
94.   {
95.       uchar * p, * e;
96.       struct mp  * mp;
97.       struct mpconf * conf;
98.       struct mpproc * proc;
99.       struct mpioapic * ioapic;
100.
101.      if((conf = mpconfig(&mp)) == 0)              //读入硬件系统配置表
102.         return;
103.      ismp = 1;
104.      lapic = (uint *) conf->lapicaddr;
105.      for(p=(uchar *) (conf+1), e=(uchar *) conf+conf->length; p<e; ){//逐项检查
106.        switch(* p){
```

```
107.     case MPPROC:                              //此表项包含处理器信息
108.      proc = (struct mpproc * )p;
109.      if(ncpu < NCPU) {
110.        cpus [ncpu].apicid = proc->apicid;    //apicid may differ from ncpu
111.        ncpu++;
112.      }
113.      p += sizeof(struct mpproc);
114.      continue;
115.     case MPIOAPIC:                            //此表项包含 IOAPIC 信息
116.      ioapic = (struct mpioapic * )p;
117.      ioapicid = ioapic->apicno;
118.      p += sizeof(struct mpioapic);
119.      continue;
120.     case MPBUS:
121.     case MPIOINTR:
122.     case MPLINTR:
123.      p += 8;
124.      continue;
125.     default:
126.      ismp = 0;
127.      break;
128.    }
129.   }
130.   if(!ismp){
131.    //Didn't like what we found; fall back to no MP
132.    ncpu = 1;
133.    lapic = 0;
134.    ioapicid = 0;
135.    return;
136.   }
137.
138.   if(mp->imcrp){
139.    //Bochs doesn't support IMCR, so this doesn't run on Bochs
140.    //But it would on real hardware
141.    outb(0x22, 0x70);                          //Select IMCR
142.    outb(0x23, inb(0x23) | 1);                 //Mask external interrupts
143.   }
144. }
```

4.4.2　激活其他处理器

主处理器通过 startothers() 为从处理器准备好启动代码(entryother.S),然后发出 IPI 处理器间中断从而激活从处理器(xv6 称它们为 AP)的启动。

1. 准备启动代码

代码 4-11 的第 66 行的 startothers() 将启动其他处理器核。startothers() 需要为其他处理器准备好启动代码,将 entryothers 代码从现在的位置复制到 0x7000 物理地址,然后逐个 CPU 启动。对于每一个被启动的 CPU 核,需要通过 kalloc() 为它准备独立的 KSTACKSIZE 大小的堆栈(即 scheduler 执行流的堆栈),并将堆栈底、mpenter() 地址和系统共享的页表地址 entrypgdir 保存在特定的位置。然后才能通过 lapicstartap() 发送 IPI 消息激活,并等待其启动完成,才能进行下一个 CPU 核的启动。

2. entryother.S

在主 CPU 完成初始化之后,由 main()->startothers() 对其他 CPU 开始进行初始化,其他处理器通过对接收到的 STARTUP IPI 进行响应而完成启动。非启动 CPU 称为 AP,AP 启动时处于实模式,CS∶IP＝0xXY00∶0x0000(地址低 12 位为 0,在 4096 字节边界对齐),其中 XY 是通过 STARTUP IPI 传递过来的一个 8 位数据。

主处理器每次启动一个 AP,将 entryother 复制到 0x7000 地址处(前面),并在 start (0x7000)-4 地址处存放该处理器核上调度器 scheduler 的私有内核堆栈地址,如图 4-6 所示,在 start(0x7000)-8 的位置存入 mpentry 的跳转地址,在 start(0x7000)-12 的地方存放(启动时临时)页表 entrypgdir 地址。

AP 的启动过程类似于主 CPU,也需要从 16 位实模式转换到 32 位保护模式,然后用(start-12) 地址单元的值设置页表寄存器并启动大页分页模

图 4-6　entryother 的栈帧结构

式,用(start-4)地址单元的值设置 esp,最后调用(start-8)地址单元指向的函数(mpentry()),开始执行具有分页模式的初始化代码,如代码 4-14 所示。

代码 4-14　entryother.S

```
1.  #include "asm.h"
2.  #include "memlayout.h"
3.  #include "mmu.h"
```

```
4.
5.  #Each non-boot CPU ("AP") is started up in response to a STARTUP
6.  #IPI from the boot CPU.  Section B.4.2 of the Multi-Processor
7.  #Specification says that the AP will start in real mode with CS:IP
8.  #set to XY00:0000, where XY is an 8-bit value sent with the
9.  #STARTUP. Thus this code must start at a 4096-byte boundary
10. #
11. #Because this code sets DS to zero, it must sit
12. #at an address in the low 2^16 bytes
13. #
14. #Startothers (in main.c) sends the STARTUPs one at a time
15. #It copies this code (start) at 0x7000.  It puts the address of
16. #a newly allocated per-core stack in start-4, the address of the
17. #place to jump to (mpenter) in start-8, and the physical address
18. #of entrypgdir in start-12
19. #
20. #This code combines elements of bootasm.S and entry.S
21.
22. .code16
23. .globl start
24. start:
25.     cli
26.
27.     #Zero data segment registers DS, ES, and SS
28.     xorw    %ax,%ax
29.     movw    %ax,%ds
30.     movw    %ax,%es
31.     movw    %ax,%ss
32.
33.     #Switch from real to protected mode.  Use a bootstrap GDT that makes
34.     #virtual addresses map directly to physical addresses so that the
35.     #effective memory map doesn't change during the transition
36.     lgdt    gdtdesc          //开启保护模式,使用同一个 GDT
37.     movl    %cr0, %eax
38.     orl     $CR0_PE, %eax
39.     movl    %eax, %cr0
40.
```

```
41.    #Complete the transition to 32-bit protected mode by using a long jmp
42.    #to reload %cs and %eip.  The segment descriptors are set up with no
43.    #translation, so that the mapping is still the identity mapping
44.    ljmpl    $(SEG_KCODE<<3), $(start32)   //平滑过度到保护模式
45.
46. //PAGEBREAK!
47. .code32  #Tell assembler to generate 32-bit code now
48. start32:
49.    #Set up the protected-mode data segment registers
50.    movw    $(SEG_KDATA<<3), %ax          #Our data segment selector
51.    movw    %ax, %ds                      #-> DS: Data Segment
52.    movw    %ax, %es                      #-> ES: Extra Segment
53.    movw    %ax, %ss                      #-> SS: Stack Segment
54.    movw    $0, %ax                       #Zero segments not ready for use
55.    movw    %ax, %fs                      #-> FS
56.    movw    %ax, %gs                      #-> GS
57.
58.    #Turn on page size extension for 4Mbyte pages      //设置并开启分页模式
59.    movl    %cr4, %eax
60.    orl     $(CR4_PSE), %eax
61.    movl    %eax, %cr4
62.    #Use entrypgdir as our initial page table
63.    movl    (start-12), %eax                          //start-12 是页表的地址
64.    movl    %eax, %cr3
65.    #Turn on paging.
66.    movl    %cr0, %eax
67.    orl     $(CR0_PE|CR0_PG|CR0_WP), %eax
68.    movl    %eax, %cr0
69.
70.    #Switch to the stack allocated by startothers()   //设置本处理器核内核堆栈
71.    movl    (start-4), %esp
72.    #Call mpenter()
73.    call    * (start-8)                               //调用 mpentry()
74.
75.    movw    $0x8a00, %ax
76.    movw    %ax, %dx
77.    outw    %ax, %dx
```

```
78.    movw    $0x8ae0, %ax
79.    outw    %ax, %dx
80. spin:
81.    jmp     spin
82.
83. .p2align 2
84. gdt:
85.    SEG_NULLASM
86.    SEG_ASM(STA_X|STA_R, 0, 0xffffffff)
87.    SEG_ASM(STA_W, 0, 0xffffffff)
88.
89.
90. gdtdesc:
91.    .word   (gdtdesc - gdt - 1)
92.    .long   gdt
93.
```

我们在 startothers() 里面将其他处理器的堆栈打印出来,其地址信息如屏显 4-11 所示,它们是 startothers() 通过 kalloc() 分配的,各占 4KB。

屏显 4-11   从处理器的内核栈

```
stack  for cpu[1]:803be000
cpu1: starting 1
stack  for cpu[2]:803bd000
cpu2: starting 2
stack  for cpu[3]:803bc000
cpu3: starting 3
cpu0: starting 0
```

3. mpenter()

其他 AP 处理器(非启动处理器)经历 entryothers 启动代码后,也跟主处理器一样会进入到 mpenter()。mpenter() 用 switchkvm() 切换使用本处理器内核空间;再用 seginit() 设置段表,各处理器段表几乎完全相同,除了 GS 使用的 SEG_KCPU 段用于访问“每 CPU 变量”(或称 CPU 私有变量);接着完成本地中断控制电路 local APIC 的初始化 lapicinit(),然后就可以进入到 mpmain() 执行最后阶段代码,完成启动并进入到调度器循环。

4.5 通用代码

xv6 内核代码中有一些通用代码,可以被内核各个模块所使用,内核启动代码也使用了这些通用代码的功能。

string.c

由于系统比较简单,并且没在系统中提供单独的 C 语言库,因此一些字符串处理功能需要 xv6 自己提供,如代码 4-15 所示。其中,函数 memset()用于将一段内存空间用指定的数值(8 位)填充;函数 memcpy()将 n 个字节从一个内存地址 v1 复制到另一个内存地址 v2 处;memmove()用于将 src 地址开始的 n 个字节移动到 dst 地址的位置(前后区间可能有重叠,需要区分处理);memcpy()本质上也是 memmove();strncmp()用于比较两个字符串,如果不相同则返回第一个不同字符的位置;strncpy()和 safestrcpy()用于复制 n 字节长的字符串;strlen()用于返回一个字符串的长度。

代码 4-15　string.c

```
1.  #include "types.h"
2.  #include "x86.h"
3.
4.  void*
5.  memset(void * dst, int c, uint n)          //用指定字符填充内存区间
6.  {
7.     if ((int)dst%4 == 0 && n%4 == 0){
8.       c &= 0xFF;
9.       stosl(dst, (c<<24)|(c<<16)|(c<<8)|c, n/4);
10.    } else
11.      stosb(dst, c, n);
12.    return dst;
13.  }
14.
15.  int
16.  memcmp(const void * v1, const void * v2, uint n)     //内存区间的比较
17.  {
```

```
18.    const uchar * s1, * s2;
19.
20.    s1 = v1;
21.    s2 = v2;
22.    while (n-- > 0) {
23.      if ( * s1 != * s2)
24.        return * s1 - * s2;
25.      s1++, s2++;
26.    }
27.
28.    return 0;
29. }
30.
31. void *
32. memmove (void * dst, const void * src, uint n)    //内存数据移动
33. {
34.    const char * s;
35.    char * d;
36.
37.    s = src;
38.    d = dst;
39.    if (s < d && s + n > d) {                        //考虑是否有重叠区间
40.      s += n;
41.      d += n;
42.      while (n-- > 0)
43.        * --d = * --s;
44.    } else
45.      while (n-- > 0)
46.        * d++ = * s++;
47.
48.    return dst;
49. }
50.
51. //memcpy exists to placate GCC.  Use memmove
52. void *
53. memcpy (void * dst, const void * src, uint n)    //内存数据复制
```

```
54. {
55.     return memmove(dst, src, n);
56. }
57.
58. int
59. strncmp(const char * p, const char * q, uint n)      //字符串比较
60. {
61.     while(n > 0 && * p && * p == * q)
62.       n--, p++, q++;
63.     if(n == 0)
64.       return 0;
65.     return (uchar) * p - (uchar) * q;
66. }
67.
68. char *
69. strncpy(char * s, const char * t, int n) )           //字符串复制
70. {
71.     char * os;
72.
73.     os = s;
74.     while(n-- > 0 && ( * s++ = * t++) != 0)
75.         ;
76.     while(n-- > 0)
77.       * s++ = 0;
78.     return os;
79. }
80.
81. //Like strncpy but guaranteed to NUL-terminate
82. char *
83. safestrcpy(char * s, const char * t, int n)          //安全的字符串复制
84. {
85.     char * os;
86.
87.     os = s;
88.     if(n <= 0)
89.       return os;
```

```
90.    while(--n > 0 && ( * s++ = * t++) != 0)        //不会越过字符串进行复制
91.      ;
92.    * s = 0;
93.    return os;
94. }
95.
96. int
97. strlen(const char * s)                             //返回字符串长度
98. {
99.    int n;
100.
101.   for(n = 0; s[n]; n++)
102.      ;
103.   return n;
104.}
```

4.6　QEMU 仿真命令

如果希望使用 QEMU 命令,那么可以修改 Makefile 的 QEMU 仿真命令,如代码 4-16 所示增加一个新的目标 qemu-gdb2,使得 shell 终端不被 xv6 用作输入输出。

代码 4-16　qemu-gdb2

```
1.   qemu-gdb: fs.img xv6.img .gdbinit
2.        @echo "*** Now run 'gdb'." 1>&2
3.        $(QEMU) -monitor stdio  $(QEMUOPTS) -S $(QEMUGDB)
```

此时执行 make qemu-gdb2,将如屏显 4-12 所示,最后一行出现 qemu 的命令行提示符,可以输入 qemu 命令。

屏显 4-12　QEMU 命令行界面

```
lqm@lqm-VirtualBox:~/xv6-public-xv6-rev9$ make qemu-gdb2
*** Now run 'gdb'
```

```
qemu-system-i386 -monitor stdio  -drive file=fs.img,index=1,media=disk,format
=raw -drive file=xv6.img,index=0,media=disk,format=raw - smp 2 -m 512  - S -gdb
tcp::26000
QEMU 2.5.0 monitor - type 'help' for more information
(qemu)
```

4.7　本章小结

　　本节分析了 xv6 的启动代码,由于涉及较多 x86 硬件细节,因此第一遍阅读时可能会留下很多疑问。需要结合第 12 章的知识,甚至查阅一些其他资料才能全部融会贯通。

　　学习 xv6 启动过程需要关注几个关键问题:16 位实模式到 32 位的保护模式,涉及了 x86 特色的段式管理;从段式管理到启动分页、初始页表的设置;内核代码的读入,以及随着内存管理模式变迁而发生的改变;多核系统上的主处理器和从处理器的启动差异。

　　图 4-7 给出了 bootblock 和 kernel 的装入过程,以及伴随着它们运行而发生的内存和堆栈变化。刚启动时将 bootblock 装入到 0x7C00 地址,执行 bootasm.S 的代码,运行于 16 位模式,此时未对堆栈进行设置。随后进入到 32 位模式,且将堆栈设置在 0x7C00 前面。bootblock 的 bootmain.c 代码将 kernel 装载到 0x100000 地址,然后跳转到其入口(entry.S 的入口)。kernel 的 entry.S 代码将堆栈设置在自己后面 0x10a5d0(具体随 kernel 大小而不同)的位置。然后经过 main.c 的 mpmain()将自己变为 scheduler 执行流,此时堆栈中将存在 mpmain()->scheduler()的调用关系。

　　主处理器将 entryother.S 代码复制到 0x7000 的位置,然后用 IPI 启动其他处理器。从处理器也经历 16 位到 32 位的转换,然后从 start-12(0x7000-12)的位置获取页表地址并启动分页。此时的页表是 entrypgdir,然后从 start-4 获得堆栈指针,从 start-8 获得 mpenter()地址并通过 call 指令转向 mpenter()函数。mpenter()用 switchkvm()切换内核页表、seginit()完成段的初始化,然后执行 mpmain(),此后和主处理器一样转为 scheduler 调度器的执行流。

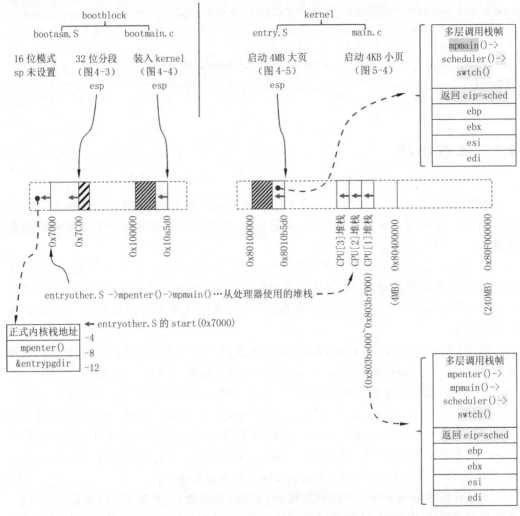

图4-7　bootblock和kernel的装入过程及相关的内存、堆栈变化

练习

1. 代码小修改：(1)bootasm.S进入保护模式之后将堆栈的起点设在0x7c00地址处，请问是否可以设置到0x6c00处或其他位置？请修改代码并验证系统是否正常。(2)既然

kernel 只有一个 ELF 段需要装入，那么请修改 bootmain.c 的第 37～42 行，将循环去除。

2. 请用 gdb 调试器查看 bootblock 的运行，在开启保护模式后观察 cs 和 ss 寄存器的值是否与我们分析的(图 4-3)一致，并检查对应的段描述符。

3. 请用 gdb 查看 bootmain( )中通过 readseg( )读入到 elf 缓冲区的内容，并用 hexdump 查看 kernel 文件的内容，比较两者是否一致。

4. 在 entry.S 进入大页的分页模式之后，低地址的页表映射仍然保留，因此内核代码和数据仍可以通过用户态的 0 页所访问。请运行 x 命令检查两段内存空间相同偏移的内容，看是否完全一样。

第 5 章

内存管理

从功能角度可以将内存管理代码分成两大部分,一部分是对内存子系统初始化的支持,另一部分是对 xv6 操作系统正常运行时的内存进行管理。另外,根据物理页帧和虚拟存储空间的不同,又分成物理页帧的分配、回收管理和虚存空间分配、回收以及映射管理。其中虚存空间又根据保护级的不同,分成内核空间和用户空间两部分。从上面的分析可知,xv6 的内存管理将分成图 5-1 的 6 个部分。图中对物理页帧管理标示为 P,虚存空间管理分成两类,内核空间标示为 K,用户空间表示为 U,再加上初始化标示为 I 和运行时标示为 R,分别有 P-I、P-R、K-I、K-R、U-I、U-R 六种组合,并且在图 5-1 中还给出了各部分所在的章节。

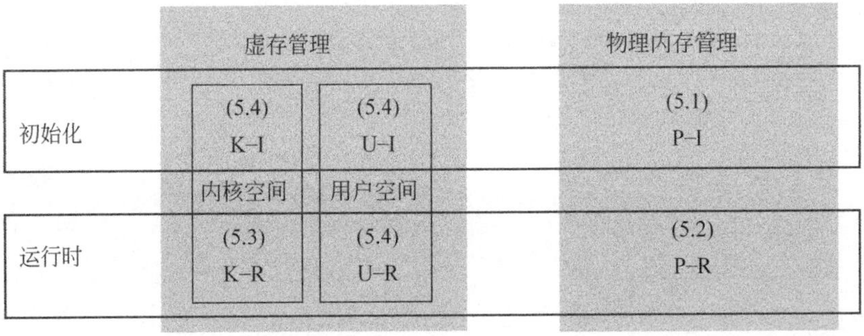

	虚存管理		物理内存管理
初始化	(5.4) K–I	(5.4) U–I	(5.1) P–I
	内核空间	用户空间	
运行时	(5.3) K–R	(5.4) U–R	(5.2) P–R

图 5-1   内存管理子系统功能划分(以及所在的章节)

注意:初学者需要理清以下知识脉络:在共享的物理页帧基础之上,通过段页机制实现虚-实地址转换,进而形成各个进程独立的虚存空间(编程空间、程序空间)。关于 x86 分段的细节我们不深入讨论,读者可以参考 Intel 的数据手册。本章内容将着重于通用的分页机制。这样一来我们在 xv6 内核讨论中就不用区分逻辑地址和线性地址,统一用虚地址和虚存空间来指代它们。

虽然 xv6 启动了分页机制并采用虚地址这个术语,但并没有实现页帧与磁盘的交换功能,因此并不具备完整意义上的虚存管理,只是具备了分页管理能力。

在后续讨论中,为了方便区分,将虚拟空间的页称为虚页,物理空间的页称为页帧。对于未加以说明的"页",读者可以根据具体情况自行判断。

5.1　物理内存初始化(P-I)

物理内存的初始化(P-I),分成大页模式的早期布局和启动 4KB 分页后的空闲物理页帧初始化。初始化的目的是为了摸清物理内存资源总量,并通过链表管理所有空闲页帧,这是物理内存分配和管理的依据。

5.1.1　早期布局

此时内存布局仍如图 4-5 所示。在 kernel main() 函数最开始处,xv6 启用大页模式并具有以下的内存布局:内核代码存在于物理地址低地址的 0x100000 处,而虚存空间的 (0~0x0040-0000) 和 (0x8000-0000~0x8040-0000) 地址开始的两段 4MB 都映射了内核代码。此时的早期页表为 main.c 文件中的 entrypgdir 数组,其中只有两项有效:虚拟地址[0,4MB]映射到物理地址 [0,4MB];虚拟地址 [KERNBASE, KERNBASE+4MB] 映射到物理地址[0,4MB]。此时只使用了一个物理页(4MB 的大页)并映射到两个不同的虚存空间。

各 CPU 的 GDT

在 kernel 的 main() 执行 seginit() 更新自己的全局段描述符 GDT 之前,主 CPU 使用的是前章代码 4-7 的第 80 行定义的三个段,当时各个段选择子和 GDT 表项的对应关系如图 4-3 所示。

seginit() 定义于代码 5-4 的第 15 行。每个处理器都要执行这个初始化,最终各个处理器核上的段表内容几乎相同:在每 CPU 变量 cpus[].gdt[] 中设置 4 项,分别对应内核代码段 SEG_KCODE、内核数据段 SEG_KDATA、用户代码段 SEG_UCODE、用户数据段 SEG_UDATA。新装载的 GDT 表内容如图 5-2 所示(对比图 4-3 旧的 GDT)。各处理器不同的地方是 SEG_KCPU 段,由段寄存器 GS 使用,对应于"每 CPU"变量或 CPU 私有变量。

当 main() 执行 seginit() 之后将重新设置段,此时使用的 GDT 表是每 CPU 变量 c->gdt,在执行代码 5-4 的第 25~31 行后进行设置,第 33 行 seginit ()->lgdt() 之后开始使

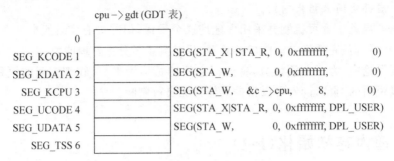

图 5-2　main()重新对 GDT 初始化后的内容

用该 GDT,如图 5-2 所示。可以看出在地址映射方面,内核代码段 SEG_KCODE、内核数据段 SEG_KDATA、用户代码段 SEG_UCODE 和用户数据段 SEG_UDATA 都是从 0 地址到 0xffffffff(4GB)的范围,也就是说从地址映射方面基本放弃了段式管理。但是各段的特权级是不同的,内核代码和数据特权级最高为 0,用户代码和数据最低为 DPL_USER(级别 3)。

此时的段和原来相比,多了用户空间的两个段和每 CPU 变量所在的段。由于内核相关的段并没有变化,因此 lgdt()并不影响 seginit()的继续执行,将正常返回到 main()函数继续运行。main()后续还会执行 kinit2()结束全部内存的初始化工作。

其中,SEG_KCPU 为"每 CPU"变量所在的段,由附加段寄存器 GS 管理。该段是唯一不从 0 地址开始且长度仅有 8 字节,各个 CPU 上取值不相同的特殊段。由于每 CPU 变量不在多个 CPU 间共享,因此不需要用加锁方法进行保护,所以访问速度比加锁方式的变量更快。xv6 系统中每 CPU 变量只有 cpu 和 proc 两个,因此一共才 8 字节。

SEG_TSS 是任务状态段,每次从 scheduler 切换到某个进程时,将在 switchuvm()函数内设置含有该进程的内核栈指针。

5.1.2　物理页帧的初始化

此时,kernel 实际能用的虚拟地址空间显然不足以完成正常的工作,所以初始化过程中需要获得更多可用物理页帧并重新设置页表。

空闲页帧链表

在启用 4KB 分页之后,将物理内存划分成 4KB 大小的页帧来管理,空闲的物理页帧构成一个链表,页帧开头的 4 个字节用作指针,形成如图 5-3 所示的空闲物理页帧链表。

由于 xv6 没有实现对 x86 内存总量的测定,只是简单地使用总量为 240MB(PHYSTOP)的物理内存,因此在内核刚启动时,从 kernel 结束地址一直到 240MB 的空

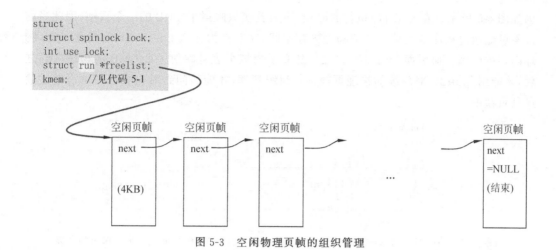

```
struct {
  struct spinlock lock;
  int use_lock;
  struct run *freelist;
} kmem;    //见代码 5-1
```

图 5-3　空闲物理页帧的组织管理

间都是空闲的。

xv6 在 main()函数中调用 kinit1()和 kinit2()来初始化物理内存,将空闲物理页帧构成链表。需要注意的是,除了启动时短暂使用了 4MB 的大页模式外,xv6 正常运行时使用的是 4KB 页。其中 kinit1()初始化第一个 4MB 的物理范围,其中从 kernel 结束处到 4MB 边界的物理内存空间组织为空闲未使用[1],kinit2 初始化剩余内核空间到 PHYSTOP 为未使用[2],如图 5-4 所示。相关的具体代码分析请见代码 5-1 的第 30 行和第 38 行。

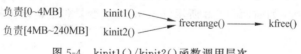

图 5-4　kinit1()/kinit2()函数调用层次

上述两个函数的核心是代码 5-1 的第 45 行的 freerange(),该函数将传入的地址范围(vstart,vend)之间的所有页,逐个通过 kfree()登记为空闲页。代码 5-1 的第 59 行的 kfree()将一个页插入到空闲页帧链表 kmem.freelist 链表头部。

因此当 main()->kinit1(end, P2V(4 * 1024 * 1024))执行结束时,(end,4MB)区间的物理页帧将构成一个单向链表,表头为 kmem.freelist,如图 5-5 所示。而 kinit2()则把(4MB,PHYSTOP)范围内的物理页帧插入到空闲链表中。

读者需要注意,虽然我们这里管理的是[0~4MB]的物理空闲页帧,但是程序使用的是虚地址,即 kinit1()中的指针 p * 位于[0x8000-0000~0x8040-0000]区间。此时的页表

---

[1]　虽然此时为 4MB 页,但是按照 4KB 页帧进行组织。

[2]　kinit2()在 4KB 页的环境下工作,前面的 main()->kmalloc()完成 4KB 页表的建立。

仍如图 4-5 所示。在 kinit1() 执行的时候, 页表其实只映射了 4MB 的一个页帧, 因此当前也不可能通过程序地址访问其他物理内存空间, 这就是为什么 kinit1() 只初始化 4MB 物理内存的原因。而后面 kvmalloc() 之后建立了内核页表且映射了 240MB 的物理内存之后, 才能用 kinit2() 对后续的物理页帧进行组织管理, 才能访问到对应页帧并填写链接信息到页帧中。

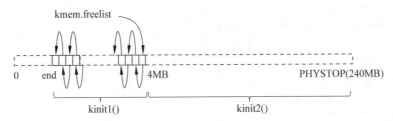

图 5-5　kinit1() 对 (end, 4MB) 以及 kinit2() 对 (4MB, PHYSTOP) 区间构建的空闲页帧链表

5.1.3　kalloc.c 和 mmu.h

kalloc.c 中有刚讨论过的用于物理内存初始化的 kinit1() 和 kinit2(), 页帧分配 kalloc() 和回收 kfree() 等函数。mmu.h 中则有大量关于页表映射相关的常量、宏和函数。

1. kalloc.c

代码 5-1 的第 15 行定义了 run 结构体, 用于形成页帧链表, 第 19 行定义了 kmem 结构体, 用于管理链表。如前面图 5-3 所示, kmem 成员变量包括空闲页帧链表指针 freelist 以及互斥锁 lock。

代码 5-1　kalloc.c

```
1.  //Physical memory allocator, intended to allocate
2.  //memory for user processes, kernel stacks, page table pages,
3.  //and pipe buffers. Allocates 4096-byte pages
4.
5.  #include "types.h"
6.  #include "defs.h"
7.  #include "param.h"
8.  #include "memlayout.h"
9.  #include "mmu.h"
10. #include "spinlock.h"
11.
```

```
12. void freerange(void * vstart, void * vend);
13. extern char end[];               //first address after kernel loaded from ELF file
14.
15. struct run {
16.    struct run * next;
17. };
18.
19. struct {
20.    struct spinlock lock;
21.    int use_lock;
22.    struct run * freelist;          //就是一个 next 指针,见第 15 行定义
23. } kmem;
24.
25. //Initialization happens in two phases
26. //1. main() calls kinit1() while still using entrypgdir to place just
27. //the pages mapped by entrypgdir on free list
28. //2. main() calls kinit2() with the rest of the physical pages
29. //after installing a full page table that maps them on all cores
30. void
31. kinit1(void * vstart, void * vend)
32. {
33.    initlock(&kmem.lock, "kmem");   //创建一个用于管理空闲页帧链表的锁
34.    kmem.use_lock = 0;
35.    freerange(vstart, vend);        //[vstart~vend]都挂入到空闲页帧链(见第 46 行)
36. }
37.
38. void
39. kinit2(void * vstart, void * vend)
40. {
41.    freerange(vstart, vend);
42.    kmem.use_lock = 1;
43. }
44.
45. void
46. freerange(void * vstart, void * vend)
47. {
48.    char * p;                       //注意,这里用的是虚地址指针
```

```
49.    p = (char * ) PGROUNDUP((uint) vstart);      //将地址转换成页边界
50.    for(; p + PGSIZE <= (char * ) vend; p += PGSIZE)
51.      kfree(p);                                  //回收一个页帧
52. }
53.
54. //PAGEBREAK: 21
55. //Free the page of physical memory pointed at by v,
56. //which normally should have been returned by a
57. //call to kalloc().  (The exception is when
58. //initializing the allocator; see kinit above.)
59. void
60. kfree(char * v)                                  //释放虚地址 v 指向的物理页帧
61. {
62.    struct run * r;
63.
64.    if((uint) v % PGSIZE || v < end || V2P(v) >= PHYSTOP)   //页边界对齐且不越界
65.      panic("kfree");
66.
67.    //Fill with junk to catch dangling refs
68.    memset(v, 1, PGSIZE);                         //用数字"1"填充该页
69.
70.    if(kmem.use_lock)
71.      acquire(&kmem.lock);
72.    r = (struct run * ) v;                        //将页帧 v 插入到链表头部
73.    r->next = kmem.freelist;
74.    kmem.freelist = r;
75.    if(kmem.use_lock)
76.      release(&kmem.lock);
77. }
78.
79. //Allocate one 4096-byte page of physical memory
80. //Returns a pointer that the kernel can use
81. //Returns 0 if the memory cannot be allocated
82. char *
83. kalloc(void)
84. {
85.    struct run * r;
```

```
86.
87.    if(kmem.use_lock)
88.      acquire(&kmem.lock);
89.    r = kmem.freelist;                    //从链表头部取一个空闲页帧
90.    if(r)
91.      kmem.freelist = r->next;            //链表头后移到下一个空闲页帧
92.    if(kmem.use_lock)
93.      release(&kmem.lock);
94.    return (char*)r;
95. }
```

kinit1()和 kinit2()也定义在这里,两者的实现非常相似,差别在于 kinit1()对互斥锁进行初始化,以及两者处理的地址范围不同。kinit1()和 kinit2()都利用 freerange()将 vstart~vend 地址范围内的页帧添加到 freelist 链表中。当初始化完成之后,freerange()用于回收页帧(当然,也可以将初始化看成某种意义上的回收操作)。freerange()对 vstart~vend 所覆盖的物理页帧,逐个调用 kfree()进行回收,每次一个页帧。

在系统正常运行需要分配页帧时,将调用 kalloc(),它扫描 kmem.freelist 链表,从中摘除一个页帧并返回。反之将 kfree()释放的页帧重新加入 kmem.freelist。

由于这些函数只是涉及简单的链表操作,读者可以自行详细阅读和分析。

2. memlayout.h

代码 5-2 给出了内存布局的信息,通过宏定义给出了若干个常量。物理地址相关的有: 1M(0x100000)以上的地址为扩展内存 EXTMEM,物理内存上限为 PHYSTOP,设备使用的物理内存起始地址为 DEVSPACE。虚地址相关的有:内核起点 KERNBASE,内核的链接地址 KERNLINK,以及用于虚地址和物理地址转换的宏,V2P/V2P_WO 和 P2V/P2V_WO。

代码 5-2　memlayout.h

```
1.  //Memory layout
2.
3.  #define EXTMEM   0x100000            //Start of extended memory
4.  #define PHYSTOP 0xE000000            //Top physical memory
5.  #define DEVSPACE 0xFE000000          //Other devices are at high addresses
6.
7.  //Key addresses for address space layout (see kmap in vm.c for layout)
8.  #define KERNBASE 0x80000000          //First kernel virtual address
```

```
9.  #define KERNLINK (KERNBASE+EXTMEM)      //Address where kernel is linked
10.
11. #define V2P(a) (((uint) (a)) - KERNBASE)
12. #define P2V(a) (((void *) (a)) + KERNBASE)
13.
14. #define V2P_WO(x) ((x) - KERNBASE)       //same as V2P, but without casts
15. #define P2V_WO(x) ((x) + KERNBASE)       //same as P2V, but without casts
```

5.2 页帧的分配与回收(P-R)

前面讨论中提到：kalloc.c 中的代码一部分参与物理内存管理子系统的初始化,属于物理内存初始化(P-I)部分;另一部分则是用于物理页帧分配与回收操作,主要涉及分配函数 kalloc()和回收 kfree(),属于内存管理的运行时(P-R)部分。我们现在着重分析分配与回收,这两个函数都定义于代码 5-1。

kfree()先对地址进行合法性检查,再执行第 72～74 行代码将该页插入到队列头部。kalloc()则是在空闲链表头部取下一个页帧来完成分配操作。

kalloc()返回虚拟地址空间的地址,kfree()以虚拟地址为参数,通过 kalloc()和 kfree()(),系统能够有效管理物理内存,让上层只需要考虑虚拟地址空间。

由此可见,xv6 对物理页帧的管理非常简单,并没有像 Linux 那样考虑系统中的众多其他因素,也不需要支持虚拟内存的换出操作。

5.3 内核空间

内核启动后则进入进程调度器 scheduler()的无限循环,因此 scheduler()使用页表所表示的虚存空间就称为内核空间。在 xv6 kernel 的 main()中调用 kvmalloc()来创建 scheduler 内核执行流所使用的页表 kpgdir(替换 entry.S 所使用的 entrypgdir 早期页表),从而建立起 xv6 的内核态虚存空间。

这个页表内容也用来构建每个进程的内核空间,每个进程页表对应内核的部分(高地址部分)将复制 kpgdir 内容(与 scheduler 执行流相同),而对应用户空间的部分页表将根据应用程序的 ELF 文件而创建。

也就是说每个进程所用的内核空间是一样的,一旦进入内核(例如系统调用或中断)将可以访问整个系统的所有资源。

5.3.1 内核页表(K-I)

xv6 的内核执行流 scheduler,只使用内核空间的页表,在用户空间没有映射任何内容,即 0x8000-0000 以下地址所对应的页表项都没有映射到物理页帧。

1. scheduler 内核页表

xv6 kernel 在 main()->kinit1()之后紧接着执行 main()->kvmalloc()建立内核空间。kvmalloc()定义于代码 5-4 的第 147 行,具体是通过 setupkvm()创建页表(4KB 的小页)并记录在全局变量 kpgdir 中,然后 switchkvm()切换使用该页表(不再使用 bootblock 建立的只有两项的、4MB 的大页的 entrypgdir 页表)。

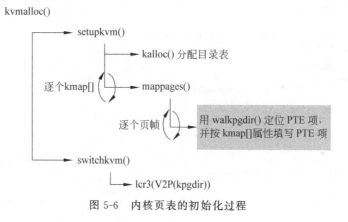

图 5-6 内核页表的初始化过程

代码 5-4 的第 128 行的 setupkvm()用于建立内核空间所对应的页表项,该函数先用 kalloc()分配一个页帧作为页表,然后依据 kmap[]数组来填写 kpgdir 页表,其中 kmap[]数组的声明在代码 5-4 的第 114~124 行,它指出了内核中多个不同属性的区间。kmap[]所描述的地址映射关系及相应的访问模式,如图 5-7 所示。kmap[0]映射了物理内存低 1MB 的空间,kmap[1]是内核代码(及只读数据),kmap[2]是内核数据,kmap[3]映射了用于设备的空间。xv6 内核空间采用的映射方式和 Linux 内核映射相似,称为直接映射或一致映射,虚地址和物理地址之间恒定相差一个常数偏移,这样很容易在物理地址和内核虚地址之间进行转换。

mappages()定义于代码 5-4 的第 69 行,它依次为当前 kmap[x]涉及的每个页帧建立映射:通过 walkpgdir()定位其 PTE 项,并按照 kmap[]给出的映射要求填写该 PTE,从

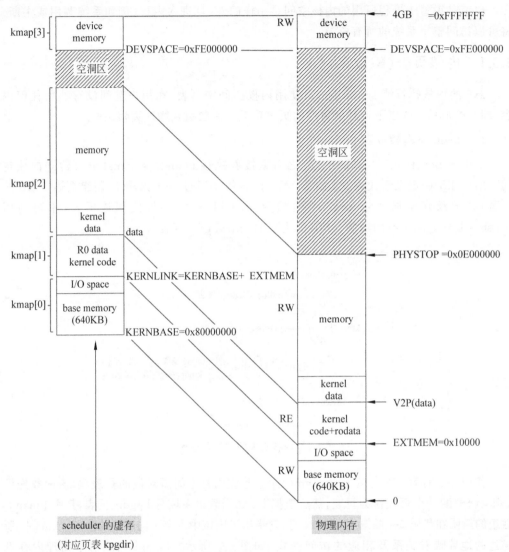

scheduler 的虚存
（对应页表 kpgdir）

（注意：此时图 4-5 的旧页表 entrypgdir 已作废！）

图 5-7　scheduler 使用的内核页表 kpgdir 映射情况

而完成 kpgdir 中所涉及的内核空间页表项的填写。传入的参数分别有：pgdir 页表指针、va 内核区间起始地址、size 地址区间大小、pa 一个或多个连续物理页帧的起始物理地址、perm 访问模式。walkpgdir( )将在下一节讨论。

2. 页表项 PTE 查找

walkpgdir()用于查找页表项,其定义在代码 5-4 的第 45 行,请读者参照图 12-15 来阅读该函数代码。此处不能简单用"页表"来泛指,必须区分为"页目录表"PD 和"页表"PT 两级。walkpgdir()根据 PD 和 PT 查找给定虚地址 va 所对应的页表项 PTE。对于给定 va 虚地址,首先用 PDX(va)获得页目录号(page directory index),PDX 定义于代码 5-3 的第 116 行,实际上就是 va 的高 10 位。

从 PD 和 PDX 索引找到 PDE(变量 pde),如果 PDE 指出对应的页表 PT 已经存在(相应标志位 PTE_P 为 1),则通过 pgtab = (pte_t *)P2V(PTE_ADDR(* pde))获得 PT 的程序地址(虚地址),进而继续用 PTX(va)获得 PTE 索引,最后通过 &pgtab[PTX(va)]获得 PTE 的虚地址并返回。

如果 PDE 指出对应的页表 PT 不存在(相应标志位 PTE_P 为 0),则分成两种情况:

- 当 alloc==0 则直接返回 0,表示没有找到对应的 PTE。用于内存访问时的地址转换。
- 如果 alloc! =0 则表示要分配 PT,并建立 PDE 到 PT 的映射,首先要分配一个页帧用于 PT,并将 PDE 指向该页帧,建立映射。主要用于内存分配时,用于建立地址映射的操作。

此处的 PDX()和 PTX()宏定义在代码 5-3 的第 116 和第 119 行,各自从虚地址截取对应的字段,如图 5-8 所示。

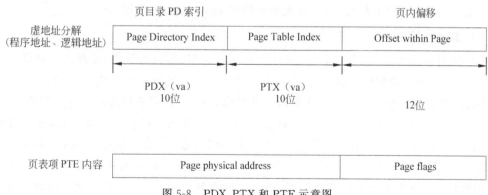

图 5-8　PDX、PTX 和 PTE 示意图

5.3.2　内核页表切换(K-R)

内核 scheduler()代码使用的页表在建立后就不再变化,它映射了所有的物理页帧,因此可以读写全部物理页帧的内容。内核也不使用动态创建的数据对象,因此运行过程

中并不需要改变内核空间,其 K-R 部分只有内核页表的简单切换操作。用户进程有自己的页表,在让出 CPU 而切换到内核 scheduler 执行流时才切换到 scheduler 的页表。同理,从 scheduler 切换到下一个就绪进程也发生页表切换。

1. 页表切换与调度

当需要切换到 scheduler 的页表时,使用代码 5-4 的第 157 行的 switchkvm() 即可,通过 lcr3(V2P(kpgdir)) 完成,反之从 scheduler 切换到用户进程的页表时,则使用代码 5-4 的第 164 行的 switchuvm(),另外需要设置 TSS 段、用户态堆栈信息,最后才通过 lcr3(V2P(p->pgdir)) 完成页表切换。设置 TSS 段的原因如下:从各个进程切换到内核态后应该切换到该进程的"内核堆栈",因此必须提前设置 TSS 中该进程的内核堆栈位置。

在进程切换过程中,需要先后执行上述两种操作,并且经过 scheduler 进程(执行流)的中转。例如进程 A 切换到进程 B 的过程如下:进程 A 通过某种途径进入内核,用 switchkvm() 切换到 scheduler,然后再通过 switchuvm() 切换到进程 B。

无论上述两个操作怎么切换,内核空间的映射关系总是相同的。也就是说用户进程的页表 0x8000-0000 以上地址的映射和 scheduler 使用的页表内容是一样的。用户进程切换到内核态(例如系统调用或中断)时,虽然是使用自己的页表中的高地址部分,但是和 scheduler() 使用的空间是相同的。

调用 switchuvm() 的地方有三处:exec() 创建新的进程映像后、scheduler() 切换回用户进程时、growproc() 修改用户空间范围后(其实 growproc() 只是需要重新装载 CR3 寄存器,引起现有 TLB 作废即可,而无须完整的 switchuvm() 操作)。

2. TSS 与调度

当调用 switchuvm() 从 scheduler 切换到用户进程时,并不作 Intel 概念上的任务切换。switchuvm() 借助任务状态段 TSS 指出如何根据运行级别的变化(内核态<- ->用户态)而切换堆栈,然后用 lcr3() 使用切入进程的页表,从而完成到用户进程空间的切换。switchuvm() 中的"cpu->gdt[SEG_TSS].s = 0"将任务状态段设置为系统段,还将 TSS 段的内核态堆栈段 cpu->ts.ss0 设置为 SEG_KDATA 段、内核堆栈指针 cpu->ts.esp0 初始化为切入进程的内核栈 proc->kstack+KSTACKSIZE。最后通过执行 ltr(SEG_TSS<<3) 操作将 TR 寄存器指向本处理器 cpu->ts 从而使 TSS 生效,一旦发生中断或系统调用将切换到该进程指定的内核栈。

Linux 也采用了类似的实现方式,体现了软件对硬件体系结构的灵活应用。早期 Linux 内核有进程最大数的限制(受限于 GDT 表项的数量),受限制的原因是每一个进程都有自己的 TSS 和 LDT,而 TSS(任务描述符)和 LDT(私有描述符)必须放在 GDT 中,GDT 最大只能存放 8192 个描述符。从 Linux 2.4 以后,全部进程使用同一个 TSS,准确的说是每个 CPU 一个 TSS,在同一个 CPU 上的进程使用同一个 TSS。那么,进程使用相同的 TSS,如何进行任务切换? 其实 Linux 内核 2.4 以后不再使用硬切换,而是使用软切换。寄存器不再保存在 TSS 中,而是保存在 task-> thread 中,只用 TSS 的 esp0 和 I/O 许可位图。所以,在进程切换过程中,只需要更新 TSS 中的 esp0、io bitmap。任务切换(硬切换)需要用到 TSS 来保存全部寄存器(2.4 以前使用 jmp 来实现切换)。

简单而言,xv6 利用 TSS 完成运行级别变化(用户态-> 内核态)时的自动堆栈切换功能。从内核态返回用户态的时候,iret 指令会根据内核栈中的 cs：ip 判定出是返回用户态代码,因此会根据堆栈中的 ss 和 esp 恢复用户态堆栈。

5.3.3　vm.c

vm.c 包含了内核空间和用户空间的管理代码,包括初始化操作和运行时操作。由于 vm.c 使用 mmu.h 头文件,因此下面先给出 mmu.h,然后再给出 vm.c。

1. mmu.h

mmu.h 是虚存地址管理相关信息、CPU 现场 taskstate 以及 x86 的门描述符。

(1)与内存地址有关的具体信息有:

第 5～25 行的 EFLAGS 标志寄存器的各个标志位定义;第 28～38 行的 CR0 控制寄存器的各个控制位定义;第 40 行的 CR4 控制寄存器的 PSE 位。

第 42～48 行给出了 xv6 所使用的段编号,内核代码段 SEG_KCODE= 1,内核数据段 SEG_KDATA= 2,内核-每处理器变量 SEG_KCPU= 3,用户代码段 SEG_UCODE = 4,用户数据段 SEG_UDATA= 5,任务状态段 SEG_TSS= 6。包括段 0,一共有 NSEGS=7 个段。上述段的编号、名称和用途,归结为表 5-1。

表 5-1　xv6 段表

段　　号	名　　称	用　　途
0		无效
1	SEG_KCODE	内核代码段
2	SEG_KDATA	内核数据段
3	SEG_KCPU	每 CPU 变量
4	SEG_UCODE	用户代码段
5	SEG_UDATA	用户数据段
6	SEG_TSS	任务状态段

第 55～70 行定义了段描述符 segdesc 结构体。

第 72～80 行定义了两个宏,用于按指定要求生成段描述符的变量声明。

第 85～105 行给出了用户段的类型标志位和系统段的类型标志位。

第 107～113 行给出了虚地址的页目录索引、页表索引和页内偏移的划分情况,以及用于获取虚地址页目录索引的 PDX() 和页表索引的 PTX()。

第 125～145 行定义了页表相关的几个常量。

第 148～149 行的两个宏分别用于获取虚地址的页索引号 PTE_ADDR(pte) 和页的访问标记 PTE_FLAGS(pte)。

总结一下,地址操作的宏有以下几个:

- PDX 宏(第 116 行)用于取得虚地址的页目录索引值。
- PTX 宏(第 119 行)用于获得虚地址的页表索引值。
- PGADDR 宏(第 122 行)根据虚地址的目录索引、页表索引和页内偏移来构建虚拟地址的值。
- PTE_ADDR(pte)(第 148 行)取得 pte 高 20 位(对应的页帧的物理地址)。
- PTE_FLAGS(pte)(第 149 行)取得 pt 低 12 位(对应页访问标记)。

(2) 第 155～193 行给出了任务状态段 TSS 所对应结构体 taskstate。

(3) 第 192～207 行给出了中断和陷阱对应门描述符(gatedesc 结构体)的描述。第 217～228 行的 SETGATE 宏则用于定制门描述符。

如果没有定义汇编__ASSEMBLER__,则第 86～91 行和代码 5-3 的第 16～21 行重复。

代码 5-3　mmu.h

```
1.  //This file contains definitions for the
2.  //x86 memory management unit (MMU)
3.
4.  //Eflags register
5.  #define FL_CF        0x00000001    //Carry Flag
6.  #define FL_PF        0x00000004    //Parity Flag
7.  #define FL_AF        0x00000010    //Auxiliary carry Flag
8.  #define FL_ZF        0x00000040    //Zero Flag
9.  #define FL_SF        0x00000080    //Sign Flag
10. #define FL_TF        0x00000100    //Trap Flag
11. #define FL_IF        0x00000200    //Interrupt Enable
12. #define FL_DF        0x00000400    //Direction Flag
```

```
13. #define FL_OF            0x00000800        //Overflow Flag
14. #define FL_IOPL_MASK      0x00003000        //I/O Privilege Level bitmask
15. #define FL_IOPL_0         0x00000000        //   IOPL == 0
16. #define FL_IOPL_1         0x00001000        //   IOPL == 1
17. #define FL_IOPL_2         0x00002000        //   IOPL == 2
18. #define FL_IOPL_3         0x00003000        //   IOPL == 3
19. #define FL_NT             0x00004000        //Nested Task
20. #define FL_RF             0x00010000        //Resume Flag
21. #define FL_VM             0x00020000        //Virtual 8086 mode
22. #define FL_AC             0x00040000        //Alignment Check
23. #define FL_VIF            0x00080000        //Virtual Interrupt Flag
24. #define FL_VIP            0x00100000        //Virtual Interrupt Pending
25. #define FL_ID             0x00200000        //ID flag
26.
27. //Control Register flags
28. #define CR0_PE            0x00000001        //Protection Enable
29. #define CR0_MP            0x00000002        //Monitor coProcessor
30. #define CR0_EM            0x00000004        //Emulation
31. #define CR0_TS            0x00000008        //Task Switched
32. #define CR0_ET            0x00000010        //Extension Type
33. #define CR0_NE            0x00000020        //Numeric Error
34. #define CR0_WP            0x00010000        //Write Protect
35. #define CR0_AM            0x00040000        //Alignment Mask
36. #define CR0_NW            0x20000000        //Not Writethrough
37. #define CR0_CD            0x40000000        //Cache Disable
38. #define CR0_PG            0x80000000        //Paging
39.
40. #define CR4_PSE           0x00000010        //Page size extension
41.
42. //various segment selectors
43. #define SEG_KCODE 1                         //kernel code
44. #define SEG_KDATA 2                         //kernel data+stack
45. #define SEG_KCPU  3                         //kernel per-cpu data
46. #define SEG_UCODE 4                         //user code
47. #define SEG_UDATA 5                         //user data+stack
48. #define SEG_TSS   6                         //this process's task state
49.
```

```
50. //cpu->gdt[NSEGS] holds the above segments
51. #define NSEGS      7
52.
53. //PAGEBREAK!
54. #ifndef __ASSEMBLER__
55. //Segment Descriptor
56. struct segdesc {
57.     uint lim_15_0 : 16;           //Low bits of segment limit
58.     uint base_15_0 : 16;          //Low bits of segment base address
59.     uint base_23_16 : 8;          //Middle bits of segment base address
60.     uint type : 4;                //Segment type (see STS_ constants)
61.     uint s : 1;                   //0 = system, 1 = application
62.     uint dpl : 2;                 //Descriptor Privilege Level
63.     uint p : 1;                   //Present
64.     uint lim_19_16 : 4;           //High bits of segment limit
65.     uint avl : 1;                 //Unused (available for software use)
66.     uint rsv1 : 1;                //Reserved
67.     uint db : 1;                  //0 = 16-bit segment, 1 = 32-bit segment
68.     uint g : 1;                   //Granularity: limit scaled by 4K when set
69.     uint base_31_24 : 8;          //High bits of segment base address
70. };
71.
72. //Normal segment
73. #define SEG(type, base, lim, dpl) (struct segdesc)        \
74. { ((lim) >> 12) & 0xffff, (uint)(base) & 0xffff,          \
75.   ((uint)(base) >> 16) & 0xff, type, 1, dpl, 1,           \
76.   (uint)(lim) >> 28, 0, 0, 1, 1, (uint)(base) >> 24 }
77. #define SEG16(type, base, lim, dpl) (struct segdesc)      \
78. { (lim) & 0xffff, (uint)(base) & 0xffff,                  \
79.   ((uint)(base) >> 16) & 0xff, type, 1, dpl, 1,           \
80.   (uint)(lim) >> 16, 0, 0, 1, 0, (uint)(base) >> 24 }
81. #endif
82.
83. #define DPL_USER    0x3           //User DPL
84.
85. //Application segment type bits
86. #define STA_X       0x8           //Executable segment
```

```
87.  #define STA_E      0x4          //Expand down (non-executable segments)
88.  #define STA_C      0x4          //Conforming code segment (executable only)
89.  #define STA_W      0x2          //Writeable (non-executable segments)
90.  #define STA_R      0x2          //Readable (executable segments)
91.  #define STA_A      0x1          //Accessed
92.
93.  //System segment type bits
94.  #define STS_T16A   0x1          //Available 16-bit TSS
95.  #define STS_LDT    0x2          //Local Descriptor Table
96.  #define STS_T16B   0x3          //Busy 16-bit TSS
97.  #define STS_CG16   0x4          //16-bit Call Gate
98.  #define STS_TG     0x5          //Task Gate / Coum Transmitions
99.  #define STS_IG16   0x6          //16-bit Interrupt Gate
100. #define STS_TG16   0x7          //16-bit Trap Gate
101. #define STS_T32A   0x9          //Available 32-bit TSS//xv6 的 TSS 使用该类型
102. #define STS_T32B   0xB          //Busy 32-bit TSS
103. #define STS_CG32   0xC          //32-bit Call Gate
104. #define STS_IG32   0xE          //32-bit Interrupt Gate
105. #define STS_TG32   0xF          //32-bit Trap Gate
106.
107. //A virtual address 'la' has a three-part structure as follows:
108. //
109. //+--------10------+-------10-------+---------12----------+
110. //|  Page Directory  |   Page Table    |   Offset within Page  |
111. //|      Index       |     Index       |                       |
112. //+----------------+----------------+---------------------+
113. //  \--- PDX(va) --/ \--- PTX(va) --/
114.
115. //page directory index
116. #define PDX(va)          (((uint)(va) >> PDXSHIFT) & 0x3FF)
117.
118. //page table index
119. #define PTX(va)          (((uint)(va) >> PTXSHIFT) & 0x3FF)
120.
121. //construct virtual address from indexes and offset
122. #define PGADDR(d, t, o) ((uint)((d) << PDXSHIFT | (t) << PTXSHIFT | (o)))
123.
```

```
124. //Page directory and page table constants
125. #define NPDENTRIES    1024    //#directory entries per page directory
126. #define NPTENTRIES    1024    //#PTEs per page table
127. #define PGSIZE        4096    //bytes mapped by a page
128.
129. #define PGSHIFT       12      //log2(PGSIZE)
130. #define PTXSHIFT      12      //offset of PTX in a linear address
131. #define PDXSHIFT      22      //offset of PDX in a linear address
132.
133. #define PGROUNDUP(sz)  (((sz)+PGSIZE-1) & ~(PGSIZE-1))
134. #define PGROUNDDOWN(a) (((a)) & ~(PGSIZE-1))
135.
136. //Page table/directory entry flags
137. #define PTE_P         0x001   //Present
138. #define PTE_W         0x002   //Writeable
139. #define PTE_U         0x004   //User
140. #define PTE_PWT       0x008   //Write-Through
141. #define PTE_PCD       0x010   //Cache-Disable
142. #define PTE_A         0x020   //Accessed
143. #define PTE_D         0x040   //Dirty
144. #define PTE_PS        0x080   //Page Size
145. #define PTE_MBZ       0x180   //Bits must be zero
146.
147. //Address in page table or page directory entry
148. #define PTE_ADDR(pte)   ((uint)(pte) & ~0xFFF)
149. #define PTE_FLAGS(pte)  ((uint)(pte) &  0xFFF)
150.
151. #ifndef __ASSEMBLER__
152. typedef uint pte_t;
153.
154. //Task state segment format
155. struct taskstate {
156.    uint link;                 //Old ts selector
157.    uint esp0;                 //Stack pointers and segment selectors
158.    ushort ss0;                //   after an increase in privilege level
159.    ushort padding1;
160.    uint * esp1;
```

```
161.    ushort ss1;
162.    ushort padding2;
163.    uint * esp2;
164.    ushort ss2;
165.    ushort padding3;
166.    void * cr3;                     //Page directory base
167.    uint * eip;                     //Saved state from last task switch
168.    uint eflags;
169.    uint eax;                       //More saved state (registers)
170.    uint ecx;
171.    uint edx;
172.    uint ebx;
173.    uint * esp;
174.    uint * ebp;
175.    uint esi;
176.    uint edi;
177.    ushort es;                      //Even more saved state (segment selectors)
178.    ushort padding4;
179.    ushort cs;
180.    ushort padding5;
181.    ushort ss;
182.    ushort padding6;
183.    ushort ds;
184.    ushort padding7;
185.    ushort fs;
186.    ushort padding8;
187.    ushort gs;
188.    ushort padding9;
189.    ushort ldt;
190.    ushort padding10;
191.    ushort t;                       //Trap on task switch
192.    ushort iomb;                    //I/O map base address
193. };
194.
195. //PAGEBREAK: 12
196. //Gate descriptors for interrupts and traps
197. struct gatedesc {
```

```
198.    uint off_15_0 : 16;              //low 16 bits of offset in segment
199.    uint cs : 16;                    //code segment selector
200.    uint args : 5;                   //#args, 0 for interrupt/trap gates
201.    uint rsv1 : 3;                   //reserved(should be zero I guess)
202.    uint type : 4;                   //type(STS_{TG, IG32, TG32})
203.    uint s : 1;                      //must be 0 (system)
204.    uint dpl : 2;                    //descriptor(meaning new) privilege level
205.    uint p : 1;                      //Present
206.    uint off_31_16 : 16;             //high bits of offset in segment
207. };
208.
209. //Set up a normal interrupt/trap gate descriptor
210. //- istrap: 1 for a trap (= exception) gate, 0 for an interrupt gate
211. //   interrupt gate clears FL_IF, trap gate leaves FL_IF alone
212. //- sel: Code segment selector for interrupt/trap handler
213. //- off: Offset in code segment for interrupt/trap handler
214. //- dpl: Descriptor Privilege Level -
215. //        the privilege level required for software to invoke
216. //        this interrupt/trap gate explicitly using an int instruction
217. #define SETGATE(gate, istrap, sel, off, d)              \
218. {                                                       \
219.    (gate).off_15_0 = (uint)(off) & 0xffff;             \
220.    (gate).cs = (sel);                                  \
221.    (gate).args = 0;                                    \
222.    (gate).rsv1 = 0;                                    \
223.    (gate).type = (istrap) ? STS_TG32 : STS_IG32;       \
224.    (gate).s = 0;                                       \
225.    (gate).dpl = (d);                                   \
226.    (gate).p = 1;                                       \
227.    (gate).off_31_16 = (uint)(off) >> 16;               \
228. }
229.
230. #endif
```

2. vm.c

vm.c 包含了内核空间和用户空间的管理代码,包括初始化操作和运行时操作。有些操作已经在前面讨论过,例如 seginit()、walkpgdir()、kvmalloc()和 switchuvm()等。5.4

节将继续分析用户空间管理的 inituvm()、allocuvm()、deallocuvm()，loaduvm()、copyuvm()和 freevm()等，另一些操作会在其他小节中讨论。

代码 5-4　vm.c

```
1.  #include "param.h"
2.  #include "types.h"
3.  #include "defs.h"
4.  #include "x86.h"
5.  #include "memlayout.h"
6.  #include "mmu.h"
7.  #include "proc.h"
8.  #include "elf.h"
9.
10. extern char data[];          //defined by kernel.ld
11. pde_t * kpgdir;              //for use in scheduler()
12.
13. //Set up CPU's kernel segment descriptors
14. //Run once on entry on each CPU. //每个处理器上要执行一次
15. void
16. seginit(void)
17. {
18.     struct cpu * c;              //cpu 结构体参见代码 6-1 的第 2 行
19.
20.     //Map "logical" addresses to virtual addresses using identity map
21.     //Cannot share a CODE descriptor for both kernel and user
22.     //because it would have to have DPL_USR, but the CPU forbids
23.     //an interrupt from CPL=0 to DPL=3
24.     c = &cpus[cpunum()];
25.     c->gdt[SEG_KCODE] = SEG(STA_X|STA_R,  0, 0xffffffff, 0);
26.     c->gdt[SEG_KDATA] = SEG(STA_W,        0, 0xffffffff, 0);
27.     c->gdt[SEG_UCODE] = SEG(STA_X|STA_R,  0, 0xffffffff, DPL_USER);
28.     c->gdt[SEG_UDATA] = SEG(STA_W,        0, 0xffffffff, DPL_USER);
29.
30.     //Map cpu and proc -- these are private per cpu
31.     c->gdt[SEG_KCPU] = SEG(STA_W, &c->cpu, 8, 0);
32.
33.     lgdt(c->gdt, sizeof(c->gdt));
```

```
34.    loadgs(SEG_KCPU << 3);    //gs 用于记录每 CPU 变量所在的段,见代码 4-2 的第 103 行
35.
36.    //Initialize cpu-local storage.
37.    cpu = c;                                    //每 CPU 变量 cpu
38.    proc = 0;                                   //每 CPU 变量 proc
39. }
40.
41. //Return the address of the PTE in page table pgdir
42. //that corresponds to virtual address va.   If alloc!=0,
43. //create any required page table pages.         //根据虚地址查找 PTE
44. static pte_t *
45. walkpgdir (pde_t * pgdir, const void * va, int alloc)
46. {
47.    pde_t * pde;
48.    pte_t * pgtab;
49.
50.    pde = &pgdir[PDX(va)];                       //PDX 宏将 va 转换成 PD 索引号
51.    if( * pde & PTE_P){                          //如果对应的 PT 已经存在
52.      pgtab = (pte_t *) P2V(PTE_ADDR( * pde));   //根据 pde 找到 PT(pgtab)
53.    } else {                                     //如果对应的 PT 不存在
54.      if(!alloc || (pgtab = (pte_t *) kalloc()) == 0) //alloc!=0 则分配对应的 PT 页帧
55.        return 0;
56.      //Make sure all those PTE_P bits are zero
57.      memset(pgtab, 0, PGSIZE);                  //对刚分配的 PT 页帧进行清零
58.      //The permissions here are overly generous, but they can
59.      //be further restricted by the permissions in the page table
60.      //entries, if necessary
61.      * pde = V2P(pgtab) | PTE_P | PTE_W | PTE_U;  //对刚分配的 PT 页帧填写标志位
62.    }
63.    return &pgtab[PTX(va)];                      //返回找到的 PTE 的虚地址
64. }
65.
66. //Create PTEs for virtual addresses starting at va that refer to
67. //physical addresses starting at pa. va and size might not
68. //be page-aligned.              //按给定模式完成指定区间物理页帧到内核空间的直接映射
69. static int
```

```
70.  mappages (pde_t * pgdir, void * va, uint size, uint pa, int perm)
71.  {
72.    char * a, * last;
73.    pte_t * pte;
74.
75.    a = (char *) PGROUNDDOWN((uint)va);               //按页边界对齐起始地址
76.    last = (char *) PGROUNDDOWN(((uint)va) + size - 1);   //按页边界对齐的结束地址
77.    for(;;){                                          //逐个页帧建立页表映射
78.      if((pte = walkpgdir(pgdir, a, 1)) == 0)         //找到对应的 PTE 项
79.        return -1;
80.      if(* pte & PTE_P)                //PTE_P 已建立映射标志,见代码 5-3 的第 137 行
81.        panic("remap");
82.      * pte = pa | perm | PTE_P;  //PTE 高位地址和标志位 (访问模式 perm 和映射标志)
83.      if(a == last)
84.        break;
85.      a += PGSIZE;                      //下一个虚页起始地址
86.      pa += PGSIZE;                      //下一个页帧起始物理地址
87.    }
88.    return 0;
89.  }
90.
91.  //There is one page table per process, plus one that's used when
92.  //a CPU is not running any process (kpgdir). The kernel uses the
93.  //current process's page table during system calls and interrupts;
94.  //page protection bits prevent user code from using the kernel's
95.  //mappings
96.  //
97.  //setupkvm() and exec() set up every page table like this:
98.  //
99.  //   0..KERNBASE: user memory (text+data+stack+heap), mapped to
100.//                  phys memory allocated by the kernel
101.//   KERNBASE..KERNBASE+EXTMEM: mapped to 0..EXTMEM (for I/O space)
102.//   KERNBASE+EXTMEM..data: mapped to EXTMEM..V2P(data)
103.//                  for the kernel's instructions and r/o data
104.//   data..KERNBASE+PHYSTOP: mapped to V2P(data)..PHYSTOP,
105.//                              rw data + free physical memory
106.//   0xfe000000..0: mapped direct (devices such as ioapic)
```

```
107. //
108. //The kernel allocates physical memory for its heap and for user memory
109. //between V2P(end) and the end of physical memory (PHYSTOP)
110. //(directly addressable from end..P2V(PHYSTOP))
111.
112. //This table defines the kernel's mappings, which are present in
113. //every process's page table
114. static struct kmap {                    //kmap 给出了内核空间划分使用情况
115.     void * virt;                         //虚地址
116.     uint phys_start;                     //物理地址起点
117.     uint phys_end;                       //物理地址结束
118.     int perm;                            //访问模式(权限)
119. } kmap[] = {
120.   { (void *) KERNBASE,  0,              EXTMEM,     PTE_W}, //I/O space
121.   { (void *) KERNLINK,  V2P(KERNLINK),  V2P(data),  0},        //kern text+rodata
122.   { (void *) data,      V2P(data),      PHYSTOP,    PTE_W}, //kern data+memory
123.   { (void *) DEVSPACE,  DEVSPACE,       0,          PTE_W}, //more devices
124. };
125.
126. //Set up kernel part of a page table
127. pde_t *
128. setupkvm(void)
129. {
130.     pde_t * pgdir;                       //局部变量,返回后赋值到 kpgdir 全局变量中
131.     struct kmap * k;                     //一个 kmap 描述一段特定属性的内核虚存空间
132.
133.     if((pgdir = (pde_t *) kalloc()) == 0)        //申请一个页帧(4KB)作为页表
134.       return 0;
135.     memset(pgdir, 0, PGSIZE);            //将该页表全部清 0
136.     if (P2V(PHYSTOP) > (void *) DEVSPACE)        //物理地址干涉到设备物理空间
137.       panic("PHYSTOP too high");
138.     for(k = kmap; k < &kmap[NELEM(kmap)]; k++)   //依照 kmap[]创建内核页表映射
139.       if(mappages(pgdir, k->virt, k->phys_end - k->phys_start,
140.                   (uint)k->phys_start, k->perm) < 0)  //mappages()见前面第 70 行
141.         return 0;
142.     return pgdir;
143. }
```

```
144.
145. //Allocate one page table for the machine for the kernel address
146. //space for scheduler processes.
147. void
148. kvmalloc(void)
149. {
150.    kpgdir = setupkvm();          //生成内核的 scheduler 执行流使用的页表 kpgdir
151.    switchkvm();                  //使用内核 scheduler 的页表
152. }
153.
154. //Switch h/w page table register to the kernel-only page table,
155. //for when no process is running
156. void
157. switchkvm(void)                  //切换到内核 scheduler 页表
158. {
159.    lcr3(V2P(kpgdir));            //switch to the kernel page table
160. }
161.
162. //Switch TSS and h/w page table to correspond to process p
163. void
164. switchuvm(struct proc * p)
165. {
166.    pushcli();
167.    cpu->gdt[SEG_TSS] = SEG16(STS_T32A, &cpu->ts, sizeof(cpu->ts)-1, 0);
168.    cpu->gdt[SEG_TSS].s = 0;
169.    cpu->ts.ss0 = SEG_KDATA << 3;
170.    cpu->ts.esp0 = (uint)proc->kstack + KSTACKSIZE;
171.    //setting IOPL=0 in eflags * and * iomb beyond the tss segment limit
172.    //forbids I/O instructions (e.g., inb and outb) from user space
173.    cpu->ts.iomb = (ushort) 0xFFFF;
174.    ltr(SEG_TSS << 3);            //将 GDT 中的 SEG_TSS 项装入 TR
175.    if(p->pgdir == 0)
176.      panic("switchuvm: no pgdir");
177.    lcr3(V2P(p->pgdir));//switch to process's address space  //切换页表
178.    popcli();
179. }
180.
```

```
181. //Load the initcode into address 0 of pgdir.        //仅用于 init 进程(initcode)
182. //sz must be less than a page.                      //进程大小必须小于一个页
183. void
184. inituvm(pde_t * pgdir, char * init, uint sz)
185. {
186.    char * mem;
187.
188.    if(sz >= PGSIZE)                                  //用户空间不得超过一个页
189.      panic("inituvm: more than a page");
190.    mem = kalloc();                                   //分配物理页帧,映射到内核空间虚地址 mem
191.    memset(mem, 0, PGSIZE);                           //对页帧内容清零
192.    mappages(pgdir, 0, PGSIZE, V2P(mem), PTE_W|PTE_U); //将页帧映射到虚地址 0
193.    memmove(mem, init, sz);                           //从 init 地址移到 mem 地址
194. }
195.
196. //Load a program segment into pgdir.  addr must be page-aligned
197. //and the pages from addr to addr+sz must already be mapped
198. int
199. loaduvm(pde_t * pgdir, char * addr, struct inode * ip, uint offset, uint sz)
200. {
201.    uint i, pa, n;
202.    pte_t * pte;
203.
204.    if((uint) addr % PGSIZE != 0)
205.      panic("loaduvm: addr must be page aligned");
206.    for(i = 0; i < sz; i += PGSIZE){                  //逐个页装入
207.      if((pte = walkpgdir(pgdir, addr+i, 0)) == 0)    //要求已经建立页帧映射
208.        panic("loaduvm: address should exist");
209.      pa = PTE_ADDR(* pte);
210.      if(sz - i < PGSIZE)
211.        n = sz - i;
212.      else
213.        n = PGSIZE;
214.      if(readi(ip, P2V(pa), offset+i, n) != n)         //从可执行文件读入一个页
215.        return -1;
216.    }
217.    return 0;
```

```
218. }
219.
220. //Allocate page tables and physical memory to grow process from oldsz to
221. //newsz, which need not be page aligned.   Returns new size or 0 on error
222. int
223. allocuvm(pde_t * pgdir, uint oldsz, uint newsz) //分配页帧并建立页表映射
224. {
225.    char * mem;
226.    uint a;
227.
228.    if(newsz >= KERNBASE)                  //用户地址不能超出到内核空间
229.      return 0;
230.    if(newsz < oldsz)                      //因是分配操作,不能是缩小空间
231.      return oldsz;
232.
233.    a = PGROUNDUP(oldsz);                  //将旧的边界按照页的边界对齐
234.    for(; a < newsz; a += PGSIZE) {        //逐个页帧进行分配
235.      mem = kalloc();                      //申请一个空闲页帧(虚地址)
236.      if(mem == 0) {
237.        cprintf("allocuvm out of memory\n");
238.        deallocuvm(pgdir, newsz, oldsz);
239.        return 0;
240.      }
241.      memset(mem, 0, PGSIZE);              //对该页帧内容清 0
242.      if(mappages(pgdir, (char * ) a, PGSIZE, V2P(mem), PTE_W|PTE_U) < 0) {   //映射
243.        cprintf("allocuvm out of memory (2) \n");
244.        deallocuvm(pgdir, newsz, oldsz);
245.        kfree(mem);
246.        return 0;
247.      }
248.    }
249.    return newsz;
250. }
251.
252. //Deallo
253. cate user pages to bring the process size from oldsz to
254. //newsz.   oldsz and newsz need not be page-aligned, nor does newsz
```

```
255. //need to be less than oldsz.  oldsz can be larger than the actual
256. //process size.  Returns the new process size
257. int
258. deallocuvm(pde_t * pgdir, uint oldsz, uint newsz)
259. {
260.   pte_t * pte;
261.   uint a, pa;
262.
263.   if(newsz >= oldsz)
264.     return oldsz;
265.
266.   a = PGROUNDUP(newsz);
267.   for(; a  < oldsz; a += PGSIZE){          //逐个虚页进行处理
268.     pte = walkpgdir(pgdir, (char * )a, 0);   //找到对应的 PTE
269.     if(!pte)                               //如果未映射
270.       a += (NPTENTRIES - 1)  *  PGSIZE;      //则无需处理,跳过
271.     else if(( * pte & PTE_P) != 0){         //否则,有映射
272.       pa = PTE_ADDR( * pte);
273.       if(pa == 0)
274.         panic("kfree");
275.       char * v = P2V(pa);
276.       kfree(v);                            //释放该页帧
277.        * pte = 0;
278.     }
279.   }
280.   return newsz;
281. }
282.
283. //Free a page table and all the physical memory pages
284. //in the user part
285. void
286. freevm(pde_t * pgdir)                     //释放进程虚存空间映射的页帧 (及 PD 和 PT)
287. {
288.   uint i;
289.
290.   if(pgdir == 0)
291.     panic("freevm: no pgdir");
```

```
292.      deallocuvm(pgdir, KERNBASE, 0);                  //释放掉所有的用户空间映射的页帧
293.      for(i = 0; i < NPDENTRIES; i++){                 //遍历所有的 PDE
294.        if(pgdir[i] & PTE_P){                          //如果该 PDE 有对应的 PT
295.          char * v = P2V(PTE_ADDR(pgdir[i]));
296.          kfree(v);                                    //释放 PT 所占用的页帧
297.        }
298.      }
299.      kfree((char *)pgdir);                            //最后释放 PD 所占用的页帧
300.    }
301.
302.    //Clear PTE_U on a page. Used to create an inaccessible
303.    //page beneath the user stack
304.    void
305.    clearpteu(pde_t * pgdir, char * uva)
306.    {
307.      pte_t * pte;
308.
309.      pte = walkpgdir(pgdir, uva, 0);
310.      if(pte == 0)
311.        panic("clearpteu");
312.      * pte &= ~PTE_U;                                  //PTE 的 PTE_U 位清零
313.    }
314.
315.    //Given a parent process's page table, create a copy
316.    //of it for a child
317.    pde_t *
318.    copyuvm(pde_t * pgdir, uint sz)
319.    {
320.      pde_t * d;
321.      pte_t * pte;
322.      uint pa, i, flags;
323.      char * mem;
324.
325.      if((d = setupkvm()) == 0)                         //分配页表以及建立内核空间映射
326.        return 0;
327.      for(i = 0; i < sz; i += PGSIZE){                  //在用户空间逐页处理
328.        if((pte = walkpgdir(pgdir, (void *) i, 0)) == 0)   //获取该页的 PTE
```

```
329.        panic("copyuvm: pte should exist");
330.    if(!(* pte & PTE_P))                              //如果 PTE 未映射页帧
331.      panic("copyuvm: page not present");             //出错
332.    pa = PTE_ADDR(* pte);
333.    flags = PTE_FLAGS(* pte);
334.    if((mem = kalloc()) == 0)                         //分配一个新页帧
335.      goto bad;
336.    memmove(mem, (char * )P2V(pa), PGSIZE);           //从父进程复制一个页
337.    if(mappages(d, (void * )i, PGSIZE, V2P(mem), flags) < 0)//将新页帧映射到 i
338.      goto bad;
339.    }
340.    return d;
341.
342. bad:
343.    freevm(d);
344.    return 0;
345. }
346.
347. //PAGEBREAK!
348. //Map user virtual address to kernel address
349. char *
350. uva2ka(pde_t * pgdir, char * uva)
351. {
352.    pte_t * pte;
353.
354.    pte = walkpgdir(pgdir, uva, 0);
355.    if((* pte & PTE_P) == 0)
356.      return 0;
357.    if((* pte & PTE_U) == 0)
358.      return 0;
359.    return (char * )P2V(PTE_ADDR(* pte));
360. }
361.
362. //Copy len bytes from p to user address va in page table pgdir
363. //Most useful when pgdir is not the current page table
364. //uva2ka ensures this only works for PTE_U pages
365. int
```

```
366. copyout(pde_t * pgdir, uint va, void * p, uint len)
367. {
368.    char * buf, * pa0;
369.    uint n, va0;
370.
371.    buf = (char *)p;
372.    while(len > 0){
373.      va0 = (uint)PGROUNDDOWN(va);
374.      pa0 = uva2ka(pgdir, (char *)va0);
375.      if(pa0 == 0)
376.        return -1;
377.      n = PGSIZE - (va - va0);
378.      if(n > len)
379.        n = len;
380.      memmove(pa0 + (va - va0), buf, n);
381.      len -= n;
382.      buf += n;
383.      va = va0 + PGSIZE;
384.    }
385.    return 0;
386. }
387.
388. //PAGEBREAK!
389. //Blank page.
390. //PAGEBREAK!
391. //Blank page.
392. //PAGEBREAK!
393. //Blank page.
```

5.4　进程用户空间

我们将进程虚存空间的初始化(U-I)和运行时动态的内存管理(U-R)进行了分割。进程空间初始化又区分为第一个进程的用户空间创建过程和其他进程的用户空间创建过程。进程的内存分配和回收操作则称为运行时的用户空间操作。但是实际 U-I 和 U-R

操作都依赖于 allocuvm、deallocuvm 两个函数,因此我们在这里一起讨论。

5.4.1　用户空间映像(U-I)

　　用户空间和内核空间在地址编码上是连续的,但是两个地址区间上的访问模式不同:内核空间的保护级为 0(最高),而用户空间为 3(最低)。也就是说用户态代码是不能通过地址指针指向内核空间而访问内核数据,同样也不能通过跳转而转去执行内核代码。

1. 用户空间布局

　　一个进程的页表所能管理的整个虚存空间如图 5-9 所示,其中内核空间和前面图 5-7相同,用户空间则是从可执行文件而创建的。

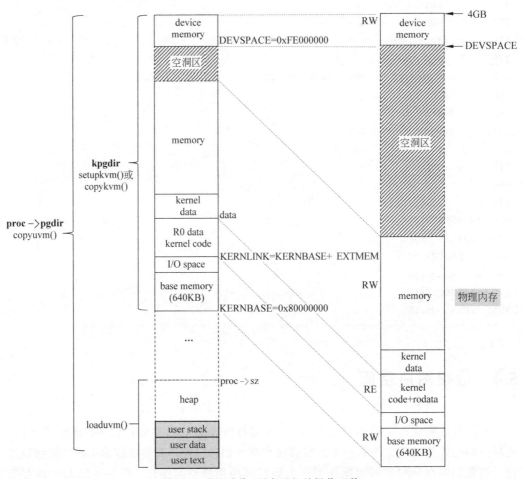

图 5-9　进程映像、页表及相关操作函数

2. init 用户进程空间

在第一个进程 init 创建以及 exec()创建新进程映像时,需要创建进程用户空间,准备装载代码和数据的页帧以及建立相应的页表映射。进程的页表在使用前需要初始化,其中必须涵盖自己的代码和数据区域,以及内核代码的映射(即和 scheduler 用到一样的内核空间)。进程用户代码和数据使用虚拟地址空间的低地址部分,高地址部分留给内核。

在初始化操作 main()->userinit()创建第一个进程 init 时,其用户空间的建立是通过 main()->userinit()->inituvm()完成的。inituvm()函数定义于代码 5-4 的第 183 行,它分配一个空闲页帧并获得相应的虚地址 mem(该地址位于内核空间内,虚实地址相差 0x80000000),然后将该物理页帧映射到用户空间 0 地址的位置。也就是说此时该物理页帧有两个虚地址页相映射,然后再将 initcode 的代码(见代码 6-7)复制到这个页帧内(通过 mem 地址)。于是在用户空间地址 0 所对应的位置有了 initcode.S 的完整代码,如图 5-10 所示。

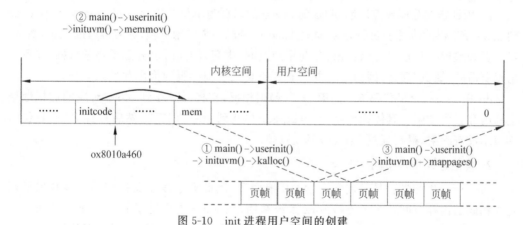

图 5-10　init 进程用户空间的创建

也就是说,init 进程的用户空间代码并非是从磁盘可执行文件读入的。initcode.S 参与内核编译,因此它的代码在内核 kernel 的 ELF 文件中。我们通过 objdump 查看 ELF 符号可以看到如屏显 5-1 所示的结果,可以看到_binary_initcode_start 符号对应地址 0x8010a460,位于内核空间中。

屏显 5-1　查看 xv6 kernel 中的 initcode.S 相关的符号

```
[root@localhost xv6-public]#objdump -t kernel |grep initcode
8010a48c g     .data    00000000 _binary_initcode_end
8010a460 g     .data    00000000 _binary_initcode_start
```

```
0000002c g      * ABS *    00000000 _binary_initcode_size
[root@localhost xv6-public]#
```

当 initcode.S 对应的进程执行后,立刻通过 exec 系统调用转而执行磁盘上的"/init"程序,从而成为真正的 init 进程(由 init.c 产生,具体参见 6.3 节的 init.c 分析)。

5.4.2　分配与回收(U-R)

xv6 进程空间是一个连续区域,只进行扩展和收缩两种操作。

1. allocuvm()和 deallocuvm()

allocuvm()、deallocuvm()负责完成用户进程的内存空间分配(扩展)和释放(收缩)。代码 5-4 的第 222 行的 allocuvm()在设置页表的同时还需要分配相应的物理页帧供用户进程使用。allocuvm()中的参数 oldsz、newsz,这两个参数指出原来的 0~oldsz 到现在的 0~newsz。因此需要分配虚拟地址 oldsz 到 newsz 的以页为单位的内存。allocuvm()对从 oldsz 到 newsz 范围内的每个页进行处理,通过 kalloc()分配一个空闲页帧,然后再通过 mappages()建立页表映射。从这里可以看出,分配用户空间(虚存)的同时也分配了物理页帧,并不会出现所谓的"缺页"现象,因为 xv6 并没有真正意义上虚存页的换出和换入操作。

deallocuvm()(见代码 5-4 的第 257 行)则相反,它将 newsz 到 oldsz 对应的虚拟地址空间内存置为空闲。具体操作是用 walkpgdir()找到相应的 PTE,然后将其 PTE_P 位清零表示没有映射,最后通过 kfree()释放页帧。

2. 其他进程用户空间

fork 所产生的进程是复制父进程的所有资源,因此通过复制父进程的内存映像从而建立相同的内存空间。为了支持 fork 系统调用,在 vm.c 中提供了 copyuvm()(代码 5-4 的第 317 行)用于从父进程复制出一个新的页表并分配新的内存、复制内存数据,新的内存布局(包括内核和用户空间)和父进程的完全一样。

而 exec 创建的进程则会根据 ELF 可执行文件的装入要求,逐个入段:使用 vm.c 文件中提供的 loaduvm()(代码 5-4 的第 199 行)根据可执行文件对应的索引节点,将代码和数据读取载入到相应的地址中,前面已经在相应的空间映射了物理页帧。也就是说 exec 前面的操作已经通过 allocuvm()接口为用户进程分配了内存和设置页表,然后才能调用 loaduvm()接口将文件系统上的程序载入到内存。loaduvm()用于支撑 exec 系统调用,为指定的可执行文件创建用户进程映像从而可以正式运行。

3. sbrk 系统调用

xv6 提供了 sbrk 系统调用,用于调整进程空间的大小。代码 7-6 的第 46 行给出了

sys_sbrk()系统调用的实现,它接收参数 n 并通过 growproc(n)调整用户空间的大小。其中 n 为正数表示扩展,n 为负数表示收缩空间。growproc()定义于代码 6-2 的第 110 行,如果 n 为正数则调用 allocuvm()扩大进程空间,否则调用 deallocuvm()减小内存空间。最后还需要用 switchuvm()切换到新的进程映像中,让页表修改生效。

4. 撤销进程空间

当进程销毁需要回收内存时,可以调用 freevm()清除用户进程相关的内存环境,freevm()首先调用 deallocuvm()将 0 到 KERNBASE 的虚拟地址映射的全部页帧回收,然后销毁整个进程的页表(包括 PD 和 PT 占用的页帧)。

xv6 的进程 exit()时并不撤销自己的进程内存空间,而是变成 ZOMBIE 状态后由父进程 wait()时执行 freevm()撤销内存空间和 PCB。在 exec()失败时,也会执行 freevm()撤销新创建的进程。

5.4.3　用户进程空间切换

用户空间切换实际上也伴随着内核空间的切换,因为页表同时覆盖了用户空间和内核空间,但由于各进程的内核空间映射内容完全相同,因此可以在各进程的内核代码间平滑切换。switchuvm()(见代码 5-4 的第 164 行)完成用户进程空间的切换,从使用 kpgdir 页表切换为使用 proc->pgdir 页表。switchuvm()并不仅指页表切换,还需要有 TSS(涉及内核栈切换)。switchuvm()根据传入的 proc 结构中的页表和 TSS 等信息,执行将该进程的页表载入 cr3 寄存器、切换内核堆栈等操作,从而完成虚拟地址空间环境的切换。

仅在从 scheduler 切换到进程的执行流,或者修改进程映像时,才会调用 switchuvm()。对应的调用代码总共有三处 exec()、growproc()和 scheduler()调用它。

5.4.4　内核空间与用户空间交换数据

当用户进程要读写设备中的数据时,必须提供内核空间与用户空间的复制机制。例如当 shell 执行 ls mydir 命令时,exec()代码需要从 shell 的用户空间获得 mydir 字符串,然后还要将 mydir 字符串作为新创建的 ls 进程的参数,传入到 ls 进程的初始堆栈里。

首先要解决的就是内核代码能使用用户进程的“地址”访问到进程用户空间,涉及用户空间到内核空间的地址转换。在 vm.c 中,uva2ka()将一个用户地址转化为内核地址,也就是通过用户地址找到对应的物理地址,然后得出这个物理地址在内核页表中的虚拟地址并返回。

copyout()则调用 uva2ka()完成地址转换,进而可以复制 p 地址开始的 len 字节到用户地址 va 中。

5.5　本章小结

　　内存管理分成初始化和运行时两个阶段。我们这里不讨论 x86 的分段机制细节,而是直接总结分页机制的内容,涉及物理页帧管理、虚存空间管理以及进行虚实映射的页表。在这三个操作之上,xv6 实现了内存管理初始化操作和进程动态运行时操作。为此,我们绘制了图 5-11,便于读者整理思路。

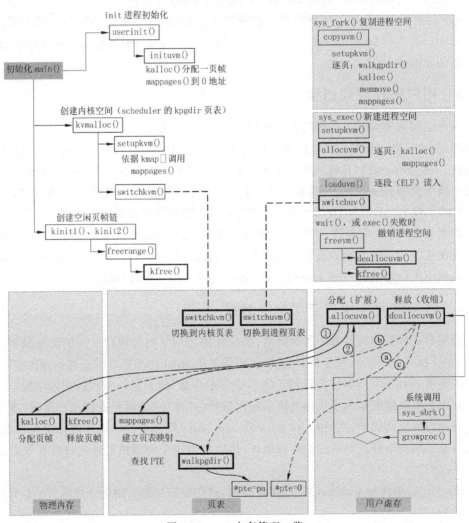

图 5-11　xv6 内存管理一览

首先来看内存管理代码的三个基础,图 5-11 底部三个阴影方框内分别是:

- 物理页帧管理,分配 kalloc() 和释放 kfree();
- 页表映射,建立页表 mappages(),定位 PTE 页表项的 walkpgdir(),设置页表项的" * pte=pa",清除页表项的" * pte=0",以及切换到内核页表的 switchkvm(),切换到用户进程空间的 switchuvm();
- 用户虚存空间管理,分配(扩展)虚存空间 allocuvm() 和释放(收缩)虚存空间的 deallocuvm()。

建立在这三个基础之上,图 5-11 左上角是 xv6 内核的 main() 初始化时执行的三个内存相关操作。首先是空闲页帧的链表建立,kinit1()/kinit2() 利用 kfree() 将所有空闲页帧构成链表。其次是创建内核空间 kvmalloc(),它通过 setupkvm() 建立内核页表 pgdir(全局变量),并调用 switchkvm() 切换到内核页表。最后是 init 进程的进程空间初始化。

同样基于这三个基础,支撑了以下内存管理:创建进程的 fork() 将复制父进程映像,exec() 则会重新创建进程映像,在程序退出后,父进程通过 wait() 撤销僵尸进程的进程空间以及进程在运行时动态地扩展或收缩内存空间。

练习

1. 创建一个普通用户,然后用一个指针指向内核空间,并尝试读取指针指向的内存,查看程序运行的表现并解释原因。

2. 创建一个新的 CPU 变量,对比使用互斥锁访问的共享变量。

3. 学习完进程管理之后,了解 Linux 的 copy_on_write 的概念,尝试为 xv6 增加这个功能。

第 6 章

进程管理与同步

本章讨论进程管理问题、同步问题以及两个用户进程(init 和外壳程序 shell)。

6.1 进程管理

进程是操作系统的核心概念,通过进程抽象使得一个物理机(处理器核)被虚拟化成多个,每个进程可以独立拥有一个完整的处理机运行环境。进程抽象依赖于运行环境的切换、CPU 现场的保存与恢复,因此进程切换代码与处理器架构密切相关,也比较难以理解。我们先从进程管理角度分析 xv6(这非常容易理解),然后再讨论进程调度中的切换细节问题。

6.1.1 调度状态与执行现场

每次时钟中断都将进入到 xv6 内核代码,具体是 trap()函数内部(具体参见代码 7-2 的第 50~58 行和第 105~106 行),完成 IRQ_TIMER 相关的处理(例如 ticks＋＋),然后用 yield()让当前进程让出 CPU(切换到其他就绪进程),调度下一个就绪进程在 CPU 上运行。当然,还有其他一些时机,也会触发调度。这些被调度的进程都需要一个管理数据结构,也就是操作系统课程中所谓的进程控制块 PCB。

■ 进程控制块 PCB

操作系统课程中将会学到一个重要的概念:进程控制块(PCB)。下面我们先学习 xv6 中的进程控制块,再分析 xv6 如何记录和组织所有进程的 PCB。在 xv6 中进程描述符 PCB 是 proc 结构体,具体定义请参见代码 6-1 的第 52~65 行。proc 结构体记录了:

(1) 有关进程组织的信息: pid 进程号、parent 父进程、name[]进程名。

（2）进程运行状态信息：state 进程的运行调度状态、killed 被撤销标志。

（3）进程调度切换信息：tf 陷阱帧、context 进程的运行环境（上下文）、chan 阻塞链表。

（4）进程的内存映像的信息：sz 内存空间大小、pgdir 页表、kstack 内核栈底（创建进程 PCB 时由 allocproc()->kalloc()分配）。

（5）文件系统相关信息：cwd 当前工作目录、ofile[]已打开文件的列表。

从这里可以看出 xv6 的进程亲缘关系组织比 Linux 要简单得多，只有父进程关系，无法直接知道自己的子进程和兄弟进程。

进程的调度状态在代码第 49 行的枚举类型 procstate 中列出，分别是 UNUSED 未使用的 PCB、EMBRYO 创建中（胚胎状态）、SLEEPING 睡眠阻塞中、RUNNABLE 就绪状态、RUNNING 在 CPU 上运行以及 ZOMBIE 僵尸态。

后面我们会看到，xv6 使用固定大小的静态数组来记录 PCB（proc），因此未使用的 PCB 必须标为 UNUSED，且系统中创建的进程数受限于该数组的大小。而 Linux 系统则是动态生成 PCB，并构成链表，因此进程撤销后最终连 PCB 也释放掉（无需 UNUSED 状态），而且进程数目也不会受限于某个静态数组的大小，如图 6-1 所示。

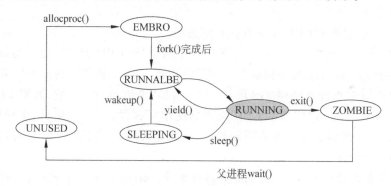

图 6-1　xv6 进程状态转移图

■ 处理器组织管理

由于系统中有多个处理器，因此处理器的数量由全局变量 ncpu 记录，其声明见代码 6-1 的第 17 行（其定义在代码 4-13 的第 16 行）。有一个全局数组变量 cpus[NCPU]记录所有 CPU 的信息，另外每个 CPU 可以通过"每处理器变量"cpu 直接访问到自己所对应的 cpus[i]（假设本处理器的编号为 i）。每处理器变量（per-CPU 变量），我们也称为 CPU 私有变量。只要保证各自只访问自己的元素，就不需要进行互斥保护（访问速度比自旋锁保护的变量更快）。

系统中的处理器 i 通过 cpus[i] 来管理,这是一个 cpu 类型结构变量(见代码 6-1 的第 2~14 行),用于该处理器上进程的调度管理。相关成员及其作用说明如下:

1)apicid 记录本地 Local APIC ID(Intel 的每个 CPU 都有独立的 lapic,每个 lapic 有一个 ID,apicid 是区分 CPU 的重要标识)。

2)scheduler 指向一个 context 结构体,context 对应于运行在本处理器上的 scheduler 执行现场(edi/esi/ebx/ebp/eip),也就是前面提到的"切换断点"。

3)ts 是 taskstate 结构体(参见代码 5-3 的第 155 行),即 x86 的任务状态段的内容,从中可以找到因运行级提升所需的堆栈(例如中断进入内核态,需要切换到内核堆栈)。

4)gdt[NSEGS]是本处理器正在使用的全局描述符表(各处理器差异在于 CPU 私有段)。

5)started 表示该处理器是否已经启动,多核系统刚开始有一个引导处理器(核)启动,然后再启动其他处理器核,在执行 mpmain()时将 started 设置为 1。

6)ncli 记录了关中断的嵌套次数。

7)intena 记录了 pushcli 之前中断是否为打开。

8)cpu 成员指向自身 cpu 结构体(当使用 per-CPU 变量访问本结构时,利用这个成员可以获得普通指针)。

9)proc 成员记录本 CPU 上正在执行的进程。

请注意代码 6-1 的第 27~28 行,这里定义了两个"每 CPU 变量",也就是说各个处理器上应用变量 cpu 和 proc 将获得各自"私有"的变量。第 27 行代码的汇编后缀"asm("%gs:0")"指示 GCC 编译器使用"GS 段:0 字节偏移"来访问 cpu 变量,而第 28 行代码的汇编后缀"asm("%gs:4")"指示 GCC 编译器使用"GS 段:4 字节偏移"来访问 proc 变量。GS 在各个处理器上是设置为不同起点的(参见代码 5-4 的第 31 行),各自相对应于 cpus[]中的某个元素。

注意:不要混淆结构体 struct cpu 和指针变量 extern struct cpu * cpu asm("%gs:0"),同理,不要混淆结构体 struct proc 和指针变量 extern struct proc * proc asm("%gs:4")。指针变量 cpu 和 proc 是 CPU 私有变量(每 CPU 变量、per-CPU 变量)。

■ 内核切换现场(上下文)

读者在前面 3.3.1 节已经了解过"系统调用/中断断点"和"切换断点",这里所谓的内核执行现场,就是内核态"切换断点"的执行现场。

在进程切换前要保存当前进程的内核态执行现场,并恢复切入进程的执行现场。由于进程切换都发生在内核态,而内核态的段寄存器都是相同的(CS 等等),因此无需保存段寄存器。而 EAX、ECX 和 EDX 也不需要保存,因为按照 x86 的调用约定是调用者保存,它们保存在该进程的内核堆栈中。ESP 也不需要保存,因为 context 本身就是堆栈栈顶位置，而进程 PCB 中 proc->context 成员就指向 context，也就是堆栈对应的位置。于是 xv6 中的进程内核断点执行现场 context 只有成员 edi、esi、ebx、ebp、eip（参见代码 6-1 的第 41～47 行）。

例如，某进程用户态代码执行 yield 系统调用而希望让出 CPU，本进程经系统调用过程而在内核堆栈中形成的 trapframe，读者可以回顾图 4-1 trapframe 的产生过程。然后随着内核代码的执行和函数调用嵌套，形成更多层次的函数调用栈，直至 swtch() 为止，最后在切换前在堆栈保存现场 context。

由于"中断断点"和"切换断点"都是保存在内核栈中，因此形成图 6-2 所示的堆栈结构。虽然大多数其他文件和网上资料对 trapframe 和内核态断点都有详细描述，但是似乎未见把进程进入内核态后的内核函数嵌套调用过程（图 6-2 中间部分的调用栈）的环节联系起来。如果缺少该环节知识，将使得读者学习完之后难以形成完整的认识。所以该视图把这三个部分联系起来，对完整地理解进程切换的全部现场细节非常关键。

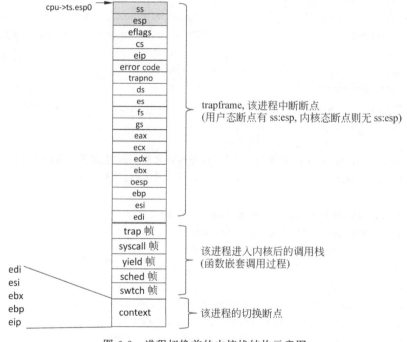

图 6-2　进程切换前的内核栈结构示意图

■ **proc.h**

proc.h 文件中定义了用于描述各处理器核的 cpu 结构体；定义了全局变量 cpus

[NCPU]用于记录全部处理器核的信息,全局变量 ncpu 用于记录处理器核数;声明了外部定义的两个 CPU 私有变量(per-CPU 变量),CPU 用户获取自己所在 CPU 核的指针, proc 变量用于获取当前正在运行的进程指针;定义了 context 结构体,用于记录内核切换断点的现场;表示进程调度状态的枚举值 procstate;最后是描述 xv6 进程 PCB 的 proc 结构体。

代码 6-1　proc.h

```
1.  //Per-CPU state
2.  struct cpu{
3.     uchar apicid;                //Local APIC ID
4.     struct context * scheduler;  //swtch() here to enter scheduler
5.     struct taskstate ts;         //Used by x86 to find stack for interrupt
6.     struct segdesc gdt[NSEGS];   //x86 global descriptor table
7.     volatile uint started;       //Has the CPU started?
8.     int ncli;                    //Depth of pushcli nesting
9.     int intena;                  //Were interrupts enabled before pushcli?
10.
11.    //Cpu-local storage variables; see below
12.    struct cpu * cpu;
13.    struct proc * proc;          //The currently-running process
14. };
15.
16. extern struct cpu cpus[NCPU];   //外部定义的,cpu 定义参见前面第 2 行
17. extern int ncpu;                //外部定义的,处理器数
18.
19. //Per-CPU variables, holding pointers to the
20. //current cpu and to the current process
21. //The asm suffix tells gcc to use "%gs:0" to refer to cpu
22. //and "%gs:4" to refer to proc.  seginit sets up the
23. //%gs segment register so that %gs refers to the memory
24. //holding those two variables in the local cpu's struct cpu
25. //This is similar to how thread-local variables are implemented
26. //in thread libraries such as Linux pthreads
27. extern struct cpu * cpu asm("%gs:0");        //&cpus[cpunum()]
28. extern struct proc * proc asm("%gs:4");      //cpus[cpunum()].proc
29.
30. //PAGEBREAK: 17
```

```
31. //Saved registers for kernel context switches
32. //Don't need to save all the segment registers (%cs, etc),
33. //because they are constant across kernel contexts
34. //Don't need to save %eax, %ecx, %edx, because the
35. //x86 convention is that the caller has saved them
36. //Contexts are stored at the bottom of the stack they
37. //describe; the stack pointer is the address of the context
38. //The layout of the context matches the layout of the stack in swtch.S
39. //at the "Switch stacks" comment. Switch doesn't save eip explicitly,
40. //but it is on the stack and allocproc() manipulates it
41. struct context{          //进程切换断点的现场,实际上就是执行流切换前的堆栈顶部数据
42.    uint edi;
43.    uint esi;
44.    uint ebx;
45.    uint ebp;
46.    uint eip;
47. };
48.
49. enum procstate{ UNUSED, EMBRYO, SLEEPING, RUNNABLE, RUNNING, ZOMBIE };
50.
51. //Per-process state
52. struct proc{
53.    uint sz;                 //Size of process memory (bytes)
54.    pde_t * pgdir;           //Page table
55.    char * kstack;           //Bottom of kernel stack for this process
56.    enum procstate state;    //Process state
57.    int pid;                 //Process ID
58.    struct proc * parent;    //Parent process
59.    struct trapframe * tf;   //Trap frame for current syscall
60.    struct context * context;//swtch() here to run process
61.    void * chan;             //If non-zero, sleeping on chan
62.    int killed;              //If non-zero, have been killed
63.    struct file * ofile[NOFILE]; //Open files
64.    struct inode * cwd;      //Current directory
65.    char name[16];           //Process name (debugging)
66. };
67.
```

```
68. //Process memory is laid out contiguously, low addresses first:
69. //   text
70. //   original data and bss
71. //   fixed-size stack
72. //   expandable heap
```

■ **proc.c**

proc.c 是 xv6 进程管理的核心代码。包括一些全局变量,例如变量 ptable 用于记录管理所有进程,其中,ptable.proc[NPROC]数组用于记录所有进程的 PCB;initproc 是 init 进程的 PCB。

proc.c 中定义了大量与进程控制相关的操作:allocproc()分配进程控制块并进行少量初始化;userinit( )是内核启动时通过 main( )调用的,用于创建 init 进程的前身(initcode.S);growproc()扩展进程映像大小(本质上属于内存管理功能);fork()用于创建进程(严格说是复制进程);exit()结束进程释放资源;wait()等待子进程结束;scheduler()调度器函数;sched()调度切换前的最后一个 C 函数,它将调用汇编代码 swtch 完成执行流的切换;yield()让出 CPU,调度其他进程;forkret()用作 fork()创建的子进程返回时,子进程从此处逐级返回到用户态;sleep()睡眠且让出 CPU;wakeup()/wakeup1()唤醒睡眠进程;kill()撤销指定的进程;procdump()输出进程信息(当用户按下^p 键时)。

上面的这些与调度、进程控制相关的函数,将在后面逐个展开分析。

代码 6-2　proc.c

```
1.  # include "types.h"
2.  # include "defs.h"
3.  # include "param.h"
4.  # include "memlayout.h"
5.  # include "mmu.h"
6.  # include "x86.h"
7.  # include "proc.h"
8.  # include "spinlock.h"
9.
10. struct {
11.    struct spinlock lock;
12.    struct proc proc[NPROC];
13. } ptable;                       //全局进程管理数据结构
14.
```

```
15. static struct proc * initproc;          //init 进程的指针
16.
17. int nextpid = 1;
18. extern void forkret(void);
19. extern void trapret(void);
20.
21. static void wakeup1(void * chan);
22.
23. void
24. pinit(void)
25. {
26.    initlock(&ptable.lock, "ptable");
27. }
28.
29. //PAGEBREAK: 32
30. //Look in the process table for an UNUSED proc
31. //If found, change state to EMBRYO and initialize
32. //state required to run in the kernel
33. //Otherwise return 0
34. //Must hold ptable.lock
35. static struct proc *
36. allocproc(void)
37. {
38.    struct proc * p;                    //用于指向新分配的 PCB
39.    char * sp;
40.
41.    for(p = ptable.proc; p < &ptable.proc[NPROC]; p++)     //遍历进程 PCB 数组
42.      if(p->state == UNUSED)            //找到一个空闲 PCB
43.        goto found;
44.    return 0;
45.
46. found:
47.    p->state = EMBRYO;                  //状态初始化为"胚胎态"
48.    p->pid = nextpid++;
49.
50.    //Allocate kernel stack             //分配内核栈
51.    if((p->kstack = kalloc()) == 0){    //kalloc()分配 KSTACKSIZE=4096 字节
```

```
52.      p->state = UNUSED;                    //进程状态仍为"未使用"(见图 6-1)
53.      return 0;
54.    }
55.    sp = p->kstack + KSTACKSIZE;             //堆栈指针指向栈底
56.
57.    //Leave room for trap frame
58.    sp -= sizeof * p->tf;                    //留下 trap frame 空间
59.    p->tf = (struct trapframe * ) sp;        //tf 指向上面保留的空间
60.
61.    //Set up new context to start executing at forkret,
62.    //which returns to trapret
63.    sp -= 4;                                 //堆栈中占用 4 字节
64.    * (uint * ) sp = (uint) trapret;         //用于保存 trapret (代码起始地址)
65.
66.    sp -= sizeof * p->context;               //堆栈中占用 context 大小的空间
67.    p->context = (struct context * ) sp;     //用于本进程的 context
68.    memset(p->context, 0, sizeof * p->context);
69.    p->context->eip = (uint) forkret;//本进程的 context 中只有 eip 指向 forkret
70.
71.    return p;
72. }
73.
74. //PAGEBREAK: 32
75. //Set up first user process                 //创建第一个用户态进程
76. void
77. userinit(void)
78. {
79.    struct proc * p;
80.    extern char _binary_initcode_start[], _binary_initcode_size[];
81.
82.    acquire(&ptable.lock);                    //获得 ptable 锁
83.
84.    p = allocproc();                          //分配 PCB,proc
85.    initproc = p;                             //用于引用 init 进程的全局变量
86.    if((p->pgdir = setupkvm()) == 0)          //创建内核空间的初始页表
87.      panic("userinit: out of memory? ");
88.    inituvm(p->pgdir, _binary_initcode_start, (int)_binary_initcode_size);
```

```
89.    p->sz = PGSIZE;
90.    memset(p->tf, 0, sizeof( * p->tf));              //下面构造 trapframe
91.    p->tf->cs = (SEG_UCODE << 3) | DPL_USER;         //用户代码段
92.    p->tf->ds = (SEG_UDATA << 3) | DPL_USER;         //用户数据段
93.    p->tf->es = p->tf->ds;                           //es 段和数据段重合
94.    p->tf->ss = p->tf->ds;                           //ss 段和数据段重合
95.    p->tf->eflags = FL_IF;
96.    p->tf->esp = PGSIZE;                             //堆栈在稍高一点的地址
97.    p->tf->eip = 0;                                  //beginning of initcode.S
98.
99.    safestrcpy(p->name, "initcode", sizeof(p->name));//设置进程名为 initcode
100.   p->cwd = namei("/");                             //设置工作目录为"/"
101.
102.   p->state = RUNNABLE;                             //状态改为 RUNNABLE
103.
104.   release(&ptable.lock);                           //释放 ptable 锁
105. }
106.
107. //Grow current process's memory by n bytes       //扩大/缩小进程的内存空间
108. //Return 0 on success, -1 on failure
109. int
110. growproc(int n)                                   //被 sbrk 系统调用所使用
111. {
112.   uint sz;
113.
114.   sz = proc->sz;
115.   if(n > 0){                                       //扩大、分配内存
116.     if((sz = allocuvm(proc->pgdir, sz, sz + n)) == 0)
117.       return -1;
118.   } else if(n < 0){                                //缩小、回收内存
119.     if((sz = deallocuvm(proc->pgdir, sz, sz + n)) == 0)
120.       return -1;
121.   }
122.   proc->sz = sz;
123.   switchuvm(proc);                                 //启用新页表(同时会刷新 TLB)
124.   return 0;
125. }
```

```
126.
127. //Create a new process copying p as the parent        //创建进程的 fork 操作
128. //Sets up stack to return as if from system call
129. //Caller must set state of returned proc to RUNNABLE
130. int
131. fork(void)
132. {
133.    int i, pid;
134.    struct proc * np;
135.
136.    acquire(&ptable.lock);
137.
138.    //Allocate process.
139.    if((np = allocproc()) == 0){       //分配进程控制块
140.      release(&ptable.lock);
141.      return -1;
142.    }
143.
144.    //Copy process state from p
145.    if((np->pgdir = copyuvm(proc->pgdir, proc->sz)) == 0){      //复制进程映像
146.      kfree(np->kstack);                //如果失败,则释放内核栈
147.      np->kstack = 0;                   //如果失败,则将 kstack 清零
148.      np->state = UNUSED;               //如果失败,将 state 设置为 UNUSED
149.      release(&ptable.lock);            //如果失败,释放 ptable 锁
150.      return -1;                        //如果失败,返回-1
151.    }
152.    np->sz = proc->sz;                  //子进程和父进程大小一样
153.    np->parent = proc;                  //子进程的 parent 指向父进程
154.    * np->tf = * proc->tf;              //子进程的 tf 和父进程的 tf 相同,都返回到用
                                             户态调用 fork()后一条指令
155.
156.    //Clear %eax so that fork returns 0 in the child
157.    np->tf->eax = 0;                    //父子进程 tf 的唯一区别:子进程的返回值为 0
158.
159.    for(i = 0; i < NOFILE; i++)         //复制已打开的文件描述符
160.      if(proc->ofile[i])
161.        np->ofile[i] = filedup(proc->ofile[i]);
```

```
162.    np->cwd = idup(proc->cwd);
163.
164.    safestrcpy(np->name, proc->name, sizeof(proc->name));    //父子进程同名
165.
166.    pid = np->pid;                          //(新创建的)子进程 pid
167.
168.    np->state = RUNNABLE;                   //子进程设置为可运行 RUNNABLE
169.
170.    release(&ptable.lock);
171.
172.    return pid;                             //父进程返回的是子进程 pid
173. }
174.
175. //Exit the current process.  Does not return    //进程结束的 exit 操作
176. //An exited process remains in the zombie state
177. //until its parent calls wait() to find out it exited
178. void
179. exit(void)
180. {
181.    struct proc * p;
182.    int fd;
183.
184.    if(proc == initproc)                    //init 进程不允许 exit 结束
185.      panic("init exiting");
186.
187.    //Close all open files
188.    for(fd = 0; fd < NOFILE; fd++){         //关闭所有已经打开文件
189.      if(proc->ofile[fd]){
190.        fileclose(proc->ofile[fd]);
191.        proc->ofile[fd] = 0;
192.      }
193.    }
194.
195.    begin_op();                             //每次 FS 调用前执行
196.    iput(proc->cwd);
197.    end_op();                               //每次 FS 调用后执行
198.    proc->cwd = 0;                          //工作目录为空
```

```
199.
200.    acquire(&ptable.lock);
201.
202.    //Parent might be sleeping in wait()
203.    wakeup1(proc->parent);                     //唤醒父进程(如果父进程 wait 睡眠的话)
204.
205.    //Pass abandoned children to init         //如果有子进程,交给 init 接收孤儿进程
206.    for(p = ptable.proc; p < &ptable.proc[NPROC]; p++){   //遍历所有进程
207.      if(p->parent == proc){                   //找到自己的一个子进程
208.        p->parent = initproc;                  //该进程由 init 进程收养
209.        if(p->state == ZOMBIE)                  //如果该子进程已经处于 ZOMBIE 状态
210.          wakeup1(initproc);                    //则由 init 进程完成清理工作
211.      }
212.    }
213.
214.    //Jump into the scheduler, never to return
215.    proc->state = ZOMBIE;                       //状态设置为 ZOMBIE 状态
216.    sched();                                    //调度切换到其他进程
217.    panic("zombie exit");                       //正常不会执行到这里,否则 panic
218. }
219.
220. //Wait for a child process to exit and return its pid     //等待子进程结束
221. //Return -1 if this process has no children
222. int
223. wait(void)
224. {
225.    struct proc * p;
226.    int havekids, pid;
227.
228.    acquire(&ptable.lock);
229.    for(;;){
230.      //Scan through table looking for zombie children
231.      havekids = 0;
232.      for(p = ptable.proc; p < &ptable.proc[NPROC]; p++){      //扫描所有的进程
233.        if(p->parent != proc)                   //不是自己的子进程
234.          continue;                             //则直接跳过
235.        havekids = 1;                           //发现一个子进程
```

```
236.        if(p->state == ZOMBIE){      //所发现的子进程处于 ZOMBIE 状态
237.          //Found one                 //则该子进程需要处理
238.          pid = p->pid;
239.          kfree(p->kstack);           //释放内核栈空间
240.          p->kstack = 0;              //对内核栈指针清零
241.          freevm(p->pgdir);           //解除页表映射、释放用户空间占用的页帧
242.          p->pid = 0;                 //对 pid 清零
243.          p->parent = 0;              //对 parent 清零
244.          p->name[0] = 0;             //进程名清零
245.          p->killed = 0;
246.          p->state = UNUSED;          //状态修改为 UNUSED
247.          release(&ptable.lock);      //释放 ptable 锁
248.          return pid;
249.        }
250.      }
251.
252.      //No point waiting if we don't have any children
253.      if(!havekids || proc->killed){ //没有子进程或已经退出的进程
254.        release(&ptable.lock);
255.        return -1;                    //返回-1
256.      }
257.
258.      //Wait for children to exit   (See wakeup1 call in proc_exit.)
259.      sleep(proc, &ptable.lock);  //DOC: wait-sleep        //睡眠,等待子进程退出
260.    }
261. }
262.
263. //PAGEBREAK: 42
264. //Per-CPU process scheduler           //调度函数(每个处理器上各自执行一份)
265. //Each CPU calls scheduler() after setting itself up
266. //Scheduler never returns.  It loops, doing:
267. //  - choose a process to run
268. //  - swtch to start running that process
269. //  - eventually that process transfers control
270. //    via swtch back to the scheduler
271. void
272. scheduler(void)
```

```
273. {
274.    struct proc * p;
275.
276.    for(;;){                               //scheduler()函数不返回,无限循环
277.      //Enable interrupts on this processor
278.      sti();                               //需要开中断
279.
280.      //Loop over process table looking for process to run
281.      acquire(&ptable.lock);
282.      for(p = ptable.proc; p < &ptable.proc[NPROC]; p++){
283.        if(p->state != RUNNABLE)          //不处理非 RUNNABLE 的进程(只关注就绪进程)
284.          continue;
285.
286.        //Switch to chosen process.  It is the process's job
287.        //to release ptable.lock and then reacquire it
288.        //before jumping back to us
289.        proc = p;                          //找到一个就绪进程
290.        switchuvm(p);                      //完成进程用户空间切换,此时仍在 scheduler()内核空间中
291.        p->state = RUNNING;                //该进程状态修改为 RUNNING
292.        swtch(&cpu->scheduler, p->context);  //完成运行环境切换(context 切换)
293.        switchkvm();                       //从进程页表切换回 scheduler()页表
294.
295.        //Process is done running for now     //开始下一次调度,选择新的就绪进程
296.        //It should have changed its p->state before coming back
297.        proc = 0;
298.      }
299.      release(&ptable.lock);
300.
301.    }
302. }
303.
304. //Enter scheduler.  Must hold only ptable.lock      //必须持有 ptable.lock
305. //and have changed proc->state. Saves and restores
306. //intena because intena is a property of this
307. //kernel thread, not this CPU. It should
308. //be proc->intena and proc->ncli, but that would
309. //break in the few places where a lock is held but
```

```
310. //there's no process
311. void
312. sched(void)
313. {
314.    int intena;
315.
316.    if(!holding(&ptable.lock))
317.      panic("sched ptable.lock");
318.    if(cpu->ncli != 1)
319.      panic("sched locks");
320.    if(proc->state == RUNNING)          //进程不能处于 RUNNING 状态
321.      panic("sched running");
322.    if(readeflags()&FL_IF)
323.      panic("sched interruptible");
324.    intena = cpu->intena;
325.    swtch(&proc->context, cpu->scheduler);  //切换现场,见代码 6-3 汇编代码
326.    cpu->intena = intena;                   //此时 intena 是切入进程的堆栈变量
327. }
328.
329. //Give up the CPU for one scheduling round    //让出 CPU
330. void
331. yield(void)
332. {
333.    acquire(&ptable.lock);              //DOC: yieldlock
334.    proc->state = RUNNABLE;             //状态修改为 RUNNABLE
335.    sched();                            //调度切换
336.    release(&ptable.lock);
337. }
338.
339. //A fork child's very first scheduling by scheduler()    //子进程的执行起点
340. //will swtch here.  "Return" to user space
341. void
342. forkret(void)
343. {
344.    static int first = 1;
345.    //Still holding ptable.lock from scheduler
346.    release(&ptable.lock);
```

```
347.
348.    if (first) {
349.      //Some initialization functions must be run in the context
350.      //of a regular process (e.g., they call sleep), and thus cannot
351.      //be run from main().
352.      first = 0;
353.      iinit(ROOTDEV);
354.      initlog(ROOTDEV);
355.    }
356.
357.    //Return to "caller", actually trapret (see allocproc)
358. }
359.
360. //Atomically release lock and sleep on chan          //睡眠,阻塞
361. //Reacquires lock when awakened
362. void
363. sleep(void * chan, struct spinlock * lk)//chan 标识某个阻塞队列
364. {
365.    if(proc == 0)                             //本地进程指针为 NULL(不可能发生的事情)
366.      panic("sleep");
367.
368.    if(lk == 0)                               //必须传入一个自旋锁
369.      panic("sleep without lk");
370.
371.    //Must acquire ptable.lock in order to
372.    //change p->state and then call sched
373.    //Once we hold ptable.lock, we can be
374.    //guaranteed that we won't miss any wakeup
375.    //(wakeup runs with ptable.lock locked),
376.    //so it's okay to release lk
377.    if(lk != &ptable.lock){               //DOC: sleeplock0
378.      acquire(&ptable.lock);  //DOC: sleeplock1    //需持有 ptable.lock 保护
379.      release(lk);                        //释放 lk
380.    }
381.
382.    //Go to sleep
383.    proc->chan = chan;                      //挂到睡眠阻塞链上
```

```
384.    proc->state = SLEEPING;              //状态修改为 SLEEPING
385.    sched();                             //调度切换
386.
387.    //Tidy up                            //被再次唤醒后从这里开始执行
388.    proc->chan = 0;                      //不再处于睡眠阻塞链上
389.                    //此时从 wakeup()过来,应该持有 ptalbe.lock
390.    //Reacquire original lock
391.    if(lk != &ptable.lock){              //DOC: sleeplock2
392.       release(&ptable.lock);            //解除 ptable.lock 保护
393.       acquire(lk);                      //重新获得 lk 锁
394.    }
395. }
396.
397. //PAGEBREAK!
398. //Wake up all processes sleeping on chan    //唤醒阻塞链上的所有进程
399. //The ptable lock must be held         //此时已持有 ptalbe.lock
400. static void
401. wakeup1(void * chan)
402. {
403.    struct proc * p;
404.
405.    for(p = ptable.proc; p < &ptable.proc[NPROC]; p++)    //遍历所有进程
406.      if(p->state == SLEEPING && p->chan == chan)//只唤醒等待 chan 事件的进程
407.        p->state = RUNNABLE;
408. }
409.
410. //Wake up all processes sleeping on chan     //唤醒阻塞链上的所有进程
411. void
412. wakeup(void * chan)                          //需要传入 chan 指明唤醒那个事件上的进程
413. {
414.    acquire(&ptable.lock);
415.    wakeup1(chan);                            //由 wakeup1()完成具体的唤醒操作
416.    release(&ptable.lock);
417. }
418.
419. //Kill the process with the given pid      //撤销某个进程
420. //Process won't exit until it returns
```

```
421. //to user space (see trap in trap.c)
422. int
423. kill(int pid)
424. {
425.    struct proc * p;
426.
427.    acquire(&ptable.lock);
428.    for(p = ptable.proc; p < &ptable.proc[NPROC]; p++){
429.      if(p->pid == pid){                        //找到指定 pid 进程
430.        p->killed = 1;                          //设置撤销标志
431.        //Wake process from sleep if necessary
432.        if(p->state == SLEEPING)                //如果处于 SLEEPING 状态
433.          p->state = RUNNABLE;                  //则将状态设置为 RUNNABLE
434.        release(&ptable.lock);
435.        return 0;                               //完成撤销(标志的设置)
436.      }
437.    }
438.    release(&ptable.lock);
439.    return -1;                                  //未找到指定 pid 的进程,返回-1
440. }
441.
442. //PAGEBREAK: 36
443. //Print a process listing to console.  For debugging  //打印进程列表到控制台
444. //Runs when user types ^P on console
445. //No lock to avoid wedging a stuck machine further
446. void
447. procdump(void)
448. {
449.    static char * states[] = {
450.      [UNUSED]    "unused",
451.      [EMBRYO]    "embryo",
452.      [SLEEPING]  "sleep ",
453.      [RUNNABLE]  "runble",
454.      [RUNNING]   "run   ",
455.      [ZOMBIE]    "zombie"
456.    };
457.    int i;
```

```
458.    struct proc * p;
459.    char * state;
460.    uint pc[10];
461.
462.    for(p = ptable.proc; p < &ptable.proc[NPROC]; p++){   //遍历所有进程
463.      if(p->state == UNUSED)                              //跳过未用的 PCB
464.        continue;
465.      if(p->state >= 0 && p->state < NELEM(states) && states[p->state])
466.        state = states[p->state];                         //获取该进程状态的字符串
467.      else
468.        state = "???";                    //无法识别的状态表示为???(实际上不可能发生)
469.      cprintf("%d %s %s", p->pid, state, p->name);        //打印进程号、状态、程序名
470.      if(p->state == SLEEPING){
471.        getcallerpcs((uint * )p->context->ebp+2, pc);
472.        for(i=0; i<10 && pc[i] != 0; i++)
473.          cprintf(" %p", pc[i]);
474.      }
475.      cprintf("\n");
476.    }
477. }
```

6.1.2　进程控制

1. PCB 组织

xv6 使用 ptable 中的静态数组 ptable.proc[]来记录和组织进程,请见代码 6-2 的第 10～13 行。该数组最大可以记录 NPROC(64,参见代码 4-1)进程个数,并且由成员 lock (自旋锁)保护。该自旋锁通过代码 6-2 的第 23～27 行的 pinit()完成初始化(也是 pinit()的唯一功能)。

第一个进程的 PCB 由代码 6-2 的第 15 行 initproc 指针变量指出。全局变量 nextpid 是下一个可用的进程号,并初始化为 1,每次创建新进程时,进程号就取 nextpid++。

2. 进程创建与撤销

创建进程时需要分配一个空闲 PCB,该工作由代码 6-2 中第 29～72 行的 allocproc() 完成。第 41～44 行代码是在进程 PCB 数组 ptable.proc[]中查找未使用的一项。

如果找到空闲 PCB,则第 46～48 行的代码将其状态修改为胚胎态 EMBRO(见图 6-1),将其进程号 pid 设置为 nextpid(同时 nextpid 自增 1)。读者要注意,进程号 pid

和 PCB 在数组 ptable.proc[n]中的位置(数组元素索引号 n)没有必然联系。然后第 51～55 行代码通过 kalloc()分配 4KB 的内核栈空间,p->kstack 记录堆栈内存区间的起始位置(低端地址),再进一步将内核陷阱帧 p->tf 和堆栈指针 sp 指向堆栈内存空间的最高地址减去 trapframe 的空间,形成图 6-3 左边所示的布局。

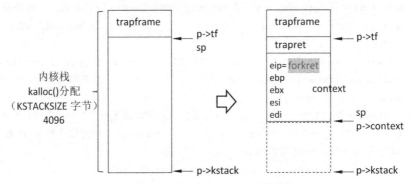

图 6-3   allocproc()创建新进程的内核堆栈示意图

然后在堆栈中分配 4 字节的 trapret 和 context 结构体,这样伪造成一个进程从用户态进入内核态的 trapframe,然后再伪造出进程切换断点在 context 中,这样就可以通过进程切换"返回"到进程应该执行的位置(fork 的返回代码,forkret)。

至于 trapframe 的创建方式,则有两种。第一种是第一个用户进程的创建方式,就是人工"伪造"一个 trapframe,里面好像是从用户态通过系统调用而来的内容;第二种是fork 创建的子进程,其 trapframe 可以从父进程内核栈复制。无论哪种方式,其 context 中都将填写 eip＝forkret,使得它先经由 forkret 再通过 trapret 返回到用户态。

早期的 Linux 是将 PCB(task_struct 结构体)和内核堆栈放到一起,找到了进程控制块后根据固定偏移量也就找到了内核堆栈。后来的 Linux 内核堆栈是和 PCB 分离的,类似于 xv6 这种方式。

■ 第一个进程的"前身"initcode

在 xv6 启动过程中,main()-> userinit()创建第一个用户态进程的前身 initcode。userinit()见代码 6-2 的第 74～105 行,它将完成第一个用户进程 init 的创建工作。这个进程映像很快随着 initcode 的执行而通过 SYS_exec 系统调用替换成磁盘上的"/init"进程映像,启动 sh 程序(如果 sh 程序结束,则再生成一个 sh)。

首先第 84～85 行代码调用刚刚讨论过的 allocproc(),分配一个空闲 PCB 并初始化相应的内核堆栈,并使用专门的全局变量 initproc 来记录这个进程。然后第 86～87 行通过 setupkvm()给 init 进程创建初始页表,由于只映射了内核空间,因此函数名使用 kvm （kernel vm），此时还没有用户态页表（不能访问用户态空间）。

接着通过 inituvm() 完成用户空间的建立，由于 init 的代码已经在内核映像 kernel 中（参见图 3-2）随着启动过程装载到_binary_initcode_start 地址，因此只需要新分配一个页帧，然后将该页帧映射到 0 地址，再将 init 代码复制到该地址即可，其复制过程如图 5-10 所示。

init 进程是从 0 地址开始存放的（参见图 5-10），userinit() 将进程空间大小 p->sz 设置为 PGSIZE（4096 字节，见代码 5-3 的第 127 行）。也就是说由于代码很短，只需要一个页就将代码数据和堆栈包含了。

接下来是完成内核陷阱帧内容的填写。然后第 90～97 行的代码，自行设置（而不是因中断硬件设置）一个 trapframe 结构 p->tf，造成等效于"好像曾经"从用户态经过中断而形成的 trapframe，也就是说一旦利用这个 trapframe 进行 iret 返回，就会返回到设定好的 init 进程用户态断点处（伪造出来的断点），即 eip 指向的 0 地址，正是 initcode 的第一条指令位置。userinit() 也将 tf->esp 设置为 PGSIZE，这是该进程映像的最高地址，作为用户态堆栈。段寄存器（段选择子）的设置如下：代码段 CS 的 index 为 SEG_UCODE 段，DS/ES/SS 都使用 SEG_UDATA 段。请注意 CS 段选择子 CS 的 RPL 设置为 DPL_USER(3)，也就是说因为请求级 DPL 为 3 而无法访问权限级别 DPL＝0 的内核代码和数据。代码中使用"DPL"前缀容易造成混淆，严格来说应该用 RPL 才符合其本意。

从这里可以看出，xv6 的进程布局与 Linux 安排不同，其第一条指令在 0 地址，且代码、数据和堆栈都在一个地址区间内。而 Linux 的进程入口第一条指令在 0x40000 附近，代码、数据和堆栈等分成多个不连续的空间。

最后设置进程名 p->name 为"initcode"，修改当前工作目录为"/"，并将进程调度状态设置为 RUNNABLE（就绪）。

创建 init 进程的过程和 fork() 函数完成的操作有一些相似的地方，但由于 init 进程是第一个进程，无法通过复制的方法来创建进程的内存映像。

■ fork 操作

除了第一个进程外，其他进程都需要通过 fork 系统调用来产生。代码 6-2 的第 127～173 行的 fork() 实现了 UNIX 概念中的子进程创建操作。类似创建 init 进程，首先需要 allocproc() 分配空闲 PCB 和内核栈（此时如图 6-3 所示），并用局部变量 np 指向新分配的 PCB。

copyuvm() 通过 setupkvm() 创建内核页表（所有进程都一样），然后再复制父进程映像（用户空间）作为子进程映像。需要复制父进程进程空间从 0 到最大地址 np->sz＝proc->sz 的内容（这个 proc 变量是 CPU 私有变量，指向当前在运行的那个进程，即父进程），当然也包括设置相应页表项的内容。

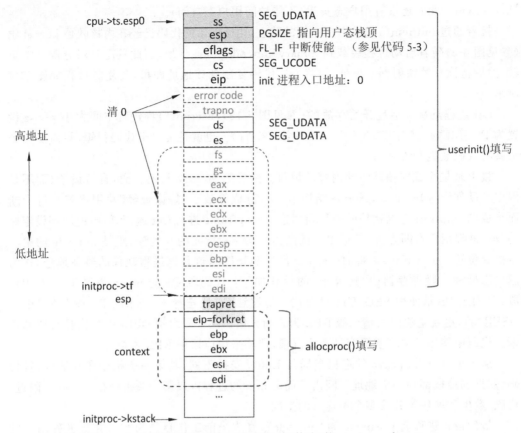

图 6-4   init 进程刚创建时的内核栈及其"伪造"的 trapframe 和 context

接着设置父进程 np->parent＝proc 为当前进程。trapframe 也进行复制 * np->tf＝* proc->tf，因此它们都是从同一个位置返回。但是子进程返回值为 0，于是 np->tf->eax＝0。还要复制已打开的文件 np->ofile[]数组。复制当前工作路径 np->cwd＝idup(proc->cwd)。复制进程名 np->name。设置进程状态 np->state＝RUNNABLE。最后将 pid 通过函数返回值 eax 返回给父进程。

父进程返回值为子进程 pid，而子进程的返回值为 0，因为子进程被调度的时候根据 trapframe 的内容从 forkret()返回到 trapret()，最后返回到 fork()函数的下一条语句（指令）处往下继续运行。又因为 eax 被设置为 0，造成好像是子进程也执行了 fork()代码并返回 0 的假象，实际上子进程直接从 fork()后的下一条指令开始运行。

从 fork()复制的资源来看，xv6 的进程资源相对于 Linux 来说要少得多，主要就是内存空间和所打开的文件。

　　此时再来讨论分析一下 fork()时父子进程内核栈的差异。父进程通过 fork 系统调用进入内核代码,因此其内核栈最开始处是 trapframe,然后是系统调用入口 trap(),经过 syscall()转向到 fork()。创建子进程后逐级返回,最后通过 trapret 返回到用户态。但是子进程返回过程不同,除了和父进程拥有相同的 trapframe(除了 eax＝0)以及 trapret 作为返回地址外,调用栈的最底层是 forkret 和 context。所以子进程初次被调度运行时,从 swtch()切换过来时直接返回到 forkret(),再返回到 trapret()最后通过 iret 返回到用户态,用户代码中"fork();"之后的一条语句上。

　　子进程被初次调度执行的过程,和普通进程被调度执行的差异在于:新创建的子进程不是通过 sched()让出 CPU 的,因此 swtch()重返执行后不是从 sched()断点处恢复运行,而是从 forkret()开始运行。

　　对比图 4-7 内核执行流(scheduler)的内核栈结构和图 6-5 的用户进程的内核栈结构,可以发现它们的最大区别就是是否有 trapframe。

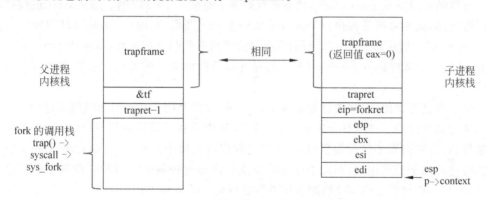

图 6-5　fork 后父子进程的内核栈差异①

■ **forkret()**

　　子进程需要返回到用户态,从发出 fork()函数调用的下一条语句开始执行用户态代码。forkret()返回后将执行 trapret()并进一步返回到用户态,trapret()会在中断/异常相关的章节讨论。

　　forkret()内部有一个静态变量,能够区分系统是否是第一次运行该函数,如果是第一次还需要进行初始化。这是因为在内核环境中不能完成 init(ROOTDEV)和 initlog(ROOTDEV)这类必须在用户态完成这样的初始化操作。

---

　　① 　父进程内核栈中标注的"trapret-1"并不准确,准确的说是 alltraps 代码中 trapret 前一条语句"add ＄4,％ esp"的地址。子进程内核栈中的 trapret 是准确的。

■ **kill 操作**

由于 xv6 并没有实现 Linux 上的信号,所以 kill 操作并不是通过发送信号来完成的。

撤销指定 pid 的进程使用 kill()函数,它在代码 6-2 的第 419～440 行。为了找到将要撤销的进程,需要扫描进程列表 ptable.proc[]数组,逐个检查该进程号是否和传入的 pid 值相同。kill()在撤销进程操作过程中主要是负责将 p->killed 标志置位,并不负责进程状态的修改。如果被撤销进程处于睡眠 SLEEPING 状态的话,则需要先将其状态修改为 RUNNABLE,因为只有经过 RUNNALBE 才能被调度变为 RUNNING 状态,才能进入 ZOMBIE 状态。也就是说只有 RUNNING 状态的进程,才可能发生系统调用或中断而进入 trap(),在 trap()中检查 killed 标志并调用 exit()真正完成撤销本进程的工作,最后进入到 ZOMBIE 状态。

■ **exit 操作**

进程结束时完成 exit()操作,请参见代码 6-2 的第 175～212 行。首先,init 进程是不允许退出的,如果系统发现执行 exit()函数的是 init 进程,则通过 panic()打印警告信息 "init exiting"。然后第 187～193 行的代码将关闭所有已打开的文件,即遍历 proc->ofile[]数组,对每一个文件执行 fileclose(),并通过 iput()释放对当前工作目录的索引节点的占用(第 195～198 行)。

由于自己要退出了,父进程通常在 wait(),所以需要用 wakeup1()唤醒父进程。

接着将自己的子进程移交给 init。由于 PCB 中没有子进程的信息,因此只能遍历所有进程,看看它们谁的父进程指向自己(以此判定自己的子进程)。可以看出,Linux 中有完善的进程亲子关系组织,因此子进程的查找不需要这种低效的方法。如果子进程已经处于 ZOMBIE 状态则还需要唤醒 init 进程进行最后的清理工作。

最后将自己的状态设置为 ZOMBIE(等待父进程做最后的检查和清理),并通过 sched()切换到其他就绪进程。

■ **增减用户内存空间(分配和释放)**

进程如果使用 sbrk 系统调用分配内存而改变自己的内存映像,则需要用 growproc()函数。代码 6-2 的第 107～125 行的 growproc()用于在用户空间分配 n 个字节。其中 n 为正数时进行扩展(分配内存),而 n 为负数时进行收缩(释放内存)。分配操作是通过 allocuvm()完成,而释放操作是通过 deallocuvm()完成。allocuvm()和 deallocuvm()已经在内存管理部分进行了分析。

3. 进程控制

■ **sleep 操作**

代码 6-2 的第 360～395 行给出了 xv6 进程睡眠阻塞的 sleep()函数。需要传入阻塞

队列 chan 和自旋锁 lk,其中 chan 根据事件的不同而不同,例如可以是一个 buf 缓冲区
(在 iderw()中)。也就是说,xv6 并没有使用专门的阻塞队列这样一种数据结构,而是通
过将等待相同事件的进程 proc->p 指向相同的数据对象(即地址)来识别。因此本文中的
睡眠阻塞链实际上也只是一个抽象的称呼,仅为了和操作系统理论课程的术语相一致
而已。

第 382~385 行将进程挂入到阻塞队列上,并将状态修改为 SLEEPING,通过 sched()切
换到其他进程。

当进程被唤醒后,继续往下执行第 383 行以后的代码,即从阻塞队列中脱离。

如果 lk 不是 ptable.lock 的时候,在修改进程状态之前还要对 ptable.lock 进行加锁。
此时将同时持有 lk 和 ptable.lock,因此可以将 lk 解锁。此时即使有其他进程尝试
wakeup(chan),也会因为没有 ptable.lock 而无法开展 wakeup 操作,必须等我们将
ptable.lock 释放。

■ wakeup 操作

如果需要唤醒阻塞队列上的所有进程则使用 wakeup(),它在代码 6-2 的第 410~
417 行。它在获得进程 PCB 数组 ptable 锁之后,进一步调用第 397~408 行的 wakeup1()来
完成唤醒工作。具体操作是通过扫描所有进程,看是否在指定的阻塞队列 chan 上睡眠
(状态为 SLEEPING),如果是则将其状态修改为 RUNNABLE(RUNNABLE 状态将忽
视 p->chan)。

将 wakeup 操作分成两部分的原因是,有时候已经持有了 ptable.lock 锁,这时只需要
直接调用 wakeup1()即可。

从这里也可以看出,确实不存在睡眠阻塞队列,而仅仅是靠等待相同的事件来表示。

■ yield 操作

进程需要让出 CPU 时需执行 yield()函数,xv6 的 yield()函数在代码 6-2 的第 329~
337 行。所执行的操作很简单,就是将状态设置为 RUNNABLE(本来是正在执行的
RUNNING 状态),然后执行 sched()切换到其他进程。

时钟中断 tick 处理程序中,将会执行 yield()将本进程让出 CPU,并调用 sched()从
而完成进程切换。

■ wait 操作

父进程等待子进程退出时将执行 wait()操作,xv6 的 wait()函数在代码 6-2 的第
220~261 行。就如前面所示,子进程的查找只能通过遍历所有进程并根据其父进程是否
指向自己来判定。对找到的子进程,如果其状态为 ZOMBIEZ(执行了 exit 系统调用之后
的状态),则需要对僵尸子进程做最后的撤销工作。

如果没有子进程退出,则通过 sleep()进入睡眠阻塞状态(当子进程退出而执行 exit()时会唤醒父进程)。

■ procdump 操作

如果在 xv6 的 shell 命令行中输入"^p"(Ctrl＋P)将显示当前进程的信息列表。procdump()请参见代码 6-2 的第 442～477 行。该函数对进程控制块数组 ptable.proc[]进行扫描,对所有在用的进程 PCB 显示关键信息。

屏显 6-1　shell 中输入^p 显示进程信息列表

```
$ 1 sleep   init 80103e4f 80103ee9 80104789 801057a9 8010559b
2 sleep   sh 80103e13 801002a2 80100f5c 80104a82 80104789 801057a9 8010559b
```

从代码中可以看出每一行的前三列信息包括:进程号、状态、进程名(可执行文件名),因此屏显 6-1 的两行表明有 1 号进程 init 处于睡眠 SLEEPING 状态,2 号进程 sh 处于睡眠 SLEEPING 状态。后面的数字是各级调用返回地址(EIP 值),最右边是最底层的函数,如果调用次数多于 10 层则只显示 10 层,不足 10 层按实际调用层数显示。

代码中有一个 NELEM 宏,用于计算一维数组的元素个数(defs.h 中定义)。

4. 进程调度

进程调度主要涉及两个方面,一个是调度器,一个是进程切换代码。xv6 的进程调度器比较简单,只是简单扫描就绪进程并选择下一个可运行的进程;而切换代码则略显复杂,涉及切换现场的保存和恢复,而且和任务状态段 TSS 的细节有关。

■ scheduler 调度器

代码 6-2 的第 263～302 行是 scheduler()函数,每个 CPU 在启动后将调用 scheduler(),该函数是一个无限循环并不返回,其不断选择下一个就绪进程并且换过去执行。在主 CPU 启动过程中 main()->mpmain()->scheduler(),以及其他处理器的 mpenter()->mpmain()->scheduler()启动,如图 6-6 所示。

如图 6-6 所示,scheduler()代码的层次如下:外层是一个无限循环;内层循环将扫描遍历 ptable->proc[]数组,如果找到一个 RUNNABLE 的就绪进程,则通过第 289～293 行的代码切换过去执行。其中变量 proc 是每 CPU 变量,记录当前 CPU 上正在执行的进程。从此可以看出其调度算法实际上就是轮转算法,按照进程在 PCB 表 ptable 中的次序轮转(而不是根据进程号轮转)。

进程切换过程先通过 switchuvm()完成进程 TSS 切换和用户空间的切换,使得切入进程映像可见。然后设置切入进程状态 p->state＝RUNNALBE。swtch()换成内核运

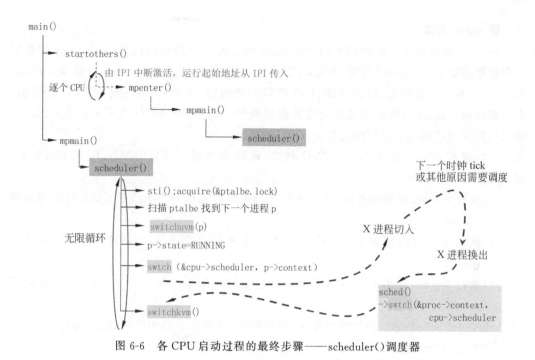

图 6-6　各 CPU 启动过程的最终步骤——scheduler() 调度器

行现场的切换(恢复切入进程的切换断点现场),从此执行被调度的进程。

　　需要注意的是:对 scheduler 而言,只有换出进程因各种原因让出 CPU 而执行 sched()
的时候,scheduler 才会从 swtch() 返回。一旦返回,则 scheduler() 将要重新接管 CPU,通
过 switchkvm() 将页表恢复成 scheduler() 自己的页表(仅在内核空间有映射①),最后将
proc＝0,表示当前没有运行用户进程,然后进入下一次调度循环选取下一个就绪进程。

　　由于 scheduler() 是在内核态运行,因此用户空间的切换 switchuvm() 执行过后,对
scheduler() 本身的运行没有任何影响,运行的仍是内核的 scheduler() 代码。

　　主 CPU 第一次运行 scheduler() 的时候,将会找到第一个进程:init 进程。此时
switchuvm() 将切换到 init 进程的页表、TSS 等。然后 swtch() 将从 scheduler 执行流切
换(函数返回)到 init 进程的 forkret(),然后通过 forkret() 返回到 trapret(),最后返回到
用户空间。由于 trapframe 中的 eip＝0,因此返回到用户空间就从 0 地址开始执行,那里
正是 initcode.S 的起点。

---

　　①　其页表 kpgdir 由 setupkvm() 依照 kmap[] 创建,没有用户空间的有效映射。

■ **sched 函数**

sched()函数是用户进程切换到 scheduler 执行流时所调用的代码,scheduler 切换到用户进程是在 scheduler()调用 swtch()完成的。代码 6-2 的第 304～327 行是 sched()函数,它在进程主动睡眠时、时间片到、I/O 读写需要阻塞、主动 yield()放弃 CPU 等时机,都会被调用。sched()的作用是从当前进程切换到 scheduler()执行流从而让出 CPU,具体切换操作由代码 6-3 的汇编函数 swtch()完成。

当前进程不能仍处于 RUNNING 状态,按理应该处于 RUNNABLE、SLEEPING、ZOMBIE:

- 执行 sleep()睡眠操作时,必须先将当前进程状态修改为 SLEEPING,然后再调用 sched()。
- 执行 exit()退出操作时,需要先将当前进程状态修改为 ZOMBIE 后,再调用 sched()。
- 执行 yield()让出 CPU 时,当前运行进程的状态修改为 RUNNABLE(),再调用 sched()。

sched()和 scheduler()的切换过程在"切换断点"的处理上是相同的,都是通过 swtch()完成"切换断点"context 现场的切换。

■ **scheduler()与 sched()的配合**

我们将 scheduler()和 sched()的配合过程再梳理一遍,将图 6-6 中的 scheduler←→进程 sched()互相切换的完整过程进一步细化,如图 6-7 所示。

scheduler 只有在本处理器上的用户进程(因各种原因,例如时间片用完)需要停止运行时,调用 sched()->swtch()切换才能获得运行机会。反之,用户进程只有在 scheduler 挑选好之后,利用 swtch()切换才能获得运行。

6.1.3　执行流的切换

这里的"执行流切换"指的是图 6-7 中两个粗箭头的操作:

(1) 从 scheduler 执行流切换到切入进程执行流的过程。

(2) 从换出进程执行流切入到 scheduler 执行流。执行流切换后也将完成内存空间切换,即页表切换。

由于用户进程经常因时间片结束而被切换,因此先进入时钟中断,然后才发生切换,若干时间后又获得再次运行。因此,读者想要完整理解这个过程,还需要了解从用户态进入到内核态的系统调用和中断过程,以及返回到用户态的过程。如果读者还不了解 x86 处理器的中断过程,可以先学习或重温第 12 章的相关知识。执行现场的内容,请回顾代

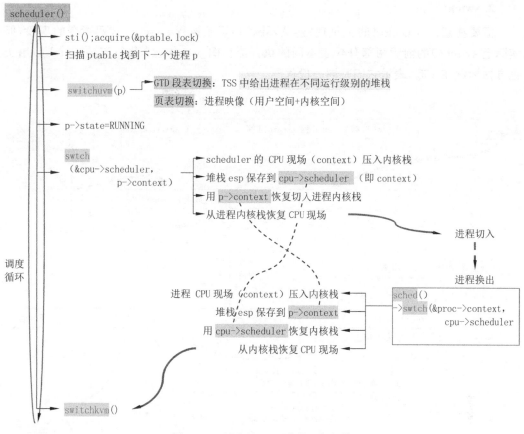

图 6-7 scheduler←→进程互相切换

码 6-1 的第 41～47 行内容。

1. 进程映像的切换

为了从 scheduler 执行切换到切入进程，需要用 switchuvm()完成进程映像切换，此时 scheduler 执行流使用的是切入进程的映像（段表和页表）。切换段表的原因是每个进程有自己私有的 SEG_KDATA（用于保存 CPU 私有变量）以及 TSS 中保存的切入进程内核栈起点指针。然后经过 swtch()切换到切入进程执行流。

而返程从换出进程返回到 scheduler 执行流的时候，则通过 switchkvm()完成进程映像切换到调度器的内存映像，仅切换页表，因为 scheduler 执行流仍可以访问 CPU 私有变量 proc 获得当前进程 PCB，但 scheduler 无需 TSS 中的信息，所以仍可以使用该进程的段表和页表。

2. swtch()

需要注意：CPU 在时间上呈现"连续不断"地逐条执行 swtch()代码指令的现象，但实际上 swtch()的前后两部分代表不同的执行流！图 6-8 中三个执行流的 swtch()用灰色方框标示在一起，表示它们是同一段代码。

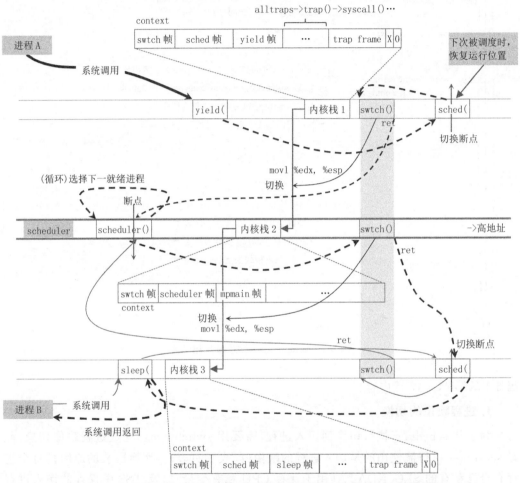

图 6-8　xv6 "A->scheduler->B"进程切换全流程示意图(仅绘制了内核空间)

swtch()是在内存映像已经完成切换之后才执行的，负责内核堆栈切换、CPU 运行现场 context 切换和指令 eip 跳转。swtch 虽然是汇编代码片段，但是它相当于 C 语言函数 void swtch(struct context **old，struct context * new)，其参数按照 C 函数规范在堆栈中指定的位置。

这里切换代码中没有出现 context 中的 eip 成员,它是硬件操作的,通过函数调用的 call 指令压入 eip 堆栈形成 context 的 eip 成员,同理对于新的 context,在执行 ret 时会从堆栈中弹出 eip。

通过 swtch()完成切换断点的现场切换,用切入进程的切换断点现场替代换出进程的切换断点现场。代码 6-3 的第 20～21 行进行堆栈切换,也完成了 context 的切换,因为此时的 esp 指向的就是 context 内容(请回顾前面提到的进程内核态运行现场存储于 context)。

注意:对于新旧进程(执行流)而言,虽然使用了不同的页表,但由于内核空间相重合,因此 swtch()能够在切换期间起到枢纽作用。

进程切换的完整视图如图 6-8 所示。图中蓝色虚线展示的是"A->scheduler->B"进程切换全流程;而红色的细实线则是进程 B 上次调用 sleep()并阻塞的过程,即"B->scheduler"的过程,用于表明进程 B 再次获得运行时的"断点位置"。进程 A 通过 swtch()的 ret 指令却"返回"到 scheduler 的切换断点处,而 scheduler 执行 swtch()时的 ret 却"返回"到进程 B 的切换断点处。读者在跟随蓝色虚线推进的时候,要关注内核堆栈的切换以及内核堆栈的内容,包括函数调用栈和 context 内容。

下面我们来分析 swtch()的 ret 执行前后是如何完成执行流切换的。首先要认识到的是,被换出进程执行流的断点是在 sched()->swtch()的下一条语句,也就是断点的 EIP 指向"cpu->intena＝intena;"(代码 6-2 的第 326 行)。因此一个进程在执行 sched()的过程中,不是一次性完成的,在断点处将会切换到 scheduler()执行流,而恢复运行的时候则是从 scheduler()执行流返回到这个断点"cpu->intena＝intena;"继续运行。其次要认识到 scheduler()的执行流断点是在 scheduler()->swtch()的下一条语句,也就它的断点 EIP 指向的是"switchkvm();"(代码 6-2 的第 293 行)。因此前面提到过 scheduler()函数不是一次性完成的,在断点处将会切换到调度的就绪进程,而恢复运行时则从该进程的执行流返回到断点 switchkvm()继续运行,如图 6-9 所示。

如果读者对 C 语言函数调用栈不熟悉,可以参考清华大学出版社的《Linux GNU C 程序观察》的第 3 章 3.4.3 节内容。

3. 返回到用户态

上面讨论的切换操作,都是在内核态进行的。进程在内核态完成切换后,最终还要返回到用户态断点,才能恢复用户进程继续运行。这是借助于内核栈的 trapframe 完成的,下面以进程 B 的堆栈为例。当内核代码逐层返回后最终将遇到 trapframe 帧,而无论是系统调用还是中断返回,都会执行 trapret 代码。也就是说进程 B 在内核态经过 sleep()函数返回,最终执行到 trapret 代码(参见代码 7-1 的第 27 行),它将从内核堆栈恢复现场:popal 弹出通用寄存器、然后弹出并恢复原来的 gs、fs、es、ds,弹出 trapno 和 errcode,

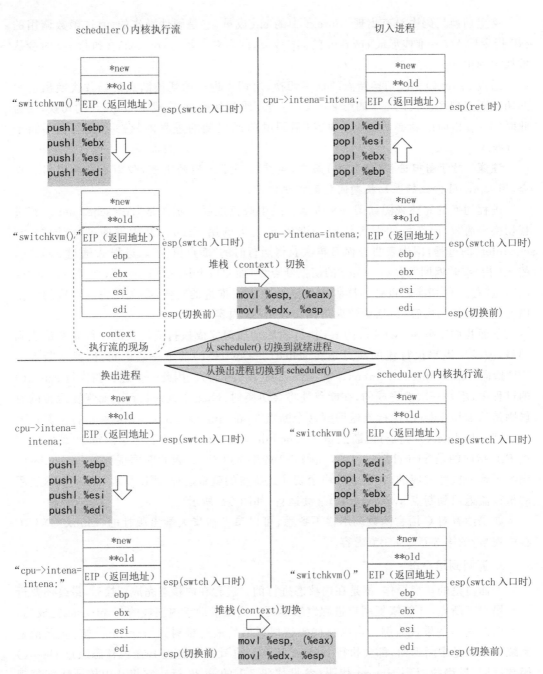

图 6-9　scheduler()->swtch()中的堆栈变化细节

最后执行 iret，此时将返回到 trapframe 一开始就记录的用户态断点（CS、EIP 和 EFLAGS），返回到用户态是从 ring0 转到 ring3，因此会从堆栈 trapframe 中恢复用户态堆栈 SS 和 ESP[①]。相关细节会在中断章节继续讨论。

■ **进程调度的堆栈切换问题**

由于进程的执行情况（包括函数调用栈和 CPU 现场）保存在堆栈中，因此进程切换的关键就是进行堆栈切换，从而保存和恢复进程的现场。进程放弃在 CPU 上运行的时候，调用代码 6-3 的 swtch 代码片段来保存自己的切换断点执行环境（struct context），并且换到 scheduler 的执行环境。

读者需要将中断的进入和退出操作，与进程运行环境切换操作进行关联，才能构成内核栈的全景认知。

scheduler 的执行环境 context 记录在 cpu->scheduler 上，其中 cpu 结构体请参见代码 6-1 的第 1 行，因此任何一个进程都可以通过 cpu->scheduler 找到对应的执行环境完成图 3-6 的第一步切换步骤。而进入到 scheduler 之后，将会扫描进程列表 ptable->proc[] 找到就绪进程，并再通过一次 swtch() 完成执行环境的切换。

下面将简单分析调度器 scheduler() 代码。

4. swtch.S

swtch.S 中以汇编方式实现了 swtch() 函数功能，其新旧执行的参数分别从 esp＋4 和 esp＋8 位置获取。由于代码比较简明，请读者结合前面的分析自行阅读分析。

代码 6-3　swtch.S

```
1.   #Context switch
2.   #
3.   #    void swtch(struct context **old, struct context * new);
4.   #
5.   #Save current register context in old
6.   #and then load register context from new
7.
8.   .globl swtch
9.   swtch:                              //函数调用断点 eip 位于 esp+0
10.    movl 4(%esp), %eax               //第一个参数**old,位于 esp+4
```

[①] 当用户态经系统调用/中断进入内核态，发生 ring3→ring0 的运行级提升时，堆栈要切换到内核栈是借助 TSS 中的 SS0 的 ESP0 由硬件自动完成的。

```
11.    movl 8(%esp), %edx              //第二个参数 * new,位于 esp+8
12.
13.    #Save old callee-save registers //切换断点的执行现场
14.    pushl %ebp                      //其中 eip 作为返回地址已经在堆栈中
15.    pushl %ebx
16.    pushl %esi
17.    pushl %edi
18.
19.    #Switch stacks
20.    movl %esp, (%eax)               //当前 esp 保存到旧执行流 context 中
21.    movl %edx, %esp                 //切换到新的内核栈
22.
23.    #Load new callee-save registers //从新内核栈恢复环境
24.    popl %edi
25.    popl %esi
26.    popl %ebx
27.    popl %ebp
28.    ret                             //相当于弹出 context 最后一个成员 eip
```

6.2   内核同步——自旋锁

　　xv6 的内核同步只有一个简单机制,互斥的自旋锁。内核同步中不允许睡眠,这是内核代码同步和用户代码同步的一个重要区别。从名字也可以看出,自旋锁在没有获得锁的情况下将会"自旋"反复申请,而用户进程的信号量则是在无法获得的情况下进入睡眠。

　　xv6 自旋锁使用 spinglock 结构体来表示,其核心成员是一个标志 locked,该标志置 1 表示已经被加锁,为 0 表示仍未加锁。xv6 代码对该成员使用 xchg 指令来实现原子性交换。

6.2.1   spinlock.h

　　自旋锁 spinlock 结构体中,locked 是用作是否上锁的标志,其余的三个成员是用于辅助调试,name 用于记录所得名字以便互相区分,cpu 用于记录持有该锁的处理器,pcs[] 用于记录对它执行加锁的函数调用栈对应的 PC 值数组,如代码 6-4 所示。

代码 6-4　spinlock.h

```
1.  //Mutual exclusion lock
2.  struct spinlock {
3.      uint locked;                //Is the lock held?
4.
5.      //For debugging:
6.      char * name;                //Name of lock
7.      struct cpu * cpu;           //The cpu holding the lock
8.      uint pcs[10];               //The call stack (an array of program counters)
9.                                  //that locked the lock
10. };
```

6.2.2　spinlock.c

作为自旋锁的实现,需要提供 initlock()的初始化函数、acquire()加锁函数(并不睡眠,反复尝试加锁直至成功)、release()解锁函数。

初始化函数非常简单,它根据传入的字符串设置锁名称,然后将加锁状态清 0,持有该锁的 cpu 为 0。

加锁操作由 acquire()完成,先是通过 pushcli()确保关闭中断,然后用 holding 判断是否已经加锁(出错),最后才是用 while 循环不断尝试加锁直至成功。在 while 中执行的是汇编语句 xchg(&lk->locked,1),就是用内存中的值"1"和 lk->locked 进行原子性交换。如果当时 lk->locked 为 0,则 1 与之交换后变为 0、lk->locked 变为 1,则退出 while 循环表示成功加锁;反之,如果 lk->locked 为 1,则交换后双方仍是 1,while 循环继续"自旋"。加锁成功后,需要用__sync_synchronize()内存屏障通知编译器和处理器保证该点前后的访存顺序不要发生倒置。最后还要根据查找 ebp 栈帧指针逐级记录调用栈。

解锁操作则由 realease()完成,最关键的是将 lk->locked 清零,并用 popcli()解除原来所做的关闭中断。

xv6 在 acquire()中只是简单地关闭所有中断,之所以需要关闭中断是为了防止当在抢占式内核中,当前过程占用锁,然后进入中断处理再次想要获得锁时,出现死锁现象,使用自旋锁非常容易出现死锁现象,尤其是在抢占式内核中,所以 xv6 在中断处理和自旋锁的关系上做的非常决绝:占用锁时禁止所有中断。

pushcli 主要关闭外部中断并递增调用 pushcli 关闭中断的次数,这样做的原因是如果代码中获得了两个锁,那么只有当两个锁都被释放后中断才会被允许。同时 acquire()一定要在可能获得锁的 xchg 之前调用 pushcli。如果两者颠倒了,就可能在这短暂时间里出现问题：中断仍被允许，而锁也被获得了，如果此时不幸地发生了中断，则系统就会死锁。类似的，release 也一定要在释放锁的 xchg 之后调用 popcli。

　　pushcli() 和 popcli() 则是作为辅助函数，前者用于关闭中断并记录嵌套关闭中断的次数 cpu->ncli，如果是首次调用 pushcli 则记录调用之前的中断使能状态在 cpu->intena（可能是开中断也可能是关闭中断状态）。后者用于解除 pushcli() 的影响，如果在嵌套关闭中断前 CPU 原来的中断为使能状态，则用 sti 重新使能中断，如代码 6-5 所示。

代码 6-5　spinlock.c

```
1.  //Mutual exclusion spin locks
2.
3.  #include "types.h"
4.  #include "defs.h"
5.  #include "param.h"
6.  #include "x86.h"
7.  #include "memlayout.h"
8.  #include "mmu.h"
9.  #include "proc.h"
10. #include "spinlock.h"
11.
12. void
13. initlock(struct spinlock * lk, char * name)
14. {
15.     lk->name = name;
16.     lk->locked = 0;
17.     lk->cpu = 0;
18. }
19.
20. //Acquire the lock
21. //Loops (spins) until the lock is acquired
22. //Holding a lock for a long time may cause
23. //other CPUs to waste time spinning to acquire it
24. void
25. acquire(struct spinlock * lk)
26. {
27.     pushcli();                      //disable interrupts to avoid deadlock
28.     if(holding(lk))
```

```
29.      panic("acquire");
30.
31.      //The xchg is atomic
32.      while(xchg(&lk->locked, 1) != 0)        //见 x86.h   加锁,直到成功
33.        ;
34.
35.      //Tell the C compiler and the processor to not move loads or stores
36.      //past this point, to ensure that the critical section's memory
37.      //references happen after the lock is acquired
38.      __sync_synchronize();                    //访存屏障,保证前后顺序
39.
40.      //Record info about lock acquisition for debugging
41.      lk->cpu = cpu;                           //该锁被编号为 cpu 的 CPU 核所持有
42.      getcallerpcs(&lk, lk->pcs);              //每个锁的 pcs 记录了调用栈信息
43.  }
44.
45.  //Release the lock
46.  void
47.  release(struct spinlock * lk)
48.  {
49.      if(!holding(lk))                         //如果自己不持有该锁,发出 panic
50.        panic("release");
51.
52.      lk->pcs[0] = 0;                          //清除该锁记录的调用栈
53.      lk->cpu = 0;
54.
55.      //Tell the C compiler and the processor to not move loads or stores
56.      //past this point, to ensure that all the stores in the critical
57.      //section are visible to other cores before the lock is released
58.      //Both the C compiler and the hardware may re-order loads and
59.      //stores; __sync_synchronize() tells them both to not re-order
60.      __sync_synchronize();
61.
62.      //Release the lock
63.      lk->locked = 0;
64.
65.      popcli();
```

```
66.  }
67.
68.  //Record the current call stack in pcs[] by following the %ebp chain
69.  void
70.  getcallerpcs(void * v, uint pcs[])              //根据 EBP 反向查找调用链
71.  {
72.    uint * ebp;
73.    int i;
74.
75.    ebp = (uint * )v - 2;                         //根据第一个参数地址,找到 ebp
76.    for(i = 0; i < 10; i++){
77.      if(ebp == 0 || ebp < (uint * )KERNBASE || ebp == (uint * )0xffffffff)
78.        break;                                    //超过堆栈最高地址,结束查找
79.      pcs[i] = ebp[1];        //saved %eip       //返回地址
80.      ebp = (uint * )ebp[0]; //saved %ebp        //上一级函数的栈帧起点
81.    }
82.    for(; i < 10; i++)                            //不足 10 层的调用,后续的全部清零
83.      pcs[i] = 0;
84.  }
85.
86.  //Check whether this cpu is holding the lock
87.  int
88.  holding(struct spinlock * lock)
89.  {
90.    return lock->locked && lock->cpu == cpu;
91.  }
92.
93.
94.  //Pushcli/popcli are like cli/sti except that they are matched:
95.  //it takes two popcli to undo two pushcli.  Also, if interrupts
96.  //are off, then pushcli, popcli leaves them off
97.
98.  void
99.  pushcli(void)
100. {
101.   int eflags;
102.
```

```
103.    eflags = readeflags();              //x86.h 定义的内嵌汇编:pushfl+popl
104.    cli();                              //x86.h 定义的内嵌汇编:cli
105.    if(cpu->ncli == 0)
106.      cpu->intena = eflags & FL_IF;     //首次关中断,记录当时的中断使能状态
107.    cpu->ncli += 1;                     //关中断次数的计数
108. }
109.
110. void
111. popcli(void)
112. {
113.    if(readeflags()&FL_IF)
114.      panic("popcli - interruptible");  //不可能在 popcli 时发现 cpu 中断使能
115.    if(--cpu->ncli < 0)
116.      panic("popcli");
117.    if(cpu->ncli == 0 && cpu->intena)   //最后一层,并且 cpu 原来为中断使能状态
118.      sti();                            //重新打开中断
119. }
```

6.3　用户应用程序

xv6 的第一个应用程序是 init 进程,其初始进程映像是内核自带的 initcode.S,但它很快就用磁盘上的 init 程序替换其用户空间的进程映像,这是利用 exec 系统调用完成的,其实现函数是 exec()。其他进程可以通过 fork 复制 init 进程而创建,但如果希望新进程与 init 进程不同,则需要从磁盘中读入并替换其用户空间的进程映像。例如,shell 在执行磁盘上的外部命令时,先 fork 一个子进程,然后将通过 sys_exec 系统调用[①](定义于代码 9-14 的第 394 行)替换自己用户空间的进程映像。

需要注意,这些应用程序不属于内核代码。

6.3.1　运行程序

由于 fork 已经在前面讨论过,现在只讨论 fork 出子进程后,如何替换用户空间从而执行其他任务的 exec()。

---

① 　sys_exec()代码被 xv6 组织在文件系统部分的 sysfile.c 中,可能考虑到从磁盘读入可执行文件映像的原因。

需要给 exec()提供可执行文件名以及相应的命令行参数,该函数定义为"int exec（char ＊ path，char ＊＊argv）"（参见代码 6-6 的第 11 行）,函数成功,则返回值为 0,出错,则返回－1。

exec()需要建立进程的虚存映像（即进程页表）,包括用户空间和内核空间：setupkvm()创建内核部分页表,由 allocuvm()和 loaduvm()创建用户态的内存映像,如图 6-10 所示。

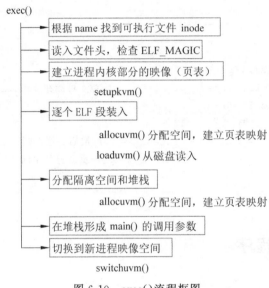

图 6-10　exec()流程框图

1. 查找可执行文件

代码第 21～25 行根据传入的文件名调用 namei()查找对应的索引节点 ip,然后第 29～33 行检查对应的文件是否符合 ELF 可执行文件格式,即是否包含 ELF_MAGIC 魔数。其中的 begin_op()和 end_op()是有关文件系统日志操作,后面会讨论到。

2. 装入可执行文件

代码 6-6 的第 38～55 行根据可执行文件的程序头表,逐项扫描遍历,对于类型为 ELF_PROG_LOAD 的段将会分配内存完成装载。

对于每个需要装入的段,先 allocuvm()分配足够的空间并建立页表映射,然后通过 loaduvm()从磁盘再读入该段的内容。实际上检查屏显 6-3 所示的_sh 可执行文件,发现它只有一个需要装载的段,这与普通 Linux 可执行文件分成代码和数据两个可装载段的安排不同。

完成可执行文件的段的载入过程后,继续分配两个页,第一个页为不可访问页(将页表项用 clearpteu()清除 PTE_U 位使得用户态不可访问),第二个页作为用户堆栈。此时堆栈和代码之间有一个隔离,可以防止恶意压栈(缓冲区溢出)行为破坏代码区。

3. 准备命令行参数 argv

代码 6-6 的第 68～83 行将命令行参数字符串逐个压入到用户堆栈中,并压入假的返回地址 0xffffffff 和参数个数 argc,最后调整堆栈指针。这里的 copyout()从内核态复制命令行参数到用户态的初始堆栈。

4. 切换进程空间

代码 6-6 的第 93～100 将对新进程 PCB 中有关进程空间的信息进行填写,通过 switchuvm()完成页表的切换,从而完成进程空间的切换。此时新进程的入口地址 proc->tf->eip 设置为可执行文件的入口地址(变量 elf.entry)。

5. exec.c

exec 虽然归类在进程管理,但实际上由于需要读盘操作,因此和文件系统也是有交互的。另外由于和进程映像有关,因此又与内存管理系统交互。因此操作系统所提供的系统调用,并不都是可以清晰地分割成所谓的四大管理,而是呈现相互犬牙交错。

其中代码 6-6 的第 40～55 行是根据 ELF 可执行文件的信息,读入相应的内容到内存中;然后在第 62～66 行准备好用户态堆栈;第 69～84 行为新进程准备好命令行参数;第 94～98 行填写新进程的 PCB;最后用 switchuvm()使得新的进程映像生效,并通过 freeuvm()将原来的进程映像释放。

代码 6-6　exec.c

```
1.  #include "types.h"
2.  #include "param.h"
3.  #include "memlayout.h"
4.  #include "mmu.h"
5.  #include "proc.h"
6.  #include "defs.h"
7.  #include "x86.h"
8.  #include "elf.h"
9.
10. int
11. exec(char * path, char **argv)
12. {
13.   char * s, * last;              //以下局部变量位于内核栈中
```

```
14.    int i, off;
15.    uint argc, sz, sp, ustack[3+MAXARG+1];
16.    struct elfhdr elf;
17.    struct inode * ip;
18.    struct proghdr ph;
19.    pde_t * pgdir, * oldpgdir;
20.
21.    begin_op();
22.    if((ip = namei(path)) == 0){            //根据文件名找到文件 inode
23.      end_op();
24.      return -1;
25.    }
26.    ilock(ip);                              //对该 inode 加锁
27.    pgdir = 0;                              //本进程页表地址暂时设置为 0
28.
29.    //Check ELF header                      //检查是否为 ELF 格式文件
30.    if(readi(ip, (char *)&elf, 0, sizeof(elf)) < sizeof(elf))
31.      goto bad;
32.    if(elf.magic != ELF_MAGIC)
33.      goto bad;
34.
35.    if((pgdir = setupkvm()) == 0)           //页表初始化为与内核 scheduler 相同
36.      goto bad;
37.
38.    //Load program into memory             //根据可执行文件建立用户进程空间映像
39.    sz = 0;
40.    for(i=0, off=elf.phoff; i<elf.phnum; i++, off+=sizeof(ph)){    //逐段读入
41.      if(readi(ip, (char *)&ph, off, sizeof(ph)) != sizeof(ph))
42.        goto bad;
43.      if(ph.type != ELF_PROG_LOAD)
44.        continue;
45.      if(ph.memsz < ph.filesz)
46.        goto bad;
47.      if(ph.vaddr + ph.memsz < ph.vaddr)
48.        goto bad;
49.      if((sz = allocuvm(pgdir, sz, ph.vaddr + ph.memsz)) == 0)     //分配空间
50.        goto bad;
```

```
51.     if(ph.vaddr % PGSIZE != 0)
52.       goto bad;
53.     if(loaduvm(pgdir, (char *)ph.vaddr, ip, ph.off, ph.filesz) < 0) //载入
54.       goto bad;
55.   }
56.   iunlockput(ip);
57.   end_op();
58.   ip = 0;
59.
60.   //Allocate two pages at the next page boundary   //分配隔离页帧和堆栈空间
61.   //Make the first inaccessible.   Use the second as the user stack
62.   sz = PGROUNDUP(sz);
63.   if((sz = allocuvm(pgdir, sz, sz + 2 * PGSIZE)) == 0)   //分配两个页帧
64.     goto bad;
65.   clearpteu(pgdir, (char *)(sz - 2 * PGSIZE));           //第一个页帧用作隔离用途
66.   sp = sz;
67.
68.   //Push argument strings, prepare rest of stack in ustack
69.   for(argc = 0; argv[argc]; argc++) {       //在堆栈中建立 main()的命令行参数
70.     if(argc >= MAXARG)
71.       goto bad;
72.     sp = (sp - (strlen(argv[argc]) + 1)) & ~3;       //将参数保存到堆栈中
73.     if(copyout(pgdir, sp, argv[argc], strlen(argv[argc]) + 1) < 0)
74.       goto bad;
75.     ustack[3+argc] = sp;
76.   }
77.   ustack[3+argc] = 0;
78.
79.   ustack[0] = 0xffffffff;                 //fake return PC
80.   ustack[1] = argc;
81.   ustack[2] = sp - (argc+1) * 4;          //argv pointer
82.
83.   sp -= (3+argc+1) * 4;
84.   if(copyout(pgdir, sp, ustack, (3+argc+1) * 4) < 0)
85.     goto bad;
86.
87.   //Save program name for debugging
```

```
88.     for(last=s=path; * s; s++)
89.       if(* s == '/')
90.         last = s+1;
91.     safestrcpy(proc->name, last, sizeof(proc->name));
92.
93.     //Commit to the user image
94.     oldpgdir = proc->pgdir;                    //记录旧映像的页表(后面要释放空间)
95.     proc->pgdir = pgdir;                       //设置新进程映像的页表
96.     proc->sz = sz;                            //新进程空间大小
97.     proc->tf->eip = elf.entry;   //main //入口代码(xv6应用程序就是 main())
98.     proc->tf->esp = sp;                      //设置用户堆栈,返回到用户态时生效
99.     switchuvm(proc);                          //切换到新进程的空间(内核空间仍保持不变)
100.    freevm(oldpgdir);                         //释放原来页表的空间
101.    return 0;
102.
103. bad:
104.    if(pgdir)
105.       freevm(pgdir);
106.    if(ip){
107.      iunlockput(ip);
108.      end_op();
109.    }
110.    return -1;
111. }
```

6.3.2　第一个用户进程 init

　　系统的第一个进程是 main()->userinit()时创建的,最初的进程映像是将 initcode.S 作为模板复制而来(参见前面 5.4.1 节),然后再通过 exec()变身为 init.c 的进程映像。init 进程的 PCB 由全局变量 initproc 记录。

1. initcode.S(init 进程的前身)

　　该程序功能就是通过 exec 系统调用来执行磁盘上的"/init"程序,因此它指示 init 进程的前身,如代码 6-7 所示。

代码 6-7 initcode.S

```
1.  # Initial process execs /init.
2.  # This code runs in user space.
3.
4.  # include "syscall.h"
5.  # include "traps.h"
6.
7.
8.  # exec(init, argv)
9.  .globl start
10. start:
11.   pushl $argv
12.   pushl $init
13.   pushl $0                        //where caller pc would be
14.   movl $SYS_exec, %eax            //设置系统调用号
15.   int $T_SYSCALL                  //进行系统调用
16.
17. # for(;;) exit();                 //进程映像已经更新,后续代码不可能被执行
18. exit:
19.   movl $SYS_exit, %eax
20.   int $T_SYSCALL
21.   jmp exit
22.
23. # char init[] = "/init\0";
24. init:
25.   .string "/init\0"
26.
27. # char * argv[] = { init, 0 };
28. .p2align 2
29. argv:
30.   .long init
31.   .long 0
```

2. init.c

与正常的 Linux 程序不同,其命令行参数 argv[]不是由外部传入,而是直接写在代码中。程序开始处显示打开控制台设备作为 0 号文件,然后执行两次 dup(0)使得 1 号、2 号文件也是控制台设备,它们分别对应"标准输入""标准输出"和"标准出错"文件。也就

是说,后续的输入输出操作都对控制台的 I/O。后面我们会看到控制台的输入是键盘或串口,输出是 CGA 显卡或串口,如代码 6-8 所示。

代码 6-8 init.c

```
1.  //init: The initial user-level program
2.
3.  #include "types.h"
4.  #include "stat.h"
5.  #include "user.h"
6.  #include "fcntl.h"
7.
8.  char * argv[] = { "sh", 0 };
9.
10. int
11. main(void)
12. {
13.    int pid, wpid;
14.
15.    if(open("console", O_RDWR) < 0){      //打开控制台作为标准输入文件
16.      mknod("console", 1, 1);             //如果没有打开,则创建设备节点
17.      open("console", O_RDWR);
18.    }
19.    dup(0);   //stdout                    //将控制台作为标准输出文件
20.    dup(0);   //stderr                    //将控制台作为标准出错文件
21.
22.    for(;;){                              //init 将"反复"创建 sh 进程
23.      printf(1, "init: starting sh\n");
24.      pid = fork();
25.      if(pid < 0) {                       //无法创建子进程,退出系统
26.        printf(1, "init: fork failed\n");
27.        exit();
28.      }
29.      if(pid == 0) {                      //子进程将执行 sh 程序
30.        exec("sh", argv);
31.        printf(1, "init: exec sh failed\n");
32.        exit();
```

```
33.      }
34.      while((wpid=wait()) >= 0 && wpid != pid) //init 进程等待 sh 结束
35.        printf(1, "zombie!\n");
36.    }
37. }
```

从 init.c 的代码可以看出，init 进程是一个无限循环，创建 sh 进程并等待 sh 结束，如果 sh 进程结束，则 for 的下一次迭代会再次创建 sh。我们在 xv6 终端中用 Ctrl＋P 查看当前 sh 进程号为 2，用 kill 2 命令将 sh 进程撤销，将会看到 init 等待 sh 结束后打印的 "zombie!" 并执行 for 循环下一次迭代，打印出 "init：starting sh"，此时再用 Ctrl＋p 查看发现新的 sh 进程号是 4，如图 6-11 所示。

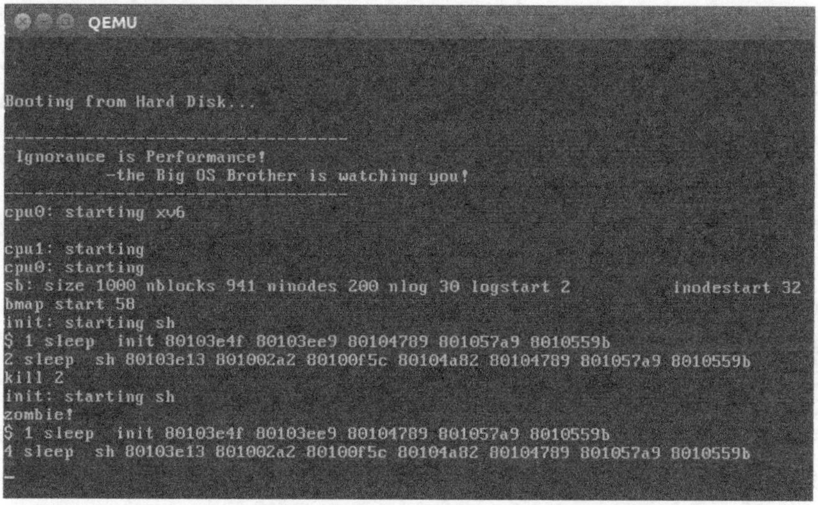

图 6-11　观察 init 进程"反复"创建 sh 进程的现象

6.3.3　sh.c

sh.c 是 xv6 的 shell 程序，它的主函数在第 145 行。xv6 的 shell 可以执行外部程序命令、重定向命令和管道命令。

首先打开三个标准文件：标准输入、标准输出和标准出错文件，其文件描述符分别为 0、1、2。但是其代码是先打开文件 0/1/2/3，然后再关闭文件 3，读者可以尝试修改一下避免无谓地打开 3 号文件。然后是一个循环，不断通过 getcmd() 读入命令行的命令并执行该命令，除了 cd 命令直接通过 chdir() 实现外，其他的命令（含内部命令）通过创建子进程去执行 runcmd(parsecmd(buf)) 而完成。

runcmd() 的参数是经过 parsecmd() 处理过程的命令,共有 5 种类型：EXEC、REDIR、PIPE、LIST 和 BACK。它们分别用 execcmd、redircmd、pipecmd、listcmd 和 backcmd 结构体来存储。runcmd() 主要任务就是根据命令的类型,进行分发处理。

- EXEC

EXEC 命令的处理主要是利用 exec() 系统调用完成,需要从传入命令中将外部程序名和命令行参数传递给 exec() 系统调用。

- REDIR

REDIR 型的命令需要先将标准输出/输出文件替换为指定文件之后,将修改后的命令(去除重定位信息)再次用 runcmd() 处理。

- PIPE

处理 PIPE 类型的命令时,首先要通过 pipe() 系统调用创建管道。然后创建两个更下一级的进程(孙辈进程),然后将一个进程的标准输出文件修改为管道的输出端,另一个进程的标准输入文件修改为管道的输入端。其中管道命令左端的命令通过 runcmd() 提交给第一个进程,管道右边的命令通过 runcmd() 提交给第二个进程。

- LIST

LIST 类型的命令行中出现多个命令列表,parsecmd() 将命令行分成两部分,第一个命令和剩余命令。创建一个子进程用于执行第一个命令,剩余部分将递归调用 runcmd() 自身,从而会逐次创建一个子进程来完成列表中的命令。

- BACK

BACK 属于后台命令,创建一个子进程并执行 runcmd() 完成该操作。但无需等待该子进程的结束,runcmd() 就直接返回,从而使得 shell 可以输出提示符等待新命令,shell 又出现在终端的前台。

虽然关于命令字符串的分析、重定向、管道、多命令列表等问题的处理有些繁杂,但是其最核心最重要的却是 exec()。

sh.c 的文件很长,如代码 6-9 所示,接近 500 行,但是大多数都与命令行格式处理有关,从第 259 行开始都是对命令行分析的代码。第 192～258 行的代码则是对命令封装的操作。这些代码虽然数量庞大,但是和操作系统关系并不紧密,感兴趣的读者可以自行阅读。

代码 6-9　sh.c

```
1.  //Shell
2.
```

```
3.  #include "types.h"
4.  #include "user.h"
5.  #include "fcntl.h"
6.
7.  //Parsed command representation
8.  #define EXEC  1
9.  #define REDIR 2
10. #define PIPE  3
11. #define LIST  4
12. #define BACK  5
13.
14. #define MAXARGS 10
15.
16. struct cmd {
17.    int type;
18. };
19.
20. struct execcmd {
21.    int type;
22.    char * argv[MAXARGS];
23.    char * eargv[MAXARGS];
24. };
25.
26. struct redircmd {
27.    int type;
28.    struct cmd * cmd;
29.    char * file;
30.    char * efile;
31.    int mode;
32.    int fd;
33. };
34.
35. struct pipecmd {
36.    int type;
37.    struct cmd * left;
38.    struct cmd * right;
39. };
```

```
40.
41. struct listcmd {
42.    int type;
43.    struct cmd * left;
44.    struct cmd * right;
45. };
46.
47. struct backcmd {
48.    int type;
49.    struct cmd * cmd;
50. };
51.
52. int fork1(void);                //Fork but panics on failure
53. void panic(char * );
54. struct cmd * parsecmd(char * );
55.
56. //Execute cmd.  Never returns
57. void
58. runcmd(struct cmd * cmd)
59. {
60.    int p[2];
61.    struct backcmd * bcmd;
62.    struct execcmd * ecmd;
63.    struct listcmd * lcmd;
64.    struct pipecmd * pcmd;
65.    struct redircmd * rcmd;
66.
67.    if(cmd == 0)
68.      exit();
69.
70.    switch(cmd->type){
71.    default:
72.      panic("runcmd");
73.
74.    case EXEC:
75.      ecmd = (struct execcmd * )cmd;
76.      if(ecmd->argv[0] == 0)
```

```
77.        exit();
78.        exec(ecmd->argv[0], ecmd->argv);
79.        printf(2, "exec %s failed\n", ecmd->argv[0]);
80.        break;
81.
82.    case REDIR:
83.        rcmd = (struct redircmd *) cmd;
84.        close(rcmd->fd);
85.        if(open(rcmd->file, rcmd->mode) < 0) {
86.          printf(2, "open %s failed\n", rcmd->file);
87.          exit();
88.        }
89.        runcmd(rcmd->cmd);
90.        break;
91.
92.    case LIST:
93.        lcmd = (struct listcmd *) cmd;
94.        if(fork1() == 0)
95.          runcmd(lcmd->left);
96.        wait();
97.        runcmd(lcmd->right);
98.        break;
99.
100.   case PIPE:
101.       pcmd = (struct pipecmd *) cmd;
102.       if(pipe(p) < 0)
103.         panic("pipe");
104.       if(fork1() == 0) {
105.         close(1);
106.         dup(p[1]);
107.         close(p[0]);
108.         close(p[1]);
109.         runcmd(pcmd->left);
110.       }
111.       if(fork1() == 0) {
112.         close(0);
113.         dup(p[0]);
```

```
114.        close(p[0]);
115.        close(p[1]);
116.        runcmd(pcmd->right);
117.      }
118.      close(p[0]);
119.      close(p[1]);
120.      wait();
121.      wait();
122.      break;
123.
124.    case BACK:
125.      bcmd = (struct backcmd *) cmd;
126.      if(fork1() == 0)
127.        runcmd(bcmd->cmd);
128.      break;
129.    }
130.    exit();
131. }
132.
133. int
134. getcmd(char * buf, int nbuf)
135. {
136.    printf(2, "$ ");
137.    memset(buf, 0, nbuf);
138.    gets(buf, nbuf);
139.    if(buf[0] == 0)                  //EOF
140.      return -1;
141.    return 0;
142. }
143.
144. int
145. main(void)
146. {
147.    static char buf[100];
148.    int fd;
149.
150.    //Ensure that three file descriptors are open
```

```
151.    while((fd = open("console", O_RDWR)) >= 0){
152.      if(fd >= 3){
153.        close(fd);
154.        break;
155.      }
156.    }
157.
158.    //Read and run input commands
159.    while(getcmd(buf, sizeof(buf)) >= 0){
160.      if(buf[0] == 'c' && buf[1] == 'd' && buf[2] == ' '){
161.        //Chdir must be called by the parent, not the child
162.        buf[strlen(buf)-1] = 0;    //chop \n
163.        if(chdir(buf+3) < 0)
164.          printf(2, "cannot cd %s\n", buf+3);
165.        continue;
166.      }
167.      if(fork1() == 0)
168.        runcmd(parsecmd(buf));
169.      wait();
170.    }
171.    exit();
172. }
173.
174. void
175. panic(char * s)
176. {
177.    printf(2, "%s\n", s);
178.    exit();
179. }
180.
181. int
182. fork1(void)
183. {
184.    int pid;
185.
186.    pid = fork();
187.    if(pid == -1)
```

```
188.     panic("fork");
189.   return pid;
190. }
191.
192. //PAGEBREAK!
193. //Constructors
194.
195. struct cmd*
196. execcmd(void)
197. {
198.   struct execcmd * cmd;
199.
200.   cmd = malloc(sizeof( * cmd));
201.   memset(cmd, 0, sizeof( * cmd));
202.   cmd->type = EXEC;
203.   return (struct cmd * )cmd;
204. }
205.
206. struct cmd*
207. redircmd(struct cmd * subcmd, char * file, char * efile, int mode, int fd)
208. {
209.   struct redircmd * cmd;
210.
211.   cmd = malloc(sizeof( * cmd));
212.   memset(cmd, 0, sizeof( * cmd));
213.   cmd->type = REDIR;
214.   cmd->cmd = subcmd;
215.   cmd->file = file;
216.   cmd->efile = efile;
217.   cmd->mode = mode;
218.   cmd->fd = fd;
219.   return (struct cmd * )cmd;
220. }
221.
222. struct cmd*
223. pipecmd(struct cmd * left, struct cmd * right)
224. {
```

```
225.    struct pipecmd * cmd;
226.
227.    cmd = malloc(sizeof(*cmd));
228.    memset(cmd, 0, sizeof(*cmd));
229.    cmd->type = PIPE;
230.    cmd->left = left;
231.    cmd->right = right;
232.    return (struct cmd*)cmd;
233. }
234.
235. struct cmd*
236. listcmd(struct cmd * left, struct cmd * right)
237. {
238.    struct listcmd * cmd;
239.
240.    cmd = malloc(sizeof(*cmd));
241.    memset(cmd, 0, sizeof(*cmd));
242.    cmd->type = LIST;
243.    cmd->left = left;
244.    cmd->right = right;
245.    return (struct cmd*)cmd;
246. }
247.
248. struct cmd*
249. backcmd(struct cmd * subcmd)
250. {
251.    struct backcmd * cmd;
252.
253.    cmd = malloc(sizeof(*cmd));
254.    memset(cmd, 0, sizeof(*cmd));
255.    cmd->type = BACK;
256.    cmd->cmd = subcmd;
257.    return (struct cmd*)cmd;
258. }
259. //PAGEBREAK!
260. //Parsing
261.
```

```
262. char whitespace[] = " \t\r\n\v";
263. char symbols[] = "<|>&;()";
264.
265. int
266. gettoken(char **ps, char * es, char **q, char **eq)
267. {
268.    char * s;
269.    int ret;
270.
271.    s = * ps;
272.    while(s < es && strchr(whitespace, * s))
273.      s++;
274.    if(q)
275.      * q = s;
276.    ret = * s;
277.    switch( * s){
278.    case 0:
279.      break;
280.    case '|':
281.    case '(':
282.    case ')':
283.    case ';':
284.    case '&':
285.    case '<':
286.      s++;
287.      break;
288.    case '>':
289.      s++;
290.      if( * s == '>'){
291.        ret = '+';
292.        s++;
293.      }
294.      break;
295.    default:
296.      ret = 'a';
297.      while(s < es && !strchr(whitespace, * s) && !strchr(symbols, * s))
298.        s++;
```

```
299.       break;
300.     }
301.     if(eq)
302.       * eq = s;
303.
304.     while(s < es && strchr(whitespace, * s))
305.       s++;
306.     * ps = s;
307.     return ret;
308. }
309.
310. int
311. peek(char **ps, char * es, char * toks)
312. {
313.     char * s;
314.
315.     s = * ps;
316.     while(s < es && strchr(whitespace, * s))
317.       s++;
318.     * ps = s;
319.     return * s && strchr(toks, * s);
320. }
321.
322. struct cmd * parseline(char**, char * );
323. struct cmd * parsepipe(char**, char * );
324. struct cmd * parseexec(char**, char * );
325. struct cmd * nulterminate(struct cmd * );
326.
327. struct cmd *
328. parsecmd(char * s)
329. {
330.     char * es;
331.     struct cmd * cmd;
332.
333.     es = s + strlen(s);
334.     cmd = parseline(&s, es);
335.     peek(&s, es, "");
```

```
336.    if(s != es){
337.      printf(2, "leftovers: %s\n", s);
338.      panic("syntax");
339.    }
340.    nulterminate(cmd);
341.    return cmd;
342. }
343.
344. struct cmd *
345. parseline(char **ps, char * es)
346. {
347.    struct cmd * cmd;
348.
349.    cmd = parsepipe(ps, es);
350.    while(peek(ps, es, "&")){
351.      gettoken(ps, es, 0, 0);
352.      cmd = backcmd(cmd);
353.    }
354.    if(peek(ps, es, ";")){
355.      gettoken(ps, es, 0, 0);
356.      cmd = listcmd(cmd, parseline(ps, es));
357.    }
358.    return cmd;
359. }
360.
361. struct cmd *
362. parsepipe(char **ps, char * es)
363. {
364.    struct cmd * cmd;
365.
366.    cmd = parseexec(ps, es);
367.    if(peek(ps, es, "|")){
368.      gettoken(ps, es, 0, 0);
369.      cmd = pipecmd(cmd, parsepipe(ps, es));
370.    }
371.    return cmd;
372. }
```

```
373.
374. struct cmd *
375. parseredirs(struct cmd * cmd, char **ps, char * es)
376. {
377.    int tok;
378.    char * q, * eq;
379.
380.    while(peek(ps, es, "<>")){
381.      tok = gettoken(ps, es, 0, 0);
382.      if(gettoken(ps, es, &q, &eq) != 'a')
383.        panic("missing file for redirection");
384.      switch(tok){
385.      case '<':
386.        cmd = redircmd(cmd, q, eq, O_RDONLY, 0);
387.        break;
388.      case '>':
389.        cmd = redircmd(cmd, q, eq, O_WRONLY|O_CREATE, 1);
390.        break;
391.      case '+':                    //>>
392.        cmd = redircmd(cmd, q, eq, O_WRONLY|O_CREATE, 1);
393.        break;
394.      }
395.    }
396.    return cmd;
397. }
398.
399. struct cmd *
400. parseblock(char **ps, char * es)
401. {
402.    struct cmd * cmd;
403.
404.    if(!peek(ps, es, "("))
405.      panic("parseblock");
406.    gettoken(ps, es, 0, 0);
407.    cmd = parseline(ps, es);
408.    if(!peek(ps, es, ")"))
409.      panic("syntax - missing )");
```

```
410.    gettoken(ps, es, 0, 0);
411.    cmd = parseredirs(cmd, ps, es);
412.    return cmd;
413. }
414.
415. struct cmd *
416. parseexec(char **ps, char * es)
417. {
418.    char * q, * eq;
419.    int tok, argc;
420.    struct execcmd * cmd;
421.    struct cmd * ret;
422.
423.    if(peek(ps, es, "("))
424.      return parseblock(ps, es);
425.
426.    ret = execcmd();
427.    cmd = (struct execcmd * )ret;
428.
429.    argc = 0;
430.    ret = parseredirs(ret, ps, es);
431.    while(!peek(ps, es, "|)&;")){
432.      if((tok=gettoken(ps, es, &q, &eq)) == 0)
433.        break;
434.      if(tok != 'a')
435.        panic("syntax");
436.      cmd->argv[argc] = q;
437.      cmd->eargv[argc] = eq;
438.      argc++;
439.      if(argc >= MAXARGS)
440.        panic("too many args");
441.      ret = parseredirs(ret, ps, es);
442.    }
443.    cmd->argv[argc] = 0;
444.    cmd->eargv[argc] = 0;
445.    return ret;
446. }
```

```
447.
448. //NUL-terminate all the counted strings
449. struct cmd*
450. nulterminate(struct cmd * cmd)
451. {
452.    int i;
453.    struct backcmd * bcmd;
454.    struct execcmd * ecmd;
455.    struct listcmd * lcmd;
456.    struct pipecmd * pcmd;
457.    struct redircmd * rcmd;
458.
459.    if(cmd == 0)
460.      return 0;
461.
462.    switch(cmd->type){
463.    case EXEC:
464.      ecmd = (struct execcmd * )cmd;
465.      for(i=0; ecmd->argv[i]; i++)
466.        * ecmd->eargv[i] = 0;
467.      break;
468.
469.    case REDIR:
470.      rcmd = (struct redircmd * )cmd;
471.      nulterminate(rcmd->cmd);
472.      * rcmd->efile = 0;
473.      break;
474.
475.    case PIPE:
476.      pcmd = (struct pipecmd * )cmd;
477.      nulterminate(pcmd->left);
478.      nulterminate(pcmd->right);
479.      break;
480.
481.    case LIST:
482.      lcmd = (struct listcmd * )cmd;
483.      nulterminate(lcmd->left);
```

```
484.      nulterminate(lcmd->right);
485.      break;
486.
487.    case BACK:
488.      bcmd = (struct backcmd * ) cmd;
489.      nulterminate(bcmd->cmd);
490.      break;
491.    }
492.    return cmd;
493. }
```

6.3.4　xv6 测试（usertests.c）

　　usertests.c 源代码用于测试 xv6 的基本功能,涵盖进程管理、内存管理和文件管理等方面,可以作为 xv6 系统编程的典范,通过分析这些测试代码可以了解系统的运行概貌。usertests.c 大约有 1800 行源代码,请读者根据需要自行阅读,这里只给出 main()代码,其余函数就不再展开详细讨论了,如代码 6-10 所示。

代码 6-10　usertests.c 的 main()函数

```
1735. int
1736. main(int argc, char * argv[])
1737. {
1738.   printf(1, "usertests starting\n");
1739.
1740.   if(open("usertests.ran", 0) >= 0){ //由于测试过程比较耗时,已测试过则不再次测试
1741.     printf(1, "already ran user tests -- rebuild fs.img\n");
1742.     exit();
1743.   }
1744.   close(open("usertests.ran", O_CREATE));
1745.
1746.   createdelete();
1747.   linkunlink();
1748.   concreate();
1749.   fourfiles();
1750.   sharedfd();
1751.
```

```
1752.    bigargtest();
1753.    bigwrite();
1754.    bigargtest();
1755.    bsstest();
1756.    sbrktest();
1757.    validatetest();
1758.
1759.    opentest();
1760.    writetest();
1761.    writetest1();
1762.    createtest();
1763.
1764.    openiputtest();
1765.    exitiputtest();
1766.    iputtest();
1767.
1768.    mem();
1769.    pipe1();
1770.    preempt();
1771.    exitwait();
1772.
1773.    rmdot();
1774.    fourteen();
1775.    bigfile();
1776.    subdir();
1777.    linktest();
1778.    unlinkread();
1779.    dirfile();
1780.    iref();
1781.    forktest();
1782.    bigdir(); //slow
1783.
1784.    uio();
1785.
1786.    exectest();
1787.
1788.    exit();
1789. }
```

6.3.5 用户进程的 ELF

从 ELF 文件可以看出 ls 程序从 0 地址开始运行代码，这与 Linux 上的可执行文件并不相同，如屏显 6-2 所示。

屏显 6-2 _ls 的 ELF 文件头信息

```
lqm@lqm-VirtualBox:~/xv6-public-xv6-rev9$ readelf -h _ls
ELF 头:
  Magic:   7f 45 4c 46 01 01 01 00 00 00 00 00 00 00 00 00
  类别:                               ELF32
  数据:                               2 补码,小端序 (little endian)
  版本:                               1 (current)
  OS/ABI:                             UNIX - System V
  ABI 版本:                           0
  类型:                               EXEC (可执行文件)
  系统架构:                           Intel 80386
  版本:                               0x1
  入口点地址:                         0x0
  程序头起点:                         52(bytes into file)
  Start of section headers:          13952 (bytes into file)
  标志:             0x0
  本头的大小:       52 (字节)
  程序头大小:       32 (字节)
  Number of program headers:         2
  节头大小:         40 (字节)
  节头数量:         16
  字符串表索引节头: 13
lqm@lqm-VirtualBox:~/xv6-public-xv6-rev9$
```

从屏显 6-3 可以看出，sh 可执行文件只有一个 ELF 段需要装入，而且代码和数据合并在一个段，因此其属性必须是可读 R、可写 W 和可执行 E。查看 ls 程序的 ELF 文件，可以发现该程序没有.data 节，也就是说没有可以读写的全局变量。

屏显 6-3 _sh 可执行文件的"段"

```
lqm@lqm-VirtualBox:~/xv6-public-xv6-rev9$ readelf -l _sh
```

```
Elf 文件类型为 EXEC (可执行文件)
入口点 0x0
共有 2 个程序头,开始于偏移量 52

程序头:
  Type           Offset     VirtAddr     PhysAddr     FileSiz   MemSiz   Flg  Align
  LOAD           0x000080   0x00000000   0x00000000   0x0183e   0x018b0  RWE  0x20
  GNU_STACK      0x000000   0x00000000   0x00000000   0x00000   0x00000  RWE  0x10

 Section to Segment mapping:
 段节...
  00      .text .rodata .eh_frame .data .bss
  01
lqm@lqm-VirtualBox:~/xv6-public-xv6-rev9$
```

6.3.6　ULIB 库

xv6 没有实现 C 语言标准库,因此也不能使用相应的头文件,但是它实现了一个最基本的用户态库 ULIB。Makefile 中关于 ULIB 生成规则为"ULIB = ulib.o usys.o printf.o umalloc.o",包含了基本的打印输出、系统调用的用户态函数等。严格来说 ULIB 并不是库(例如 UNIX/Linux 中的 *.a 或 *.so),它只是若干函数组成的可重定位目标文件,最终通过静态链接进 xv6 的可执行文件中。

1. umalloc.c(用户态内存管理)

xv6 和 Linux 一样,进程发出的内存分配和释放请求,先经过用户态库的中间层,必要时再向操作系统发送请求。Linux 的相关功能 malloc/free 系列函数位于 C 语言库,而 xv6 的这个中间层由 umalloc.c 提供的 malloc()和 free()来支撑。

xv6 用户态发出的各个内存分配请求,都使用一个 header 联合体来管理,具体包括起点指针和空间大小。而 header 联合体是直接嵌入在内存空闲区内部的。因此用户态的内存分配并不是以任意字节大小进行分配,而是按照 sizeof(header)的整数倍进行分配,代码 6-11 中 malloc()的"nunits = (nbytes + sizeof(Header) −1)/sizeof(Header) + 1"就是为了求得规整后的长度,以 header 大小计算的长度 nunits。

全局变量 base 和 * freep 用于管理这些用户态的内存区。

进程首次执行 malloc()时,free 为空,因此执行代码 6-11 的第 71～73 行代码,对 * free 和 base 进行初始化。在分配出去之后,可用空间的起点应该要刨除 sizeof(Header)之后的位置,同理回收的时候给出的地址指针要回退 sizeof(Header)才能获得 Header 的位置。分配过程是在空闲区的链表中扫描,找到合适的空闲区,并修改链表。如果扫描后未能发现足够大的空间,则使用 morecore()对堆进行扩展,最终将调用 sbrk()系统调用。

代码 6-11　umalloc.c

```
1.  #include "types.h"
2.  #include "stat.h"
3.  #include "user.h"
4.  #include "param.h"
5.
6.  //Memory allocator by Kernighan and Ritchie,
7.  //The C programming Language, 2nd ed.  Section 8.7
8.
9.  typedef long Align;
10.
11. union header {
12.   struct {
13.     union header * ptr;
14.     uint size;
15.   } s;
16.   Align x;
17. };
18.
19. typedef union header Header;
20.
21. static Header base;
22. static Header * freep;
23.
24. void
25. free(void * ap)
26. {
27.   Header * bp, * p;
28.
29.   bp = (Header *) ap - 1;              //从空闲地址回退,从而包含 header 的空间
30.   for(p = freep; !(bp > p && bp < p->s.ptr); p = p->s.ptr)
31.     if(p >= p->s.ptr && (bp > p || bp < p->s.ptr))
32.       break;
```

```
33.    if(bp + bp->s.size == p->s.ptr){
34.      bp->s.size += p->s.ptr->s.size;
35.      bp->s.ptr = p->s.ptr->s.ptr;
36.    } else
37.      bp->s.ptr = p->s.ptr;
38.    if(p + p->s.size == bp){
39.      p->s.size += bp->s.size;
40.      p->s.ptr = bp->s.ptr;
41.    } else
42.      p->s.ptr = bp;
43.    freep = p;
44. }
45.
46. static Header *
47. morecore(uint nu)                    //利用 sbrk()分配新的空间
48. {
49.    char * p;
50.    Header * hp;
51.
52.    if(nu < 4096)
53.      nu = 4096;
54.    p = sbrk(nu * sizeof(Header));
55.    if(p == (char*)-1)
56.      return 0;
57.    hp = (Header*)p;
58.    hp->s.size = nu;
59.    free((void*)(hp + 1));
60.    return freep;
61. }
62.
63. void*
64. malloc(uint nbytes)
65. {
66.    Header * p, * prevp;
67.    uint nunits;
68.
69.    nunits = (nbytes + sizeof(Header) - 1)/sizeof(Header) + 1;
```

```
70.    if((prevp = freep) == 0){
71.      base.s.ptr = freep = prevp = &base;
72.      base.s.size = 0;
73.    }
74.    for(p = prevp->s.ptr; ; prevp = p, p = p->s.ptr){
75.      if(p->s.size >= nunits){
76.        if(p->s.size == nunits)    //空闲块大小正好等于 size,该 header 自动消失
77.          prevp->s.ptr = p->s.ptr;
78.        else {
79.          p->s.size -= nunits;     //当面空闲块大小缩小 (这其实是多余的操作)
80.          p += p->s.size;          //该 header 的指针移动到空闲区的新起点位置
81.          p->s.size = nunits;      //设置新空闲块的 header->size 成员
82.        }
83.        freep = prevp;             //freep 向前移动,形成循环首次适应分配法
84.        return (void*)(p + 1);     //可用的空间,要去掉 header
85.      }
86.      if(p == freep)               //遍历一遍后,又回到开头,说明没有足够大的空闲区
87.        if((p = morecore(nunits)) == 0)   //只好向系统要求分配新的空间,以 sbrk()进
                                             行扩展
88.          return 0;                //无法扩展则返回 0 表示失败,否则进入下一次扫描
89.    }
90. }
```

2. usys.s

用户态代码在进行系统调用时要通过 ulib 库中的代码,它们通过 usys.S(见代码 7-9)经过变异后生成的 usys.o 链接到 ulib.o 的。usys.S 中定义了用户代码调用 fork()、open()、read()等系统调用的 C 函数入口,这些入口函数内部将进一步使用 int 汇编指令通过软中断机制进入内核的系统调用处理函数。

3. ulib.c

ulib.c 是一些通用函数,例如内存复制、字符串比较等操作。如果读者需要为 xv6 代码进行增强,那么一些比较通用的函数可以放到这个文件中并进入到 ulib.o,或者放到独立的 C 文件中最终进入到 ULIB 对象中。

```
1.  #include "types.h"
2.  #include "stat.h"
```

```
3.   #include "fcntl.h"
4.   #include "user.h"
5.   #include "x86.h"
6.
7.   char *
8.   strcpy(char * s, char * t)              //字符串复制
9.   {
10.     char * os;
11.
12.     os = s;
13.     while((* s++ = * t++) != 0)
14.       ;
15.     return os;
16.   }
17.
18.  int
19.  strcmp(const char * p, const char * q)     //字符串比较
20.  {
21.     while(* p && * p == * q)
22.       p++, q++;
23.     return (uchar) * p - (uchar) * q;
24.  }
25.
26.  uint
27.  strlen(char * s)                        //字符串长度计算
28.  {
29.     int n;
30.
31.     for(n = 0; s[n]; n++)
32.       ;
33.     return n;
34.  }
35.
36.  void *
37.  memset(void * dst, int c, uint n)         //用特定数值填充指定的内存区间
38.  {
39.     stosb(dst, c, n);
```

```
40.    return dst;
41. }
42.
43. char *
44. strchr(const char * s, char c)                  //在字符串中定位字符 c 所在位置(指针)
45. {
46.    for(; * s; s++)
47.      if( * s == c)
48.         return (char * ) s;
49.    return 0;
50. }
51.
52. char *
53. gets(char * buf, int max)                       //从终端读入一个字符
54. {
55.    int i, cc;
56.    char c;
57.
58.    for(i=0; i+1 < max; ) {
59.      cc = read(0, &c, 1);
60.      if(cc < 1)
61.        break;
62.      buf[i++] = c;
63.      if(c == '\n' || c == '\r')
64.        break;
65.    }
66.    buf[i] = '\0';
67.    return buf;
68. }
69.
70. int
71. stat(char * n, struct stat * st)                 //查看文件基本信息
72. {
73.    int fd;
74.    int r;
75.
76.    fd = open(n, O_RDONLY);
```

```
77.    if(fd < 0)
78.      return -1;
79.    r = fstat(fd, st);
80.    close(fd);
81.    return r;
82.  }
83.
84.  int
85.  atoi(const char * s)                    //字符串转换成10进制整数
86.  {
87.    int n;
88.
89.    n = 0;
90.    while('0' <= * s && * s <= '9')
91.      n = n * 10 + * s++ - '0';
92.    return n;
93.  }
94.
95.  void *
96.  memmove(void * vdst, void * vsrc, int n)    //内存数据区的复制
97.  {
98.    char * dst, * src;
99.
100.   dst = vdst;
101.   src = vsrc;
102.   while(n-- > 0)
103.     * dst++ = * src++;
104.   return vdst;
105. }
```

4. printf.c

这是用户态代码调用的打印函数,注意与内核代码使用的 cprintf()、panic()等函数相区分。用户态输出代码的核心是 putc()函数,它可以向文件(例如控制台的显示器)中写入一个字节,其他输出函数建立在 putc()之上,各输出函数间的依赖关系如图 6-12 所示。

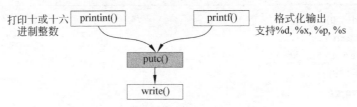

图 6-12　用户态屏幕打印输出函数间

代码 6-12　printf.c

```
1.  #include "types.h"
2.  #include "stat.h"
3.  #include "user.h"
4.
5.  static void
6.  putc(int fd, char c)
7.  {
8.     write(fd, &c, 1);
9.  }
10.
11. static void
12. printint(int fd, int xx, int base, int sgn)    //将整数生成十或十六进制数字的字
                                                     符串,并逐个字符打印
13. {
14.    static char digits[] = "0123456789ABCDEF";
15.    char buf[16];
16.    int i, neg;
17.    uint x;                                       //待打印整数的绝对值
18.
19.    neg = 0;
20.    if(sgn && xx < 0){
21.      neg = 1;
22.      x = -xx;
23.    } else {
24.      x = xx;
25.    }
26.
```

```
27.    i = 0;
28.    do{
29.      buf[i++] = digits[x % base];
30.    }while((x /= base) != 0);                //从整数的低位到高位,逐个转换成字符
31.    if(neg)
32.      buf[i++] = '-';
33.
34.    while(--i >= 0)                          //从高位向低位,逐个字符打印
35.      putc(fd, buf[i]);
36. }
37.
38. //Print to the given fd. Only understands %d, %x, %p, %s
39. void
40. printf(int fd, char * fmt, ...)
41. {
42.    char * s;
43.    int c, i, state;
44.    uint * ap;
45.
46.    state = 0;
47.    ap = (uint *)(void *)&fmt + 1;
48.    for(i = 0; fmt[i]; i++){
49.      c = fmt[i] & 0xff;
50.      if(state == 0){
51.        if(c == '%'){
52.          state = '%';
53.        } else {
54.          putc(fd, c);
55.        }
56.      } else if(state == '%'){
57.        if(c == 'd'){
58.          printint(fd, * ap, 10, 1);
59.          ap++;
60.        } else if(c == 'x' || c == 'p'){
61.          printint(fd, * ap, 16, 0);
62.          ap++;
```

```
63.        } else if(c == 's'){                    //字符串格式,直接逐个字符输出
64.          s = (char *) * ap;
65.          ap++;
66.          if(s == 0)
67.            s = "(null)";
68.          while( * s != 0){
69.            putc(fd, * s);
70.            s++;
71.          }
72.        } else if(c == 'c'){                     //单个字符
73.          putc(fd, * ap);
74.          ap++;
75.        } else if(c == '%'){
76.          putc(fd, c);
77.        } else {
78.          //Unknown % sequence.  Print it to draw attention.
79.          putc(fd, '%');
80.          putc(fd, c);
81.        }
82.        state = 0;
83.      }
84.    }
85. }
```

6.4　本章小结

　　这一章我们主要学习了 xv6 的进程管理和调度。其中进程的组织管理和调度算法的实现比较简单,进程的睡眠、唤醒以及内核同步等问题也不算复杂。但是如果涉及进程映像的操作,例如进程创建、fork 和 exec 系统调用等操作,则略显复杂,读者最好能补充一点 ELF 文件格式的知识。至于进程切换的细节则更难以理解,读者需要结合一些硬件知识才能融会贯通。

练习

　　1. 编写应用程序,验证最大堆栈容量;修改代码,将堆栈和代码区之间的隔离页去除,并尝试利用缓冲区溢出方式来使得进程崩溃。

　　2. 编写应用程序,尝试访问内核区间的数据,观测结果并给出解释。

　　3. 修改 init 进程,提供简单的登录密码认证。

　　4. 分析 xv6 代码,尝试推测应用程序的 main() 返回以后发生什么,并给出实验验证。

第 7 章

中断/异常/系统调用

　　操作系统为用户进程管理资源,用户进程会请求运行、分配内存、打开文件等。这些都是用户进程需要执行的操作,因涉及系统资源而将它们归入到内核代码中,并通过系统调用得以执行,代表用户进程在内核态执行。这部分由"用户进程"调用的代码,是代表用户进程行为(内核行为)的代码,构成了 xv6 中所有系统调用的各种 sys_XXX 代码。另外还有 xv6 操作系统"自主"执行的主动代码,其主要就是各种初始化代码(一过性的执行)和周期性执行的 scheduler()等。而 Linux 自主操作要复杂得多,还有页面清洗与回收、磁盘 I/O 刷出等操作。

　　此时读者应该理清两者角色之间的差异,并大致形成如图 7-1 所示"自主运行"与"被动调用"呈现分离状态的认知,在阅读 xv6 源代码时也要注意区分。

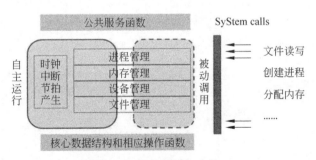

图 7-1　系统调用与内核

　　本章只讨论系统调用的基本框架,因为各种系统调用的实现代码属于进程控制、内存管理等不同的模块,它们都有各自专门的章节。除了系统调用以外,异常和外设中断的处理过程也是相似的,因此下面将三者一起讨论。除非需要区分三者的差异,否则都共同使用"中断"一词指代这三个概念。

7.1　中断及其处理

外设中断、异常事件和系统调用的处理,在 x86 中以统一的硬件流程处理,因此 xv6 也采用统一的软件处理流程。

7.1.1　中断整体描述

中断的处理流程如下:发生中断事件触发硬件进行响应,当前进程的执行流被暂停 (执行现场被保存);然后根据中断事件类型进入到不同的代码中进行处理;事件处理完毕后,返回到被暂停的进程,恢复其执行现场。

1. 中断的进入

x86 处理器利用 IDT 表,将"外部事件或异常事件"和相应的处理代码联系起来。IDT 表共有 256 项,一部分是与确定事件(除 0、非法指令等异常)相关联,它们占据了 0～31 项,剩余的表项可以自由使用。xv6 将 32～63 项共 32 个表项与 32 个硬件外设中断相关联,其中第 64 项与系统调用的 INT 指令相关联。

IDT 表中的每一项都指向相关联的处理代码入口,这些入口处理代码只是简单地往内核栈中压入中断事件编号,转入公共处理代码的入口处,然后再根据事件编号进行区别处理。IDT 表的内容依据中断向量表 vectors[]数组而填写,其关系如图 7-2 所示。所谓中断向量,就是相应的处理代码的入口地址。IDT 表可以简单认为是入口地址表,但其还有更复杂的控制功能,例如运行级别等等。

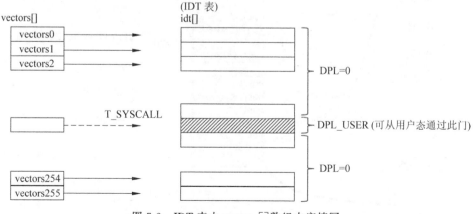

图 7-2　IDT 表由 vectors[]数组内容填写

IDT、vectors[]和相应的处理代码的关系可以进一步用图 7-3 表示。可以看到不同的中断/异常事件发生后，硬件根据 IDT 表跳转到 vector.S 中的入口代码，vector0/1/2…255 中某一个代码片段，伴随跳转过程还可能提升运行级别（例如从用户态 ring3 提升到内核态 ring0）。这些代码往内核栈的 trapframe 中压入事件的识别编号（中断编号），然后跳转到公共入口的 alltraps 处（代码 7-1）。alltraps 保存一些寄存器现场从而建立起完整的 trapframe 结构，切换启用内核数据段和 per-CPU 段（代码段的切换由中断入口时硬件根据 IDT 表自动切换），然后进一步调用 trap()。此时 trap() 可以根据 trapframe 中压入的中断编号选择执行不同代码，例如系统调用的 syscall()、键盘中断的 kbdintr() 等等。

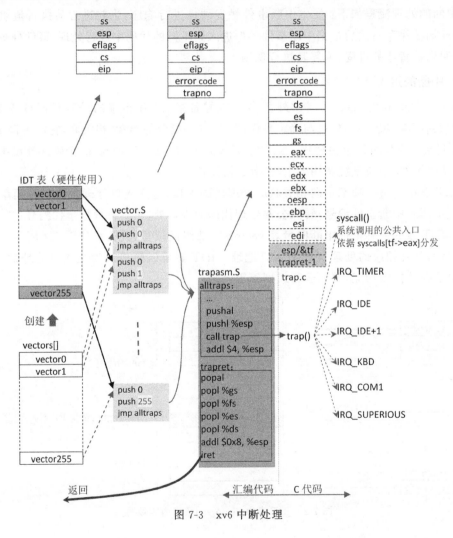

图 7-3　xv6 中断处理

读者回想一下图 4-1 的 trapframe 结构,当时可能无法理解其中的标注。此时已经完全可以将帧内各个部分和标注上提到代码联系起来,特别需要关注其中的硬件自动压入部分以及 trapno。

■ **trapasm.S**

中断的公共入口代码 alltraps 和公共返回代码 trapret 都在 trapasm.S 中以汇编形式实现,如代码 7-1 所示。前面已经讨论过 alltraps 公共入口,后面将会讨论 trapret 开始的公共返回代码。

代码 7-1　trapasm.S

```
1.  #include "mmu.h"
2.
3.     #vectors.S sends all traps here
4.  .globl alltraps
5.  alltraps:                        //公共入口,以 TF 中的 trapno 相互区分
6.     #Build trap frame
7.     pushl %ds
8.     pushl %es
9.     pushl %fs
10.    pushl %gs
11.    pushal                        //涉及 EAX,EBX,ECX,EDX,ESP,EBP,ESI,EDI
12.
13.    #Set up data and per-cpu segments
14.    movw $(SEG_KDATA<<3), %ax      //ds、es 都使用内核数据段 SEG_KDATA
15.    movw %ax, %ds
16.    movw %ax, %es
17.    movw $(SEG_KCPU<<3), %ax       //fs、gs 都使用 per-CPU 段 SEG_KCPU
18.    movw %ax, %fs
19.    movw %ax, %gs
20.
21.    #Call trap(tf), where tf=%esp
22.    pushl %esp                     //堆栈传递的参数 trapframe 起点,给 trap()
23.    call trap                      //(C 语言)公共入口 trap()
24.    addl $4, %esp                  //从"call trap"返回,丢弃刚才传给 trap 的参数
25.
26.    #Return falls through to trapret...
27. .globl trapret
```

```
28. trapret:                        //公共的返回代码,无论中断、系统调用都一样
29.    popal
30.    popl %gs
31.    popl %fs
32.    popl %es
33.    popl %ds
34.    addl $0x8, %esp  #trapno and errcode  //已经撤销全部 trap frame
35.    iret                         //如果中断返回到用户态断点,将伴随用户态栈切换
```

■ **trap.c**

trap.c 中定义了三个中断处理函数:

(1) 其中 trap()函数在前面已经提到过,它将根据中断事件编号作不同的处理。需要注意的是:对于前 32 个 trapno 编号没有相应的处理入口,也就是说 xv6 暂时没有处理异常的功能;

(2) tvint() 将利用中断向量表 vectors[]数组,填写硬件使用的 IDT 表,其表项是一个"中断门"描述符,使用 SETGATE 宏创建,该函数在处理器核启动时由 main()->tvinit()调用;

(3) idtinit()用于将该表装入到 IDTR 从而生效,该操作在处理器核启动时由 main()->mpmain()->idtinit()调用,也就是说在处理器准备好所有环境后才启动中断,开始正常运作。

trap()函数(代码 7-2 的第 37 行)首先判断 tf->trapno 是否为系统调用 T_SYSCALL,如果是则转到 syscall()(参见代码 7-7 的第 126 行)。回顾前面 trapframe 生成结束后将 esp 压入堆栈,因此相当于是把 trapframe 起始地址作为 trap()函数的参数(x86 C 语言函数的参数传递规范)。这就是为什么 trap()函数可以用 tf 作为 struct trapframe 并访问到系统调用号的原因。

如果中断是硬件引起的,则调用相应的硬件中断处理函数。否则,xv6 认为是发生了错误的操作(例如除以 0 的操作),此时如果是用户态代码引起的,则将当前进程 cp->killed 标志置位(将会被撤销),否则是内核态代码引起的,只能执行 panic()给出警告提示。

对于每个外设的中断,在调用相应的处理函数(例如磁盘的 ideintr())之后,还需要执行 lapiceoi()向 lapic 芯片通知中断处理已经完成,这些硬件细节将在后面第 9 章讨论。

代码 7-2　trap.c

```
1.  #include "types.h"
2.  #include "defs.h"
3.  #include "param.h"
4.  #include "memlayout.h"
5.  #include "mmu.h"
6.  #include "proc.h"
7.  #include "x86.h"
8.  #include "traps.h"
9.  #include "spinlock.h"
10.
11. //Interrupt descriptor table (shared by all CPUs)
12. struct gatedesc idt[256];          //gatedesc结构体定义参见代码 5-3 的第 197 行
13. extern uint vectors[];             //in vectors.S: array of 256 entry pointers
14. struct spinlock tickslock;
15. uint ticks;
16.
17. void
18. tvinit(void)
19. {
20.     int i;
21.
22.     for(i = 0; i < 256; i++)        //将 vectors[]中的地址转换成"门"填写到 idt[]
23.       SETGATE(idt[i], 0, SEG_KCODE<<3, vectors[i], 0);  //参见代码 5-3 的第 217 行
24.     SETGATE(idt[T_SYSCALL], 1, SEG_KCODE<<3, vectors[T_SYSCALL], DPL_USER);
25.                                     //系统门可以从 DPL_USER 用户态通过
26.     initlock(&tickslock, "time");
27. }
28.
29. void
30. idtinit(void)
31. {
32.     lidt(idt, sizeof(idt));         //将 idt 装入 IDTR,生效
33. }
34.
35. //PAGEBREAK: 41
36. void
```

```
37. trap(struct trapframe * tf)
38. {
39.    if(tf->trapno == T_SYSCALL) {          //如果是系统调用 T_SYSCALL
40.      if(proc->killed)                      //killed 的进程不能发系统调用
41.        exit();
42.      proc->tf = tf;                        //本进程记录 trapframe
43.      syscall();                            //进入系统调用的公共入口
44.      if(proc->killed)
45.        exit();
46.      return;
47.    }
48. //前 32 个没有相应的处理入口,也就是说 xv6 暂时没有处理异常的能力
49.    switch(tf->trapno){                     //非系统调用的其他中断
50.    case T_IRQ0 + IRQ_TIMER:
51.      if(cpunum() == 0){
52.        acquire(&tickslock);
53.        ticks++;
54.        wakeup(&ticks);
55.        release(&tickslock);
56.      }
57.      lapiceoi();
58.      break;
59.    case T_IRQ0 + IRQ_IDE:
60.      ideintr();
61.      lapiceoi();
62.      break;
63.    case T_IRQ0 + IRQ_IDE+1:
64.      //Bochs generates spurious IDE1 interrupts
65.      break;
66.    case T_IRQ0 + IRQ_KBD:
67.      kbdintr();
68.      lapiceoi();
69.      break;
70.    case T_IRQ0 + IRQ_COM1:
71.      uartintr();
72.      lapiceoi();
73.      break;
```

```
74.    case T_IRQ0 + 7:
75.    case T_IRQ0 + IRQ_SPURIOUS:
76.      cprintf("cpu%d: spurious interrupt at %x:%x\n",
77.              cpunum(), tf->cs, tf->eip);
78.      lapiceoi();
79.      break;
80.
81.    //PAGEBREAK: 13
82.    default:
83.      if(proc == 0 || (tf->cs&3) == 0){
84.        //In kernel, it must be our mistake
85.        cprintf("unexpected trap %d from cpu %d eip %x (cr2=0x%x)\n",
86.                tf->trapno, cpunum(), tf->eip, rcr2());
87.        panic("trap");
88.      }
89.      //In user space, assume process misbehaved
90.      cprintf("pid %d %s: trap %d err %d on cpu %d "
91.              "eip 0x%x addr 0x%x--kill proc\n",
92.              proc->pid, proc->name, tf->trapno, tf->err, cpunum(), tf->eip,
93.              rcr2());
94.      proc->killed = 1;
95.    }
96.
97.    //Force process exit if it has been killed and is in user space
98.    //(If it is still executing in the kernel, let it keep running
99.    //until it gets to the regular system call return.)
100.   if(proc && proc->killed && (tf->cs&3) == DPL_USER)
101.     exit();
102.
103.   //Force process to give up CPU on clock tick   //时间片结束,切换进程
104.   //If interrupts were on while locks held, would need to check nlock
105.   if(proc && proc->state == RUNNING && tf->trapno == T_IRQ0+IRQ_TIMER)
106.     yield();
107.
108.   //Check if the process has been killed since we yielded
109.   if(proc && proc->killed && (tf->cs&3) == DPL_USER)
110.     exit();
111. }
```

2. 中断的返回

从图7-3可以知道,各种中断处理结束后,将返回到trap(),然后返回到trapasm.S中的trapret代码。特别需要注意的是最后一步iret指令,该指令会使得堆栈弹出cs:eip作为新的执行起始地址,然后再弹出eflags恢复处理器的状态标志。

如果发现cs:eip与当前的运行级别不同,即从内核态ring0返回到用户态ring3,则还将弹出ss:esp完成堆栈切换(从内核堆栈切换到用户态堆栈)。前面提到过,在中断入口生成trapframe的时候,如果没有发生运行级别的跃迁提升(从用户态ring3->ring0),则不需要ss和esp,只有在发生运行级别跃迁(例如发生在用户态的中断或用户进程发出系统调用),才会在trapframe中压入ss和esp。也就是说,进入和退出操作是相匹配的。运行级别的跃迁是通过堆栈中返回地址CS的RPL和当前的CPL比较而判定的,如图7-4所示。

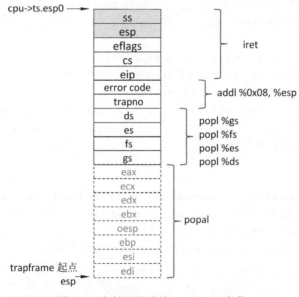

图7-4 中断返回时的trapframe变化

3. 中断编号、入口汇编和IDT

下面详细分析中断号、入口汇编代码和IDT表的内容。

■ **traps.h**

xv6用到的中断/异常编号请见trap.h(代码7-3),该文件分前后两部分,前面32个是x86处理器硬件规定的专用编号,用于内部异常事件;后面是可以自由使用的编号,外设I/O中断使用T_IRQ0=32以后的向量号。

代码 7-3　traps.h

```
1.  // x86 trap and interrupt constants
2.
3.  //Processor-defined:
4.  #define T_DIVIDE      0          //divide error
5.  #define T_DEBUG       1          //debug exception
6.  #define T_NMI         2          //non-maskable interrupt
7.  #define T_BRKPT       3          //breakpoint
8.  #define T_OFLOW       4          //overflow
9.  #define T_BOUND       5          //bounds check
10. #define T_ILLOP       6          //illegal opcode
11. #define T_DEVICE      7          //device not available
12. #define T_DBLFLT      8          //double fault
13. //#define T_COPROC    9          //reserved (not used since 486)
14. #define T_TSS         10         //invalid task switch segment
15. #define T_SEGNP       11         //segment not present
16. #define T_STACK       12         //stack exception
17. #define T_GPFLT       13         //general protection fault
18. #define T_PGFLT       14         //page fault
19. //#define T_RES       15         //reserved
20. #define T_FPERR       16         //floating point error
21. #define T_ALIGN       17         //aligment check
22. #define T_MCHK        18         //machine check
23. #define T_SIMDERR     19         //SIMD floating point error
24.
25. //These are arbitrarily chosen, but with care not to overlap
26. //processor defined exceptions or interrupt vectors
27. #define T_SYSCALL     64         //system call
28. #define T_DEFAULT     500        //catchall
29.
30. #define T_IRQ0        32         //IRQ 0 corresponds to int T_IRQ
31.
32. #define IRQ_TIMER     0
33. #define IRQ_KBD       1
34. #define IRQ_COM1      4
35. #define IRQ_IDE       14
36. #define IRQ_ERROR     19
37. #define IRQ_SPURIOUS  31
```

■ **vectors.S**

vectors.S 是中断入口汇编代码,由后面的 vectors.pl 工具自动生成,由于文件太长且有很多格式重复的内容,因此我们删除掉一些简单重复内容并通过屏显 7-1 来展示。其内容分成两部分:

(1) 前面是 256 个代码片段,每个代码片段有一个 vector0/1/2…/255 行号记录其起始地址,代码内容则是简单的三条指令:将对应的编号压入堆栈(内核栈)后跳转到公共入口 alltraps。

(2) 其次是一个地址列表(前面的 vector0/1/2…/255 对应的地址)所构成的 vectors[]数组,即所谓的中断向量表,用于生成 IDT 表以供处理器硬件使用。

其他 C 语言代码在引用该表时使用的是 vectors[]变量,例如代码 7-2 的 traps.c 在第 13 行声明为外部变量"extern uint vectors[];",链接时将匹配本文件 vectors.S 中的 vectors 符号。

屏显 7-1   vectors.S

```
lqm@lqm-VirtualBox:~/xv6-public-xv6-rev9$ cat vectors.S
#generated by vectors.pl - do not edit
#handlers
.globl alltraps
.globl vector0
vector0:
  pushl $0                        //对应 TrapFrame 的 error code
  pushl $0                        //对应 TrapFrame 的 trapno
  jmp alltraps
.globl vector1
vector1:
  pushl $0
  pushl $1
  jmp alltraps
.globl vector2
vector2:
  pushl $0
  pushl $2
  jmp alltraps
.globl vector3
vector3:
```

```
  pushl $0
  pushl $3
  jmp alltraps

...

.globl vector255
vector255:
  pushl $0
  pushl $255
  jmp alltraps

# vector table
.data
.globl vectors
vectors:
  .long vector0
  .long vector1
  .long vector2
  .long vector3
...
  .long vector252
  .long vector253
  .long vector254
  .long vector255
```

　　由于中断处理的入口代码 vectors.S 是由大量相似代码所构成,因此可以用脚本来生成。xv6 使用 vectors.pl 这个 Perl 程序来生成 vectors.S,如代码 7-4 所示。vectors.S 见前面的屏显 7-1。

代码 7-4　vectors.pl

```
1.  #!/usr/bin/perl -w
2.
3.  #Generate vectors.S, the trap/interrupt entry points
4.  #There has to be one entry point per interrupt number
5.  #since otherwise there's no way for trap() to discover
```

```
6.   # the interrupt number
7.
8.   print "#generated by vectors.pl - do not edit\n";
9.   print "#handlers\n";
10.  print ".globl alltraps\n";
11.  for(my $i = 0; $i < 256; $i++){          //输出 256 项,每项三行代码
12.      print ".globl vector$i\n";
13.      print "vector$i:\n";
14.      if(!($i == 8 || ($i >= 10 && $i <= 14) || $i == 17)){
15.          print "  pushl \$0\n";
16.      }
17.      print "  pushl \$$i\n";              //差别就在于 i 的值(识别编号)
18.      print "  jmp alltraps\n";
19.  }
20.
21.  print "\n#vector table\n";              //输出构成数组 vectors[]
22.  print ".data\n";
23.  print ".globl vectors\n";
24.  print "vectors:\n";
25.  for(my $i = 0; $i < 256; $i++){
26.      print "  .long vector$i\n";
27.  }
28.
29.  #sample output:
30.  #   #handlers
31.  #   .globl alltraps
32.  #   .globl vector0
33.  #   vector0:
34.  #     pushl $0
35.  #     pushl $0
36.  #     jmp alltraps
37.  #   ...
38.  #
39.  #   #vector table
40.  #   .data
41.  #   .globl vectors
42.  #   vectors:
```

```
43. #        .long vector0
44. #        .long vector1
45. #        .long vector2
46. #        ...
47.
```

■ IDT 表初始化

xv6 系统启动之后,代码 4-11 中的 main()-> tvinit() 完成 IDT 表的初始化。函数 tvinit()定义在代码 7-2 的第 17 行,它用 SETGATE() 宏将"vectors[]中的中断入口地址"加上"访问权限等信息"形成"门"结构,填写到 IDT 表(idt[])中。除了其中对应系统调用的 idt[T_SYSCALL]项填写的访问权限是 DPL_USER,表明可以从用户态通过该门;其他的 IDT 表项的门都不能在用户态调用。其中,SETGATE 宏定义于代码 5-3 的第 217 行,对于中断使用的是中断门,而对系统调用使用的是系统调用门(陷阱门)。

这要等待处理器核启动完毕后由 main()-> mpamin()-> idtinit() 调用的时候,将 IDT 装入到 IDTR 寄存器之后才能生效。IDT 生效后还需要在处理器上将中断使能,才能产生中断并处理。这是在处理器在启动完成后,由 main()-> mpmain()-> scheduler() 中通过 sti 使能中断的,从而本处理器可以通过外部设备事件、CPU 内部事件、INT 指令或 CALL 指令产生中断,并借助 IDT 表来响应并进而处理。

IDT 表仅用于进入中断服务程序,而从中断返回的 iret 指令则不依赖于 IDT 表,而是依赖于内核栈中 trapframe 的数据。

7.2　系统调用

与 x86 上的 Linux 实现类似,xv6 所有系统调用在 IDT 表中只占有一项。xv6 和 Linux 都通过一个 IDT 表项(Linux 使用 0x80 项,xv6 使用 0x40 项)跳转后进入公共处理代码,然后进一步区分不同功能的系统调用。其实 xv6 系统调用数量较少,也可以考虑每个系统调用占用一个 IDT 表。但 Linux 有一两百个系统调用,如果每一个占 IDT 中的一项可能会不够用,也无法扩展到超过 256 个以上的系统调用。

xv6 的 IDT 中下标为 T_SYSCALL(参见代码 7-3 的第 27 行)的一项用于系统调用,该项是系统调用门,可以从用户态 DPL_USER 进入,而且通过该门后不关闭中断(相对比其他硬件中断门,进入后将自动关闭中断)。

7.2.1　系统调用框架

发生中断后,如果确定是系统调用,则会执行第 126 行的 syscall()。syscall()根据调用号(proc->tf->eax),从 syscalls[]数组对应位置取出对应处理函数的地址,并跳转执行(例如 sys_fork()等)。此时对应的 sys_XXX()函数看到的内核栈结构如图 7-5 所示。由于系统调用也是中断的一种,因此一开始也会建立 trapframe。

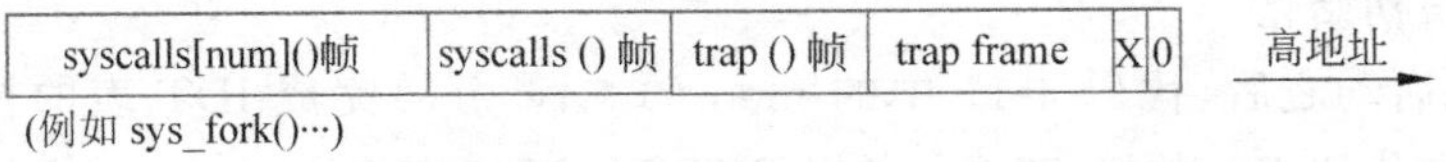

syscalls[num]()帧	syscalls () 帧	trap () 帧	trap frame	X	0

(例如 sys_fork()…)　　　　　　　　　　　　　　　　　　　　　　　　　高地址

图 7-5　进入 sys_XXX()时的内核栈结构示意图

1. 系统调用编号

所有的系统调用处理函数 sys_XXX()都对应一个编号,称为系统调用号,其定义如代码 7-5 所示。syscall.h 文件定义了 xv6 系统调用编号,一共有 21 个。其中一类有关进程控制,包括 fork、exit、wait、kill、exec、getpid、sleep、uptime 等,它们主要在 proc.c 中实现,另一类是与文件系统相关,包括 pipe、fstat、chdir、dup、open、write、mknod、unlink、link、mkdir 和 close,它们在 sysfile.c 中给出入口函数,具体实现在 fs.c 和 file.c 中。与内存管理有关的系统调用是 sbrk。

代码 7-5　syscall.h

```
1.  //System call numbers
2.  #define SYS_fork    1
3.  #define SYS_exit    2
4.  #define SYS_wait    3
5.  #define SYS_pipe    4
6.  #define SYS_read    5
7.  #define SYS_kill    6
8.  #define SYS_exec    7
9.  #define SYS_fstat   8
10. #define SYS_chdir   9
11. #define SYS_dup     10
12. #define SYS_getpid 11
13. #define SYS_sbrk    12
14. #define SYS_sleep   13
15. #define SYS_uptime 14
```

```
16. #define SYS_open    15
17. #define SYS_write   16
18. #define SYS_mknod   17
19. #define SYS_unlink 18
20. #define SYS_link    19
21. #define SYS_mkdir   20
22. #define SYS_close   21
```

所有处理函数的入口地址构成 syscalls[]数组,其定义于代码 7-7 的第 102 行,syscall()就是根据这个地址表进行跳转的。

2. 入口函数

系统调用入口函数主要分布在两个文件中,其中和进程有关的在 sysproc.c,和文件系统相关的在 filesys.c。

代码 7-6 是 sysproc.c,定义了有关进程管理的系统调用,其只是简单地用 sys_XXX()形式的函数封装了各种具体的系统服务函数,或者直接实现简单功能的系统调用服务。

代码 7-6   sysproc.c

```
1.  #include "types.h"
2.  #include "x86.h"
3.  #include "defs.h"
4.  #include "date.h"
5.  #include "param.h"
6.  #include "memlayout.h"
7.  #include "mmu.h"
8.  #include "proc.h"
9.
10. int
11. sys_fork(void)
12. {
13.    return fork();
14. }
15.
16. int
17. sys_exit(void)
18. {
```

```
19.    exit();
20.    return 0;                              //not reached
21. }
22.
23. int
24. sys_wait(void)
25. {
26.    return wait();
27. }
28.
29. int
30. sys_kill(void)
31. {
32.    int pid;
33.
34.    if(argint(0, &pid) < 0)
35.      return -1;
36.    return kill(pid);
37. }
38.
39. int
40. sys_getpid(void)
41. {
42.    return proc->pid;
43. }
44.
45. int
46. sys_sbrk(void)
47. {
48.    int addr;
49.    int n;
50.
51.    if(argint(0, &n) < 0)
52.      return -1;
53.    addr = proc->sz;
54.    if(growproc(n) < 0)
55.      return -1;
```

```
56.   return addr;
57. }
58.
59. int
60. sys_sleep(void)
61. {
62.   int n;
63.   uint ticks0;
64.
65.   if(argint(0, &n) < 0)
66.     return -1;
67.   acquire(&tickslock);
68.   ticks0 = ticks;
69.   while(ticks - ticks0 < n){
70.     if(proc->killed){
71.       release(&tickslock);
72.       return -1;
73.     }
74.     sleep(&ticks, &tickslock);
75.   }
76.   release(&tickslock);
77.   return 0;
78. }
79.
80. //return how many clock tick interrupts have occurred
81. //since start
82. int
83. sys_uptime(void)
84. {
85.   uint xticks;
86.
87.   acquire(&tickslock);
88.   xticks = ticks;
89.   release(&tickslock);
90.   return xticks;
91. }
```

filesys.c 中的系统调用并非简单封装文件系统的代码,而是稍微复杂一些,放到文件系统章节再讨论。

读者可能注意到这些函数声明都不带参数,也就是说它们的参数并不是通过 C 语言函数栈帧方式传入,而是需要像 sys_sbrk() 或 sys_sleep() 那样通过 argint() 等特殊方式获取这些参数。

3. 系统调用返回

具体的系统调用操作完成后,将按 syscall()、trap() 顺序逐级返回,进而返回到 alltraps 代码段,最后通过 iret 完成系统调用的返回。iret 的操作细节,前面已经讨论过,不再赘述。对于上述过程,读者可以回顾图 7-3 加固对中断流程的认知。

4. syscall.c

前面分析了 syscall.c 中的 syscall() 和 syscalls[] 跳转表,后面小节将在讨论如何获取系统调用参数的时候解读 fecthint()、fetchstr()、argint() 和 argstr() 几个函数。

代码 7-7　syscall.c

```
1.  #include "types.h"
2.  #include "defs.h"
3.  #include "param.h"
4.  #include "memlayout.h"
5.  #include "mmu.h"
6.  #include "proc.h"
7.  #include "x86.h"
8.  #include "syscall.h"
9.
10. //User code makes a system call with INT T_SYSCALL
11. //System call number in %eax
12. //Arguments on the stack, from the user call to the C
13. //library system call function. The saved user %esp points
14. //to a saved program counter, and then the first argument
15.
16. //Fetch the int at addr from the current process    //读取 addr 地址的整数参数
17. int
18. fetchint(uint addr, int * ip)
19. {
20.    if(addr >= proc->sz || addr+4 > proc->sz)
21.      return -1;
```

```
22.     * ip = * (int * ) (addr);
23.     return 0;
24. }
25.
26. //Fetch the nul-terminated string at addr from the current process
27. //Doesn't actually copy the string - just sets * pp to point at it
28. //Returns length of string, not including nul
29. int
30. fetchstr(uint addr, char **pp)                    //定位 addr 地址的字符串结束位置和长度
31. {
32.     char * s, * ep;
33.
34.     if(addr >= proc->sz)
35.       return -1;
36.     * pp = (char * ) addr;
37.     ep = (char * ) proc->sz;
38.     for(s = * pp; s < ep; s++)
39.       if( * s == 0)
40.         return s - * pp;
41.     return -1;
42. }
43.
44. //Fetch the nth 32-bit system call argument          //将第 n 个参数,作为整数指针
45. int
46. argint(int n, int * ip)
47. {
48.     return fetchint(proc->tf->esp + 4 + 4 * n, ip);   //栈帧结构中第 n 个参数地址
49. }
50.
51. //Fetch the nth word-sized system call argument as a pointer
52. //to a block of memory of size n bytes.  Check that the pointer
53. //lies within the process address space
54. int
55. argptr(int n, char **pp, int size)
56. {
57.     int i;
```

```
58.
59.    if(argint(n, &i) < 0)
60.      return -1;
61.    if((uint)i >= proc->sz || (uint)i+size > proc->sz)
62.      return -1;
63.    *pp = (char*)i;
64.    return 0;
65. }
66.
67. //Fetch the nth word-sized system call argument as a string pointer
68. //Check that the pointer is valid and the string is nul-terminated
69. //(There is no shared writable memory, so the string can't change
70. //between this check and being used by the kernel.)
71. int
72. argstr(int n, char **pp)
73. {
74.    int addr;
75.    if(argint(n, &addr) < 0)
76.      return -1;
77.    return fetchstr(addr, pp);
78. }
79.
80. extern int sys_chdir(void);
81. extern int sys_close(void);
82. extern int sys_dup(void);
83. extern int sys_exec(void);
84. extern int sys_exit(void);
85. extern int sys_fork(void);
86. extern int sys_fstat(void);
87. extern int sys_getpid(void);
88. extern int sys_kill(void);
89. extern int sys_link(void);
90. extern int sys_mkdir(void);
91. extern int sys_mknod(void);
92. extern int sys_open(void);
93. extern int sys_pipe(void);
94. extern int sys_read(void);
```

```
95.  extern int sys_sbrk(void);
96.  extern int sys_sleep(void);
97.  extern int sys_unlink(void);
98.  extern int sys_wait(void);
99.  extern int sys_write(void);
100. extern int sys_uptime(void);
101.
102. static int (* syscalls[])(void) = {     //系统调用跳转表,每项对应一个系统调用
103. [SYS_fork]    sys_fork,
104. [SYS_exit]    sys_exit,
105. [SYS_wait]    sys_wait,
106. [SYS_pipe]    sys_pipe,
107. [SYS_read]    sys_read,
108. [SYS_kill]    sys_kill,
109. [SYS_exec]    sys_exec,
110. [SYS_fstat]   sys_fstat,
111. [SYS_chdir]   sys_chdir,
112. [SYS_dup]     sys_dup,
113. [SYS_getpid]  sys_getpid,
114. [SYS_sbrk]    sys_sbrk,
115. [SYS_sleep]   sys_sleep,
116. [SYS_uptime]  sys_uptime,
117. [SYS_open]    sys_open,
118. [SYS_write]   sys_write,
119. [SYS_mknod]   sys_mknod,
120. [SYS_unlink]  sys_unlink,
121. [SYS_link]    sys_link,
122. [SYS_mkdir]   sys_mkdir,
123. [SYS_close]   sys_close,
124. };
125.
126. void
127. syscall(void)
128. {
129.   int num;
130.
131.   num = proc->tf->eax;              //取出 trapframe 里保存的 eax 系统调用号
```

```
132.    if(num > 0 && num < NELEM(syscalls) && syscalls[num]) {//调用号在合法范围
133.      proc->tf->eax = syscalls[num]();      //执行对应的处理函数
134.    } else {
135.      cprintf("%d %s: unknown sys call %d\n",
136.             proc->pid, proc->name, num);
137.      proc->tf->eax = -1;                    //非法的系统调用号,返回-1
138.    }
139. }
```

7.2.2 数据传递

我们已经解决了通过系统调用号 n 找到处理函数 syscalls[n]的问题,但还需要获得系统调用参数。另外还需要将系统调用的结果返回给用户进程。

1. 传递参数

应用程序发出系统调用时,是通过 C 语言库进行的,系统调用的参数也是作为 C 语言函数的参数,因此它们存在于该进程的用户态栈中。但进行系统调用后,由于切换到内核栈,因此内核代码无法像普通 C 代码那样从堆栈(此时是内核栈)中取到参数,需要费一番周折,先获得用户态栈,然后再读取其内容。用户态栈可以通过 trapframe 获取,而 trapframe 的起始地址在 alltraps 入口处通过 pushl %esp 压入了堆栈中(回顾代码 7-1 的第 22 行)。

这涉及到 argint()、argptr()和 argstr()等函数,它们分别用于从参数中获取整数、指针和字符串起始地址等。这些函数也定义在 syscall.c 中,供具体的系统调用代码用于获取调用参数。由于涉及 C 语言参数读取,因此需要一点 C 语言函数栈帧结构的知识。

argint()用于读取第 n 个整数参数,进一步调用 fetchint()从用户态堆栈读入参数并写入到 * ip 对应的内存单元。argint() 利用 trapframe 中的用户空间堆栈位置来定位第 n 个参数:%esp 指向系统调用结束后的返回地址,第一个参数就恰好在 %esp 之上(%esp+4),因此第 n 个参数就在 %esp+4+4 * n。

argint()在计算出第 n 个参数的地址后,调用 fetchint() 从用户内存地址读取值到 * ip。fetchint ()可以简单地将这个地址直接转换成一个指针,因为用户进程和内核共享同一个页表,但是内核必须检验这个指针,并确保它指向用户内存空间合法区间。内核已经设置好了页表来保证本进程无法访问它的私有地址以外的内存:如果一个用户尝试读或者写高于(包含)p->sz 的地址,处理器会产生缺页中断,这个中断会杀死此进程,正如我们之前所见。但是现在,我们在内核态中执行,用户提供的任何地址都是可访问的,因此必须要检查这个地址是在 p->sz 以内。

argptr()和 argint() 的目标是相似的：它解析第 n 个系统调用参数并用作指针。argptr() 调用 argint() 来把第 n 个参数当做是整数来获取,然后把这个整数看做指针,检查它的确指向的是用户地址空间。注意 argptr() 的源码中有两次检查。首先,用户的栈指针在获取参数的时候被检查。然后这个获取到的参数作为用户指针又经过了一次检查。

argstr()用于将第 n 个参数作为字符串指针,检查并确保从指针开始的 size 大小的缓冲区都处于合法的地址范围。argstr()还将调用 fetchstr(),根据字符串起始地址找到其 NUL 结束位置并返回字符串长度。

在代码 7-6 的 sys_sleep(),我们可以看到它利用 argint(0, &n)来获取第一个参数,作为睡眠的时长。

2. 返回结果

系统调用的结果通过 eax 返回给用户进程。除此之外,系统调用可能要求将数据复制到内核空间,或者反过来。例如用户进程可能要求将一段缓冲区数据写入文件中,那么这些缓冲区数据就要先写入到内核空间,反之,读出文件内容则需要进行相反的复制。

复制数据到用户进程使用 copyout()进行复制,copyout()依赖于 ua2ka()用户地址映射到内核地址,它们定义在代码 5-4 中。

7.2.3　用户态接口

既然系统调用是用户进程发出的请求,那么在用户态就必须要有相应的编程接口,即一组函数。Linux 应用程序发出系统调用是通过 C 语言库完成的,C 语言库封装了所有系统调用,以普通函数的形式供应用程序调用,最终以静态库或动态的方式链接到应用程序,属于用户态代码。由于系统调用将执行内核代码,需要通过 int 指令发出相应的软中断,因此和普通函数的实现略有不同。

1. user.h

用户程序可使用的系统调用函数原型定义在 user.h 中。在编写 xv6 应用程序时,在源代码包含 user.h 头文件后可以调用 fork()、pipe()等各种系统调用,如代码 7-8 所示。

代码 7-8　user.h

```
1.  //system calls
2.  int fork(void);
3.  int exit(void) __attribute__((noreturn));
```

```
4.  int wait(void);
5.  int pipe(int * );
6.  int write(int, void * , int);
7.  int read(int, void * , int);
8.  int close(int);
9.  int kill(int);
10. int exec(char * , char**);
11. int open(char * , int);
12. int mknod(char * , short, short);
13. int unlink(char * );
14. int fstat(int fd, struct stat * );
15. int link(char * , char * );
16. int mkdir(char * );
17. int chdir(char * );
18. int dup(int);
19. int getpid(void);
20. char * sbrk(int);
21. int sleep(int);
22. int uptime(void);
```

2. 系统调用入口

代码 7-9 给出了用户态可以执行的、对应所有系统调用的函数,其作用相当于 C 语言库对系统调用的封装。每个系统调用的入口代码都用 SYSCALL 宏来声明,例如 SYSCALL(fork)则定义了可供用户调用的 fork()函数,应用程序执行 fork()将会引发 sys_fork()系统调用,编译器会按照 C 函数的方法准备参数并通过 call 指令跳转到相应的代码。

代码 7-9   usys.S

```
1.  #include "syscall.h"
2.  #include "traps.h"
3.
4.  #define SYSCALL(name) \
5.    .globl name; \
6.    name: \
7.      movl $SYS_ ##name, %eax; \
8.      int $T_SYSCALL; \
```

```
9.      ret
10.
11. SYSCALL(fork)
12. SYSCALL(exit)
13. SYSCALL(wait)
14. SYSCALL(pipe)
15. SYSCALL(read)
16. SYSCALL(write)
17. SYSCALL(close)
18. SYSCALL(kill)
19. SYSCALL(exec)
20. SYSCALL(open)
21. SYSCALL(mknod)
22. SYSCALL(unlink)
23. SYSCALL(fstat)
24. SYSCALL(link)
25. SYSCALL(mkdir)
26. SYSCALL(chdir)
27. SYSCALL(dup)
28. SYSCALL(getpid)
29. SYSCALL(sbrk)
30. SYSCALL(sleep)
31. SYSCALL(uptime)
```

我们用 gcc -E usys.S 进行预处理,展开 user.S 中的所有宏定义,如屏显 7-2 所示,可以看出系统调用是通过 int $64 指令发出的。在发出 int $64 指令之前,将系统调用号保存在 eax 寄存器中。读者这时应该理解为什么前面 syscall()可以用 proc->tf->eax 获取系统调用号。

屏显 7-2　用 gcc -E 展开 usys.S 中的宏定义

```
1.  lqm@lqm-VirtualBox:~/xv6-public-xv6-rev9$ gcc -E usys.S
2.  #1 "usys.S"
3.  #1 "<built-in>"
4.  #1 "<command-line>"
5.  #1 "/usr/include/stdc-predef.h" 1 3 4
6.  #1 "<command-line>" 2
```

```
7.  #1 "usys.S"
8.  #1 "syscall.h" 1
9.  #2 "usys.S" 2
10. #1 "traps.h" 1
11. #3 "usys.S" 2
12. #11 "usys.S"
13. .globl fork; fork: movl $1, %eax; int $64; ret
14. .globl exit; exit: movl $2, %eax; int $64; ret
15. .globl wait; wait: movl $3, %eax; int $64; ret
16. .globl pipe; pipe: movl $4, %eax; int $64; ret
17. .globl read; read: movl $5, %eax; int $64; ret
18. .globl write; write: movl $16, %eax; int $64; ret
19. .globl close; close: movl $21, %eax; int $64; ret
20. .globl kill; kill: movl $6, %eax; int $64; ret
21. .globl exec; exec: movl $7, %eax; int $64; ret
22. .globl open; open: movl $15, %eax; int $64; ret
23. .globl mknod; mknod: movl $17, %eax; int $64; ret
24. .globl unlink; unlink: movl $18, %eax; int $64; ret
25. .globl fstat; fstat: movl $8, %eax; int $64; ret
26. .globl link; link: movl $19, %eax; int $64; ret
27. .globl mkdir; mkdir: movl $20, %eax; int $64; ret
28. .globl chdir; chdir: movl $9, %eax; int $64; ret
29. .globl dup; dup: movl $10, %eax; int $64; ret
30. .globl getpid; getpid: movl $11, %eax; int $64; ret
31. .globl sbrk; sbrk: movl $12, %eax; int $64; ret
32. .globl sleep; sleep: movl $13, %eax; int $64; ret
33. .globl uptime; uptime: movl $14, %eax; int $64; ret
34. lqm@lqm-VirtualBox:~/xv6-public-xv6-rev9$
```

用 objdump -d usys.o 可以看到如屏显 7-3 所示的结果，与刚才分析的一致。

屏显 7-3　用 objdump -d 查看 usys.o

```
lqm@lqm-VirtualBox:~/xv6-public-xv6-rev9$ objdump -d usys.o

usys.o:     文件格式 elf32-i386
```

```
Disassembly of section .text:

00000000 <fork>:
   0: b8 01 00 00 00          mov        $0x1,%eax
   5: cd 40                    int        $0x40
   7: c3                       ret

00000008 <exit>:
   8: b8 02 00 00 00          mov        $0x2,%eax
   d: cd 40                    int        $0x40
   f: c3                       ret
           …出于篇幅考虑,省略
00000098 <sleep>:
  98: b8 0d 00 00 00          mov        $0xd,%eax
  9d: cd 40                    int        $0x40
  9f: c3                       ret

000000a0 <uptime>:
  a0: b8 0e 00 00 00          mov        $0xe,%eax
  a5: cd 40                    int        $0x40
  a7: c3                       ret
lqm@lqm-VirtualBox:~/xv6-public-xv6-rev9$
```

　　读者需要理清以下细节(我们以 sleep 系统调用为例):用户态代码是通过类似于
sleep()等形式以函数调用的方式进行调用,参数压入本进程用户态堆栈,然后用 call 指
令跳转到全局符号 sleep()对应的地址处,执行屏显 7-3 中 fork 对应的三条指令,其中 int
＄64 将引发软中断(并伴随从用户态堆栈切换到内核堆栈),然后在中断入口 trap()中根
据中断号转向到 syscall()。此时,sleep()的参数已经无法直接从堆栈找到了,因为堆栈
指针已经指向内核栈,但仍可以通过 trapframe 间接找到用户态栈,从而可以获得调用
参数。

7.3　本章小结

　　中断、异常或系统调用将会打断原来的执行流去处理其他一些事情,因此需要保护原
来的执行流现场,这个现场就是由硬件和软件一起建立的 trapframe。中断硬件除了保存

现场外,还可能因为运行级别的提升而切换堆栈。xv6 的系统调用是利用 64 号中断完成的,系统调用号用于指出所需要的内核服务。由于系统调用跨越了用户态代码和内核态代码,因此其参数的传递需要一些额外的处理。

上面讨论的都是中断事件发送到处理器之后所发生的操作,因此所讨论的内容都局限于处理器自身。但实际上外设中断事件是通过主板上的 IOAPIC 芯片发送到处理器上的 LAPIC 电路,然后再转交并通知处理器。关于处理器之外的中断控制器 APIC/PIC 等硬件相关的内容,将在第 10 章的 10.3 节详细讨论。

练习

1. 截获某一次键盘中断处理,通过分析 trapframe 指出被中断执行流的 cs:eip,并判断本次中断发生在用户态还是内核态。

2. 将系统设置为多核模式,设法观察键盘和硬盘中断的处理,推断它们是固定在一个核上还是被分散在多个核上被处理的。当学习完第 10 章后,从代码上给出相应的解释。

3. 对于系统调用的 int 中断,是否可以将 trapframe 中软件压入和弹出现场寄存器的操作,移到用户态代码中去完成? 外部事件引起中断是否也是相同的情况?

第 8 章

中级实验

本章我们来一起完成 xv6 的进程和内存相关实验,从易到难逐步展开。本章实验的完整代码可以从 https://github.com/luoszu/xv6-exp/tree/master/code-examples/12 下载[①]。

8.1 调度实验

调度方面我们安排两个实验:一个是热身性质的,只是将时间片延长到多个时钟中断,所需修改的代码比较少,也不涉及添加系统调用;另一个是优先级调度实验,由于涉及系统调用以及用于验证的用户可执行程序,因此略微复杂一点。

调度对操作系统而言很关键,但是代码量并不大。相对于内存管理、文件系统而言,调度代码相对简单。

8.1.1 调整时间片长度

首先我们来尝试将一个进程运行的时间片扩展为 N 个时钟周期。具体思路也很简单,就是在每个进程的 PCB 中添加时钟计数值,当前进程的时间片未用完前不切换。

1. 增加时间片信息

在 xv6 的进程控制块 proc.h 中修改 proc 结构体,增加成员 slot 并定义时间片长度为 8 个 tick,如代码 8-1 所示。

---

① 实验代码基于 ver9。对于较新 rev11 代码而言,其中 cpu 和 proc 需要替换为 mycpu() 和 myproc() 函数。

代码 8-1　proc.h 中的 proc 结构体

```
1.  //Per-process state
2.  struct proc {
3.      uint sz;                        //Size of process memory (bytes)
4.      pde_t * pgdir;                  //Page table
5.      char * kstack;                  //Bottom of kernel stack for this process
6.      enum procstate state;           //Process state
7.      int pid;                        //Process ID
8.      struct proc * parent;           //Parent process
9.      struct trapframe * tf;          //Trap frame for current syscall
10.     struct context * context;       //swtch() here to run process
11.     void * chan;                    //If non-zero, sleeping on chan
12.     int killed;                     //If non-zero, have been killed
13.     struct file * ofile[NOFILE];    //Open files
14.     struct inode * cwd;             //Current directory
15.     char name[16];                  //Process name (debugging)
16.     int priority;
17.     int slot;                       //time slot (ticks)
18. };
19. #define SLOT        8               //one slot contains 8 ticks
```

　　然后在创建进程时分配 proc 结构体的 allocproc()函数中设置新进程的 slot 成员,并将它设置为 SLOT,如代码 8-2 所示。

代码 8-2　proc.c 的 allocproc()中设置时间片

```
1.  ...
2.  found:
3.      p->state = EMBRYO;
4.      p->pid = nextpid++;
5.      p->slot = SLOT;
6.  ...
```

　　为了能查看进程时间片信息,还需要在 proc.c 的 procdump()函数中将输出信息增加一项时间片剩余量,如代码 8-3 所示。

代码 8-3 proc.c 中 procdump() 显示时间片信息

```
1.  ...
2.  cprintf("slice left:%d ticks,%d %s %s", p->slot, p->pid, state, p->name);
3.  ...
```

2. 时间片控制

xv6 原本是在每次时钟中断时调用 yield() 让出 CPU 并引发一次调度。现在修改后的代码需要对时间片剩余量进行递减,并判定当前进程时间片是否用完,再决定是否需要进行调度。修改后的代码在 trap.c 的 trap() 函数中完成上述检查,如代码 8-4 所示。

代码 8-4 trap.c 中检查时间片是否用完

```
1.  ...
2.    if(proc && proc->state == RUNNING && tf->trapno == T_IRQ0+IRQ_TIMER){
3.      proc->slot--;
4.      if(proc->slot == 0){
5.        proc->slot=8;
6.        yield();
7.      }
8.  ...
```

3. 查看时间片信息

我们编写 loop.c 作为示例应用程序,用于查看进程时间片信息。loop.c 有父子两个进程,分别进行长时间的循环计算,如代码 8-5 所示。编译前,不要忘记在 Makefile 的 UPROGS 目标中增加一项"_loop\"。

代码 8-5 loop.c

```
1.  #include "types.h"
2.  #include "stat.h"
3.  #include "user.h"
4.
5.  int
6.  main(int argc, char * argv[])
7.  {       int pid;
8.          int data[8];
```

```
9.          int i,j,k;
10.
11.         pid=fork();
12.         for( i=0;i<2;i++)
13.         {
14.                 for( j=0;j<1024*100;j++)
15.                   for( k=0;k<1024*1024;k++)
16.                     data[k%8]=pid*k;
17.         }
18.          printf(1,"%d ",data[0]);
19.         exit();
20. }
```

最后在 loop 运行时,就可以用 Ctrl+P 检查当前进程剩余的时间片。从屏显 8-1 可以看出各个进程在两次 Ctrl+P 检查时,所剩时间片的 tick 计数。

屏显 8-1　查看 loop 运行时进程的时间片剩余量

```
$ loop
slice left:6 ticks,1 sleep   init 80103e5f 80103ef9 801047a9 801057c9 801055bb
slice left:8 ticks,2 sleep   sh 80103e5f 80103ef9 801047a9 801057c9 801055bb
slice left:1 ticks,3 run     loop
slice left:2 ticks,4 run     loop
slice left:6 ticks,1 sleep   init 80103e5f 80103ef9 801047a9 801057c9 801055bb
slice left:8 ticks,2 sleep   sh 80103e5f 80103ef9 801047a9 801057c9 801055bb
slice left:8 ticks,3 run     loop
slice left:1 ticks,4 run     loop
```

8.1.2　优先级调度

接下来再做一个调度相关的简单实验,为原来的 RR 调度增加优先级,只调度最高优先级进程,如果有多个最高优先级的进程,则按照 RR 方式调度这些进程。为了实现优先级调度,首先需要在进程控制块中加入优先级成员,然后需要修改调度器的调度算法。当然还需要提供修改和设置优先级的系统调用,如果是动态优先级还需要优先级调整算法等。我们下面来实现 xv6 系统中的静态优先级调度。

1. 增加优先级属性

在 xv6 的进程控制块 proc.h 中修改 proc 结构体,增加成员,如代码 8-6 所示。

代码 8-6　proc.h 中的 proc 结构体

```
1.  //Per-process state
2.  struct proc {
3.      uint sz;                      //Size of process memory (bytes)
4.      pde_t * pgdir;                //Page table
5.      char * kstack;                //Bottom of kernel stack for this process
6.      enum procstate state;         //Process state
7.      int pid;                      //Process ID
8.      struct proc * parent;         //Parent process
9.      struct trapframe * tf;        //Trap frame for current syscall
10.     struct context * context;     //swtch() here to run process
11.     void * chan;                  //If non-zero, sleeping on chan
12.     int killed;                   //If non-zero, have been killed
13.     struct file * ofile[NOFILE];  //Open files
14.     struct inode * cwd;           //Current directory
15.     char name[16];                //Process name (debugging)
16.     int priority;                 //Process priority (0-20)=(highese-lowest)
17. };
```

既然有了优先级,那么在创建进程时就需要指定一个优先级或设置一个默认优先级。我们选择创建时使用默认优先级,后续需要时再调整优先级的方案。因此创建进程时分配 proc 结构体的 allocproc()需要设置新进程的 priority 成员,并将 10 作为默认优先级,如代码 8-7 所示。

代码 8-7　proc.c 的 allocproc()中设置默认优先级

```
1.  ...
2.  found:
3.      p->state = EMBRYO;
4.      p->pid = nextpid++;
5.      p->priority=10;                        //default priority
6.
7.      //Allocate kernel stack
8.      if((p->kstack = kalloc()) == 0){
9.  ...
```

为了能查看进程的优先级,我们需要修改 proc.c 中的 procdump()函数,使之能打印优先级信息,如代码 8-8 所示。除了打印进程优先级 p->priority 之外,在格式上也有一点小修改,使得打印输出的效果更好一点。

代码 8-8　procdump()中打印优先级信息

```
1.  void
2.  procdump(void)
3.  {
4.    static char * states[] = {
5.    [UNUSED]    "unused",
6.    [EMBRYO]    "embryo",
7.    [SLEEPING]  "sleep ",
8.    [RUNNABLE]  "runble",
9.    [RUNNING]   "run   ",
10.   [ZOMBIE]    "zombie"
11.   };
12.   int i;
13.   struct proc * p;
14.   char * state;
15.   uint pc[10];
16.
17.   for(p = ptable.proc; p < &ptable.proc[NPROC]; p++){
18.     if(p->state == UNUSED)
19.       continue;
20.     if(p->state >= 0 && p->state < NELEM(states) && states[p->state])
21.       state = states[p->state];
22.     else
23.       state = "???";
24.     cprintf("\nPID=%d state=%s prio=%d%s :", p->pid, state,p->priority,
   p->name);
25.     if(p->state == SLEEPING){
26.       getcallerpcs((uint * )p->context->ebp+2, pc);
27.       for(i=0; i<10 && pc[i] != 0; i++)
28.         cprintf(" %p", pc[i]);
29.     }
30.     cprintf("\n");
31.   }
32. }
```

2. 设置优先级

既然有基于优先级的调度,那么就需要提供设置优先级的系统调用。由于前面第 2 章讨论过如何添加新的系统调用,这里只给出简要说明和具体代码。这个新的系统调用命名为 chpri(change priority)。首先在 syscall.h 中为新的系统调用定义编号(必须和其他系统调用编号不同):

```
1.   #define SYS_chpri  23
```

在 user.h 中增加用户态函数原型 int chpri (int pid, int priority)函数,第一个参数用于指定进程号,第二个参数指定新的优先级:

```
1.   int chpri( int, int );
```

然后在 usys.S 中添加 chpri()函数的汇编实现代码(宏展开后对应于 sys_chpri()函数):

```
1.   SYSCALL(chpri)
```

再修改系统调用的跳转表,在 syscall.c 中的 syscalls[]数组中添加一项:

```
1.   [SYS_chpri]    sys_chpri,
```

由于 syscall.c 中未定义 sys_chpri()函数,因此需要在上面这个 syscalls[]数组前面增加一个外部函数声明:

```
1.   extern int sys_chpri(void);
```

最后我们在 sysproc.c 中实现 sys_chpri(),如代码 8-9 所示。简单地检查进程号和优先级不能为负数后,调用 chpri(pid,pr)编号为 pid 的进程,并将其优先级设置为 pr。读者可以增加一个约束,实现优先级不大于 20,正如代码 8-6 最后一行注释里期待的那样。

代码 8-9　sysproc.c 中添加 sys_chpri()

```
1.
2.   int
```

```
3.  sys_chpri ( void )
4.  {
5.      int pid, pr;
6.      if ( argint(0, &pid) < 0 )
7.          return -1;
8.      if ( argint(1, &pr) < 0 )
9.          return -1;
10.     return chpri ( pid, pr );
11. }
```

上面 chpri() 函数的实现放到 proc.c 中，如代码 8-10 所示。

代码 8-10   proc.c 中的 chpri

```
1.  int
2.  chpri( int pid, int priority ) {
3.      struct proc * p;
4.      acquire(&ptable.lock);
5.      for ( p = ptable.proc; p < &ptable.proc[NPROC]; p++){
6.        if ( p->pid == pid ) {
7.        p->priority = priority;
8.        break;
9.        }
10.     }
11.     release(&ptable.lock);
12.     return pid;
13. }
```

最后在 defs.h 的 proc.c 部分将添加函数原型“int chpri(int,int);”，以便内核代码能访问该函数。

3. 修改调度器

为进程添加优先级的信息后，还需要在调度器中修改调度行为。我们并没有对进程控制块数组进行改动。每次调度时，先检查所有可运行程序的最高优先级，最先找到的就绪进程就是优先级最高的进程。由于我们在调度器里只会向后寻找优先级相等或者更高的可运行程序，或者完成一轮循环后选取目前优先级最高的程序。

代码 8-11　proc.c 中修改后的 scheduler()调度器

```
1.  void
2.  scheduler(void)
3.  {
4.    struct proc * p, * temp;
5.    int priority;
6.    int needed = 1;                        //是否需要重新搜索最高优先级
7.
8.    for(;;){
9.      //Enable interrupts on this processor
10.     sti();
11.
12.     //Loop over process table looking for process to run
13.     acquire(&ptable.lock);
14.
15.     for(p = ptable.proc; p < &ptable.proc[NPROC]; p++)
16.     {
17.       if(needed){
18.         priority = 19;
19.         for(temp = ptable.proc; temp < &ptable.proc[NPROC]; temp++)
                                              //获取可运行的最高优先级
20.         {
21.           if(temp->state == RUNNABLE&&temp->priority < priority)
22.             priority = temp->priority;
23.         }
24.       }
25.       needed = 0;
26.
27.       if(p->state != RUNNABLE)
28.         continue;
29.       if(p->priority > priority)
30.         continue;
31.
32.       //Switch to chosen process.      It is the process's job
33.       //to release ptable.lock and then reacquire it
34.       //before jumping back to us
35.       proc = p;
```

```
36.          if(p->name[0] == 'p'){
37.            cprintf("......PID=%d prio=%d %s\n", p->pid, p->priority, p->name);
38.          }
39.          switchuvm(p);
40.          p->state = RUNNING;
41.          swtch(&cpu->scheduler, p->context);
42.          switchkvm();
43.
44.          //Process is done running for now
45.          //It should have changed its p->state before coming back
46.          proc = 0;
47.          needed = 1;
48.        }//endif for proc_num
49.
50.        release(&ptable.lock);
51.
52.     }
53. }
```

4. 验证优先级调度

我们创建一个子进程,其优先级为 5,然后查看相关进程被调度的情况。编辑如代码 8-12 所示的程序,并在 Makefile 中的 UPROGS 中添加"_prio-sched\",最后 make 完成编译。

代码 8-12　prio-sched.c

```
1.  #include "types.h"
2.  #include "stat.h"
3.  #include "user.h"
4.
5.  int
6.  main(int argc, char * argv[])
7.  {
8.      int pid;
9.      printf(1,"This is a demo for prio-schedule!\n");
10.     pid=getpid();
11.     chpri(pid,19);                     //系统默认优先级是 10
12.
```

```
13.     int i  = 0;
14.
15.     pid = fork();
16.     if(pid == 0)                        //子进程
17.     {
18.         chpri(getpid(),5);
19.         i = 1;
20.         while(i <= 10000)
21.         {
22.             if(i/1000 == 0)
23.                 printf(1,"p2 is running\n");
24.             i++;
25.         }
26.         printf(1,"p2 sleeping\n");
27.         sleep(100);
28.         i = 1;
29.         while(i <= 10000)
30.         {
31.             if(i/1000 == 0)
32.                 printf(1,"p2 is running again\n");
33.             i++;
34.         }
35.         printf(1,"p2 finshed\n");
36.     }
37.     else                            //父进程
38.     {
39.         i = 1;
40.         while(i > 0)
41.         {
42.             if(i/100 == 0)
43.                 printf(1,"p1 is running\n");
44.             i++;
45.         }
46.     }
47.     exit();
48. }
```

执行 make qemu 运行 xv6 系统,并在 shell 中键入 prio-sched 命令,执行测试程序,结果如屏显 8-2 所示。我们看到 pid=3 是 prio-sched 初始的进程号,我们将该进程的优先级设置为 19,因此子进程的优先级高于父进程。后面 fork 出来的 pid=4 的进程优先级为 5。由于 rev9 版本的 xv6 加锁存在问题,我们使用单核 CPU 的配置。如果是使用 rev11,则可以使用多核配置的系统。此时执行次序是先执行子进程,然后子进程 sleep,再执行父进程,之后子进程又抢占执行,等子进程结束,父进程再继续执行。为了便于区分,屏显 8-2 中父进程的输出用灰色背景标示。

屏显 8-2   prio-sched 优先级调度执行结果

```
init: starting sh
$ prio-sched
This is a demo for prio-schedule!
p2 is running * n
p2 sleeping
p1 is running * n
p2 is running again * n
p2 finshed
p1 is running * n
$
```

在运行过程中,通过 Ctrl+P 也可以看到调度的实时状态,例如屏显 8-3 给出了当时 pid=4 的进程在运行,而 pid=3 的进程因优先级较低(priority 数值较大)未能获得 CPU。

屏显 8-3   prio-sched 中 pid=3 和 pid=4 的进程在运行

```
PID=1 state=sleep  prio=10 init : 80103e8f 80103f29 80104829 80105899 8010568b

PID=2 state=sleep  prio=10 sh : 80103e8f 80103f29 80104829 80105899 8010568b

PID=3 state=runble prio=19 prio-sched :

PID=4 state=run prio=5 prio-sched :
```

当显示 pid=4 的进程结束后,再用 Ctrl+P 查看时将获得如屏显 8-4 所示的输出,可以看到此时 pid=4 的进程已处于 zombie 状态(父进程没有执行 wait()系统调用的缘故),而 pid=3 的进程已经成为系统中优先级最高的进程,因此正在运行,处于 run 调度状态。

屏显 8-4 prio-sched 中 pid＝6 和 pid＝7 的进程已经结束，

pid＝3 和 pid＝4 的进程正在运行

```
PID=1 state=sleep  prio=10 init : 80103e8f 80103f29 80104829 80105899 8010568b

PID=2 state=sleep  prio=10 sh : 80103e8f 80103f29 80104829 80105899 8010568b

PID=3 state=run    prio=19 prio-sched :

PID=4 state=zombie prio=5 prio-sched :
```

通过上述执行过程可以基本确定，我们的调度算法功能正常。如果程序执行时间过快或过慢都不利于观察，读者可以自行调整里面的循环次数以获得最佳的观测效果。如果希望使用多核运行调度器的读者，可以将代码略作修改，运行 rev11 版本的 xv6 自行验证。

8.2 实现信号量

虽然 xv6 提供了用于内核代码并发同步的自旋锁，但是用户态并没有提供同步手段。我们这里尝试实现一个简单的信号量机制来为用户进程提供同步，内部实现仍是建立在内核自旋锁之上，只是加上了阻塞睡眠的功能从而避免"忙等"的问题。

由于 xv6 没有提供类似于共享内存这样的共享资源，我们就在系统中定义一个共享整数变量 sh_var_for_sem_demo，通过 sh_var_read() 和 sh_var_write() 进行读写操作，以此作为验证信号量工作正常的功能展示。

8.2.1 共享变量及其访问

1. 共享变量

验证信号量时需要提供临界资源，因此我们定义了 sh_var_for_sem_demo 全局变量，在 spinlock.h 文件末尾插入一行"int sh_var_for_sem_demo"。由于内核空间为所有进程所共享，因此该变量可以被所有进程所感知。为了让其他代码能访问该变量，还需要在 defs.h 中添加 extern"int sh_var_for_sem_demo"。

2. 访问共享变量

为了访问该共享变量，需要提供两个系统调用来完成读写操作。添加系统调用的方法在第 2 章讨论过,这里就简单给出添加过程而不过多解释。在 syscall.h 末尾插入两行 "♯define SYS_sh_var_read 22" 和 "♯define SYS_sh_var_write 23",为读写操作的系统调用进行编号。接着在 user.h 中声明 "int sh_var_read(void);" 和 "int sh_var_write (int);" 两个用户态函数原型,并在 usys.S 末尾插入两行 "SYSCALL(sh_var_read)" 和 "SYSCALL(sh_var_write)" 以实现上述两个函数。下面还要修改系统调用跳转表,即 syscall.c 中的 syscalls[]数组,添加两个元素 "[SYS_sh_var_read] sys_sh_var_read," 和 "[SYS_sh_var_write]sys_sh_var_write,"。同时还要在 syscall.c 的 syscalls[]数组前面声明上述两个函数是外部函数 "extern int sys_sh_var_read(void);" 和 "extern int sys_sh _var_write(void);"。

最后则是在 sysproc.c 中实现 sys_sh_var_read() 和 sys_sh_var_write(),如代码 8-13 所示。与前面第 2 章增加无参数的系统调用不同,这里需要解决参数的获取问题。参数获取函数在 syscall.c 中定义,本例子可以用其中的 argint() 来获取整数参数。

代码 8-13　sysproc.c 中插入 sys_sh_var_read() 和 sys_sh_var_write()

```
1.   int
2.   sys_sh_var_read(){
3.       return sh_var_for_sem_demo;
4.   }
5.   int
6.   sys_sh_var_write(){
7.       int n;
8.       if(argint(0,&n) < 0)
9.           return -1;
10.      sh_var_for_sem_demo = n;
11.      return sh_var_for_sem_demo;
12. }
```

3. 无互斥的并发访问

定义了共享变量以及需要访问的系统调用之后,我们可以在应用程序中尝试并发访问它们。编写 sh_rw_nolock.c,如代码 8-14 所示。同时还要需要修改 Makefile 的 $UPROGS,添加一个 "_sh_rw_nolock\"。

代码 8-14　sh_rw_nolock.c

```
1.   #include "types.h"
2.   #include "stat.h"
```

```
3.  #include "user.h"
4.
5.  int
6.  main(int argc, char * argv[])
7.  {
8.      int pid = fork();
9.      int i,n;
10.     for(i=0; i< 100000;i++){
11.         n=sh_var_read();
12.         sh_var_write(n+1);
13.     }
14.     printf(1,"sum = %d\n",sh_var_read());
15.     if(pid>0) {
16.         wait();
17.     }
18.     exit();
19. }
```

编译运行后,可以发现计数结果并不正确(正确值为 200000),如屏显 8-5 所示。

屏显 8-5　无护持保护下_sh_rw_nolock 错误的计数结果

```
$ sh_rw_nolock
sum = 122709
sum = 133382
$
```

8.2.2　信号量数据结构

为了实现信号量,除了创建、撤销、P、V 操作外,还需要添加新的数据结构、初始化函数、调整 wakeup 唤醒操作等。

为了管理信号量,我们需要声明 struct sem 结构体,其中,resource_count 成员用于记录信号量中的资源数,lock 内核自旋锁是为了让信号量的操作保持原子性,allocated 用于表示该信号量是否已经分配使用。

整个系统内部声明一个信号量数组 sems[128],也就是说用户进程申请的信号量总数不超过 128 个。我们把这些代码放到 spinlock.h 中,相应的数据定义如代码 8-15 所示。

代码 8-15　　新增的信号量声明代码

```
1.  #define SEM_MAX_NUM    128            //信号量总数
2.  extern  int    sem_used_count ;       //当前在用信号量数
3.  struct sem{
4.         struct spinlock lock;           //内核自旋锁
5.         int    resource_count;          //资源计数
6.         int    allocated;               //是否被分配使用: 1已分配,0未分配
7.         }
8.  extern struct sem   sems[SEM_MAX_NUM];  //系统可有 SEM_MAX_NUM 个信号量
```

8.2.3　信号量操作的系统调用

为了实现信号量,我们需要增加四个系统调用,分别是创建信号量 sem_create(),其参数是信号量的初值(例如互斥量则用 1 作为初值),返回值是信号量的编号,即内核变量 sems[] 数组的下标。sem_p() 则是对指定编号的信号量进行 p 操作(减一操作、down 操作),反之 sem_v() 则是对指定 id 的信号量进行 v 操作(增一操作、up 操作),这两个操作和操作系统理论课上讨论的行为一致,都会涉及到进程的睡眠或唤醒操作。sem_free() 是撤销一个信号量。

(1) int sem_create (int n_sem)参数 n_sem 是初值,返回的是信号量的编号,−1 为出错。

(2) int sem_p(int sem_id)减一操作,减为 0 时阻塞睡眠,记录到 sem.procs[]中。返回值 0 表示正常,返回值−1 则出错。

(3) int sem_v(int sem_id)增一操作,增加到 0 时唤醒队列中的进程,清除 sems[id].procs[]对应的进程号。返回值为 0 表示成功,−1 表示出错。

(4) int sem_ free (int sem_id)释放指定 id 的信号量。返回值为 0 表示成功,−1 表示出错。

1. 信号量的核心代码

我们将信号量的核心实现代码放在 spinlock.c 中,而不是用独立的 C 文件,从而避免增加 Makefile 上的修改工作。

■ seminit()

系统启动时要调用 seminit() 对信号量进行初始化。seminit() 完成的工作很简单,就是完成信号量数组自旋锁的初始化。我们把该函数的代码插入到 spinlock.c 中,具体如代码 8-16 所示。

代码 8-16　initsem()

```
1.  int     sem_used_count = 0;
2.  struct sem    sems[SEM_MAX_NUM];
3.
4.  void initsem () {
5.      int i;
6.      for(i=0;i<SEM_MAX_NUM;i++){
7.          initlock(&(sems[i].lock), "semaphore");
8.          sems[i].allocated=0;
9.      }
10.     return;
11. }
```

然后我们在 main.c 的 main() 中插入一行"seminit(); //semaphor"(插在 userinit() 之前)。为了让 main.c 能调用 seminit(),还需要在 defs.h 中插入 seminit() 函数原型。

■ **sys_sem_create()**

sys_sem_create() 扫描 sems[] 数组,查看里面的 allocated 标志,发现未用的,则将其 allocated 置 1,即可返回其编号。如果扫描一次后未发现,则返回错误代码。注意每次操作时需要对 sems[i] 进行加锁操作,检查完成后进行解锁操作,如代码 8-17 所示。

代码 8-17　sys_sem_create()

```
1.  int
2.  sys_sem_create() {
3.      int n_sem, i;
4.      if(argint(0, &n_sem) < 0 )
5.          return -1;
6.      for(i = 0; i < SEM_MAX_NUM; i++) {
7.          acquire(&sems[i].lock);
8.          if(sems[i].allocated == 0) {
9.              sems[i].allocated = 1;
10.             sems[i].resource_count = n_sem;
11.             cprintf("create %d sem\n",i);
12.             release(&sems[id].lock);
13.             return i;
14.         }
```

```
15.         release(&sems[i].lock);
16.     }
17.     return -1;
18.   }
```

■ sys_sem_free()

sys_sem_free()将指定 id 作为下标访问 sems[id]获得当前信号量 sems[id]，然后对 sems[id].lock 加锁，判定该信号量上没有睡眠阻塞的进程，则将 sems[id].allocated 标志设置为未使用，从而释放信号量，最后对 sems[id].lock 解锁，如代码 8-18 所示。

代码 8-18　sys_sem_free()

```
1.   int
2.   sys_sem_free(){
3.       int id;
4.       if(argint(0,&id)<0)
5.           return -1;
6.       acquire(&sems[id].lock);
7.       if(sems[id].allocated == 1 && sems[id].resource_count > 0){
8.           sems[id].allocated = 0;
9.           cprintf("free %d sem\n", id);
10.      }
11.      release(&sems[id].lock);
12.      return 0;
13. }
```

■ sys_sem_p()

sys_sem_p()将指定 id 作为下标访问 sems[id]获得当前信号量 sem，然后用 acquire()对 sems[id].lock 加锁，加锁成功后对 sems[id].resource_count--，接着用 realease()解锁退出临界区。如果发现 sems[id].resource_count<0，则睡眠。其他情况下则直接返回，表示完成了 p 操作，如代码 8-19 所示。

注意在 sleep()的时候，会释放 sems[id].lock 才执行 sched()切换，允许其他进程继续执行 P 操作或 V 操作。而 sleep()返回前，会再次持有 sems[id].lock，即使有多个等待进程被唤醒，也只有一个进程能被唤醒并退出睡眠阻塞状态。

代码 8-19　sys_sem_p()

```
1.  int sys_sem_p()
2.  {   int id;
3.     if(argint(0, &id) < 0)
4.        return -1;
5.     acquire(&sems[id].lock);
6.     sems[id]. resource_count--;
7.     if(sems[id].resource_count<0)        //首次进入、或被唤醒时,资源不足
8.        sleep(&sems[id],&sems[id].lock); //睡眠(会释放 sems[id].lock 才阻塞)
9.     release(&sems[id].lock);             //解锁(唤醒到此处时,重新持有 sems[id].lock)
10.    return 0;                            //此时获得信号量资源
11. }
```

■ **sys_sem_v()**

sys_sem_v()将指定 id 作为下标访问 sems[id]获得当前信号量 sem,然后对 sem.lock 加锁,加锁成功后对 sem.resource_count+=1,如果发现 sem.resource_count>=0,则解锁 sem.lock,并唤醒该信号量上阻塞的睡眠进程;否则直接返回,如代码 8-20 所示。

代码 8-20　sys_sem_v()

```
1.  int sys_sem_v(int sem_id)
2.  {   int id;
3.     if(argint(0,&id)<0)
4.        return -1;
5.     acquire(&sems[id].lock);
6.     sems[id]. resource_count+=1;         //增 1
7.     if(sems[di].resource_count<1)        //有阻塞等待该资源的进程
8.        wakeup1p(&sems[id]);              //唤醒等待该资源的 1 个进程
9.     release(&sems[id].lock);             //释放锁
10.    return 0;
11. }
```

2. 修正 wakeup 操作

由于 xv6 系统自带的 wakup 操作会将所有等待相同事件的进程唤醒,因此也可以重写一个新的 wakeup 操作函数 wakup1p(),仅唤醒等待指定信号量的一个进程,从而避免"群惊"效应。我们将 wakup1p()函数放在 proc.c 中,具体如代码 8-21 所示。另外,还需

要在 defs.h 中声明该函数原型"void　wakeup1p(void＊);"。

代码 8-21　wakup1p()

```
1.   void wakeup1p(void * chan) {
2.       acquire(&ptable.lock);
3.       struct proc * p;
4.       for(p = ptable.proc; p < &ptable.proc[NPROC]; p++) {
5.           if(p->state == SLEEPING && p->chan == chan) {
6.               p->state = RUNNABLE;
7.               break;
8.           }
9.       }
10.      release(&ptable.lock);
11.  }
```

3. 系统调用的辅助代码

除了上述四个系统调用的核心实现代码外,还有系统调用号的设定、用户入口函数、系统调用跳转表的修改等工作,在此一并给出,以便读者操作时对照检查。

在 syscall.h 末尾插入四行"＃define SYS_sem_create 24""＃define SYS_sem_free 25""＃define SYS_sem_p 26"和"＃define SYS_sem_v 27",为新添的四个系统调用进行编号。接着在 user.h 中声明 "int sem_create (int);""int sem_free (int);""int sem_p (int);"和"int sem_v (int);"四个用户态函数原型,并在 usys.S 末尾插入四行"SYSCALL(sem_create)""SYSCALL(sem_free)""SYSCALL(sem_p)"和"SYSCALL(sem_p)"以实现上述四个函数。下面还要修改系统调用跳转表,即 syscall.c 中的 syscalls[]数组,添加四个元素"[SYS_sem_create] sys_sem_create,""[SYS_sem_free] sys_sem_free,""[SYS_sem_p]　sys_sem_p,"和"[SYS_sem_v]　sys_sem_v,"。同时还要在 syscall.c 的 syscalls[]数组前面声明上述两个函数是外部函数"extern int sys_sem_create (void);""extern int sys_sem_free (void);""extern int sys_sem_p (void);"和"extern int sys_sem_v(void);"。

8.2.4　用户测试代码

我们重新编写一个访问共享变量的应用程序,并且加上信号量的互斥控制,如代码 8-22 所示。修改 Makefile 为 UPROGS 添加一个"_sh_rw_lock\",重新编译生成系统。

代码 8-22　sh_rw_lock.c

```
1.   #include "types.h"
2.   #include "stat.h"
3.   #include "user.h"
4.
5.   int main() {
6.       int id = sem_create(1);
7.       int pid = fork();
8.       int i;
9.       for(i = 0; i < 100000; i++) {
10.          sem_p(id);
11.          sh_var_write(sh_var_read()+1);
12.          sem_v(id);
13.      }
14.      if(pid > 0){
15.          wait();
16.          sem_free(id);
17.      }
18.      printf(1,"sum = %d\n", sh_var_read());
19.      exit();
20.  }
```

系统启动后,运行 sh_rw_lock 程序,可以看到此次两个并发进程对计数值的累加获得了正确的计数结果 200000,如屏显 8-6 所示。

屏显 8-6　sh_rw_lock 输出的正确计数结果

```
$ sh_rw_lock
create 0 sem
sum = 200000
free 0 sem
sum = 200000
$
```

当子进程先退出时,第一个输出的值可能会比 200000 略小一点。

8.3　实现进程间通信的实验

我们选取共享内存、消息队列两种进程间通信作为本节的实验。

8.3.1　共享内存的实现

我们设计的简化版共享内存,远达不到 Linux 共享内存的通用程度,但也能将共享内存的核心思想体现出来。简化后的限制包括:整个系统只有固定的若干个共享内存区;进程不允许将一个共享内存区反复映射到自己的虚存空间;进程退出时自动解除共享映射(不提供显式解除映射的系统调用);共享内存区作为进程最高端的空间从而避免与xv6 原来的 sbrk 操作相冲突。此时系统上进程映射共享内存的形态如图 8-1 所示。

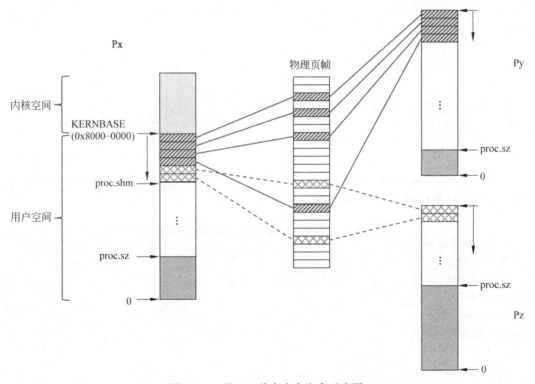

图 8-1　一种 xv6 共享内存方案示意图

图 8-1 展示了 Px 和 Py 共享四个页帧、Px 和 Pz 共享两个页帧的情况。由于系统中

一共有 8 个共享内存区,因此系统中每个共享内存使用一个引用计数来表明是否启用。
每个进程则使用一个 8 位掩码(shmkeymask)或者一个编号(key、i 等)来指示其中一个
区域,其中,shmkeymask 用于记录本进程对这些共享内存区的启用情况,key 用来指出
一个共享内存区的编号,而 i 往往用作遍历这些内存区时的循环变量。

共享内存需要实现不同进程访问同一块物理内存,其核心机制是在不同进程分配
pte 指向相同物理页帧(物理内存地址),从而使得该页帧在不同进程中都是可见的。

1. 核心数据结构

简化方案中只允许系统拥有最多 8 个共享内存区,使用 shmtab[8] 记录,每个成员是
一个 sharemem 结构体,里面的成员包括引用计数(被进程映射的次数)、本共享内存区间
大小(即页帧数量,且不超过 4)、本区间所映射的物理页帧。由于是一个简化系统,上述
的限制并不合理,读者可以自行扩展突破其限制。我们新建一个 sharemem.c 文件(记得
要在 Makefile 中将该文件编译链接到 kernel),并定义相关数据结构,如代码 8-23 所示。

代码 8-23　新建的 sharemem.c

```
1.  #include "types.h"
2.  #include "defs.h"
3.  #include "param.h"
4.  #include "mmu.h"
5.  #include "proc.h"
6.  #include "spinlock.h"
7.  #include "memlayout.h"
8.  #define MAX_SHM_PGNUM (4)              //每个共享内存最带 4 页内存
9.
10. struct sharemem
11. {
12.     int refcount;                     //当前共享内存引用数,当引用数为 0 时才会真正回收
13.     int pagenum;                      //占用的页数(0~4)
14.     void* physaddr[MAX_SHM_PGNUM];    //对应每页的物理地址
15. };
16. struct spinlock shmlock;              //用于互斥访问的锁
17. struct sharemem shmtab[8];            //整个系统最多 8 个共享内存
```

除此之外,还需要在 proc 结构(proc.h)中添加 3 个变量:shm,用来标记进程用户空
间的上限,原本是 KERNELBASE,但共享内存分配在用户空间顶部,记录这个上限就能
正常使用 sbrk();shmkeymask 是一个掩码,使用 8 位标记,使用了第几个共享内存就在

第几位置1;shmva[8]记录进程使用共享内存的地址。

```
1.  uint   shm;                              //本进程共享内存区域的下边界
2.  uint   shmkeymask;                       //本进程的8个共享内存区与使用掩码(位图)
3.  void* shmva[8];                          //本进程共享内存起始地址(虚地址)列表
```

2. 实现细节

参考 Linux 相关设计,我们新增一个系统调用 void * shmgetat(id,size)。其参数 id 代表 shmtab[8]的下标,用于指定获取 8 个共享内存区中的哪一块;size 代表共享内存大小。该系统调用返回对应共享内存的虚拟地址。

进程调用 shmgetat(id,size)时,根据共享内存是否已经存在而分成两种情况来处理:

(1) 如果 shmtab[id]对应的共享内存区还未创建,则根据 size 初始化 shmtab[id],分配对应的物理内存,建立页表映射后返回该内存的虚拟地址。

(2) 如果 shmtab[id]共享内存区已经存在,则新建页表项 pte 绑定 shmtab[id]、pagenum 个页帧的物理地址,返回对应的虚拟地址,此时忽略传入的 size 参数。

类似地,我们还需要用获得共享内存引用数的 shmrefcount(uint id),需要共享内存区的初始化操作函数 sharememinit()等配套的系列函数。这些新添加的函数实现在 sharemem.c 文件中,同时需要在 defs.h 中声明,以便其他代码调用,如代码 8-24 所示,我们将逐个分析。

代码 8-24　在 defs.h 中增加共享内存相关的函数声明

```
1.  ...
2.  struct sharemem;
3.  ...
4.  //sharemem.c
5.  void     sharememinit();
6.  void*   shmgetat(uint, uint);
7.  int      shmrefcount(uint);
8.  int      shmrelease(pde_t*, uint, uint);
9.  void     shmaddcount(uint);
10. int      shmkeyused(uint, uint);
```

■ 初始化

在 sharemem.c 中添加一个 sharememinit 方法,对共享变量描述符表 shmtab[]进行初始化,如代码 8-25 所示。

代码 8-25　sharrmeminit()

```
1.  void
2.  sharememinit()
3.  {
4.      initlock(&shmlock,"shmlock");        //初始化锁
5.      for (int i = 0; i < 8; i++)          //初始化 shmtab
6.      {
7.          shmtab[i].refcount = 0;
8.      }
9.
10.     cprintf("shm init finished.\n");
11. }
```

然后在 main.c 中的 main()方法中调用该初始化函数,使得系统启动时能完成共享变量的准备工作,如代码 8-26 所示。

代码 8-26　main.c 的 main()中调用 sharememinit()

```
1.  int
2.  main(void)
3.  {
4.      kinit1(end, P2V(4 * 1024 * 1024));       //phys page allocator
5.      kvmalloc();                              //kernel page table
6.      mpinit();                                //detect other processors
7.      lapicinit();                             //interrupt controller
8.      seginit();                               //segment descriptors
9.      picinit();                               //disable pic
10.     ioapicinit();                            //another interrupt controller
11.     consoleinit();                           //console hardware
12.     uartinit();                              //serial port
13.     pinit();                                 //process table
14.     tvinit();                                //trap vectors
15.     binit();                                 //buffer cache
16.     fileinit();                              //file table
17.     ideinit();                               //disk
18.     if(!ismp)
19.       timerinit();                           //uniprocessor timer
```

```
20.    startothers();                          //start other processors
21.    kinit2(P2V(4 * 1024 * 1024), P2V(PHYSTOP)); //must come after startothers()
22. sharememinit();                            //shminit   //这里添加初始化
23. userinit();                                //first user process
24.    mpmain();                               //finish this processor's setup
25. }
```

除了系统层面的初始化工作外,每个进程的 PCB 中也有相关信息需要准备。该工作分成两步完成,第一步是在分配 PCB 的 allocproc() 时,将 p-> shm 初始化和 p->shmkeymask 清零;其次是在 fork()时将子进程的共享内存信息从父进程那里复制过来。下面我们先在 proc.c 的 allocproc()中对在 proc.h 新添加的属性进行初始化,以便 fork()时可以进一步设置,如代码 8-27 所示。

代码 8-27   为 proc.c 中的 allocproc()增加共享内存初始化功能

```
1.    static struct proc *
2.    allocproc(void)
3.    {
4.      struct proc * p;
5.      char * sp;
6.
7.      ...
8.
9.    found:
10.     p->state = EMBRYO;
11.     p->pid = nextpid++;
12.     p->shm = KERNBASE;                //初始化 shm,刚开始 shm 与 KERNBASE 重合
13.     p->shmkeymask = 0;                //初始化 shmkeymask
14.
15.
16.
17.     ...
18.
19.     return p;
20.  }
```

proc.c 的 fork()中,我们将子进程的共享内存区从父进程复制而来,修改后的 fork()

如代码 8-28 所示。

代码 8-28　在 fork() 中复制共享内存区的信息

```
1.   int
2.   fork(void)
3.   {
4.     int i, pid;
5.     struct proc * np;
6.
7.     ...
8.
9.     //Copy process state from proc
10.    if((np->pgdir = copyuvm(proc->pgdir, proc->sz)) == 0){
11.      kfree(np->kstack);
12.      np->kstack = 0;
13.      np->state = UNUSED;
14.      release(&ptable.lock);
15.    return -1;
16.    }
17.    shmaddcount(proc->shmkeymask);         //fork 出新进程,所以引用数加 1
18.  np->shm = proc->shm;                     //复制父进程的 shm
19.    np->shmkeymask = proc->shmkeymask;     //复制父进程的 shmkeymask
20.
21.    for(i=0;i<8;++i){                       //复制父进程的 shmva 数组
22.      if(shmkeyused(i,np->shmkeymask)){     //只复制已启用的共享内存区
23.        np->shmva[i] = proc->shmva[i];
24.      }
25.    }
26.
27. ...
28.
29.    release(&ptable.lock);
30.
31.    return pid;
32. }
33.
```

虽然我们最多只有 8 个内存区,但我们的代码仅复制"已使用"那几个而不是全盘复

制,因此还需要判定这些内存区是否已启用,shmkeyused()用于判断当前进程是否持有某个共享内存。

```
1.  int
2.  shmkeyused(uint key, uint mask)
3.  {
4.      if(key<0 || 8<=key){
5.          return 0;
6.      }
7.      return (mask >> key) & 0x1;              //这里判断对应的系统共享内存区是否已经启用
8.  }
```

■ 将共享内存映射到进程空间

接下来需要在 sharemem.c 实现将共享内存区映射到进程空间的 shmgetat()。前面简单提到过,其参数 key 为共享内存一个下标(0～7),num 为需要分配页数目,返回共享内存的地址。具体执行时需要分成三种情况(如图 8-2 所示):

(1) 如果共享内存区已经在本进程空间中映射过,则直接返回该地址。也就是说我们不支持同一个共享内存区在同一进程的多次映射。

(2) 如果共享内存区还未创建,也就是说系统的 shmtab[id]的引用计数仍为 0,则需要创建该内存区(包括分配页帧和建立页表映射),allocshm()和 5.4.2 节讨论的 allocuvm()工作原理相同,区别在于我们的内存使用是从高地址往低地址方向进行分配。

(3) 如果系统已经有对应的共享内存,则直接映射到进程空间即可。

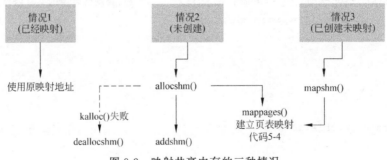

图 8-2　映射共享内存的三种情况

```
1.  void *
2.  shmgetat(uint key, uint num)
```

```
3.  {
4.      pde_t * pgdir;
5.      void * phyaddr[MAX_SHM_PGNUM];
6.      uint shm = 0;
7.      if(key<0||8<=key||num<0||MAX_SHM_PGNUM<num)          //校验参数
8.          return (void*)-1;
9.      acquire(&shmlock);
10.     pgdir = proc->pgdir;
11. shm = proc->shm;
12.
1.  //情况 1.如果当前进程已经映射了该 key 的共享内存,直接返回地址
2.      if(proc->shmkeymask>>key & 1){
3.          release(&shmlock);
4.          return proc->shmva[key];
5.      }
6.
7.  //情况 2.如果系统还未创建此 key 对应的共享内存,则分配内存并映射
8.      if(shmtab[key].refcount == 0){
9.          shm = allocshm(pgdir, shm, shm - num * PGSIZE, proc->sz, phyaddr);
10. //新增的 allocshm()分配内存并映射,其原理和 allocuvm()相同
11.         if(shm == 0){
12.             release(&shmlock);
13.             return (void*)-1;
14.         }
15.         proc->shmva[key] = (void*)shm;
16.         shmadd(key, num, phyaddr);              //将新内存区信息填入 shmtab[8]数组
17.     }else {
18.
19. //情况 3.如果未持有且已经系统中分配此 key 对应的共享内存,则直接映射
20.         for(int i = 0;i<num;i++)
21.         {
22.             phyaddr[i] = shmtab[key].physaddr[i];
23.         }
24.         num = shmtab[key].pagenum;
25.         //mapshm方法新建映射
26.         if((shm = mapshm(pgdir,shm,shm-num * PGSIZE,proc->sz,phyaddr))==0){
27.             release(&shmlock);
```

```
28.        return (void*)-1;
29.      }
30.      proc->shmva[key] = (void*)shm;
31.      shmtab[key].refcount++;              //引用计数+1
32.    }
33.    proc->shm = shm;
34.    proc->shmkeymask |= 1<<key;
35.    release(&shmlock);
36.    return (void*)shm;
37. }
```

其中上面的 allocshm()用于创建一个共享内存区,xv6 的虚存空间分配和物理页帧的分配是合并完成的,也就是说不存在未映射进程空间,因此和 allocuvm()相同,需要同时进行 kalloc()和 mappages()两个操作,具体实现如代码 8-29 所示。

代码 8-29　allocshm()的实现

```
1.  //这个方法和 allcouvm 实现基本一样
2.  int
3.  allocshm(pde_t * pgdir, uint oldshm, uint newshm, uint sz, void * phyaddr[MAX_
    SHM_PGNUM])
4.  {
5.      char * mem;
6.      uint a;
7.
8.      if(oldshm & 0xFFF || newshm & 0xFFF || oldshm > KERNBASE || newshm < sz)
9.        return 0;
10.     a = newshm;
11.     for (int i = 0; a < oldshm; a+=PGSIZE, i++)
12.     {
13.       mem = kalloc();                        //分配物理页帧
14.       if(mem == 0){
15.         //cprintf("allocshm out of memory\n");
16.         deallocshm(pgdir,newshm,oldshm);
17.         return 0;
18.       }
19.       memset(mem, 0, PGSIZE);
```

```
20.      mappages(pgdir,(char*)a,PGSIZE,(uint)V2P(mem),PTE_W|PTE_U);   //页表映射
21.      phyaddr[i] = (void *)V2P(mem);
22.    }
23.    return newshm;
24. }
```

mapshm()用于支撑 allocshm()函数的映射功能,其本质是对 vm.c 中 mappages()的封装,具体实现如代码 8-30 所示。

代码 8-30　mapshm()

```
1.  int
2.  mapshm(pde_t * pgdir, uint oldshm, uint newshm, uint sz, void **physaddr)
3.  {
4.    uint a;
5.    if(oldshm & 0xFFF || newshm & 0xFFF || oldshm > KERNBASE || newshm < sz)
6.      return 0;                                //验证参数
7.    a=newshm;
8.    for (int i = 0;a<oldshm;a+=PGSIZE, i++)          //逐页映射
9.    {
10.      mappages(pgdir,(char*)a,PGSIZE,(uint)physaddr[i],PTE_W|PTE_U);
11.    }
12.    return newshm;
13. }
```

shmadd()函数实现将新内存区信息填入 shmtab[8]数组的功能,具体实现如代码 8-31 所示。

代码 8-31　shmadd()

```
1.  int
2.  shmadd(uint key, uint pagenum, void* physaddr[MAX_SHM_PGNUM])
3.  {
4.      if(key<0 || 8<=key || pagenum<0 || MAX_SHM_PGNUM < pagenum){
5.          return -1;
6.      }
7.      shmtab[key].refcount = 1;
```

```
8.        shmtab[key].pagenum = pagenum;
9.        for(int i = 0;i<pagenum;++i){
10.           shmtab[key].physaddr[i] = physaddr[i];
11.       }
12.       return 0;
13. }
```

在 fork()时，由于子进程对共享内存区进行了一次映射，因此需要将其引用计数增
1，这是通过 shmaddcount()完成的，具体实现如代码 8-32 所示。

代码 8-32　shmaddcount()

```
1.  void
2.  shmaddcount(uint mask)
3.  {
4.    acquire(&shmlock);
5.    for (int key = 0; key < 8; key++)
6.    {
7.      if(shmkeyused(key,mask)){        //对目前进程所有引用的共享内存的引用数加 1
8.        shmtab[key].refcount++;
9.      }
10.   }
11.   release(&shmlock);
12. }
```

在 allocshm()创建共享内存区时，如果因为未能分配到物理页帧而失败时，需要调用
deallocshm()将已经分配的物理页帧归还。deallocshm()工作原理和 deallocuvm()相同，
具体实现如代码 8-33 所示。

代码 8-33　deallocshm()

```
1.  int
2.  deallocshm(pde_t * pgdir, uint oldshm, uint newshm)
3.  {
4.    pte_t *pte;
5.    uint a, pa;
6.    if(newshm <= oldshm)
7.      return oldshm;
```

```
8.    a = (uint)PGROUNDDOWN(newshm - PGSIZE);
9.    for (; oldshm <= a; a-=PGSIZE)
10.   {
11.     pte = walkpgdir(pgdir,(char *)a,0);
12.     if(pte && (*pte & PTE_P)!=0){
13.       pa = PTE_ADDR(*pte);
14.       if(pa == 0){
15.         panic("kfree");
16.       }
17.       *pte = 0;
18.     }
19.   }
20.   return newshm;
21. }
```

mappages()和walkpgdir()是 vm.c 中的函数,在 vm.c 文件中的函数原型带有 static 关键字,这意味着这两个函数的作用域为 vm.c 文件。为了使 sharemem.c 中的函数能调用这两个函数,vm.c 文件需去掉其函数原型中的 static 关键字,并在 defs.h 中加入它们的原型声明,如代码 8-34 所示。

代码 8-34　defs.h 中新增代码

```
1.  //vm.c
2.  ...
3.  pte_t *        walkpgdir(pde_t *pgdir, const void *va, int alloc);
4.  int            mappages(pde_t *pgdir, void *va, uint size, uint pa, int perm);
```

还需要在 types.h 中加入 1 行" typedef uint pte_t;"。

共享内存机制的引入改变了进程用户空间的上限,原本是 KERNELBASE,现在为 proc->shm,因此需要在 vm.c 文件中将第 228 行"if(newsz >= KERNBASE)"替换为"if (newsz >= proc->shm)"以及将第 291 行的"deallocuvm(pgdir, KERNBASE, 0);"替换为"deallocuvm(pgdir, proc->shm, 0);"。

■ 解除共享内存区的映射

shmrelease()用于解除共享内存的映射,可以是主动调用,也可以是在每个进程退出时调用。shmrelease()把当前进程中引用的共享内存的 refcount 减 1,同时调用 deallocshm()解除页表映射;若有共享内存区的 refcount 变为 0,还要调用 shmrm()释放物理内存，从而彻底销毁该共享内存。具体代码实现如代码 8-35 所示，其中的 deallocshm()的实现请参见前面的代码 8-33。

代码 8-35 shmrelease()

```
1.  int
2.  shmrelease(pde_t * pgdir, uint shm, uint keymask)
3.  {
4.      //cprintf("shmrelease: shm is %x, keymask is %x.\n",shm, keymask)
5.      acquire(&shmlock);
6.      deallocshm(pgdir,shm,KERNBASE);          //释放用户空间的内存
7.      for (int k = 0; k < 8; k++)
8.      {
9.        if(shmkeyused(k,keymask)){
10.         shmtab[k].refcount--;                //引用数目减 1
11.         if(shmtab[k].refcount==0){           //若为 0，即可以回收物理内存
12.           shmrm(k);
13.         }
14.       }
15.     }
16.     release(&shmlock);
17.     return 0;
18. }
```

shmrm()用于将共享内存的物理页帧回收，从而彻底清除共享内存区；利用 kfree() 逐个释放共享内存对应的物理页帧，如代码 8-36 所示。

代码 8-36 shmrm()

```
1.  int
2.  shmrm(int key)
3.  {
4.      if(key<0||8<=key){
5.        return -1;
6.      }
7.      //cprintf("shmrm: key is %d\n",key)
8.      struct sharemem * shmem = &shmtab[key];
9.      for(int i=0;i<shmem->pagenum;i++){
10.       kfree((char * )P2V(shmem->physaddr[i]));     //逐个页帧回收
```

```
11.    }
12.    shmem->refcount = 0;
13.    return 0;
14. }
```

如果进程没有主动撤销共享内存的映射,那么在进程结束时,父进程 wait()操作会解除映射并可能回收页帧,如代码 8-37 所示。

代码 8-37 修改后的 proc.c wait()

```
1.  int
2.  wait(void)
3.  {
4.    ...
5.    for(;;){
6.      //Scan through table looking for exited children
7.      havekids = 0;
8.      for(p = ptable.proc; p < &ptable.proc[NPROC]; p++){
9.        if(p->parent != curproc)
10.         continue;
11.       havekids = 1;
12.       if(p->state == ZOMBIE){
13.         //Found one
14.         pid = p->pid;
15.         kfree(p->kstack);
16.         p->kstack = 0;
17.         shmrelease(p->pgdir, p->shm, p->shmkeymask);//解除共享内存映射
18.         p->shm = KERNBASE;                          //把 shm 重置
19.         p->shmkeymask = 0;                          //把 shmkeymask 重置
20.         freevm(p->pgdir);
21.         p->pid = 0;
22.         p->parent = 0;
23.         p->name[0] = 0;
24.         p->killed = 0;
25.         p->state = UNUSED;
26.         release(&ptable.lock);
27.         return pid;
```

```
28.        }
29.     }
30.     ...
31. }
```

同理,在 exec()更换进程映像时,在清理原有进程程映像时,也需要解除共享内存的映射。修改后的 exec()如代码 8-38 所示。

代码 8-38   修改后的 exec.c exec()

```
1.  int
2.  exec(char * path, char **argv)
3.  {
4.      ...
5.      //Commit to the user image
6.      oldpgdir = proc->pgdir;
7.      proc->pgdir = pgdir;
8.      proc->sz = sz;
9.      proc->tf->eip = elf.entry;                      //main
10.     proc->tf->esp = sp;
11.     switchuvm(proc);
12.
13.     shmrelease(oldpgdir, proc->shm, proc->shmkeymask);  //回收共享内存
14.     freevm(oldpgdir);
15.     proc->shm= KERNBASE;                            //重置 shm
16.     proc->shmkeymask= 0;                            //重置 shmkeymask
17.
18. return 0;
19. ...
20. }
21.
```

■ **shmrefcount 系统调用**

shmrefcount 系统调用返回共享内存的引用数。首先在 sharemem.c 中添加 shmrefcount()代码:

```
1.  int
2.  shmrefcount(uint key)
```

```
3.  {
4.      acquire(&shmlock);
5.      int count;
6.      count = (key<0||8<=key)? -1:shmtab[key].refcount;
7.      release(&shmlock);
8.      return count;
9.  }
```

还需要在 sysproc.c 中添加 sys_shmrefcount()代码,与上文的 sys_shmgetat()一起加入。

```
1.  int
2.  sys_shmgetat (void)
3.  {
4.      int key, num;
5.      if(argint(0, &key) < 0 || argint(1, &num) < 0)
6.        return -1;
7.      return (int)shmgetat(key,num);
8.  }

9.  int
10. sys_shmrefcount(void)
11. {
12.     int key;
13.     if(argint(0,&key)<0)
14.       return -1;
15.     return shmrefcount(key);
16. }
```

此外与第 2 章所描述的添加系统调用方法一样,需要在多个文件中添加相关代码,此处不再一一展开。

3. 测试验证

测试代码将创建一个子进程,父子进程都映射编号为 1 的共享内存块,父、子进程先后往共享内存写入消息字符串,再将共享内存中的字符串打印出来,并打印进程 pid 和共享内存块 1 的引用数,从而验证两个进程访问同一内存区域这一功能。该测试代码的关键部分如代码 8-39 所示。

代码 8-39　进程间使用共享内存通信的示例代码

```
1.  #include "types.h"
2.  #include "stat.h"
3.  #include "user.h"
4.  #include "fs.h"
5.  int main(void)
6.  {
7.    char * shm;
8.    int pid = fork();
9.    if(pid == 0){                          //子进程
10.     sleep(1);                            //子进程在父进程后访问共享内存
11.     shm = (char *) shmgetat(1,3);        //key 为 1,大小为 3 页的共享内存
12.     printf(1,"child  process pid:%d shm is %s refcount of 1 is:%d\n", getpid
    (), shm, shmrefcount(1));
13.     strcpy(shm, "hello_world!");
14.     printf(1, "child  process pid:%d write %s into the shm\n", getpid(), shm);
15.   }
16.   else if (pid > 0) {                    //父进程
17.     shm = (char *) shmgetat(1,3);
18.     printf(1,"parent process pid:%d before wait() shm is %s refcount of 1 is:%
    d\n", getpid(), shm, shmrefcount(1));
19.     strcpy(shm, "share_memory!");        //写入共享内存
20.     printf(1,"parent process pid:%d write  %s into the shm\n", getpid(), shm);
21.                                          //检查共享内存中写入的内容
22.     wait();                              //等待子进程结束
23.     printf(1,"parent process pid:%d after wait() shm is %s refcount of 1 is:%d
    \n", getpid(), shm, shmrefcount(1));     //再次检查共享内存中的内容
24.   }
25.   exit();
26. }
```

编译后运行,父进程成功读出子进程写入的数据,从而展示了父子进程正常使用共享内存所提供的通信功能,如屏显 8-7 所示。

屏显 8-7　父子进程通过共享内存进行通信

```
$ test
parent process pid:3 before wait() shm is   refcount of 1 is:1
```

```
parent process pid:3 write  share_memory! into the shm
child  process pid:4 shm is share_memory! refcount of 1 is:2
child  process pid:4 write hello_world! into the shm
parent process pid:3 after wait() shm is hello_world! refcount of 1 is:1
```

8.3.2　消息队列的实现

本科操作系统教材中通常都有讨论消息队列的实现原理,也就是在各个进程内部实现一个邮箱,可以接受其他进程发过来的消息。这里实现一个简单的消息队列,在进程 proc 中添加一个成员用于记录消息队列。出于简化编程的目的,一个消息队列不管长度为多少,都用一个页帧大小来管理。由于涉及多进程并发操作,还需要注意同步关系。

1. 关键数据结构

为了给 xv6 进程增加消息队列的通信功能,需要描述消息和消息队列自身形成如图 8-3所示的系统。消息队列使用 msg 结构体描述一个消息,其定义如代码 8-40 所示,所有消息构成一个链表。其中第一个消息,仅作为表头一直存在,并不保存消息。

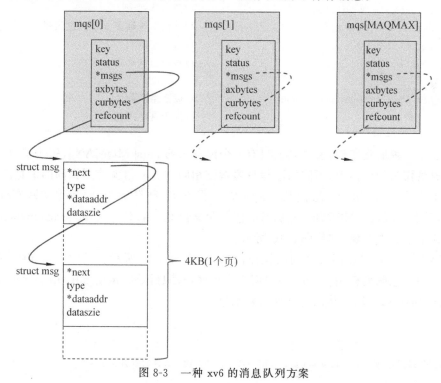

图 8-3　一种 xv6 的消息队列方案

代码 8-40　消息 msg 结构体

```
1.  struct msg{                        //消息结构体
2.     struct msg * next;              //指向下一个消息
3.     long type;                      //消息类型
4.     char * dataaddr;               //数据地址,实际上等与 msg+16
5.     int  dataszie;                  //消息长度
6.  };
7.
8.  struct mq{                         //消息队列
9.     int key;                        //对应的 key
10.    int status;                     //0代表未使用,1代表已使用
11.    struct msg * msgs;             //指向 msg 链表
12.    int maxbytes;                   //一个消息队列最大为 4k
13.    int curbytes;                   //当前已使用字节数
14.    int refcount;                   //引用数(进程数)
15. };
16.
17. struct spinlock mqlock;           //消息队列 锁
18. struct mq mqs[MQMAX];             //默认系统最多 8 个消息队列
19. struct proc * wqueue[NPROC];      //写阻塞队列
20. int  wstart=0;                     //写阻塞队列指示下标
21.
22. struct proc * rqueue[NPROC];      //读阻塞队列
23. int  rstart=0;                     //读阻塞队列指示下标
```

由于是一种简化实现,整个系统只有 8 个消息队列 mqs[MQMAX],每个消息队列使用 key 成员作为身份标识,不同的进程只要指定相同的 key 值就使用相同的消息队列[①]。

由于是共享资源,因此使用 mqlock 锁保护消息队列中的操作,另有 rqueue[NPROC]和 wqueue[NPROC]分别对应读写阻塞队列。新建一个 messagequeue.c 文件用于描述上述数据对象,如代码 8-40 所示。

同时在 defs.h 添加消息队列的操作函数,如代码 8-41 所示。其中,mqinit()用于系统启动时对消息队列初始化,mqget()用于申请使用消息队列,msgsnd()用于向消息队列发出消息,msgrcv()用于从消息队列接收消息。

_____

① 这里的简易实现并没有检查 key 值是否唯一,Linux 通常使用文件的索引节点号来产生唯一标识。

代码 8-41 消息队列的操作函数

```
1.  //messagequeue.c
2.  void     mqinit();                    //初始化系统的消息队列
3.  int      mqget(uint);                 //申请使用某个消息队列
4.  int      msgsnd(uint, void *, int);   //发送消息
5.  int      msgrcv(uint, void *, int);   //接收消息
6.  void     releasemq(int);              //释放消息队列
7.  void     addmqcount(uint);            //增加消息队列的引用计数
```

然后在 proc.h 的进程 PCB proc 结构体中添加一个 mqmask 成员,以掩码形式记录本进程所使用的消息队列。

```
1.  uint mqmask;
```

最后再添加 int mqget(uint); int msgsnd(uint, void * , int);int msgrcv(uint, void * , int);这三个系统调用,系统调用的添加已经在第 2 章中讨论过,不再赘述。

2. 实现细节

消息队列的实现涉及初始化、创建和撤销消息队列、消息的发送和接收等操作,下面逐个进行分析。

■ **初始化**

首先需要在 messagequeue.c 实现消息队列的初始化函数 mqinit(),主要是将各个消息队列设置为空闲未用 msq[i].status=0,并进行锁的初始化。

```
1.  void
2.  mqinit()
3.  {
4.     cprintf("mqinit.\n");
5.     initlock(&mqlock, "mqlock");
6.     for(int i =0;i<MQMAX;++i){
7.       mqs[i].status = 0;
8.     }
9.  }
```

消息队列的初始化将在系统启动时,由 main.c 中的 main()函数调用,修改后的 main()如下所示。

```
1.  int
2.  main(void)
3.  {
4.      kinit1(end, P2V(4 * 1024 * 1024));           //phys page allocator
5.      kvmalloc();                                   //kernel page table
6.      mpinit();                                     //detect other processors
7.      lapicinit();                                  //interrupt controller
8.      seginit();                                    //segment descriptors
9.      picinit();                                    //disable pic
10.     ioapicinit();                                 //another interrupt controller
11.     consoleinit();                                //console hardware
12.     uartinit();                                   //serial port
13.     pinit();                                      //process table
14.     tvinit();                                     //trap vectors
15.     binit();                                      //buffer cache
16.     fileinit();                                   //file table
17.     ideinit();                                    //disk
18.     startothers();                                //start other processors
19.     kinit2(P2V(4 * 1024 * 1024), P2V(PHYSTOP));   //must come after startothers()
20.     sharememinit();                               //shminit
21.     mqinit();                                     //mqinit 初始化消息队列
22.     userinit();                                   //first user process
23.     mpmain();                                     //finish this processor's setup
24. }
```

新进程创建过程中执行 allocproc() 时,需要为 proc 中的消息队列成员设置初值,即 p->mqmask=0,表示还未使用消息队列,如代码 8-42 所示。

代码 8-42　修改后的 proc.c allocproc()

```
1.  static struct proc *
2.  allocproc(void)
3.  {
4.      ...
5.
6.  found:
7.      p->state = EMBRYO;
```

```
8.      p->pid = nextpid++;
9.      p->shm = KERNBASE;
10.     p->shmkeymask = 0;
11.
12.     p->mqmask = 0;                        //初始化 mqmask
13.
14.     p->uid = -1;
15.
16.     p->back = 0;
17.
18.     release(&ptable.lock);
19.
20.     //Allocate kernel stack
21.     if((p->kstack = kalloc()) == 0){
22.       p->state = UNUSED;
23.       return 0;
24.     }
25.     ...
26.
27.     return p;
28. }
```

当使用 fork()创建进程时,子进程的消息队列继承自父进程,因此也需要作相应的修改,如代码 8-43 所示。

代码 8-43　修改后的 proc.c fork()

```
1.  int
2.  fork(int back)
3.  {
4.      ...
5.      shmaddcount(curproc->shmkeymask);
6.      np->shm = curproc->shm;
7.      np->shmkeymask = curproc->shmkeymask;
8.
9.      for(i=0;i<8;++i){
10.       if(shmkeyused(i,np->shmkeymask)){
```

```
11.        np->shmva[i] = curproc->shmva[i];
12.      }
13.    }
14.
15.    addmqcount(curproc->mqmask);          //父进程持有的消息队列引用数全部加 1
16.    np->mqmask = curproc->mqmask;          //复制父进程的 mqmask
17.
18.    np->sz = curproc->sz;
19.    np->parent = curproc;
20.    * np->tf = * curproc->tf;
21.
22.    ...
23. }
```

前面 fork()复制父进程的消息队列时使用了 addmqcount()，它用于父进程 mqmask 标示的消息队列引用计数加 1。

```
1.  void
2.  addmqcount(uint mask)
3.  {
4.    //cprintf("addcount: %x.\n",mask)
5.    acquire(&mqlock);
6.    for (int key = 0; key < MQMAX; key++)
7.    {
8.      if(mask >> key & 1){
9.        mqs[key].refcount++;
10.     }
11.   }
12.   release(&mqlock);
13. }
```

■ 创建消息队列

进程在使用消息队列之前，需要先调用 mqget()创建消息队列。由于消息队列是共享的，因此有可能进程发出创建操作时，别的进程已经提前创建好了对应的消息队列，这时直接使用即可。前面提到过，消息队列使用 key 作为标识，因此创建的时候就需要指出 key 值。mqget()将根据 key 值在 mqs[]数组中查找，如果找到匹配的，说明该消息队列已经有其他进程创建,本进程直接使用即可。否则,通过 newmq()在 mqs[]中找一个空闲项并使用之。

```
1.  int
2.  mqget(uint key)
3.  {
4.      acquire(&mqlock);
5.      int idx = findkey(key);
6.
7.      if(idx != -1){              //如果 key 对应的消息队列已经创建
8.        if(!(proc->mqmask >> idx & 1)){    //如果当前进程还未使用该消息队列
9.          proc->mqmask |= 1 << idx;      //标记本进程使用该消息队列
10.         mqs[idx].refcount++;       //消息队列的引用计数+1
11.       }
12.       release(&mqlock);
13.       return idx;
14.   }
15.                                //对应 key 消息队列未创建则 newmq 创建
16.     idx = newmq(key);          //创建消息队列
17.     release(&mqlock);
18.     return idx;               //返回该消息队列在 mqs []中的下标
19.  }
20.
```

mqget()中用到的 findkey()函数实现非常简单,就是遍历 mqs[]数组,比对是否有相同的 key 值,从而把传入的 key 映射到一个 mqs[]数组的下标。

```
1.  int findkey(int key)
2.  {
3.      int idx =-1;
4.      for(int i = 0;i<MQMAX;++i){
5.        if(mqs[i].status != 0 && mqs[i].key == key){
6.          idx = i;
7.          break;
8.        }
9.      }
10.     return idx;
11.  }
```

另外,当没有找到与 key 匹配的消息队列时,需要调用 newmq()创建该消息队列,其代码如代码 8-44 所示。从代码中可以看出,只分配了一个页的空间来存储本消息队列的消息,系统共有 MQMAX 个消息队列,因此一共用了 MQMAX 个页来存储整个系统的全部消息。

代码 8-44   newmq()

```
1.   int newmq(int key)
2.   {
3.     //cprintf("newmq.\n")
4.     int idx =-1;
5.     for(int i=0;i<MQMAX;++i){                    //查看 mqs 数组中是否有空闲项
6.       if(mqs[i].status == 0){
7.         idx = i;
8.         break;
9.       }
10.    }
11.    if(idx == -1){                               //消息队列全部用满,创建失败
12.      cprintf("newmq failed: can not get idx.\n");
13.      return -1;
14.    }
15.    mqs[idx].msgs = (struct msg*)kalloc();       //为消息池分配空间(1 个页)
16.    if(mqs[idx].msgs == 0){                       //消息的存储空间不能为 NULL
17.      cprintf("newmq failed: can not alloc page.\n");
18.      return -1;
19.    }
20.    mqs[idx].key = key;                          //为该消息队列设置 key 值
21.    mqs[idx].status = 1;                         //标示为已启用
22.    memset(mqs[idx].msgs,0,PGSIZE);              //清空消息池
23.    mqs[idx].msgs -> next = 0;                   //接下来都是初始化消息队列
24.    mqs[idx].msgs -> dataszie = 0;
25.    mqs[idx].maxbytes = PGSIZE;
26.    mqs[idx].curbytes = 16;
27.    mqs[idx].refcount = 1;
28.    proc->mqmask |= 1 << idx;                     //修改当前进程的 mqmask,表示使用中
29.    return idx;
30. }
```

■ **消息存储空间管理**

每个消息队列只使用一个页的内存空间,各个消息都存储于该页的 4kB 空间内。消息队列中消息储存方式如图 8-4 所示,结合代码 8-40 中的 struct msg 来分析其存储管理。一个消息结构体 msg 由成员 next、type、dataaddr 和 datasize,以及紧随其后的数据区组成,数据区大小即为 datasize。所以,一个消息总共占用 datasize+16 个字节空间。

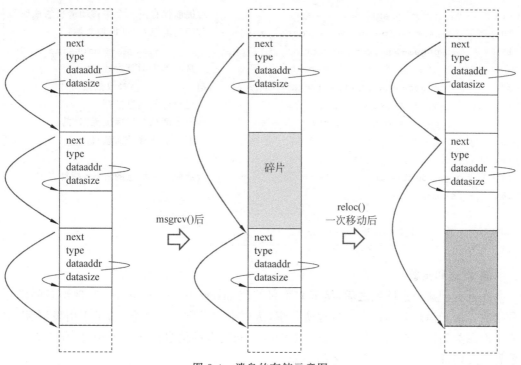

图 8-4　消息的存储示意图

如果简单地采用上述这种布局有个弊端:当队列中间有消息被取出时,会造成内存碎片,如图 8-4 中间所示。如果在每次取出消息时,都调用一次 reloc()方法,把后面消息往前移动填补碎片(类似 jvm 的 GC 中的标记-整理),那么可以在这 4kB 的空间内容纳更多的消息。reloc()整理函数的实现如代码 8-45 所示。全空的消息队列,是不会发出reloc()调用的。

代码 8-45　reloc()

```
1.  int reloc(int mqid)
2.  {
```

```
3.      struct msg * pages = mqs[mqid].msgs;      //移动消息目标地址
4.      struct msg * m  = pages;                   //待移动消息
5.      struct msg * t;
6.      struct msg * pre = pages;
7.      while (m != 0)
8.      {
9.          t = m->next;                           //提前保存下一个待移动消息的地址
10.         memmove(pages, m, m->datasize+16);     //移动消息(包括原地复制)
11.         pages->next = (struct msg *)((char *)pages + pages->datasize + 16);
                                                    //修改下个消息指针
12.         pages->dataaddr = ((char *)pages + 16);      //修改数据指针
13.         pre = pages;                           //记录当前消息指针
14.         pages = pages->next;                   //下个消息的目标位置(目的)
15.         m = t;                                 //下一个待移动消息(源)
16.      }
17.      pre->next = 0;                            //最后一个消息的 next 指针置 0
18.      return 0;
19. }
20.
```

■ **发送和接收**

在进程创建消息队列之后,接下来可以使用 msgsnd() 和 msgrcv() 实现消息的发送和接收。由于消息队列被多个进程所共享,队列中记录有多个消息,为了不引发混乱,引入了消息类型这一概念。如果收发双方约定不同类型的消息用于不同用途,那么在一个消息队列内部可以实现消息用途的细分。

由于消息的发送和接收是和用户进程交互的,因此还需要定义用户进程所使用的消息格式。用户态代码在构建消息时,使用 msg 结构体,如下所示:

```
1.  struct msg{
2.      int type;
3.      char * dataaddr;
4.  }
```

发送消息使用 msgsnd(),需要指出使用哪个消息队列、消息缓冲区首地址以及消息长度三个参数,如代码 8-46 所示。

代码 8-46 msgsnd()

```
1.  int
2.  msgsnd(uint mqid, void* msg, int sz)
3.  {
4.      if(mqid<0 || MQMAX<=mqid || mqs[mqid].status == 0){
5.          return -1;
6.      }
7.
8.      char * data = (char *)(*((int *)(msg + 4)));  //传入的消息数据
9.      int  * type = (int *)msg;                      //传入的消息类型
10.
11.     if(mqs[mqid].msgs == 0){
12.         cprintf("msgsnd failed: msgs == 0.\n");
13.         return -1;
14.     }
15.
16.     acquire(&mqlock);
17.
18.     while(1){                                      //一直循环直到发送成功
19.       if(mqs[mqid].curbytes + sz + 16 <= mqs[mqid].maxbytes){//如果剩余空间充裕
20.             struct msg * m = mqs[mqid].msgs;
21.             while(m->next != 0){                   //找到队尾最后一个空闲消息区
22.                 m = m -> next;
23.             }                         //退出循环时,m->next==0标示空闲消息区
24.
25.             m->next = (void *)m + m->datasize + 16;//计算用于存储消息的起始位置
26.             m = m -> next;                         //m为本消息存储空间起点
27.             m->type = * (type);                    //填写本消息 type
28.             m->next = 0;                           //本消息暂无后续消息
29.             m->dataaddr = (void *)m + 16;          //数据区
30.             m->datasize = sz;                      //数据长度
31.             memmove(m -> dataaddr, data, sz);      //复制消息数据
32.             mqs[mqid].curbytes += (sz+16);         //可用空间缩减
33.             for(int i=0; i<rstart; i++)            //唤醒所有读阻塞进程
34.             {
35.                 wakeup(rqueue[i]);
36.             }
```

```
37.              rstart = 0;                          //读阻塞队列置空
38.              release(&mqlock);
39.              return 0;
40.        } else {                                   //空间不足,进程睡眠在 wqueue 阻塞队列
41.              cprintf("msgsnd: can not alloc: pthread: %d sleep.\n",myproc()->pid);
42.              wqueue[wstart++] = proc;
43.                                                    //环形队列
44.              sleep(proc,&mqlock);
45.        }
46.
47.    }
48.
49.    return -1;
50. }
```

接收消息使用 msgrcv() 函数,如代码 8-47 所示,需要指出消息队列的 id,消息缓冲区和消息大小。其工作原理和发送过程类似,但是多了一个消息紧凑的内存操作,即前面刚讨论过的 reloc()。

代码 8-47   msgrcv()

```
1.  int
2.  msgrcv(uint mqid, void* msg, int sz)
3.  {
4.      if(mqid<0 || MQMAX<=mqid || mqs[mqid].status ==0){
5.          return -1;
6.      }
7.      int * type = msg;                        //待读取消息类型
8.      int * data = msg + 4;                    //待读取消息目标位置
9.      acquire(&mqlock);
10.
11.     while(1){
12.         struct msg * m = mqs[mqid].msgs->next;
13.         struct msg * pre = mqs[mqid].msgs;
14.         while (m != 0)
15.         {
16.             if(m->type == * type){               //找到要读取的消息类型
```

```
17.              memmove((char *) * data, m->dataaddr, sz);
18.              pre->next = m->next;              //将已读取的消息从消息队列中删除
19.              mqs[mqid].curbytes -= (m->datasize + 16); //释放消息空间
20.              reloc(mqid);                      //重新整理内存
21.
22.              for(int i=0; i<wstart; i++)       //唤醒写阻塞进程
23.              {
24.                   wakeup(wqueue[i]);
25.              }
26.              wstart = 0;                        //写阻塞队列置空
27.
28.              release(&mqlock);
29.              return 0;
30.          }
31.          pre = m;
32.          m = m->next;
33.      }
34.      cprintf("msgrcv: can not read: pthread: %d sleep.\n",proc->pid);
35.      rqueue[rstart++] = proc;
36.      sleep(proc,&mqlock);
37.    }
38.    return -1;
39. }
```

可以看出这个简化实现的消息队列,在接收消息时也需要指定消息长度,读者可以将该约束去除,读入消息后再将消息长度返回给调用者。另外,读者也可以将等待队列的实现方式修改为链表方式,比现在的用 rstart/rend 的首尾指针方式要合理得多。

读者还需要注意到,上面的代码直接将内核态数据复制到用户态空间,而没有检查用户空间是否合法可用,读者可以自行增加上述检查。

■ **撤销消息队列**

当不再使用消息队列时,可以撤销消息队列。这需要借助 refcount 来管理引用,引用为 0 时回收内存,否则仍将保留消息队列的内存空间。撤销操作由 releasemq()负责,具体如代码 8-48 所示,如果没有进程使用该消息队列,则进一步通过 rmmq()撤销其内存。另有 releasemq2()用于将一个进程的所用的全部消息队列撤销。

代码 8-48   releasemq()/rmmq()/releasemq2()

```
1.  void
2.  rmmq(int mqid)
3.  {
4.     //cprintf("rmmq: %d.\n",mqid)
5.     kfree((char *)mqs[mqid].msgs);          //回收物理内存
6.     mqs[mqid].status = 0;
7.  }
8.
9.  void
10. releasemq(uint key)
11. {
12.    //cprintf("releasemq: %d.\n",key)
13.    int idx= findkey(key);
14.    if (idx!=-1){
15.      acquire(&mqlock);
16.        mqs[idx].refcount--;                 //引用数目减 1
17.        if(mqs[idx].refcount == 0)           //引用数目为 0 时候需要回收物理内存
18.          rmmq(idx);
19.      release(&mqlock);
20.      }
21. }
22.
23. void
24. releasemq2(int mask)
25. {
26.    //cprintf("releasemq: %x.\n",mask)
27.    acquire(&mqlock);
28.    for(int id = 0;id<MQMAX;++id){
29.      if( mask >> id & 0x1){
30.        mqs[id].refcount--;                  //引用数目减 1
31.        if(mqs[id].refcount == 0){           //引用数目为 0 时候需要回收物理内存
32.          rmmq(id);
33.        }
34.      }
35.    }
36.    release(&mqlock);
37. }
```

　　除了进程主动调用外,其他两个调用撤销操作的时机是进程结束时和 exec 更换进程映像时。对于进程结束后,父进程执行 wait()操作时,需要将子进程所使用消息队列撤销,如代码 8-49 所示。

代码 8-49　修改后的 proc.c wait()

```
1.  int
2.  wait(void)
3.  {
4.     ...
5.     for(;;){
6.       //Scan through table looking for exited children.
7.       havekids = 0;
8.       for(p = ptable.proc; p < &ptable.proc[NPROC]; p++){
9.         if(p->parent != curproc)
10.          continue;
11.        havekids = 1;
12.        if(p->state == ZOMBIE){
13.          //Found one.
14.          pid = p->pid;
15.          kfree(p->kstack);
16.          p->kstack = 0;
17.          shmrelease(p->pgdir, p->shm, p->shmkeymask);
18.          p->shm = KERNBASE;
19.          p->shmkeymask = 0;
20.          releasemq2(p->mqmask);          //回收消息队列
21.          p->mqmask = 0;                  //重置进程的 mqmask
22.          freevm(p->pgdir);
23.          p->pid = 0;
24.          p->parent = 0;
25.          p->name[0] = 0;
26.          p->killed = 0;
27.          p->state = UNUSED;
28.          if(p->back == 1){
29.            continue;
30.          }
31.          release(&ptable.lock);
32.          return pid;
```

```
33.        }
34.      }
35.      ...
36.    }
37. }
```

另一处需要撤销消息队列的使用的地方是 exec( )更换进程映像的时候,如代码 8-50
所示。

代码 8-50　修改后的 exec.c exec( )

```
1.  int
2.  exec(char * path, char **argv)
3.  {
4.      ...
5.
6.      //Commit to the user image
7.      oldpgdir = curproc->pgdir;
8.      curproc->pgdir = pgdir;
9.      curproc->sz = sz;
10.     curproc->tf->eip = elf.entry;          //main
11.     curproc->tf->esp = sp;
12.     switchuvm(curproc);
13.     shmrelease(oldpgdir, curproc->shm, curproc->shmkeymask);
14.     freevm(oldpgdir);
15.     curproc->shm = KERNBASE;
16.     curproc->shmkeymask = 0;
17.
18.     releasemq(curproc->mqmask);            //回收消息队列
19.     curproc->mqmask = 0;                   //重置进程的 mqmask
20.
21.     return 0;
22.     ...
23. }
```

3. 测试验证

下面代码 8-51 给出了测试发送和接收消息的核心代码,读者可自行尝试编写完成代码进行测试。

代码 8-51 测试消息队列发送和接收功能的代码

```
1.   struct msg{
2.     int type;
3.     char * dataaddr;
4.   }s1,s2,g;
5.
6.   void msg_test()
7.   {
8.     int mqid = mqget(123);                    //使用消息队列
9.     int pid = fork();
10.    if(pid == 0){                             //子进程
11.      s1.type = 1;
12.      s1.dataaddr = "This is the first message!";
13.      msgsnd(mqid, &s1, 27);                  //发送消息 1
14.      s1.type = 2;
15.      s1.dataaddr = "Hello, another message comes!";
16.      msgsnd(mqid, &s1, 30);                  //发送消息 2
17.      s1.type = 3;
18.      s1.dataaddr = "This is the third message, and this message has great
     characters!";
19.      msgsnd(mqid, &s1, 70);                  //发送消息 3
20.      printf(1,"all messages have been sent.\n");
21.    } else if (pid >0)                        //以下是父进程
22.    {
23.      sleep(10);                              //sleep 保证子进程消息写入之后才读入
24.      g.dataaddr = malloc(70);
25.      g.type = 2;
26.      msgrcv(mqid,&g, 30);                    //读入消息 2
27.      printf(1, "receive the %dth message: %s\n", 2, g.dataaddr);
28.      g.type = 1;
29.      msgrcv(mqid,&g, 27);                    //读入消息 1
30.      printf(1, "receive the %dth message: %s\n", 1, g.dataaddr);
31.      g.type = 3;
32.      msgrcv(mqid,&g, 70);                    //读入消息 3
33.      printf(1, "receive the %dth message: %s\n", 3, g.dataaddr);
```

```
34.     wait();
35.     }
36.   exit();
37. }
38.
39.
40. int
41. main(int argc, char * argv[])
42. {
43.   msg_test();
44.   exit();
45. }
```

启动系统后运行 msg_test 测试程序，获得如屏显 8-8 所示的输出。

屏显 8-8 父进程睡眠等待子进程发出消息后读取的消息

```
init: starting sh
$ msg_test
all messages have been sent
receive the 2th message: Hello, another message comes!
receive the 1th message: This is the first message!
receive the 3th message: This is the third message, and this message has great many
characters!
```

注释掉 sleep 后，在很大概率上，父进程在子进程还没有写之前进行读，所以会阻塞，等子进程写后再唤醒输出，如屏显 8-9 所示。

屏显 8-9 父进程读取子进程消息（有睡眠等待）

```
init: starting sh
$ msg_test
msgrcv: can not read: pthread: 3 sleep
all messages have been sent
receive the 2th message: Hello, another message comes!
receive the 1th message: This is the first message!
receive the 3th message: This is the third message, and this message has great many
characters!
```

8.4　内存管理实验

我们这里安排两个实验,第一个实现进程用户空间非连续分区的分配(实际上以页为最小分配尺度),第二个实验将进程的内存布局分成代码和数据两个不同属性的段,从而保护代码不会遭到意外修改。由于虚拟内存还需要磁盘文件系统的支持,因此虚存的实验将放到高级实验部分讨论。

8.4.1　实现 myfree() 和 myalloc() 系统调用

前面学习过 xv6 进程分配和释放内存的方式后,发现 xv6 只允许扩展和收缩进程空间。下面具体分析 xv6 进程空间的内存管理方法:

(1) 从 sysproc.c 中的 sys_sbrk() 系统调用入手,可以看到 sys_sbrk() 将进一步调用 growproc(n) 进行内存空间调整。proc.c 中的 growproc(n) 根据 n 的正负不同,利用 allocuvm() 进行扩展或利用 deallocuvm() 进行收缩。

(2) vm.c 中的 allocvum() 和 deallocuvm() 则是进程空间管理的核心代码。学习分配进程内存的 allocvum() 和 deallocuvm() 时,注意要明确区分:物理页帧、页表、虚存地址范围,以及三者之间的关系。其中,kalloc() 将分配一个物理页帧,kfree() 将释放一个页帧;mappages() 用于建立虚存地址和物理页帧之间的页表映射。

对 xv6 的进程空间的扩展和收缩有了了解之后,可以思考如何实现 Linux 方式的 alloc() 和 free(),因为它们可能造成内存空间中的空洞,而 xv6 当前并不支持这样的内存布局。

1. 内存空间描述

我们对内存管理作了一些限制,以避免 myalloc()/myfree() 机制和 sbrk 机制相冲突,启用 vma 内存区域之后,不再允许 sbrk 发出内存扩展的请求。也就是说,myalloc()/myfree() 紧接在原来的进程映像结束位置,安排在 proc->sz 之上的空间,如图 8-5 所示。

■ 修改 PCB

xv6 的进程空间只有一个连续区间,只允许扩展和收缩两种操作,因此只需要一个 sz 成员就可以记录。如果实现类似 Linux 操作系统的内存分配 alloc() 和释放 free() 操作,那么就可能在进程空间上造成空洞,这种不连续的空间需要其他额外信息来描述。

我们定义一个连续内存空间的描述符 vma(virtual memory area)结构体,进程的各个 vma 构成一个链表并由 vm 结构体描述。vma 结构体的定义如代码 8-52 所示。为了

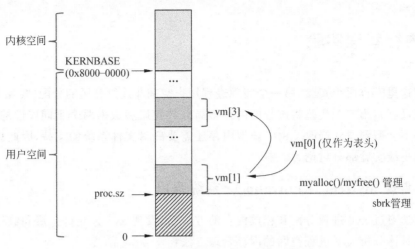

图 8-5　一种 xv6 的 vma 管理方案示意图

便于实现，我们用数组链表来表示。

代码 8-52　vma 结构体

```
1.  struct vma{
2.      int start;              //内存块起始地址
3.      int length;             //内存块大小
4.      int next;               //下一块内存索引,-1 表示未分配,0 表示没有下一个
5.  };
```

　　然后在 PCB 中加入成员 vm [] 数组，如代码 8-53 所示。需要注意的是，我们将 vm[0] 作为头指针使用，它并不管理内存区。vm[0] 作为链表头一直存在（记录进程创建 vma 之前的内存映像区域），当 vm[0].next＝0 表示没有创建 vma 内存区。当创建 vma 内存区域后，vma 结构体成员 next 用于按地址从低到高排序构成链表，并且用 vm[x].next＝0 表示 vm[x] 是链上最后一个区域。vm[x].next＝－1 表示 vm[x] 为空闲未用。

代码 8-53　为 proc 添加 vm 成员

```
1.  struct proc {
2.      uint sz;                    //Size of process memory (bytes)
3.      pde_t * pgdir;              //Page table
4.      char * kstack;             //Bottom of kernel stack for this process
5.      enum procstate state;       //Process state
```

```
6.      int pid;                            //Process ID
7.      struct proc * parent;               //Parent process
8.      struct trapframe * tf;              //Trap frame for current syscall
9.      struct context * context;           //swtch() here to run process
10.     void * chan;                        //If non-zero, sleeping on chan
11.     int killed;                         //If non-zero, have been killed
12.     struct file * ofile[NOFILE];        //Open files
13.     struct inode * cwd;                 //Current directory
14.     char name[16];                      //Process name (debugging)
15.     struct vma vm[10];                  //vm[0] 为指针头,剩余 9 个可用
16. };
```

在 allocproc()中对新增的 vm[]变量初始化,添加如下代码:

```
1.      for(int i = 1; i < 10; i++) {            //vma 的初始化
2.        p->vm[i].next = -1;
3.        p->vm[i].length=0;
4.      }
5.      p->vm[0].next = 0;
```

■ 查看 vma 信息

修改 procdump(),增加内存映像的输出,这样在 Ctrl+P 时就可以将每个进程的各 vma 起始地址和长度显示出来。(主要修改输出循环)

```
1.  for(p = ptable.proc; p < &ptable.proc[NPROC]; p++){
2.    if(p->state == UNUSED)
3.      continue;
4.    if(p->state >= 0 && p->state < NELEM(states) && states[p->state])
5.      state = states[p->state];
6.    else
7.      state = "???";
8.    cprintf("\npid: %d, state: %s, name: %s\n", p->pid, state, p->name);
9.    for(int i = p->vm[0].next; i != 0; i = p->vm[i].next) {
10.     cprintf("start: %d, length: %d\n", p->vm[i].start, p->vm[i].length);
11.   }
12. }
```

2. 分配与回收操作

添加 myfree()的 myalloc()系统调用,在分配空间时,需要(1)查找合适的地址范围,并创建 vma 进行描述;(2)要用 kalloc()分配足够的物理页帧,并用 mappages()将这些页帧映射到指定的虚存地址上。在释放空间时,(1)需要将所涉及的页帧,逐个解除页表映射;(2)删除 vma。我们这里分配和释放内存空间,都以页(4KB)的整数倍为大小,以减少编程细节、减轻大家的编程工作量。

其中,alloc()调用 mygrowproc()来完成进程空间分配,并用相应的 vma 记录空洞信息,free()调用 myreduceproc()释放进程空间,并释放对应的 vma。将这两个函数的实现放在 proc.c 中,如代码 8-54 所示。

代码 8-54　mygrowproc()和 myreduceproc()

```
1.   int mygrowproc(int n) {                          //首次适应算法
2.     struct vma * vm = proc->vm;
3.     int start = proc->sz;
4.     int pre = 0;
5.     int i, k;                                       //寻找插入的地方
6.     for(i = vm[0].next; i != 0; i = vm[i].next) {   //查找适合的内存空洞区
7.       if(start + n < vm[i].start)
8.         break;
9.       start = vm[i].start + vm[i].length;
10.      pre = i;
11.    }
12.
13.    for(k = 1; k < 10; k++) {                       //寻找未用的 vma(vm[0]除外)
14.      if(vm[k].next == -1) {
15.        vm[k].next = i;
16.        vm[k].start = start;
17.        vm[k].length = n;
18.
19.        vm[pre].next = k;                           //将 vm[k]挂入链表尾部
20.
21.        myallocuvm(proc->pgdir, start, start + n);  //为 vm[k]分配内存
22.        switchuvm(proc);                            //使内存映像生效
23.        return start;                               //返回分配的地址
24.      }
25.    }
```

```
26.      switchuvm(proc);
27.      return 0;
28.  }
29.
30.  int
31.  myreduceproc(int start) {                          //释放 start 地址上的内存块
32.      int prev = 0;
33.      int i;
34.
35.      for(i = proc->vm[0].next; i != 0; i = proc->vm[i].next) {
36.        if(proc->vm[i].start == start && proc->vm[i].lenght>0) { //找到对应内存块
37.          mydeallocuvm(proc->pgdir, start, start + proc->vm[i].length); //释放内存
38.          proc->vm[prev].next = proc->vm[i].next;     //从链上摘除
39.          proc->vm[i].next = -1;                      //标记为未用
40.          proc->vm[i].length=0;
41.          switchuvm(proc);                            //使内存映像生效
42.          return 0;
43.        }
44.        prev = i;
45.      }
46.      cprintf("warning: free vma at %x! \n",start);
47.      return -1;
48.  }
```

其中还用到了 myallocuvm() 完成虚拟空间到物理页帧的映射,而 mydeallocuvm() 完成虚拟空间到物理页帧的解绑。这两个代码实现在 vm.c 中,如代码 8-55 所示。

代码 8-55　myallocuvm()和 mydeallocuvm()

```
1.  //start 和 end 都是虚拟地址
2.  int
3.  myallocuvm(pde_t * pgdir, uint start, uint end) {
4.      char * mem;
5.      uint a;
6.
7.      a = PGROUNDUP(start);
8.      for(; a < end; a += PGSIZE) {
```

```
9.      mem = kalloc();
10.     if(mem == 0) {
11.         //物理内存不足的处理
12.     }
13.     memset(mem, 0, PGSIZE);
14.     if(mappages(pgdir, (char *) a, PGSIZE, V2P(mem), PTE_W | PTE_U) < 0) {
15.         //页表映射失败处理
16.     }
17.   }
18.   return (end - start);
19. }
20. //start 和 end 都是虚拟地址
21. int mydeallocuvm(pde_t * pgdir, uint start, uint end) {
22.   pte_t * pte;
23.   uint a, pa;
24.
25.   a = PGROUNDUP(start);
26.   for(; a < end; a += PGSIZE) {
27.     pte = walkpgdir(pgdir, (char *) a, 0);
28.     if(!pte)
29.       a += (NPDENTRIES - 1) * PGSIZE;
30.     else if(( * pte & PTE_P) != 0) {
31.       pa = PTE_ADDR( * pte);
32.       if(pa == 0)
33.         panic("kfree");
34.       char * v = P2V(pa);
35.       kfree(v);
36.       * pte = 0;
37.     }
38.   }
39.   return 1;
40. }
```

上述方案对分配的空间大小限制为页的整数倍,实际应用上并不应该有这样的限制。

3. 测试代码

编写应用程序如代码 8-56 所示,其分配连续 5 个空间,然后释放其中的 2/4,(1)查看内存空间是否有空洞;(2)发出指向内存空洞的区间是否会引发进程非法操作而撤销。

关于如何将 mygrowproc()和 myreduceproc()封装成系统调用的代码,请读者自行补充完整。

代码 8-56 myallc.c 测试代码

```
1.  # include "types.h"
2.  # include "stat.h"
3.  # include "user.h"
4.
5.  int main() {
6.
7.      char * m1 = (char * )myalloc(2 * 4096);
8.      char * m2 = (char * )myalloc(3 * 4096);
9.      char * m3 = (char * )myalloc(1 * 4096);
10.     char * m4 = (char * )myalloc(7 * 4096);
11.     char * m5 = (char * )myalloc(9 * 4096);
12.
13.     m1[0] = 'h';
14.     m1[1] = '\0';
15.     printf(1, "m1: %s\n", m1);
16.
17.     myfree(m2);
18.
19. //  尝试往空洞写数据
20. //  m2[0] = 'h';
21. //  m2[1] = '\0';
22. //  printf(1, "m1: %s\n", m2);
23.
24.     myfree(m4);
25.
26.     sleep(5000);
27.
28.     myfree(m1);
29.     myfree(m3);
30.     myfree(m5);
31.
32.     exit();
33. }
```

进入 xv6 系统后运行 myalloc,先输出 m1 内存区中的字符,然后程序会睡眠一段时间,等待用户查看其内存区间的情况,如屏显 8-10 所示。

屏显 8-10　myallc 的输出

```
$ myalloc
m1: h
```

这时按 Ctrl+P 可以看到如下的具体空间信息。

```
pid: 3, state: sleep , name: myalloc
start: 12288, length: 8192
start: 32768, length: 4096
start: 65536, length: 36864
```

如果将代码中注释掉的代码恢复,试图在内存空洞里面写数据,会出现如下结果:

```
pid 3 myalloc: trap 14 err 6 on cpu 1 eip 0x82 addr 0x5000--kill proc
```

以上测试结果表明所设计功能基本正常,读者可以对上述内存区进行读写操作或其他更详尽的测试。

8.4.2　代码与数据隔离

xv6 操作系统是一个非常简陋的原型系统,因此并未对进程映像中的代码和数据进行区分,更没有对它们访问权限进行控制。下面我们来看看 xv6 进程如何破坏自身的代码和数据,然后再分析如何将代码和数据按不同属性进行区分管理。

1. 破坏程序数据

我们编写 no_protect.c 应用程序,然后展示它如何破坏自身的数据和代码。

■ 测试用代码

我们编写 no_protect.c 程序,让它改写自身的程序数据,如代码 8-57 所示。其中第 9~10 行对 0x0000 地址开始的 8 个字节设置为'*'。

代码 8-57　no_protect.c

```
1.  #include "types.h"
2.  #include "stat.h"
```

```
3.  #include "user.h"
4.
5.  int
6.  main(int argc, char * argv[])
7.  {
8.      char * p=(char * )0x0000;
9.      for(int i=0x0000;i<0x08;i++)
10.         * (p+i)=' * ';
11.
12.         printf(1,"This string shouldn't be modified!\n");
13.         exit();
14. }
```

　　编译后,用 readelf -l _no_protect 查看可执行文件_no_protect 的信息,如屏显 8-11 所示。从中可以看出,整个可执行文件只有一个类型为 LOAD 的段需要装入内存,具体是从磁盘文件 0x000080 地址开始装入 0x009a4 字节到内存-0x000000 地址范围,并占用 0x000000～0x0009b0 的范围。

屏显 8-11　_no_protect 可执行文件的程序头表信息

```
lqm@lqm-VirtualBox:~/xv6-public-xv6-rev9$ readelf -l _no_protect

Elf 文件类型为 EXEC (可执行文件)
入口点 0x0
共有 2 个程序头,开始于偏移量 52

程序头:
  Type         Offset     VirtAddr    PhysAddr    FileSiz  MemSiz  Flg Align
  LOAD         0x000080   0x00000000  0x00000000  0x009a4  0x009b0 RWE 0x10
  GNU_STACK    0x000000   0x00000000  0x00000000  0x00000  0x00000 RWE 0x10

 Section to Segment mapping:
  段节...
  00     .text .rodata .eh_frame .bss
  01
lqm@lqm-VirtualBox:~/xv6-public-xv6-rev9$
```

■ 对进程映像的破坏

前面 2.1.1 节介绍的 xv6 可执行文件的生成中,使用了-N 链接选项,使得-N 参数用于指出 data 节与 text 节都是可读可写、不需要在页边界对齐。也就是说 xv6 可执行文件只形成一个段,其属性为"RWE"(即可以读、写、执行),完全没有进行权限控制,可以修改任何一个字节。

虽然在 xv6 系统中运行 no_protect 后是完全正常的,如屏显 8-12 所示。但实际上第 9～10 行的循环代码修改了代码的前 8 个字节,只不过在循环开始前已经执行过这 8 个字节代码,因此对程序行为并未造成影响。

屏显 8-12   no_protect 首次运行

```
init: starting sh
$ no_protect
This string shouldn't be modified!
$
```

但是如果将写入长度扩展到 0x0100,将覆盖程序代码从而引起错误,如屏显 8-13 所示。

屏显 8-13   修改 no_protect 代码而引起错误

```
$ no_protect
pid 3 no_protect: trap 14 err 4 on cpu 1 eip 0xa addr 0x3dc168--kill proc
$
```

同理,将写入地址从 0x0 移动到 0x1000 开始,即写入 0x1000～0x1008 也会引起内存访问错误,如屏显 8-14 所示。因为该区域是 xv6 进程代码和堆栈之间的一个隔离区,该页未建立页表映射。

屏显 8-14   访问 no_protect 未映射地址而引起错误

```
$ no_protect
pid 3 no_protect: trap 14 err 7 on cpu 1 eip 0x8 addr 0x1000--kill proc
$
```

但是将地址修改到 0x2000 开始的 8 个字节,则又恢复正常。这是因为该地址区间是该进程的堆栈区。再继续将地址上移到 0x3000 将访问到未映射区,出现类似屏显 8-14 的错误(提示的地址将变为 0x3000)。

除了破坏代码、访问未分配的内存区间外，还可能会修改只读数据，但并不引起程序致命错误。例如我们可以将指针指向所打印的字符串，从而影响后面打印输出结果。首先用 readelf -S _no_prtect 查看节的信息，可以看到有只读数据.rodata 节，然后用 objdump -s -j .rodata _no_protect 查看其内容，如屏显 8-15 所示。

屏显 8-15　查看.rodata 节中的字符串内容

```
lqm@lqm-VirtualBox:~/xv6-public-xv6-rev9$ readelf -S _no_protect
共有 16 个节头，从偏移量 0x2ea8 开始：

节头：
  [Nr] Name              Type            Addr     Off    Size   ES Flg Lk Inf Al
  [ 0]                   NULL            00000000 000000 000000 00      0   0  0
  [ 1] .text             PROGBITS        00000000 000080 00070e 00 WAX  0   0 16
  [ 2] .rodata           PROGBITS        00000710 000790 00003d 00   A  0   0  4
  [ 3] .eh_frame         PROGBITS        00000750 0007d0 000284 00   A  0   0  4
  [ 4] .bss              NOBITS          000009d4 000a54 00000c 00  WA  0   0  4
  [ 5] .comment          PROGBITS        00000000 000a54 000035 01  MS  0   0  1
  [ 6] .debug_aranges    PROGBITS        00000000 000a90 0000a0 00      0   0  8
  [ 7] .debug_info       PROGBITS        00000000 000b30 000a12 00      0   0  1
  [ 8] .debug_abbrev     PROGBITS        00000000 001542 000510 00      0   0  1
  [ 9] .debug_line       PROGBITS        00000000 001a52 0002ed 00      0   0  1
  [10] .debug_str        PROGBITS        00000000 001d3f 00021f 01  MS  0   0  1
  [11] .debug_loc        PROGBITS        00000000 001f5e 0009b2 00      0   0  1
  [12] .debug_ranges     PROGBITS        00000000 002910 000040 00      0   0  1
  [13] .shstrtab         STRTAB          00000000 002e0d 00009a 00      0   0  1
  [14] .symtab           SYMTAB          00000000 002950 0003a0 10     15  21  4
  [15] .strtab           STRTAB          00000000 002cf0 00011d 00      0   0  1
Key to Flags:
  W (write), A (alloc), X (execute), M (merge), S (strings)
  I (info), L (link order), G (group), T (TLS), E (exclude), x (unknown)
  O (extra OS processing required) o (OS specific), p (processor specific)
lqm@lqm-VirtualBox:~/xv6-public-xv6-rev9$ objdump -s -j .rodata _no_protect

_no_protect:    文件格式 elf32-i386

Contents of section .rodata:
 0710 54686973 20737472 696e6720 73686f75  This string shou
```

```
0720 6c646e27 74206265 206d6f64 69666965    ldn't be modifie
0730 64210a00 286e756c 6c290000 30313233    d!..(null)..0123
0740 34353637 38394142 43444546 00          456789ABCDEF.
lqm@lqm-VirtualBox:~/xv6-public-xv6-rev9$
```

我们修改程序第 8 行代码,将 p 指向 0x0710 地址,这样将会把"This string shouldn't be modified! \n"的前 8 个字符修改为'＊',运行结果如屏显 8-16 所示。

屏显 8-16　no_protect 运行中修改了只读数据

```
$ no_protect
*********ing shouldn't be modified!
$
```

2. 代码与数据的隔离

为了对代码和数据进行保护,首先需要按访问属性的不同进行区分管理。进程的数据和代码要分离,我们可以利用链接器命令或链接器脚本(ld 脚本)进行控制。我们将 Makefile 中关于可执行文件生成的规则(代码 8-58)进行修改,删除-N 选项。

代码 8-58　Makefile 中关于磁盘可执行文件的规则

```
1.  _%: %.o $(ULIB)
2.          $(LD) $(LDFLAGS) -N -e main -Ttext 0 -o $@ $^
3.          $(OBJDUMP) -S $@ > $*.asm
4.          $(OBJDUMP) -t $@ | sed '1,/SYMBOL TABLE/d; s/ .* / /; /^$$/d' > $*.sym
```

将链接命令中的-N 选项去掉后,可以生成磁盘可执行文件_no_protect,其有独立代码段和独立数据段,如屏显 8-17 所示。读者可以回顾屏显 8-11 的一个 LOAD 类型段的情况。

屏显 8-17　可执行文件中的代码和数据的分离

```
lqm@lqm-VirtualBox:~/xv6-public-xv6-rev9$ readelf -l _no_protect

Elf 文件类型为 EXEC (可执行文件)
入口点 0x0
共有 3 个程序头,开始于偏移量 52
```

```
程序头:
  Type            Offset      VirtAddr      PhysAddr      FileSiz      MemSiz      Flg   Align
  LOAD            0x001000    0x00000000    0x00000000    0x009d4      0x009d4     R E   0x1000
  LOAD            0x0019d4    0x000019d4    0x000019d4    0x00000      0x0000c     RW    0x1000
  GNU_STACK       0x000000    0x00000000    0x00000000    0x00000      0x00000     RWE   0x10

  Section to Segment mapping:
  段节...
  00      .text .rodata .eh_frame
  01      .bss
  02
lqm@lqm-VirtualBox:~/xv6-public-xv6-rev9$
```

但是此时重启系统,发现 xv6 也无法启动。由于我们只修改了磁盘文件的生成,因此可以推断是 init 程序未能成功装载。经检查,该问题涉及 exec() 和 loaduvm() 上有关页边界对齐的问题。我们在下一节会修正这个问题。

我们查看当前使用的 GCC 版本,发现是 5.4.0,如屏显 8-18 所示。

屏显 8-18　查看 gcc 版本

```
public-xv6-rev9$ gcc --version
gcc (Ubuntu 5.4.0-6ubuntu1~16.04.10) 5.4.0 20160609
Copyright (C) 2015 Free Software Foundation, Inc.
This is free software; see the source for copying conditions.  There is NO
warranty; not even for MERCHANTABILITY or FITNESS FOR A PARTICULAR PURPOSE.

lqm@lqm-VirtualBox:~/xv6-public-xv6-rev9$
```

在更高版本的 GCC 编译下,各个段是页边界对齐的(见屏显 8-19),因此不会出现问题。如果读者去检查 exec(),可以发现它本来就具有装入多个 LOAD 类型段的功能。

屏显 8-19　GCC 生成的 xv6 可执行程序

```
lqm@lqm-VirtualBox:~/xv6-public-xv6-rev9$ readelf -l _ln

Elf file type is EXEC (Executable file)
Entry point 0x0
There are 3 program headers, starting at offset 52
```

```
Program Headers:
  Type          Offset     VirtAddr    PhysAddr    FileSiz   MemSiz   Flg  Align
  LOAD          0x001000   0x00000000  0x00000000  0x00a30   0x00a30  R E  0x1000
  LOAD          0x002000   0x00002000  0x00002000  0x00000   0x0000c  RW   0x1000
  GNU_STACK     0x000000   0x00000000  0x00000000  0x00000   0x00000  RWE  0x10

 Section to Segment mapping:
  Segment Sections...
  00      .text .rodata .eh_frame
  01      .bss
  02
lqm@lqm-VirtualBox:~/xv6-public-xv6-rev9$
```

■ exec()和 loaduvm()的修正

对于旧版本的 GCC,存在 ELF 可执行文件段的起始地址不在页边界上(本例子中的 0x001a9c)的情况,xv6-rev9 的代码会有小问题。

在这种情况下,编译后重启 xv6 系统时,发现未能成功启动,提示"panic：init exiting",如屏显 8-20 所示。由于 init 是磁盘可执行文件,必然涉及 sys_exec()。新建进程映像时,具体执行函数是 exec(),通过 gdb 跟踪发现 exec()中有页边界对齐的要求(代码 6-6 的第 51 行),如果没对齐则跳转 goto bad。但实际上我们并没有这样的要求,第二个 LOAD 段的 ph.vaddr 并不在边界上,因此删除掉该检查。重启后仍未成功启动,提示了由 panic()输出的"loaduvm：addr must be page aligned"信息,要求传入给 loaduvm() 的地址是页边界对齐的。

屏显 8-20　xv6 因 init 装入问题而无法启动

```
cpu1: starting
cpu0: starting
sb: size 1000 nblocks 941 ninodes 200 nlog 30 logstart 2    inodestart 32 bmap start 58
cpu with apicid 1: panic: init exiting
 80103d74 801053bb 80104789 801057a9 8010559b 0 0 0 0 0
```

经过分析发现,loaduvm()其实并不需要必须在页边界对齐,因为 readi()可以将磁盘任意偏移的数据复制到内存中任意地址。只是 loaduvm()使用的 P2V()宏,是对页起始地址进行转换的,因此无法对没对齐页边界的地址做正确的转换。因此将 loaduvm()中

的装入环节做一点小修改,就可以去掉这个限制。将原来的代码:

```
1.        if(readi(ip, P2V(pa), offset+i, n) != n)
2.          return -1;
```

修改为:

```
1.        if(readi(ip, P2V( pa + (int)addr%PGSIZE), offset+i, n) != n)
2.          return -1;
```

既然我们修正了 loaduvm() 中关于页边界对齐的问题,那么代码 5-4 的第 204 行中检查边界对齐的语句也需要删除掉。

然后重启 xv6 系统,所有磁盘程序可以正常运行。

■ 访问权限控制

将可执行文件的代码和数据地址范围分离后,还需要进一步修改它们的访问属性,将代码段修改为不可写。需要修改 allocuvm() 函数中的 mappages() 所使用的访问属性。这些工作将留给读者自行实践,具体见本章后面的练习。

8.5   本章小结

本章的几个实验将前面所学的进程管理、进程通信和内存管理知识进行了检验。8.1 节和 8.2 节的实验代码几乎给出了全部细节,后面的实验也给出了绝大部分的主体代码,仅简化了在系统调用封装和应用程序编写上的少量细节。通过学习实验操作和代码,读者对 xv6 核心机制的编码实现理解更深,收获较大。

书中给出的只是实例代码,读者可以自行审视其缺陷和不足,并进行扩展。在实验设计的介绍中,也提到很多简化约束,读者可以突破这些限制将相应的功能拓展到更合理的状态。

练习

1. 请自行设计并实现时间片长度可调的调度,提供一个系统调用,用于设置指定进程的时间片长度,setslot(int pid, int slots),其中参数 pid 是待设置的进程号,slots 是该进程的时间片长度。

2. 共享内存实验中虽然设置了 shm 边界,但是并没有在 sbrk() 中检测越界问题。请尝试通过 sbrk() 申请内存,并观测捕捉越界行为的表现,给出改正后的代码。然后将共享内存锁的粒度细化,各个内存区使用独立锁而不是示例中共用一个大粒度锁。

3. 将数据代码分离实验进一步完善,利用 vma 描述两段属性不同的区间,并在页表映射时填写合适的访问属性,使得代码段不可写。

4. 请实现进程间的无名管道通信,注意读写同步问题的实现。

5. 思考:(1)如果允许用户分配任意大小的空间,例如分配了 16 个字节和 32 个字节的两个空间,那么你使用两个页帧来映射它们,还是用一个页帧来映射它们?(2)如果用一个页帧来映射这 48 个字节,那么释放时又如何处理,你能提供一个比较完整的解决方案使得页帧的空间利用率较高吗?

第 9 章

xv6fs 文件管理

xv6fs 文件系统主要涉及文件数据的组织形式和访问方法。由于只在底层数据盘块的读写操作时才与具体设备交互,因此它是一个相对独立的系统。对比 Linux 的文件系统,由于 Linux 的 VFS 使用页缓存和文件映射页,因此还会和虚存管理紧密相连。而 xv6fs 与虚存无关,因此要相对简单得多。

为了理解 xv6fs 文件系统,读者需要了解:

(1) xv6fs 的磁盘布局以及相关的超级块、索引节点、位图、目录及目录项等数据结构;

(2) 文件的逻辑结构和物理结构;

(3) 文件操作的分层实现以及各层的主要任务,特别是各层的各种操作与 inode、目录项等数据结构交互操作的过程和步骤。

无论是 xv6fs 还是 Linux 的文件系统,都将设备、管道当作文件来统一处理,体现万物皆文件的理念。

9.1　xv6fs 文件系统

xv6fs 文件系统和其他 UNIX 类的文件系统相似,例如读者熟悉的 Linux ext2 文件系统。学习过程中需要注意两个方面的知识:

- 磁盘文件系统的格式及其细节。涉及各种超级块、索引节点、目录项等数据结构,以及它们在内存中的缓存对象,这方面偏向于静态;
- 用户进程通过系统调用访问这些数据的过程及其所使用的代码,涉及文件请求接口、文件相关的系统调用和文件读写的操作过程及步骤,这方面偏向于动态。

9.1.1   xv6fs 概述

1. 基本概念

讨论和学习 xv6fs 的文件概念时,首先将文件分成两个层面,一个是从用户进程视角对文件的逻辑抽象,另一个是文件在磁盘上的物理形态。

■ **文件的逻辑结构**

用户进程体验到的文件逻辑结构是一个线性可寻址的字节集合,只要给出具体的偏移量就可以访问到文件的任意内容。作为对比,数据库文件系统的逻辑结构则是可查询的记录集合,而不是无格式的字节顺序集合。

其次文件还有很多属性,例如名字、访问权限、创建修改日期等等。所有的文件构成一个磁盘文件系统,并将这些文件组织成有层次的树形目录结构。

首先来分析逻辑结构,如图 9-1 的顶部所示。xv6 使用 file 结构体来描述这个逻辑文件,其成员 pos 用于指出当前读写的字节偏移位置。

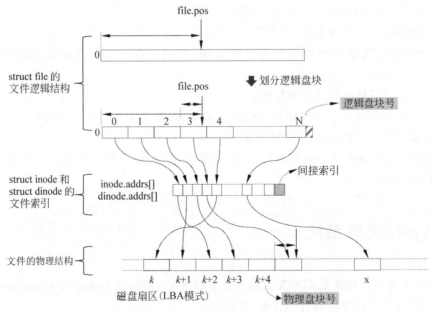

图 9-1   文件的 file 逻辑结构和 inode 物理结构示意图

■ **文件的物理结构**

由于磁盘是块设备,每次读写的最小单位是块。如果文件逻辑结构的长度超过一个块的大小则需要用多个盘块来存储。如果一个文件的所有盘块是连续地存放在磁盘上的,那么访问速度将会更快,但是也会引起严重的"零头"浪费,这是连续分配方法的固有问题。因此大多数文件系统都是不排斥盘块的连续存放,但从机制上允许盘块离散的分布。

上述机制需要一个映射/索引表,同时文件的逻辑结构也划分为逻辑盘块(与物理盘块大小相同)。这时,读写位置的偏移量从字节偏移变为逻辑盘块号和块内偏移量,如图 9-1 的"划分逻辑盘块"部分所示。在划分逻辑盘块时,文件结尾处的数据可能会不足一个盘块大小。

文件中的每一个逻辑盘块,通过一个索引表映射到一个物理盘块上,这个索引表构成了该文件索引节点的重要内容。下面我们讨论索引节点的概念。

■ 索引节点

图 9-1 的中部给出了这个文件的索引,它将文件的多个逻辑盘块映射到离散的物理盘块上。xv6 中将文件的这种索引信息称为索引节点,使用 dinode 结构体记录,其内容定义在代码 9-2 的第 29 行,其中 dinode.addr[]就是索引表。这个索引就是操作系统原理课程中学过的文件索引(混合索引方式),xv6 的索引包括直接索引和间接索引,在后面 bmap()函数中还将具体讨论这两种索引。另外为了加快索引节点的访问,xv6 还定义了用内存中的索引节点缓存 inode 结构体,其内容主要来源于 dinode。

索引节点不是文件数据本身,而是属于管理性的信息。索引节点的信息和文件数据都存放在磁盘上,因此磁盘中的盘块信息就分成两种类型:

(1) 文件数据(例如文本或图片);

(2) 像索引节点这样的管理数据(称为元数据(meta data))。

这就引出磁盘布局的问题,xv6 将磁盘的盘块按一定方式划分,一部分用于文件系统的管理信息,另一部分用于保存文件数据,形成图 9-2 所示的布局。

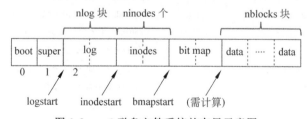

图 9-2　xv6 磁盘文件系统的布局示意图

对照图 9-2 的 xv6 文件系统布局示意图,可以知道 superblock 各成员和图中各元素的对应关系。可以看出 xv6 磁盘文件系统的前面都是管理性信息,后面是数据区和日志区,具体布局如下：

- 启动扇区(0 号块),后面接着超级块自身(1 号块)。
- 接着超级块的是日志区,共有 superblock.nlog 个盘块。
- 紧接着的是"索引节点区(表)",共 superblock.ninodes 项,每一项(内含对应文件的索引)可以管理一个文件的物理盘块,因此整个文件系统最多有 superblock.ninodes 个文件。
- 在索引节点表的后面是位图,每个盘块都在位图中有一个位管理,0 表示盘块空闲未用,1 表示已经分配使用。也就是说位图中的一个字节就要管理 8 个盘块,经过简单计算就可以将磁盘盘块号和位图中的位对应起来。在 mkfs 创建 xv6fs 文件系统时,这些管理信息所对应的盘块都标记为 1,表示不可分配使用,只有数据区中还未分配使用的盘块所对应的位才为 0。
- 在位图之后是数据盘块,用于保存文件的数据。后面会看到,目录文件和普通文件一样,都是使用数据区的盘块。

■ 磁盘布局

xv6fs 文件系统的超级块给出了磁盘布局信息,超级块由 struct superblock 描述,其定义于代码 9-2 的第 14 行,现摘抄如代码 9-1 所示。其中,size 是文件系统的盘块总数,nblocks 是用于文件数据的盘块数量,ninodes 是索引节点总数,nlog 是日志区的盘块总数,logstart 是日志区起始盘块号,inodestart 是索引节点区的起始盘块号,bmapstart 是位图区的起始盘块号。

代码 9-1   superblock

```
1.  struct superblock {
2.     uint size;                     //Size of file system image (blocks)
3.     uint nblocks;                  //Number of data blocks
4.     uint ninodes;                  //Number of inodes
5.     uint nlog;                     //Number of log blocks
6.     uint logstart;                 //Block number of first log block
7.     uint inodestart;               //Block number of first inode block
8.     uint bmapstart;                //Block number of first free map block
9.  };
```

■ 目录

目录不是必要的,如果我们对文件进行编号使用(不使用文件名和目录路径),则上面索引节点提供的功能就足够了：给出待读写的文件索引节点编号,我们先读入索引节点内容,然后根据其索引就可以读写磁盘盘块。不过这样使用并不方便,我们更习惯使用具有层次性路径名的树形目录结构。

为了记录目录的层次结构,每一个目录都必须记录自己所管理的文件和子目录。例如图 9-3 的树形目录结构中有两个目录节点"/"和"mydir","/"目录需要记录"."".."" cat" "echo""ls"…"console"和"mydir"等多个项,而最后的"mydir"本身又是目录,需要管理"."".."" myfile1"和"myfile2"四项。

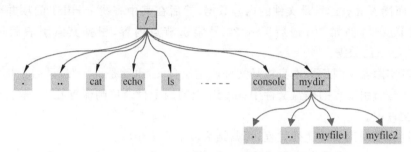

图 9-3 一个树形目录结构示例

我们以 mydir 目录为例说明其工作原理。首先用 ls 命令查看其内容,如屏显 9-1 所示。也就是说该目录有四个项:

第 1 项,文件名为"."代表自身(类型为"1"表示目录),使用 19 号索引节点来管理其内容,长度为 80 字节。

第 2 项,文件名为".." 指向父目录(类型为"1"表示目录),即 1 号索引节点管理的内容,长度为 512 字节。

第 3 项,文件名为"myfile1"对应一个数据文件(类型为"2"表示磁盘文件),使用 20 号索引节点管理其内容,数据长度为 7 字节。

第 4 项,文件名为"myfile2"对应一个数据文件(类型为"2"表示磁盘文件),使用 21 号索引节点管理其内容,数据长度为 13 字节。

屏显 9-1   mydir 目录内容

```
$ ls mydir
.               1 19 80
..              1 1 512
myfile1         2 20 7
myfile2         2 21 13
$
```

根据这样的安排,我们可以从"/"目录找到图 9-3 第二层、第三层上的文件和目录:

- 例如要读写/cat 文件,则首先读入"/"目录内容,从中查找名字为"cat"的目录项并获得对应的索引节点号,比如是 3;然后再读入 3 号索引节点内容就可以对/cat 文件进行读写操作。
- 如果要读写/mydir/myfile1,则需要先读入"/"目录文件的内容,然后查找名字为"mydir"的项并获得其索引节点号,例如是 19;然后再读入 19 号索引节点的内容,从而读入 mydir 目录文件的内容数据;然后在其中查找 myfile1 的项并获得其索引节点号,例如 20;最后读入 20 号索引节点内容,根据其索引表就可以读写 myfile1 的数据。

上面其实隐含了"目录"本身也是文件的这层含义,也就是说"/"目录的十几个目录项是保存在 1 号索引节点的磁盘文件中;mydir 上的四个目录项则保存在 19 索引节点所管理的磁盘文件中。

整个过程呈现出一个递推过程,可归结为以下几个步骤:

(1) 当前目录自身的索引节点号→。

(2) 读入目录文件内容→。

(3) 查找下一级的文件(或目录)的索引节点号→。

(4) 读写下一级文件(或目录)内容。

经过多次递推的过程,就可以遍历目录树上的任何一个节点。这就需要一个起点条件,"/"根目录的索引节点号是固定为"1",无需依赖上级目录而直接获得。

这里再次提醒读者,从原理上说即使没有目录,也可以正常对文件内容进行读写,前提是知道该文件的索引节点号。或者说,虽然用户体验上是通过文件路径名(目录)来感知文件,但是系统却是用索引节点来管理文件。

■ 文件描述符

进程使用文件并不使用 file 结构体或 dinode 结构体,而是提供文件的路径名来打开文件并获得文件描述符,后续将使用文件描述符来指代这个打开的文件。xv6 中的每个进程都有一个文件描述符表 proc->ofile[],最多可以使用 NOFILE＝16 个文件描述符,每个文件描述符直接指向一个 file 结构体(系统管理的已打开的文件),如图 9-4 所示。图中展示了文件描述符、file、inode 和磁盘盘块的关系。

2. 索引节点与目录项

掌握前面的基本概念后,我们要继续深入了解索引节点和目录项的细节,并将两者联系起来。

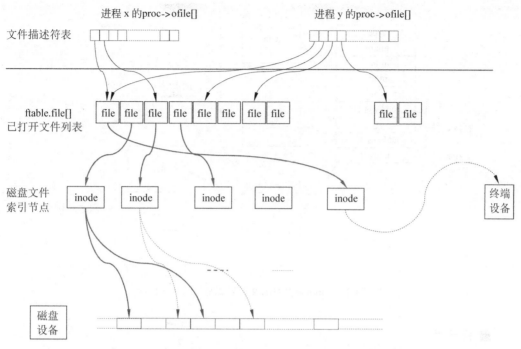

图 9-4　文件描述符、文件 file、索引节点 inode 和盘块的关系

■（磁盘）索引节点

索引节点代表文件自身，但是索引节点并不包含文件名（文件名是通过目录项给出的）。索引节点由代码 9-2 的第 19 行的 dinode 结构体描述，它给出了文件的管理信息（元数据 metadata）。如图 9-5 所示。当索引节点代表磁盘文件时，dinode 将给出本文件的物理结构，文件的盘块按照混合索引方式组织，类似于 Linux EXT 文件系统的 inode。由 dinode 的 addrs［NDIRECT＋1］成员指出文件磁盘盘块所在位置，其中前 NDIRECT 项是直接块，最后一项是间接索引块。xv6fs 的磁盘文件大小由 size 成员记录。

由于 dinode 有可能代表设备或管道，因此需要 type 成员来区分普通磁盘文件、管道和设备。文件类型定义在代码 9-12 的第 1 行，T_DIR＝1 表示目录、T_FILE＝ 2 表示磁盘文件、T_DEV＝3 代表设备。如果 inode 类型代表设备，则还需要用 major 和 minor 来区分设备号。

由于 xv6fs 支持硬链接，因此还需要有 nlink 来记录有多少个目录项指向该 dinode 节点。

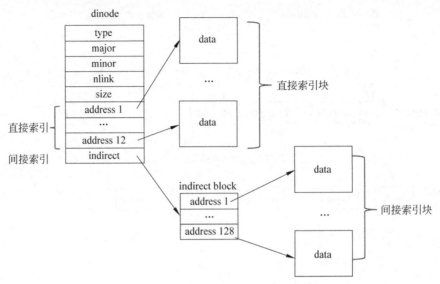

图 9-5 inode 组织的文件数据索引示意图

■ 目录项

与 UNIX 类文件系统相似,xv6fs 也将目录当作文件,只是其中的内容被解析成目录项。每个目录项将关联文件名和索引节点。xv6fs 的目录项使用 dirent 结构体(代码 9-2 的第 53 行)来表示,只有两个成员:name[DIRSIZ]用于记录文件名(DIRSIZ=14 字节),inum 用于对应文件的索引节点。根目录"/"的索引号是固定的,在代码 9-2 的第 5 行将 ROOTINO 设置为 1,也就是说根目录是不需要经过目录项解析的。前面讨论过的 mydir 目录,按照 dirent 结构体表示为图 9-6。

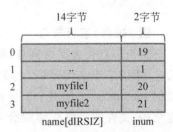

图 9-6 mydir 目录文件的内容

■ 目录与索引节点

下面我们将目录文件与索引节点联系起来,以屏显 9-2 所示的目录结构为例,我们将目录文件的内容分解为图 9-7 所示。

屏显 9-2 xv6 根目录

```
$ ls
.              1 1 512
..             1 1 512
```

```
README          2 2 2191
cat             2 3 13236
echo            2 4 12428
forktest        2 5 8136
grep            2 6 15176
init            2 7 13016
kill            2 8 12468
ln              2 9 12376
ls              2 10 14592
mkdir           2 11 12492
rm              2 12 12468
sh              2 13 23108
stressfs        2 14 13148
usertests       2 15 55568
wc              2 16 14004
zombie          2 17 12200
console         3 18 0
mydir           1 19 64
$ ls mydir
.               1 19 80
..              1 1 512
myfile1         2 20 7
myfile2         2 21 7
$
```

　　我们在图 9-7 中将索引节点区的细节画出,用灰色标注。下面将前面讨论过的/cat 和/mydir/myfile1 的访问过程,与索引节点和文件数据盘块相结合,展示其互动过程:

　　(1) 访问/cat 时先要获得"/"根目录文件内容。为了获得"/"目录文件的内容,我们可以读取索引节点区的"1"号索引节点内容,并从 dinode->addrs[0] 获得其磁盘盘块号,然后读入该盘块并按照 dirent 结构体解析,标注在图 9-7 的左下角。此时在目录项中查找 cat 并能发现其索引节点号为 3,读入 3 号索引节点内容就可以获得/cat 文件的盘块索引。

　　(2) 为了访问/mydir/myfile1,首先按照上面的方法读取/mydir 的内容,先从"/"目录文件查到/mydir 的索引号为 19,然后根据 19 号索引节点的 dinode->addrs[0] 读取磁盘盘块,此例子为盘块 x,于是将 x 盘块内容按 dirent 结构体解析,我们将其内容绘制在图 9-7 的中下部。从中可以查到 myfile1 的索引节点号为 20,读入 20 号索引节点内容并根据 dinode.addr[0]可以读出其第一个盘块,此例子中是 y 号盘块。以此类推,从 dinode.addrs[1]可以读入/mydir/myfile1 的下一个盘块。

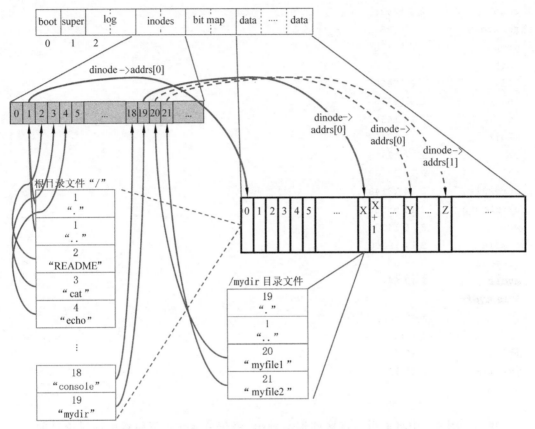

图 9-7　xv6fs 的目录构成的树形组织关系

3. fs.h 和 fcntl.h

■ **fs.h**

　　fs.h 主要定义了超级块 superblock、索引节点 dinode 和目录项 dirent,在前面刚讨论过。其次是声明几个文件系统中的常量,IPB(inode per block)是每个盘块上可以记录的 inode 数量,IBLOCK(I,sb)用来计算第 i 个 inode 位于哪个盘块,BPB(bitmap bits per block)是一个盘块的位数,BBLOCK(b,sb)用于计算第 b 个数据盘块所对应的位图位所在的盘块号,DIRSIZ(directory size)是目录项中文件名字符串的大小。

代码 9-2 fs.h

```
1.  //On-disk file system format
2.  //Both the kernel and user programs use this header file
3.
4.
5.  #define ROOTINO 1                  //root i-number
6.  #define BSIZE 512                  //block size
7.
8.  //Disk layout:
9.  //[ boot block | super block | log | inode blocks |
10. //                            free bit map | data blocks]
11. //
12. //mkfs computes the super block and builds an initial file system. The
13. //super block describes the disk layout:
14. struct superblock {
15.    uint size;                      //Size of file system image (blocks)
16.    uint nblocks;                   //Number of data blocks
17.    uint ninodes;                   //Number of inodes
18.    uint nlog;                      //Number of log blocks
19.    uint logstart;                  //Block number of first log block
20.    uint inodestart;                //Block number of first inode block
21.    uint bmapstart;                 //Block number of first free map block
22. };
23.
24. #define NDIRECT 12
25. #define NINDIRECT (BSIZE / sizeof(uint))
26. #define MAXFILE (NDIRECT + NINDIRECT)
27.
28. //On-disk inode structure
29. struct dinode {
30.    short type;                     //File type
31.    short major;                    //Major device number (T_DEV only)
32.    short minor;                    //Minor device number (T_DEV only)
33.    short nlink;                    //Number of links to inode in file system
34.    uint size;                      //Size of file (bytes)
35.    uint addrs[NDIRECT+1];          //Data block addresses
36. };
37.
```

```
38. //Inodes per block
39. #define IPB          (BSIZE / sizeof(struct dinode))
40.
41. //Block containing inode i
42. #define IBLOCK(i, sb)    ((i) / IPB + sb.inodestart)
43.
44. //Bitmap bits per block
45. #define BPB          (BSIZE * 8)
46.
47. //Block of free map containing bit for block b
48. #define BBLOCK(b, sb) (b/BPB + sb.bmapstart)
49.
50. //Directory is a file containing a sequence of dirent structures
51. #define DIRSIZ 14
52.
53. struct dirent {
54.    ushort inum;
55.    char name[DIRSIZ];
56. };
```

■ **fcntl.h**

fcntl.h 中定义了打开文件时的访问模式（不是文件自身的可访问权限），包括读模式、写模式、读写模式和创建模式，如代码 9-3 所示。

代码 9-3　fcntl.h

```
1.  #define O_RDONLY   0x000
2.  #define O_WRONLY   0x001
3.  #define O_RDWR     0x002
4.  #define O_CREATE   0x200
```

9.2　文件系统操作

本节使用自底向上的方式来讨论文件系统的操作：

（1）先讨论磁盘盘块的操作，此时没有文件系统的概念。

（2）然后是索引节点自身的访问，以及索引节点所管理的文件盘块的访问；这些操作都建立在盘块操作的基础之上。

（3）接着是目录文件内容的访问，它是在上一步通过索引节点访问普通文件的基础之上，加上 dirent 目录项格式的解析。

（4）最后讨论进程对文件的操作。

由于 xv6 使用了日志系统，因此所有的写操作都是通过 log_write() 完成的，但是读操作并不需要日志系统的帮助。

9.2.1 盘块操作

因为磁盘是块设备，这意味着每次操作的最小单位就是盘块。所有磁盘文件系统相关的操作最终都落实为磁盘盘块的读写操作。

由于磁盘的盘块读写操作比较慢（相对于处理器速度），因此使用内存中的块缓存来加快其访问速度，例如对一个盘块的多次写操作可以在内存中完成，直到换出到磁盘上才真正执行写盘操作。

因此讨论盘块的操作就必须讨论块缓存的问题。

1. 块 I/O 层

由于数据局部性原理，访问过的文件数据很可能会被再次用到，因此把它们放到内存缓冲区中，后续需要时可快速访问到。如果读写的数据不在缓存里，才需要启动磁盘 IDE 硬件的读写操作，并将这些数据写入到块缓存中。当所有块缓存都存有数据时，再访问新盘块时则需要将一些块缓存回收利用，使用 LRU 算法来选择被回收的块缓存。

Linux 有比较完善的块 I/O 层，不仅完成块缓存，还包括对磁盘 I/O 进行调度（例如电梯调度算法）以减少磁头移动距离，提高磁盘吞吐率。但是 xv6 的块 I/O 层比较简单，仅有简单直接的块缓存，与虚存管理、文件映射内存等高级特性无关。

xv6fs 的所有文件操作，都需要落到磁盘盘块的读写操作上。为了加速磁盘读写速度，xv6fs 与 Linux 文件系统一样，使用了 block buffer 块缓冲层。与 Linux 使用的页缓存（结合块缓存）文件映射页的方式不同，xv6 只有块缓存并没有所谓的文件映射页。

Linux 的文件系统允许直接访问磁盘而不经过页缓存（块缓存），但是 xv6fs 的设计比较简单，只提供经过块缓存的访问方式，不允许直接访问。

■ 块缓存

xv6 在代码 9-5 的第 30～37 行定义了一个结构体变量 bcache，它就是块缓存的管理数据结构，管理 NBUF（NBUF 在代码 4-1 中定义为 MAXOPBLOCKS * 3＝30）个块缓存 buf，如图 9-8 所示。

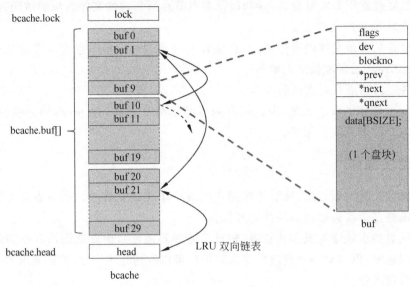

图 9-8　bcache 块缓存的组织

单个块缓冲区使用代码 9-4 中的 buf 结构体来记录，如图 9-8 右侧所示。其中的盘块数据记录在 buf.data[BSIZE]（512 字节）成员中，所缓存的盘块号为 blockno，所在的设备由 dev 指出，prex 和 next 用于和其他块缓存一起构建 LRU 链表，最后，如果块缓存是脏的，将通过 qnext 挂入到磁盘 I/O 调度队列。

代码 9-4　buf.h

```
1.   struct buf {
2.     int flags;
3.     uint dev;                                    //所在设备
4.     uint blockno;                                //对应的盘块号
5.     struct buf * prev;   //LRU cache list        //构成 LRU 链表 (前向指针)
6.     struct buf * next;                           //构成 LRU 链表 (后向指针)
7.     struct buf * qnext;  //disk queue            //所在的磁盘 I/O 调度队列
8.     uchar data[BSIZE];                           //缓冲的盘块数据
9.   };
10. #define B_BUSY  0x1    //buffer is locked by some process
11. #define B_VALID 0x2    //buffer has been read from disk
12. #define B_DIRTY 0x4    //buffer needs to be written to disk
```

　　块缓存在工作中会有不同状态,B_BUSY 表示正在读写中,B_VALID 表示里面缓存有盘块数据,B_DIRTY 表示里面缓存的盘块数据已经被改写过。

■ 初始化

　　在启动时由 kernel 的 main()执行 bcahce 的初始化函数 binit()(见代码 9-5 的第 40 行),binit()完成两件工作:创建 bcache 互斥锁;将这些块缓存 buf 构成一个 LRU 双向链表。表头为 bcache->head,注意 bcache->head 本身也是一个 buf 结构体。

代码 9-5　bio.c

```
1.  //Buffer cache.
2.  //
3.  //The buffer cache is a linked list of buf structures holding
4.  //cached copies of disk block contents.  Caching disk blocks
5.  //in memory reduces the number of disk reads and also provides
6.  //a synchronization point for disk blocks used by multiple processes
7.  //
8.  //Interface:
9.  //* To get a buffer for a particular disk block, call bread
10. //* After changing buffer data, call bwrite to write it to disk
11. //* When done with the buffer, call brelse
12. //* Do not use the buffer after calling brelse
13. //* Only one process at a time can use a buffer,
14. //    so do not keep them longer than necessary
15. //
16. //The implementation uses three state flags internally:
17. //* B_BUSY: the block has been returned from bread
18. //    and has not been passed back to brelse
19. //* B_VALID: the buffer data has been read from the disk
20. //* B_DIRTY: the buffer data has been modified
21. //    and needs to be written to disk
22.
23. #include "types.h"
24. #include "defs.h"
25. #include "param.h"
26. #include "spinlock.h"
27. #include "fs.h"
28. #include "buf.h"
```

```
29.
30. struct {
31.     struct spinlock lock;                               //互斥锁
32.     struct buf buf[NBUF];                               //块缓存(内存区)
33.
34.     //Linked list of all buffers, through prev/next
35.     //head.next is most recently used
36.     struct buf head;                                    //块缓存链表的头
37. } bcache;
38.
39. void
40. binit(void)
41. {
42.     struct buf * b;
43.
44.     initlock(&bcache.lock, "bcache");
45.
46. //PAGEBREAK!
47.     //Create linked list of buffers                      //将全部 buf 构成双向链表
48.     bcache.head.prev = &bcache.head;
49.     bcache.head.next = &bcache.head;
50.     for(b = bcache.buf; b < bcache.buf+NBUF; b++){       //将 NBUF 个块缓存挂入链表
51.         b->next = bcache.head.next;
52.         b->prev = &bcache.head;
53.         b->dev = -1;
54.         bcache.head.next->prev = b;
55.         bcache.head.next = b;
56.     }
57. }
58.
59. //Look through buffer cache for block on device dev
60. //If not found, allocate a buffer
61. //In either case, return B_BUSY buffer
62. static struct buf *
63. bget(uint dev, uint blockno)                            //查找(含分配)指定盘块的块缓存
64. {
65.     struct buf * b;
```

```
66.
67.    acquire(&bcache.lock);
68.
69.  loop:
70.    //Is the block already cached?
71.    for(b = bcache.head.next; b != &bcache.head; b = b->next){    //扫描 LRU 链
72.      if(b->dev == dev && b->blockno == blockno){      //找到匹配的块缓存
73.        if(!(b->flags & B_BUSY)){                      //而且未被其他进程使用
74.          b->flags |= B_BUSY;
75.          release(&bcache.lock);
76.           return b;                      //返回该块缓存
77.         }
78.        sleep(b, &bcache.lock);       //睡眠(因找到的块缓存被其他进程使用)
79.        goto loop;                    //唤醒后,需要重新查找(该缓存可能已经被置换了)
80.      }
81.    }
82.
83.    //Not cached; recycle some non-busy and clean buffer    //没找到匹配的块缓存
84.    //"clean" because B_DIRTY and !B_BUSY means log.c       //B_BUSY 和 B_DIRTY 都
85.    //hasn't yet committed the changes to the buffer        //不能直接回收使用
86.    for(b = bcache.head.prev; b != &bcache.head; b = b->prev){
87.      if((b->flags & B_BUSY) == 0 && (b->flags & B_DIRTY) == 0){
88.        b->dev = dev;
89.        b->blockno = blockno;
90.        b->flags = B_BUSY;
91.        release(&bcache.lock);
92.        return b;                                //将使用这个块缓存 b
93.      }
94.    }
95.    panic("bget: no buffers");
96. }
97.
98. //Return a B_BUSY buf with the contents of the indicated block
99. struct buf *
100. bread(uint dev, uint blockno)              //读入一个盘块,返回它的块缓存
101. {
```

```
102.    struct buf * b;
103.
104.    b = bget(dev, blockno);               //找到或分配一个块缓存
105.    if(!(b->flags & B_VALID)) {
106.      iderw(b);                           //通过 IDE 设备驱动程序 iderw()读入
107.    }
108.    return b;
109. }
110.
111. //Write b's contents to disk.   Must be B_BUSY
112. void
113. bwrite(struct buf * b)
114. {
115.    if((b->flags & B_BUSY) == 0)
116.      panic("bwrite");
117.    b->flags |= B_DIRTY;
118.    iderw(b);
119. }
120.
121. //Release a B_BUSY buffer
122. //Move to the head of the MRU list
123. void
124. brelse(struct buf * b)                   //用完后释放,并挂到 LRU 链表头处
125. {
126.    if((b->flags & B_BUSY) == 0)
127.      panic("brelse");
128.
129.    acquire(&bcache.lock);
130.
131.    b->next->prev = b->prev;
132.    b->prev->next = b->next;
133.    b->next = bcache.head.next;
134.    b->prev = &bcache.head;
135.    bcache.head.next->prev = b;
136.    bcache.head.next = b;
137.
138.    b->flags &= ~B_BUSY;                  //标志为空闲
```

```
139.    wakeup(b);
140.
141.    release(&bcache.lock);
142. }
143. //PAGEBREAK!
144. //Blank page
145.
```

使用块缓存时,用 B_BUSY 作为标记,用完之后要清除该标志,同时还把该块缓存移到 LRU 链表的头部,从而将 LRU 的最近使用情况体现在链表元素的排序上。

2. 块缓存操作

代码 9-5 中除了块缓存初始化 binit() 之外,还有两个最基本的操作:一个是根据设备和盘块号查找(或分配)块缓存的 bget(),另一个是释放块缓存的 brelse()。

由于使用了块缓存,因此盘块读写操作要借助块缓存完成,磁盘盘块所对应的块缓存是通过 bget() 函数查找到的(如果未找到则分配一个块缓存)。用过的块缓存通过 brelse() 释放,并插入到块缓存 LRU 链的开头,表示刚被使用过。

■ **查找**

代码 9-5 的第 63 行定义了 bget(),它根据给定设备号和磁盘盘块号查找相应的块缓存,如果还未被缓存过,则分配一个块缓存。查找过程只是简单地扫描块缓存数组,比较块缓存所缓存的磁盘盘块号,从而发现是否有匹配的块缓存。如果找到设备号和盘块号匹配的块缓存,但其 b->flags 的 BUSY 标志为 1,则必须等待其空闲才能使用。如果没有找到匹配的盘块,则找一个空闲的干净盘块,所谓干净是指未被改写或已经写回到磁盘。

当块缓存数量很大时,这种线性搜索的方法是比较低效的,可以考虑使用 hash 链的方式来加快匹配搜索的过程。

■ **释放**

代码 9-5 的第 124 行定义了 brelse (),它将释放指定的块缓存,将它插入到块缓存 LRU 头部。

3. 盘块的读写操作

盘块的读写操作是文件系统最基本的操作,后面的访问索引节点和目录等操作,都依赖于盘块的读写。

盘块的读写操作 bread() 和 bwrite() 定义在前面代码 9-5 中;但是 balloc()、bzero() 和 bfree() 定义在代码 9-6 中。

代码 9-6   fs.c（盘块操作部分）

```
1.  //File system implementation.  Five layers:
2.  //   + Blocks: allocator for raw disk blocks.
3.  //   + Log: crash recovery for multi-step updates.
4.  //   + Files: inode allocator, reading, writing, metadata.
5.  //   + Directories: inode with special contents (list of other inodes!)
6.  //   + Names: paths like /usr/rtm/xv6/fs.c for convenient naming.
7.  //
8.  //This file contains the low-level file system manipulation
9.  //routines.  The (higher-level) system call implementations
10. //are in sysfile.c.
11.
12. #include "types.h"
13. #include "defs.h"
14. #include "param.h"
15. #include "stat.h"
16. #include "mmu.h"
17. #include "proc.h"
18. #include "spinlock.h"
19. #include "fs.h"
20. #include "buf.h"
21. #include "file.h"
22.
23. #define min(a, b) ((a) < (b) ? (a) : (b))
24. static void itrunc(struct inode * );
25. //there should be one superblock per disk device, but we run with
26. //only one device
27. struct superblock sb;
28.
29. //Read the super block.                     //读入超级块
30. void
31. readsb(int dev, struct superblock * sb)
32. {
33.   struct buf * bp;
34.
35.   bp = bread(dev, 1);                       //超级块编号为1,因此执行 bread(dev,1)
36.   memmove(sb, bp->data, sizeof( * sb));
```

```
37.     brelse(bp);
38. }
39.
40. //Zero a block                          //将 dev 设备上的 bno 号盘块清 0
41. static void
42. bzero(int dev, int bno)
43. {
44.     struct buf *bp;
45.
46.     bp = bread(dev, bno);
47.     memset(bp->data, 0, BSIZE);
48.     log_write(bp);
49.     brelse(bp);
50. }
51.
52. //Blocks
53.
54. //Allocate a zeroed disk block          //分配一个未使用的盘块
55. static uint
56. balloc(uint dev)
57. {
58.     int b, bi, m;
59.     struct buf *bp;
60.
61.     bp = 0;
62.     for(b = 0; b < sb.size; b += BPB){     //遍历所有盘块,每次处理 BPB 个(1 bmap 块)
63.       bp = bread(dev, BBLOCK(b, sb));       //读入一个 bmap 块
64.       for(bi = 0; bi < BPB && b + bi < sb.size; bi++){//遍历 bmap 块管理的所有盘块
65.         m = 1 << (bi % 8);
66.         if((bp->data[bi/8] & m) == 0){     //Is block free?      //检查对应的位
67.           bp->data[bi/8] |= m;             //Mark block in use.//空闲,则标记为分配
68.           log_write(bp);                   //修改对应的 bmap 块
69.           brelse(bp);
70.           bzero(dev, b + bi);              //将刚分配的块清空
71.           return b + bi;
72.         }
73.       }
```

```
74.        brelse(bp);
75.      }
76.    panic("balloc: out of blocks");
77. }
78.
79. //Free a disk block                      //释放 dev 设备上的 b 号盘块
80. static void
81. bfree(int dev, uint b)
82. {
83.    struct buf * bp;
84.    int bi, m;
85.
86.    readsb(dev, &sb);
87.    bp = bread(dev, BBLOCK(b, sb));
88.    bi = b % BPB;
89.    m = 1 << (bi % 8);
90.    if((bp->data[bi/8] & m) == 0)
91.      panic("freeing free block");
92.    bp->data[bi/8] &= ~m;
93.    log_write(bp);
94.    brelse(bp);
95. }
96.              //---------------- 后接代码 9-9 ----------------//
```

■ 块的读操作 bread()

当需要读入一个盘块数据时,bread()首先调用 bget()获得相应的块缓存,如图 9-9 所示。bget()用于查找指定的某个盘块(设备号+盘块号)的块缓存,如果未找到则扫描

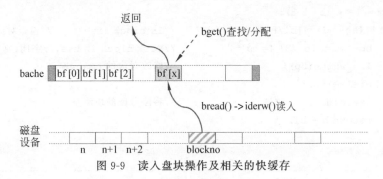

图 9-9　读入盘块操作及相关的快缓存

LRU 链表,找到一个不忙(B_BUSY==0)且不脏(B_DIRTY==0)的块缓存用于该盘块。因此,当 bget()返回时,一定带有一个块缓存,它可能是从 LRU 上查找到的带有盘块数据的(B_VALID==1),也可能是新分配的(B_VALID==0)。对于后者,因为没有任何有效数据,还需要通过设备驱动程序提供的 iderw()。

■ 块的写操作 bwrite()

bwrite()用于将块缓存中的数据写回到对应的盘块中,具体执行也是通过 IDE 设备驱动程序提供的 iderw()。对比 bread()和 bwrite()的参数发现,bread()的参数是盘块号,而 bwrite()的参数是块缓存,无需先通过 bget()获得块缓存。这是因为在 writei()调用 bwrite()之前已经执行过对硬盘块的 bread()->bget()。后面 iderw()可以通过缓存块 buf 结构体找到对应的盘块号。

■ 读入超级块

文件系统的超级块放在最开头的一个盘块中,记录了磁盘文件系统的整体布局信息。在代码 9-6 的第 31 行定义了 readsb(),它从指定设备上读入超级块。根据图 9-2 的 xv6fs 文件系统布局图可知,超级块是编号为 1 的块,因此借助磁盘块的读入函数 bread(dev, 1)读入到块缓存 bp 中,然后再通过 memmove()从块缓存复制到内存超级块对象 sb (struct superblock)。

■ bzero()

bzero()在代码 9-6 的第 42 行,它将指定盘块内容清零:首先调用 bread()将盘块读入到块缓存 bp 中,然后将块缓存清 0,最后再用 log_write()写回。

■ balloc()

balloc()在代码 9-6 的第 56 行分配一个空闲磁盘盘块,并将其内容清空,以便写入新的文件数据。该函数扫描 bmap 位图,遍历(0～sb.size)所有的盘块号,由于一个 bmap 盘块可以记录 BPB=BSIZE×8=512×8 个位,因此盘块号每次递增 BPB。其中 BBLOCK 将根据盘块号 b,找到位图所在的盘块。

对于每一个 bmap 盘块,逐个位进行检查是否为 0,找到后则将对应位置 1,表示已分配使用。然后用 log_write()更新这个 bmap 盘块,最后用 bzero()清空刚分配的盘块。

■ bfree()

bfree()在代码 9-6 的第 81 行,用于释放一个磁盘盘块。其操作非常简单,就是将 bmap 位图中对应的位清 0 即可,其位图查找过程和前面 balloc()相同,都是利用 BBLOCK()。它和 balloc()一样,也是使用 log_write()通过日志系统完成位图的更新修改。

理论上,xv6 删除文件后只是将数据盘块的位图清 0,而数据盘块本身并不进行清除,因此其数据并未丢失。

■ fs.c(盘块操作部分)

fs.c 的代码涉及三部分内容,第一部分是盘块操作代码;第二部分是 inode 操作代码;第三部分是目录操作代码。本节分析第一部分的盘块操作代码,其余代码将在后续小节陆续进行分析。

9.2.2　索引节点操作

在了解了磁盘布局和盘块操作之后,我们可以讨论索引节点的问题了。文件系统中最核心的对象就是索引节点,虽然 inode 没有文件名(文件名是目录的功能),但它代表并管理着文件在磁盘上的数据。目录操作也是建立在索引节点的操作之上。

用户进行文件读写操作时,使用的是文件逻辑偏移,而磁盘读写使用的是盘块号和盘块内偏移,它们之间的关系如图 9-1 所示。也就是说只有索引节点才真正知道数据存储在哪个盘块上,即知道文件的物理结构。

索引节点的操作分为两类:

- 对索引节点管理文件数据的读写;
- 对索引节点自身的分配、删除和修改。

索引节点有三种类型,通过成员 type 可以表示普通文件、目录文件或设备文件,type 的几个类型参见代码 9-7 的定义几个宏。

代码 9-7　stat.h

```
1.  #define T_DIR  1                    //Directory
2.  #define T_FILE 2                    //File
3.  #define T_DEV  3                    //Device
4.
5.  struct stat {
6.      short type;                     //Type of file
7.      int dev;                        //File system's disk device
8.      uint ino;                       //Inode number
9.      short nlink;                    //Number of links to file
10.     uint size;                      //Size of file in bytes
11. };
```

1. 索引节点缓存

为了加快索引节点的读写操作,xv6 建立了索引节点的缓存,因此,索引节点呈现出"磁盘索引节点"和"内存索引节点"两个版本。如果不存在歧义,可直接用 inode 指代;如果需要加以区分,则称为"inode 缓存"和"磁盘 inode"。

索引节点缓存 icache 定义于代码 9-9 的第 159～162 行,它是磁盘索引节点在内存中的缓存,可以加快索引节点的读写操作。磁盘索引节点位于磁盘中,这些索引节点缓存是磁盘索引节点在内存中的映像加上动态管理数据,例如引用计数 ref 和标志 flags。icache.inode[NINODE]中最多可以缓存 NINODE 个磁盘索引节点的信息,其中元素 inode[]则是依据磁盘上的 dinode 结构体而填写。

■ (内存)索引节点

icache 缓存中有多个 inode 内存索引节点,它是磁盘索引节点 dinode 的内存形态,定义于代码 9-11 的第 13 行,对应的部分代码如代码 9-8 所示。

代码 9-8　inode 结构体

```
1.  //in-memory copy of an inode
2.  struct inode{
3.     uint dev;                          //Device number
4.     uint inum;                         //Inode number
5.     int ref;                           //Reference count
6.     int flags;                         //I_BUSY, I_VALID
7.
8.     short type;                        //copy of disk inode
9.     short major;
10.    short minor;
11.    short nlink;
12.    uint size;
13.    uint addrs[NDIRECT+1];
14. };
15. #define I_BUSY 0x1
16. #define I_VALID 0x2
```

内存索引节点的前半部分是磁盘索引节点所没有的成员变量,后面的 type、major、minor、nlink、size 和 addr[]则是完全从磁盘 dinode(见代码 9-2 的第 29 行)中复制而来。

索引节点缓存根据工作状态,分成已分配 Allocation、被引用 Referencing(ref>0)、有效 Valid(flags 的 I_VALID 置位)和锁定 Locked(flags 的 I_BUSY 置位)。

对 inode 缓存进行操作时，需要设置 I_BUSY 位。而 inode 缓存的锁 icache.lock 用来互斥地修改 inode 缓存的 I_BUSY 位，一旦设置了 I_BUSY 位，就可以释放 icache.lock 锁了。

需要注意其中 nlink 和 ref 的区别，nlink 也出现在磁盘索引节点 dinode 中，用来记录有多少个目录项指向本文件的索引节点；而 ref 是指有多少个"打开的文件"使用该内存索引节点，也就是说 ftable.file[]里有多少个元素通过成员 *ip 指向本文件的索引节点。当 icache 缓存需要分配使用时，应该选择 ref=0 的。

■ 索引节点缓存初始化

代码 9-9 的第 165 行定义了 iinit()，用于内存索引节点缓存的初始化。在对索引节点缓存的互斥锁完成初始化之后，读入超级块并打印出磁盘布局信息，这就是 xv6 启动时打印的内容之一，如屏显 9-3 所示。

屏显 9-3　xv6 启动时打印的磁盘布局信息

```
qemu- system- i386 - serial mon: stdio - drive file= fs.img, index = 1, media = disk,
format=raw -drive file=xv6.img,index=0,media=disk,format=raw - smp 2 -m 512
xv6...
cpu1: starting
cpu0: starting
sb: size 1000 nblocks 941 ninodes 200 nlog 30 logstart 2      inodestart 32 bmap start 58
init: starting sh
$
```

2. 对索引节点的操作

因为一个索引节点对应一个文件，所以所有的文件操作都涉及索引节点。我们将这些操作分成两类：一类是文件的创建、删除等操作，其必然涉及索引节点自身的操作，另一类是借助索引节点中的索引表对文件数据的读写操作。我们先来讨论对索引节点本身的操作。

xv6 的索引节点操作同时涉及磁盘索引节点 dinode 及其缓存 inode(内存索引节点)。

■ 分配磁盘索引节点 ialloc()

新创建一个文件时，就需要用 ialloc()分配一个新的索引节点。ialloc(unit dev, short type)定义于代码 9-9 的第 180 行，用于在 dev 设备上分配一个类型为 type 的索引节点。该函数扫描整个磁盘索引节点区，遍历 1~sb.ninodes 的所有索引节点编号，逐个检查其类型 type 是否为 0，如果为 0，则设置其类型为 type，并用 log_write()通知日志系统更新磁盘内容。

　　磁盘上的操作完成后,则转到内存索引节点的操作,用 iget()建立相应的索引节点缓存。也就是说 ialloc()同时完成在磁盘上和内存缓存中的操作。由于是分配空闲的索引节点,因此无需从磁盘读入其 dinode 内容来填写 inode 缓存。

■ 获取 inode 缓存 iget()

　　iget()根据设备号 dev 和索引节点号 inum 在索引节点缓存中查找,返回所匹配的索引节点缓存,或者分配一个空闲的索引节点缓存。

　　iget()工作过程如下：遍历所有 icahce.inode[]缓存,如果找到 dev 和 inum 所指定的 inode,则增加其 ref 引用计数。如果没有找到对应的 inode 缓存,但找到了空闲的 inode,则将其记录在 ip 指针上,然后填写该 inode 内容并返回,但所填写的 flags＝0 代表该缓存中没有有效的 inode 数据。

　　如果 iget()不仅没有找到对应的 inode 缓存,且发现没有空闲的缓存(empty＝＝0),则应该回收 inode 缓存(实际上 xv6 只是 panic 而没有进行回收)。

　　需要注意,该操作只是 inode 缓存的操作,并不涉及磁盘 inode 的操作。

■ inode 写回操作 iupdate()

　　iupdate()将 inode 缓存的内容更新到磁盘 dinode 上,最后写出到磁盘中。为了更新指定的 inode,必须先读入磁盘上的 dinode,然后才能将 inode 缓存的内容复制到磁盘 dinode 中。

■ 增加 inode 的引用 idup()

　　增加索引节点缓存的引用计数,将其成员 ref＋＋ 即可。

■ 读取 inode 基本信息 stati()

　　将索引节点缓存中的基本信息复制到 stat 结构体并返回。

■ 截断文件 itrunc()

　　将索引节点管理的文件数据(直接块和间接块)都释放掉,每个磁盘盘块通过 bfree()释放(数据盘块的位图清零)。删除文件时,需要完成该操作,从而让数据盘块可以用于存储其他文件。

■ ilock()

　　对指定的 inode 缓存加锁,并设置 inode 缓存的 I_BUSY 标志,表示正在被使用。如果还发现其 I_VALID 无效,则还需要从磁盘读入其内容并将 I_VALID 设置为有效。

■ 解除锁定 iunlock()

　　释放 inode 缓存的自旋锁,并将该 inode 缓存的 I_BUSY 标志清除。

■ **减少 inode 引用计数 iput()**

iput()将指定的 inode 缓存引用计数减 1,如果自身已经是最后一个引用该 inode 缓存的,则释放该缓存进行回收。如果对应的磁盘 inode 也已经没有引用了,那么需要完成:

(1) 将磁盘数据文件用 itrunc()释放掉。

(2) 将该磁盘 inode 的 ip->type 设置为 0,表示空闲未用,从而完成释放和回收。

iunlockput()则是先用 iunlock()解锁,然后再执行 iput()。

3. "文件读写"操作

进程发出的文件读写操作,会转换成该文件索引节点管理的盘块的读写操作。我们先来学习对一个已经存在的文件,假设在已经找到它的 inode 索引节点的前提下,如何读写该文件的数据内容。

读写操作中如何根据文件名找到索引节点,属于目录操作,将在下一节讨论。

■ **readi()**

readi()用于从 inode 对应的磁盘文件的偏移 off 处,读入 n 个字节到 dst 指向的数据缓冲区。如果是设备文件(T_DEV),则使用设备的读操作函数 devsw[ip->major].read()完成读入操作,否则将执行磁盘文件的读入操作,该操作略微有些复杂。

磁盘文件需要逐个盘块读入数据,但首先要知道文件偏移量对应的物理盘块号是哪个,这是通过 bmap()完成的(马上在后面分析)。

确定盘块号之后,将会调用前面讨论过的 bread()完成磁盘盘块的读入。由于 bread()将数据读入到块缓存中,因此还需要用 memmove()将数据复制到用户空间缓冲区。

■ **bmap()**

由于进程发出的文件读写操作使用的是字节偏移(转换成文件内部的逻辑盘块号 bn),而磁盘读写 bread()和 bwrite()使用的是物理盘块号,因此需要 bmap()将文件字节偏移对应的逻辑盘块号 bn 转换成物理盘块号。回顾图 9-1,其转换过程需要借助索引节点的 dinode.addrs[]或 inode.addrs[],并且需要考虑直接盘块和间接盘块。

如果对应的数据盘块不存在,则 bmap()会调用 balloc()分配一个空闲盘块,然后再修改索引,使得 ip->addrs[bn]指向新分配的盘块;如果该偏移落入间接索引区,则可能还需要分配间接索引盘块,然后才能分配盘块号 bn 所对应的数据盘块并建立索引关系。

■ **writei()**

writei()需要逐个盘块写出数据,因为有块缓存的存在,其会先调用 bread()将磁盘盘块读入到块缓存,然后才是将数据复制到块缓存中,最后由 log_write()向日志系统写出。writei()也是借用 bmap(),通过查找 dinode.addrs[]完成文件偏移量到磁盘盘块号的转换。

如果是设备(T_DEV),则需要通过它自身的读函数 devsw[ip->major].read 完成。

4. fs.c(inode 操作部分)

fs.c 的代码涉及三部分内容,第一部分是盘块操作代码;第二部分是 inode 操作代码;第三部分是目录操作代码。

前面已经完成第二部分的代码分析,其中"对索引节点的操作"一节分析了对索引节点自身的操作,而"索引节点上的文件读写操作"则分析了"文件数据"读写的代码,其余代码将在后续小节进行分析。

代码 9-9　fs.c(inode 操作部分)

```
96.                              //以上是盘块操作函数,下面是 inode 操作函数
97.  //Inodes
98.  //
99.  //An inode describes a single unnamed file
100. //The inode disk structure holds metadata: the file's type,
101. //its size, the number of links referring to it, and the
102. //list of blocks holding the file's content
103. //
104. //The inodes are laid out sequentially on disk at
105. //sb.startinode. Each inode has a number, indicating its
106. //position on the disk
107. //
108. //The kernel keeps a cache of in-use inodes in memory
109. //to provide a place for synchronizing access
110. //to inodes used by multiple processes. The cached
111. //inodes include book-keeping information that is
112. //not stored on disk: ip->ref and ip->flags.
113. //
114. //An inode and its in-memory represtative go through a
115. //sequence of states before they can be used by the
116. //rest of the file system code
117. //
118. //* Allocation: an inode is allocated if its type (on disk)
```

```
119. //    is non-zero. ialloc() allocates, iput() frees if
120. //    the link count has fallen to zero
121. //
122. //* Referencing in cache: an entry in the inode cache
123. //    is free if ip->ref is zero. Otherwise ip->ref tracks
124. //    the number of in-memory pointers to the entry (open
125. //    files and current directories). iget() to find or
126. //    create a cache entry and increment its ref, iput()
127. //    to decrement ref
128. //
129. //* Valid: the information (type, size, &c) in an inode
130. //    cache entry is only correct when the I_VALID bit
131. //    is set in ip->flags. ilock() reads the inode from
132. //    the disk and sets I_VALID, while iput() clears
133. //    I_VALID if ip->ref has fallen to zero
134. //
135. //* Locked: file system code may only examine and modify
136. //    the information in an inode and its content if it
137. //    has first locked the inode. The I_BUSY flag indicates
138. //    that the inode is locked. ilock() sets I_BUSY,
139. //    while iunlock clears it
140. //
141. //Thus a typical sequence is:
142. //    ip = iget(dev, inum)
143. //    ilock(ip)
144. //    ... examine and modify ip->xxx ...
145. //    iunlock(ip)
146. //    iput(ip)
147. //
148. //ilock() is separate from iget() so that system calls can
149. //get a long-term reference to an inode (as for an open file)
150. //and only lock it for short periods (e.g., in read())
151. //The separation also helps avoid deadlock and races during
152. //pathname lookup. iget() increments ip->ref so that the inode
153. //stays cached and pointers to it remain valid
154. //
155. //Many internal file system functions expect the caller to
```

```
156. //have locked the inodes involved; this lets callers create
157. //multi-step atomic operations
158.
159. struct {
160.    struct spinlock lock;
161.    struct inode inode[NINODE];
162. } icache;
163.
164. void
165. iinit(int dev)
166. {
167.    initlock(&icache.lock, "icache");
168.    readsb(dev, &sb);
169.    cprintf("sb: size %d nblocks %d ninodes %d nlog %d logstart %d\
170.            inodestart %d bmap start %d\n", sb.size, sb.nblocks,
171.            sb.ninodes, sb.nlog, sb.logstart, sb.inodestart,
172.            sb.bmapstart);
173. }
174.
175. static struct inode* iget(uint dev, uint inum);
176.
177. //PAGEBREAK!
178. //Allocate a new inode with the given type on device dev
179. //A free inode has a type of zero
180. struct inode*
181. ialloc(uint dev, short type)
182. {
183.    int inum;
184.    struct buf *bp;
185.    struct dinode *dip;
186.
187.    for(inum = 1; inum < sb.ninodes; inum++){      //遍历所有 inode
188.      bp = bread(dev, IBLOCK(inum, sb));           //读入 inum 对应的盘块
189.      dip = (struct dinode*)bp->data + inum%IPB;   //定位到 inum 号 inode
190.      if(dip->type == 0){  //a free inode         //判定是否空闲未用
191.        memset(dip, 0, sizeof(*dip));
```

```
192.        dip->type = type;                        //标记类型、占用
193.        log_write(bp);     //mark it allocated on the disk   //需要改写
194.        brelse(bp);
195.        return iget(dev, inum);
196.      }
197.      brelse(bp);
198.    }
199.    panic("ialloc: no inodes");
200. }
201.
202. //Copy a modified in-memory inode to disk
203. void
204. iupdate(struct inode * ip)
205. {
206.    struct buf * bp;
207.    struct dinode * dip;
208.
209.    bp = bread(ip->dev, IBLOCK(ip->inum, sb));        //获得 inode 所在的块缓存
210.    dip = (struct dinode *)bp->data + ip->inum% IPB;  //定位 inode 位置
211.    dip->type = ip->type;                     //以下 6 行将 inode 内容更新到 dinode 中
212.    dip->major = ip->major;
213.    dip->minor = ip->minor;
214.    dip->nlink = ip->nlink;
215.    dip->size = ip->size;
216.    memmove(dip->addrs, ip->addrs, sizeof(ip->addrs));
217.    log_write(bp);                             //通过日志方式写出
218.    brelse(bp);
219. }
220.
221. //Find the inode with number inum on device dev
222. //and return the in-memory copy. Does not lock
223. //the inode and does not read it from disk
224. static struct inode *
225. iget(uint dev, uint inum)
226. {
227.    struct inode * ip, * empty;
```

```
228.
229.    acquire(&icache.lock);
230.
231.    //Is the inode already cached?
232.    empty = 0;
233.    for(ip = &icache.inode[0]; ip < &icache.inode[NINODE]; ip++){//遍历缓存
234.      if(ip->ref > 0 && ip->dev == dev && ip->inum == inum){        //找到匹配
235.        ip->ref++;                                    //增加引用计数
236.        release(&icache.lock);
237.        return ip;                                    //返回匹配的 inode
238.      }
239.      if(empty == 0 && ip->ref == 0)    //Remember empty slot
240.        empty = ip;                      //记录第一个空闲的 inode
241.    }
242.
243.    //Recycle an inode cache entry
244.    if(empty == 0)                       //到此处说明没有匹配的 inode
245.      panic("iget: no inodes");          //如果还没有空闲 inode 缓存,panic(需回收)
246.
247.    ip = empty;                          //使用所找的空闲 inode
248.    ip->dev = dev;
249.    ip->inum = inum;
250.    ip->ref = 1;
251.    ip->flags = 0;
252.    release(&icache.lock);
253.
254.    return ip;
255. }
256.
257. //Increment reference count for ip
258. //Returns ip to enable ip = idup(ip1) idiom
259. struct inode *
260. idup(struct inode * ip)
261. {
262.    acquire(&icache.lock);
263.    ip->ref++;
```

```
264.    release(&icache.lock);
265.    return ip;
266. }
267.
268. //Lock the given inode
269. //Reads the inode from disk if necessary
270. void
271. ilock(struct inode * ip)
272. {
273.    struct buf * bp;
274.    struct dinode * dip;
275.
276.    if(ip == 0 || ip->ref < 1)
277.      panic("ilock");
278.
279.    acquire(&icache.lock);
280.    while(ip->flags & I_BUSY)
281.      sleep(ip, &icache.lock);
282.    ip->flags |= I_BUSY;
283.    release(&icache.lock);
284.
285.    if(!(ip->flags & I_VALID)){
286.      bp = bread(ip->dev, IBLOCK(ip->inum, sb));
287.      dip = (struct dinode *)bp->data + ip->inum%IPB;
288.      ip->type = dip->type;
289.      ip->major = dip->major;
290.      ip->minor = dip->minor;
291.      ip->nlink = dip->nlink;
292.      ip->size = dip->size;
293.      memmove(ip->addrs, dip->addrs, sizeof(ip->addrs));
294.      brelse(bp);
295.      ip->flags |= I_VALID;
296.      if(ip->type == 0)
297.        panic("ilock: no type");
298.    }
299. }
300.
```

```
301. //Unlock the given inode
302. void
303. iunlock(struct inode * ip)
304. {
305.     if(ip == 0 || !(ip->flags & I_BUSY) || ip->ref < 1)
306.       panic("iunlock");
307.
308.     acquire(&icache.lock);
309.     ip->flags &= ~I_BUSY;
310.     wakeup(ip);
311.     release(&icache.lock);
312. }
313.
314. //Drop a reference to an in-memory inode
315. //If that was the last reference, the inode cache entry can
316. //be recycled
317. //If that was the last reference and the inode has no links
318. //to it, free the inode (and its content) on disk
319. //All calls to iput() must be inside a transaction in
320. //case it has to free the inode
321. void
322. iput(struct inode * ip)
323. {
324.     acquire(&icache.lock);
325.     if(ip->ref == 1 && (ip->flags & I_VALID) && ip->nlink == 0){
326.       //inode has no links and no other references: truncate and free
327.       if(ip->flags & I_BUSY)
328.         panic("iput busy");
329.       ip->flags |= I_BUSY;
330.       release(&icache.lock);
331.       itrunc(ip);
332.       ip->type = 0;
333.       iupdate(ip);
334.       acquire(&icache.lock);
335.       ip->flags = 0;
336.       wakeup(ip);
337.     }
```

```
338.    ip->ref--;
339.    release(&icache.lock);
340. }
341.
342. //Common idiom: unlock, then put
343. void
344. iunlockput(struct inode * ip)
345. {
346.    iunlock(ip);
347.    iput(ip);
348. }
349.
350. //PAGEBREAK!
351. //Inode content
352. //
353. //The content (data) associated with each inode is stored
354. //in blocks on the disk. The first NDIRECT block numbers
355. //are listed in ip->addrs[].   The next NINDIRECT blocks are
356. //listed in block ip->addrs[NDIRECT]
357.
358. //Return the disk block address of the nth block in inode ip
359. //If there is no such block, bmap allocates one
360. static uint
361. bmap(struct inode * ip, uint bn)              //将文件偏移量转换成盘块号
362. {
363.    uint addr, * a;
364.    struct buf * bp;
365.
366.    if(bn < NDIRECT){                         //盘块号<NDIRECT 的,直接盘块
367.      if((addr = ip->addrs[bn]) == 0)         //直接查找 ip->addrs[]获得盘块号
368.        ip->addrs[bn] = addr = balloc(ip->dev);//如果还没有映射,则分配一个盘块
369.      return addr;
370.    }
371.    bn -= NDIRECT;
372.
373.    if(bn < NINDIRECT){                        //一次间接盘块,未越界
374.      //Load indirect block, allocating if necessary
```

```
375.        if((addr = ip->addrs[NDIRECT]) == 0)          //如果间接索引盘块还未分配
376.          ip->addrs[NDIRECT] = addr = balloc(ip->dev);  //则分配 1 个盘块用于间接索引
377.        bp = bread(ip->dev, addr);
378.        a = (uint *)bp->data;
379.        if((addr = a[bn]) == 0){                       //还未建立间接索引
380.          a[bn] = addr = balloc(ip->dev);              //则分配一个数据盘块
381.          log_write(bp);
382.        }
383.        brelse(bp);                                    //返回 bn 所映射的盘块号
384.        return addr;
385.      }
386.
387.    panic("bmap: out of range");
388.  }
389.
390.  //Truncate inode (discard contents)
391.  //Only called when the inode has no links
392.  //to it (no directory entries referring to it)
393.  //and has no in-memory reference to it (is
394.  //not an open file or current directory)
395.  static void
396.  itrunc(struct inode * ip)
397.  {
398.    int i, j;
399.    struct buf * bp;
400.    uint * a;
401.
402.    for(i = 0; i < NDIRECT; i++){
403.      if(ip->addrs[i]){
404.        bfree(ip->dev, ip->addrs[i]);
405.        ip->addrs[i] = 0;
406.      }
407.    }
408.
409.    if(ip->addrs[NDIRECT]){
410.      bp = bread(ip->dev, ip->addrs[NDIRECT]);
411.      a = (uint *)bp->data;
```

```
412.      for(j = 0; j < NINDIRECT; j++){
413.        if(a[j])
414.          bfree(ip->dev, a[j]);
415.      }
416.      brelse(bp);
417.      bfree(ip->dev, ip->addrs[NDIRECT]);
418.      ip->addrs[NDIRECT] = 0;
419.    }
420.
421.    ip->size = 0;
422.    iupdate(ip);
423. }
424.
425. //Copy stat information from inode
426. void
427. stati(struct inode * ip, struct stat * st)
428. {
429.    st->dev = ip->dev;
430.    st->ino = ip->inum;
431.    st->type = ip->type;
432.    st->nlink = ip->nlink;
433.    st->size = ip->size;
434. }
435.
436. //PAGEBREAK!
437. //Read data from inode
438. int
439. readi(struct inode * ip, char * dst, uint off, uint n)
440. {
441.    uint tot, m;
442.    struct buf * bp;
443.
444.    if(ip->type == T_DEV){                      //如果是设备文件
445.      if(ip->major < 0 || ip->major >= NDEV || !devsw[ip->major].read)
446.        return -1;
447.      return devsw[ip->major].read(ip, dst, n); //使用设备文件自己的 read 操作函数
448.    }
```

```
449.                                          //以下是磁盘文件的读操作
450.     if(off > ip->size || off + n < off)  //检查读入起点是否越界
451.       return -1;
452.     if(off + n > ip->size)               //检查读入终点是否越界
453.       n = ip->size - off;                //只提供文件的有效数据
454.
455.     for(tot=0; tot<n; tot+=m, off+=m, dst+=m){   //逐个盘块读入
456.       bp = bread(ip->dev, bmap(ip, off/BSIZE));  //读入
457.       m = min(n - tot, BSIZE - off%BSIZE);        //调整偏移量的增量
458.       memmove(dst, bp->data + off%BSIZE, m);
459.       brelse(bp);
460.     }
461.     return n;
462.   }
463.
464.   //PAGEBREAK!
465.   //Write data to inode
466.   int
467.   writei(struct inode * ip, char * src, uint off, uint n)
468.   {
469.     uint tot, m;
470.     struct buf * bp;
471.
472.     if(ip->type == T_DEV){                //如果是设备文件
473.       if(ip->major < 0 || ip->major >= NDEV || !devsw[ip->major].write)
474.         return -1;
475.       return devsw[ip->major].write(ip, src, n);  //使用设备自有的 write 函数
476.     }
477.                                          //以下是磁盘文件的读操作
478.     if(off > ip->size || off + n < off)  //检查写入的起点是否越界
479.       return -1;
480.     if(off + n > MAXFILE * BSIZE)
481.       return -1;
482.
483.     for(tot=0; tot<n; tot+=m, off+=m, src+=m){   //逐个盘块读入
484.       bp = bread(ip->dev, bmap(ip, off/BSIZE));  //读入块缓存
485.       m = min(n - tot, BSIZE - off%BSIZE);        //调整偏移量的增量
```

```
486.     memmove(bp->data + off%BSIZE, src, m);        //写入到块缓存
487.     log_write(bp);                                //由日志系统写出
488.     brelse(bp);
489.   }
490.
491.   if(n > 0 && off > ip->size){                     //写出数据后,文件长度扩展了
492.     ip->size = off;                                //将文件长度修改
493.     iupdate(ip);                                   //更新磁盘 dinode
494.   }
495.   return n;
496. }
497.
498. //PAGEBREAK!
499.                     //-----------后接代码 9-10 ------------------//
```

9.2.3　目录操作

前面讨论的内容,要不就是给出盘块号对盘块进行操作;要不就是在已经获得文件的索引节点情况下,将文件偏移转换成盘块号后再操作。它们都不是以目录＋文件名的形式作为输入信息的。下面讨论如何根据文件路径名查找文件的索引节点,以及文件路径名构成的树形目录结构。

1. 目录查找

在目录查找的代码中,涉及一些字符串的比较、搜索定位的操作,略显烦琐。

■ **dirlookup()**

dirlookup()是在一个目录文件中,根据指定的文件名查找目录项。目录是通过 inode 给出的,因此可以将目录内容读出来,也就是用 readi() 逐个读出目录项,然后通过 namecmp() 完成字符串比较(实际上就是简单封装了 strncmp())。

在文件目录的查找过程中,readi() 的文件偏移量每次移动 sizeof(de),即每次移动一个目录项的大小。

■ **skipelem()**

用于提取一级路径名,例如传入///dir1/bb2/c3,则返回“dir1”,并将传入的字符串指针 path 指向“bb2/c3”。也就是说它会自动忽略重复的“/”。

反复调用 skipelem() 可遍历路径名上的各级目录,这是 namex() 里文件查找过程的

框架步骤。

2. 创建和删除

■ **dirlink()**

dirlink() 用于在某个目录中创建一个目录项,对应于系统调用 sys_link()。由于目录项是指向索引节点的,本质上是指针链接到 inode,因此函数名中含有 link 字样。传入的参数有两个,首先是文件名,其次是对应的文件 inode。创建过程先要确认本目录中没有重名的文件,其次找到一个空闲目录项,然后填写内容即可。

删除操作并没有独立编写操作函数,而是在 sys_unlink() 中直接对目录项进行清零,然后写回磁盘从而完成目录项的删除操作。

3. 文件定位

目录操作的最终目的是根据路径名找到文件对应的 inode,才能对文件进行具体的操作。namex()、namei() 和 nameiparent() 都是用于这一目的。

■ **namex()**

namex() 根据文件的路径名,返回文件的 inode。它有两个略有区别的功能,当根据第二个参数 nameiparent 为 0 时,返回的是文件的 inode;否则返回该文件的父目录 inode。

第 616~619 行的代码分成两种情况处理:路径名如果从"/"开始,则使用绝对路径,也可以是相对路径从 proc->cwd 开始查找。然后用 skipelem() 逐级分析路径名,直到最末一级结束。

■ **namei()**

namei() 根据路径名,查找并返回对应文件的 inode。它是借助 namex() 完成的,调用时必须将 namex() 的第二个参数设置为 0,否则 namex() 将返回对应文件的父目录项。

■ **nameiparent()**

根据路径名,返回倒数第二级目录的 inode,即目标文件的父目录。

4. fs.c(目录操作部分)

fs.c 的代码涉及三部分内容,第一部分是盘块操作代码;第二部分是 inode 操作代码;第三部分是目录操作代码。

本节分析了第三部分的代码,到此 fs.c 的全部内容已经分析完毕。

代码 9-10   fs.c(目录操作部分)

```
500.              //------------ 上接代码 9-9 --------------------//
501. //Directories                    //以上是 inode 操作函数,以下是目录操作函数
```

```
502.
503. int
504. namecmp(const char * s, const char * t)
505. {
506.    return strncmp(s, t, DIRSIZ);
507. }
508.
509. //Look for a directory entry in a directory
510. //If found, set * poff to byte offset of entry
511. struct inode *
512. dirlookup(struct inode * dp, char * name, uint * poff)
513. {
514.    uint off, inum;
515.    struct dirent de;
516.
517.    if(dp->type != T_DIR)                          //此 inode 必须是目录
518.      panic("dirlookup not DIR");
519.
520.    for(off = 0; off < dp->size; off += sizeof(de)){        //逐个目录项处理
521.      if(readi(dp, (char *)&de, off, sizeof(de)) != sizeof(de))  //读入当前目录项
522.        panic("dirlink read");
523.      if(de.inum == 0)                             //无效目录项
524.        continue;
525.      if(namecmp(name, de.name) == 0){           //找到名字匹配的目录项
526.        //entry matches path element
527.        if(poff)
528.          * poff = off;                            //将目录项偏移值通过 * poff 返回
529.        inum = de.inum;                            //确定索引节点号
530.        return iget(dp->dev, inum);                //建立 inode 缓存否
531.      }
532.    }
533.
534.    return 0;
535. }
536.
537. //Write a new directory entry (name, inum) into the directory dp
538. int
```

```
539. dirlink(struct inode * dp, char * name, uint inum)
540. {
541.    int off;
542.    struct dirent de;
543.    struct inode * ip;
544.
545.    //Check that name is not present
546.    if((ip = dirlookup(dp, name, 0)) != 0){      //不能和同一目录下其他文件重名
547.      iput(ip);
548.      return -1;
549.    }
550.
551.    //Look for an empty dirent
552.    for(off = 0; off < dp->size; off += sizeof(de)){     //找一个空闲目录项
553.      if(readi(dp, (char *) &de, off, sizeof(de)) != sizeof(de))
554.        panic("dirlink read");
555.      if(de.inum == 0)
556.        break;
557.    }
558.
559.    strncpy(de.name, name, DIRSIZ);              //目录项中写入文件名字符串
560.    de.inum = inum;                             //目录项中记录对应的 inode
561.    if(writei(dp, (char *) &de, off, sizeof(de)) != sizeof(de))     //写出到磁盘
562.      panic("dirlink");
563.
564.    return 0;
565. }
566.
567. //PAGEBREAK!
568. //Paths
569.
570. //Copy the next path element from path into name
571. //Return a pointer to the element following the copied one
572. //The returned path has no leading slashes
573. //so the caller can check * path=='\0' to see if the name is the last one
574. //If no name to remove, return 0
575. //
```

```
576. //Examples:
577. //   skipelem("a/bb/c", name) = "bb/c", setting name = "a"
578. //   skipelem("///a//bb", name) = "bb", setting name = "a"
579. //   skipelem("a", name) = "", setting name = "a"
580. //   skipelem("", name) = skipelem("////", name) = 0
581. //
582. static char *
583. skipelem(char * path, char * name)
584. {
585.    char * s;
586.    int len;
587.
588.    while( * path == '/')
589.      path++;
590.    if( * path == 0)
591.      return 0;
592.    s = path;
593.    while( * path != '/' && * path != 0)
594.      path++;
595.    len = path - s;
596.    if(len >= DIRSIZ)
597.      memmove(name, s, DIRSIZ);
598.    else {
599.      memmove(name, s, len);
600.      name[len] = 0;
601.    }
602.    while( * path == '/')
603.      path++;
604.    return path;
605. }
606.
607. //Look up and return the inode for a path name
608. //If parent != 0, return the inode for the parent and copy the final
609. //path element into name, which must have room for DIRSIZ bytes
610. //Must be called inside a transaction since it calls iput()
611. static struct inode *
612. namex(char * path, int nameiparent, char * name)
```

```
613. {
614.     struct inode * ip, * next;
615.
616.     if( * path == '/')
617.       ip = iget(ROOTDEV, ROOTINO);
618.     else
619.       ip = idup(proc->cwd);
620.
621.     while((path = skipelem(path, name)) != 0) {      //逐级目录处理
622.       ilock(ip);
623.       if(ip->type != T_DIR) {                        //每一级都应该是目录
624.         iunlockput(ip);
625.         return 0;
626.       }
627.       if(nameiparent && * path == '\0') {            //如果需要的是父目录
628.         //Stop one level early
629.         iunlock(ip);
630.         return ip;
631.       }
632.       if((next = dirlookup(ip, name, 0)) == 0) {     //这一级目录名没有查找到
633.         iunlockput(ip);
634.         return 0;
635.       }
636.       iunlockput(ip);
637.       ip = next;
638.     }
639.     if(nameiparent) {
640.       iput(ip);
641.       return 0;
642.     }
643.     return ip;
644. }
645.
646. struct inode *
647. namei(char * path)
648. {
649.     char name[DIRSIZ];
```

```
650.    return namex(path, 0, name);
651. }
652.
653. struct inode *
654. nameiparent(char * path, char * name)
655. {
656.    return namex(path, 1, name);
657. }
```

9.2.4 文件

虽然文件数据自身、文件路径名、文件索引节点都能代表文件,都是某种意义上的"文件"。而此处所指的 xv6 文件对象,专指 struct file,是对打开的磁盘文件 inode 的一次动态抽象和封装。对 file 结构体而言,文件内容是一维的字节数组,可以用一个简单的偏移量访问到文件中的任意数据。向上与进程的文件描述符表建立联系,使得进程对自己所打开的文件使用一个简单的索引值来识别。向下与磁盘文件 inode 对象相关联,以便可以读写文件中的数据(定位数据所在的磁盘盘块号)。file 抽象出的线性字节序列的文件和磁盘上乱序存储的盘块间的联系,是通过 inode 的索引地址进行映射的,如图 9-1 所示。

文件的 ref 引用参数,是指系统中各个进程的文件描述符总共有多少个指向本文件的 file 结构体。

1. 文件对象与文件描述符

■ 文件 file 与索引节点 inode

参见图 9-4,文件 file 特指磁盘文件的一次动态打开,是动态概念。而索引节点 inode 代表的磁盘文件则是静态概念。每一次打开的文件都是用 file 结构体(见代码 9-11 的第 1~9 行)描述,主要记录该文件的类型,进程文件描述符引用的次数,是否可读、是否可写的方式打开等。其 ip 指向内存中的 inode(是磁盘 inode 在内存的动态存在),off 用于记录当前读写位置,通常称作文件的游标。如果打开的是管道,则由 pipe 成员指向管道数据。

磁盘文件 dinode 作为静态内容,被打开之后在内存中创建一个 inode 对象(动态),其主要内容来源于磁盘的 dinode。例如 inode 需要有 inum 记录 inode 号,而磁盘上的每个 dinode 都唯一对应一个 inode 号。代码第 19~24 行的 inode 结构体成员,和磁盘上的 dinode 完全一致,直接从磁盘读入即可。内存中的 inode 对象由 icache 缓冲区管理,内含 inode[NINODE]数组,其中 NINODE=50。

也就是说 xv6fs 和 Linux 类似,有内存 inode 和相对应的磁盘 dinode。Linux 系统的内存 inode 是 VFS inode 的抽象,而磁盘上的则可以是各种具体不同的 ext2 的 inode、xfs 的 inode 等等。

■ 已打开文件列表和文件描述符表

各进程内部使用一个"文件描述符表"来管理自己所打开的文件,而"已打开文件列表"ftable 是全系统已打开文件的列表。前者是一个简单的引用,指向已打开文件的 file 结构体,后者则是 file 结构体自身。多个文件描述符可能指向同一个已打开文件,例如终端设备会被多个程序所使用。这些对应关系如图 9-4 的顶部内容所示。

■ file.h

在 file.h 的一开头就定义了 file 结构体,用于一个动态的已打开文件,前面刚刚分析过。

虽然设备都抽象为设备文件,但是各自的读写操作细节是不同的,因此使用了 devsw[] 数组来记录给出的读写操作函数,用设备号来索引。从这里可以看出 xv6 的设备操作非常简陋,只有读写操作,而没有 Linux 设备中的 ioctl() 等操作。

代码 9-11　file.h

```
1.   struct file{
2.     enum { FD_NONE, FD_PIPE, FD_INODE } type;
3.     int ref;                              //reference count
4.     char readable;
5.     char writable;
6.     struct pipe * pipe;
7.     struct inode * ip;
8.     uint off;                             //文件读写游标
9.   };
10.
11.
12. //in-memory copy of an inode
13. struct inode{
14.    uint dev;                             //Device number
15.    uint inum;                            //Inode number
16.    int ref;                              //Reference count
17.    int flags;                            //I_BUSY, I_VALID
18.
```

```
19.    short type;                              //copy of disk inode
20.    short major;
21.    short minor;
22.    short nlink;
23.    uint size;
24.    uint addrs[NDIRECT+1];
25. };
26. #define I_BUSY 0x1
27. #define I_VALID 0x2
28.
29. //table mapping major device number to
30. //device functions
31. struct devsw{
32.    int (*read)(struct inode *, char *, int);
33.    int (*write)(struct inode *, char *, int);
34. };
35.
36. extern struct devsw devsw[];
37.
38. #define CONSOLE 1
39.
40. //PAGEBREAK!
41. //Blank page
```

2. file 对象的操作

下面的 file 操作,读者可以结合图 9-4 来理解(例如下面提到的 ftable[])。

■ 初始化

fileinit()用于对系统中已打开文件列表 ftable[]进行初始化,即初始化 ftable.lock 自旋锁。

■ 分配/关闭/复制等

filealloc()

filealloc()分配一个空闲的 file 对象。它扫描 ftable.file[],如果发现未使用(即 ref==0),则将其标记为已分配使用(ref=1),并返回该 file 指针。

filedup()

当用户进程对某个文件描述符进行复制时,将引起对应的 file 对象引用次数增 1。因此 filedup()就是将指定的 file 对象的 fil->＞ref++。

　　fileclose()

　　fileclose()要考虑多个进程打开文件的情况,因此如果不是最后一个使用该文件的进程,只需要简单地将 file->ref－1 即可。否则,将完成真正的关闭操作,对于 PIPE 管道将使用 pipeclose(),对其他文件则通过 iput()释放相应的索引节点。

　　filestat()

　　filestat()用户读取文件的元数据(metadata),它通过 stati()将元数据管理信息填写到 stat 结构体中。

■ 文件读写操作

　　fileread()

　　fileread()是通用的文件读操作函数,如图 9-10 所示,它内部再根据文件类型(FD_PIPE、FD_INODE)区分执行 piperead()和 readi() 两种操作。对于磁盘文件,需要计算数据偏移所对应的磁盘盘块所在的位置,前面一节刚讨论过,这个就必须通过 readi()来完成。

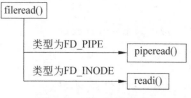

　　filewrite()

　　filewrite()是通用的文件读操作函数,它内部再根据文件类型(FD_PIPE、FD_INODE)区分执行

图 9-10　file 的读操作

pipewrite()和 writei()两种操作。为了防止一次写入的数据超过日志系统的上限,因此一次最多写入 max 个字节,如果超过了将分成多次写入。

■ stat.h

　　在 stat.h 中定义了三种文件类型 T_DIR 目录、T_FILE 普通文件和 T_DEV 设备文件。还定义了 stat 结构体,stati()函数利用 stat 结构体记录 inode 的基本信息,如代码 9-12 所示。

代码 9-12　stat.h

```
1.  #define T_DIR  1                    //Directory
2.  #define T_FILE 2                    //File
3.  #define T_DEV  3                    //Device
4.
5.  struct stat {
6.     short type;                      //Type of file
7.     int dev;                         //File system's disk device
8.     uint ino;                        //Inode number
```

```
9.    short nlink;                       //Number of links to file
10.   uint size;                         //Size of file in bytes
11. };
```

■ file.c

file.c 涉及文件系统中关于 file 层面的操作,上接系统调用代码的接口层面的代码,向下衔接 inode 操作层面的操作代码。

系统中所有已经打开的文件记录在代码 9-13 的第 12～16 行定义的 ftable 中,由于 ftable.file[NFILE] 中 NFILE=100,因此 xv6 系统最多允许打开 100 个文件。其他有关文件操作的函数已经在前面讨论过,读者可以对照源代码进行阅读。

代码 9-13　file.c

```
1.  //
2.  //File descriptors
3.  //
4.
5.  #include "types.h"
6.  #include "defs.h"
7.  #include "param.h"
8.  #include "fs.h"
9.  #include "file.h"
10. #include "spinlock.h"
11.
12. struct devsw devsw[NDEV];             //各种设备的读写操作函数都收集在这里
13. struct {
14.   struct spinlock lock;
15.   struct file file[NFILE];
16. } ftable;                             //系统打开的文件列表
17.
18. void
19. fileinit(void)
20. {
21.   initlock(&ftable.lock, "ftable");
22. }
23.
24. //Allocate a file structure
```

```
25. struct file *
26. filealloc(void)
27. {
28.    struct file * f;
29.
30.    acquire(&ftable.lock);
31.    for(f = ftable.file; f < ftable.file + NFILE; f++){
32.      if(f->ref == 0){
33.        f->ref = 1;
34.        release(&ftable.lock);
35.        return f;
36.      }
37.    }
38.    release(&ftable.lock);
39.    return 0;
40. }
41.
42. //Increment ref count for file f
43. struct file *
44. filedup(struct file * f)
45. {
46.    acquire(&ftable.lock);
47.    if(f->ref < 1)
48.      panic("filedup");
49.    f->ref++;
50.    release(&ftable.lock);
51.    return f;
52. }
53.
54. //Close file f   (Decrement ref count, close when reaches 0.)
55. void
56. fileclose(struct file * f)
57. {
58.    struct file ff;
59.
60.    acquire(&ftable.lock);
61.    if(f->ref < 1)
```

```
62.      panic("fileclose");
63.    if(--f->ref > 0){
64.      release(&ftable.lock);
65.      return;
66.    }
67.    ff = *f;
68.    f->ref = 0;
69.    f->type = FD_NONE;
70.    release(&ftable.lock);
71.
72.    if(ff.type == FD_PIPE)
73.      pipeclose(ff.pipe, ff.writable);
74.    else if(ff.type == FD_INODE){
75.      begin_op();
76.      iput(ff.ip);
77.      end_op();
78.    }
79. }
80.
81. //Get metadata about file f
82. int
83. filestat(struct file * f, struct stat * st)
84. {
85.    if(f->type == FD_INODE){
86.      ilock(f->ip);
87.      stati(f->ip, st);
88.      iunlock(f->ip);
89.      return 0;
90.    }
91.    return -1;
92. }
93.
94. //Read from file f
95. int
96. fileread(struct file * f, char * addr, int n)
97. {
98.    int r;
```

```
99.
100.    if(f->readable == 0)                              //权限检查
101.       return -1;
102.    if(f->type == FD_PIPE)
103.       return piperead(f->pipe, addr, n);
104.    if(f->type == FD_INODE){
105.       ilock(f->ip);
106.       if((r = readi(f->ip, addr, f->off, n)) > 0)    //由 readi()读入
107.          f->off += r;                                //游标调整
108.       iunlock(f->ip);
109.       return r;
110.    }
111.    panic("fileread");
112. }
113.
114. //PAGEBREAK!
115. //Write to file f
116. int
117. filewrite(struct file * f, char * addr, int n)
118. {
119.    int r;
120.
121.    if(f->writable == 0)                              //权限检查
122.       return -1;
123.    if(f->type == FD_PIPE)
124.       return pipewrite(f->pipe, addr, n);
125.    if(f->type == FD_INODE){
126.       //write a few blocks at a time to avoid exceeding
127.       //the maximum log transaction size, including
128.       //i-node, indirect block, allocation blocks
129.       //and 2 blocks of slop for non-aligned writes
130.       //this really belongs lower down, since writei()
131.       //might be writing a device like the console
132.       int max = ((LOGSIZE-1-1-2) / 2) * 512;
133.       int i = 0;
134.       while(i < n){
135.          int n1 = n - i;
```

```
136.        if(n1 > max)                              //每次写入不能超过 max 个字节
137.          n1 = max;
138.
139.        begin_op();
140.        ilock(f->ip);
141.        if ((r = writei(f->ip, addr + i, f->off, n1)) > 0)
142.          f->off += r;
143.        iunlock(f->ip);
144.        end_op();
145.
146.        if(r < 0)
147.          break;
148.        if(r != n1)
149.          panic("short filewrite");
150.        i += r;                                    //本次写入 r 个字节,剩余的将继续循环写入
151.      }
152.      return i == n ? n : -1;
153.    }
154.    panic("filewrite");
155. }
156.
```

9.2.5　系统调用

文件系统的用户态接口是在代码 7-9 中定义的,也就是说在用户的 C 程序中使用 open()、close()、dup()、fstat()、read()、write()、mkdir()、mknod()、chdir()、link()、unlink()等形式的宏,就可以进行相应的系统调用。

经过系统调用的公共入口之后,将分别转到 sys_open()、sys_close()、sys_dup()、sys _fstat()、sys_read()、sys_write()、sys_mkdir()、sys_mknod()、sys_chdir()、sys_link()、sys_unlink()等具体系统调用服务函数中。

这些系统调用,基本上是对相应 file、inode 操作的封装,其中一个主要功能为这些实现函数提供参数。因此下面的系统调用说明,都比较简单。

1. 文件打开与关闭

■ 文件描述符

fdalloc()将扫描本进程的文件描述符数组 proc->ofile[],如果其值为 0,则表示空闲

可用,将它指向文件对象即可。注意不要和 filealloc() 混淆了,filealloc() 是系统层面管理 ftable 的,整个系统就 1 个 ftable,而 fdalloc() 是管理各个进程所打开文件的列表 proc-> ofile,每个进程都有这样一个列表。这两个表的关系,如图 9-4。

■ 文件对象

file.c 文件中的 filealloc() 用于分配文件对象,它将扫描系统的 ftable.file[ ](共有 NFILE 个元素)数组,找到一个空闲的 file 对象,然后将其引用计数 ref 增 1,表示被使用。

■ 具体操作

sys_open()

sys_open() 是用于打开文件的通用操作,并不区分磁盘文件、设备文件或管道文件。这些文件的区别在文件读写操作的时候。如果打开模式带有 O_CREATE 标志,则使用 create() 打开文件。否则,先通过 namei() 查找相应的索引节点,然后由 filealloc() 分配文件对象,最后 fdalloc() 为该文件对象创建描述符。

一旦文件打开之后,用户就使用文件描述符来关联 file 对象,而 file 对象则关联到 inode,此时已经和目录没有关系了。也就是说目录只是文件的"命名和访问的协助"。

create() 函数先将路径名分成路径和文件名,然后定位到路径(父目录),如果查找到指定的文件,则返回其 inode;否则需要创建一个新文件,对于目录文件还需要在其内部创建"."和".."两个目录项,最后用 dirlink() 在父目录创建本文件的目录项。

sysdup()

sysdup() 将本进程中指定的一个文件描述符复制一份,两者都指向相同的 file。它利用 argfd() 函数从用户态传递过来的参数中的文件描述符,找到对应的 file 对象。

sys_close()

sys_close() 根据参数中给出的文件描述符,找到 file,然后使用 fileclose() 关闭该 file。

sys_fstat()

sys_fstat() 根据参数中给出的文件描述符找到 file,然后再利用 filestat() 获取基本信息。

2. 文件读写操作

■ **sys_read**()

sys_read() 首先获取并检查参数是否正确,然后调用 fileread() 完成读入操作。

■ **sys_write**()

sys_write() 首先获取并检查参数是否正确,然后调用 filewrite() 完成写出操作。

3. 目录操作

■ **sys_mkdir()**

sys_mkdir()在文件系统的目录树中创建一个目录节点,它是通过调用 create()创建相应的索引节点,需要指定类型为目录 T_DIR。

■ **sys_mknod()**

sys_mknod()在文件系统的目录树中创建一个设备节点,共有三个参数:第一个参数是该节点所在的路径名,第二个参数是设备的主设备号 major,第三个参数是设备的次设备号。具体操作是通过 create()完成的。

■ **sys_chdir()**

sys_chdir()将改变进程的当前目录,即 proc->cwd。它用 argstr()从调用参数中获得新的路径,然后借助 namei()找到对应的索引节点。如果索引节点的类型是目录 T_DIR,则将本进程的工作目录 proc->cwd 设置为该索引节点。

■ **sys_link()**

xv6 上的 sys_link()创建的是硬链接,且不允许链接目标是目录。具体操作是通过 dirlink()完成的,也就是先创建新目录项,然后和目标 inode 相关联。

■ **sys_unlink()**

sys_unlink()用于删除一个目录项对索引节点的引用,即删除一个目录到索引节点的硬链接。如果引用计数为 0,则删除文件。

4. 其他操作

■ **sys_exec()**

由于 sys_exec()是利用指定可执行文件更换当前进程的进程映像,需要和磁盘交互,因此该代码放在文件系统中实现其系统调用的入口。当 sys_exec()从参数中获得可执行文件的路径名之后,就可以调用 exec()实现进程映像的替换重建了。

■ **sys_pipe()**

sys_pipe()对应的用户态函数原型是 user.h 中的 int pipe(int *),其中,int * 指向连续的两个整数,用作输入和输出两个文件描述符。

sys_pipe()内部主要是通过 pipealloc(&rf,&wf)分配两个 file 结构体,然后为它们分配文件描述符 fd0 和 fd1,最后将这两个描述符返回给用户进程。pipealloc()还通过 kalloc()分配一页内存,用于管道数据的存储。pipealloc()函数在代码 9-16 中实现。

5. sysfile.c

这里实现应用程序的文件系统接口,因此并不区分磁盘文件、管道或设备。另外文件的写操作部分,会和日志 log 代码有互动。文件系统层的抽象操作代码,向下将经过 file 层面代码,进入到 inode 层面代码,然后根据文件类型不同而转向不同的处理函数：可能是管道、磁盘文件或设备的操作代码。

作为文件系统的顶层,向上与应用进程交互,这需要通过文件描述符作为中介对象。每个进程维护着自己所打开的文件描述符列表,文件描述符只是对所打开文件的一个引用,如代码 9-14 所示。

代码 9-14　sysfile.c

```
1.  //
2.  //File-system system calls
3.  //Mostly argument checking, since we don't trust
4.  //user code, and calls into file.c and fs.c
5.
6.
7.  #include "types.h"
8.  #include "defs.h"
9.  #include "param.h"
10. #include "stat.h"
11. #include "mmu.h"
12. #include "proc.h"
13. #include "fs.h"
14. #include "file.h"
15. #include "fcntl.h"
16.
17. //Fetch the nth word-sized system call argument as a file descriptor
18. //and return both the descriptor and the corresponding struct file
19. static int
20. argfd(int n, int * pfd, struct file **pf)  //根据文件描述符,找到对应的 file
21. {
22.   int fd;
23.   struct file * f;
24.
25.   if(argint(n, &fd) < 0)
26.     return -1;
```

```
27.    if(fd < 0 || fd >= NOFILE || (f=proc->ofile[fd]) == 0)
28.      return -1;
29.    if(pfd)
30.      * pfd = fd;
31.    if(pf)
32.      * pf = f;
33.    return 0;
34. }
35.
36. //Allocate a file descriptor for the given file
37. //Takes over file reference from caller on success
38. static int
39. fdalloc(struct file * f)                          //获取本进程的一个空闲 fd 文件描述符
40. {
41.    int fd;
42.
43.    for(fd = 0; fd < NOFILE; fd++){
44.      if(proc->ofile[fd] == 0){
45.        proc->ofile[fd] = f;                       //将该文件描述符和传入的 file 关联起来
46.        return fd;
47.      }
48.    }
49.    return -1;
50. }
51.
52. int
53. sys_dup(void)
54. {
55.    struct file * f;
56.    int fd;
57.
58.    if(argfd(0, 0, &f) < 0)
59.      return -1;
60.    if((fd=fdalloc(f)) < 0)
61.      return -1;
62.    filedup(f);
63.    return fd;
```

```
64.  }
65.
66.  int
67.  sys_read(void)
68.  {
69.      struct file * f;
70.      int n;
71.      char * p;
72.
73.      if(argfd(0, 0, &f) < 0 || argint(2, &n) < 0 || argptr(1, &p, n) < 0)
74.          return -1;
75.      return fileread(f, p, n);
76.  }
77.
78.  int
79.  sys_write(void)
80.  {
81.      struct file * f;
82.      int n;
83.      char * p;
84.
85.      if(argfd(0, 0, &f) < 0 || argint(2, &n) < 0 || argptr(1, &p, n) < 0)
86.          return -1;
87.      return filewrite(f, p, n);
88.  }
89.
90.  int
91.  sys_close(void)
92.  {
93.      int fd;
94.      struct file * f;
95.
96.      if(argfd(0, &fd, &f) < 0)
97.          return -1;
98.      proc->ofile[fd] = 0;              //清除文件描述符的内容
99.      fileclose(f);                     //执行文件关闭操作
100.     return 0;
```

```
101. }
102.
103. int
104. sys_fstat(void)
105. {
106.    struct file * f;
107.    struct stat * st;
108.
109.    if(argfd(0, 0, &f) < 0 || argptr(1, (void*)&st, sizeof(*st)) < 0)
110.      return -1;
111.    return filestat(f, st);
112. }
113.
114. //Create the path new as a link to the same inode as old
115. int
116. sys_link(void)
117. {
118.    char name[DIRSIZ], * new, * old;
119.    struct inode * dp, * ip;
120.
121.    if(argstr(0, &old) < 0 || argstr(1, &new) < 0)
122.      return -1;
123.
124.    begin_op();                          //与日志相关
125.    if((ip = namei(old)) == 0){
126.      end_op();
127.      return -1;
128.    }
129.
130.    ilock(ip);
131.    if(ip->type == T_DIR){
132.      iunlockput(ip);
133.      end_op();
134.      return -1;
135.    }
136.
137.    ip->nlink++;
```

```
138.    iupdate(ip);
139.    iunlock(ip);
140.
141.    if((dp = nameiparent(new, name)) == 0)
142.      goto bad;
143.    ilock(dp);
144.    if(dp->dev != ip->dev || dirlink(dp, name, ip->inum) < 0){
145.      iunlockput(dp);
146.      goto bad;
147.    }
148.    iunlockput(dp);
149.    iput(ip);
150.
151.    end_op();                              //与日志相关
152.
153.    return 0;
154.
155. bad:
156.    ilock(ip);
157.    ip->nlink--;
158.    iupdate(ip);
159.    iunlockput(ip);
160.    end_op();
161.    return -1;
162. }
163.
164. //Is the directory dp empty except for "." and ".."
165. static int
166. isdirempty(struct inode * dp)
167. {
168.    int off;
169.    struct dirent de;
170.
171.    for(off=2 * sizeof(de); off<dp->size; off+=sizeof(de)){
172.      if(readi(dp, (char *) &de, off, sizeof(de)) != sizeof(de))
173.        panic("isdirempty: readi");
174.      if(de.inum != 0)
```

```
175.        return 0;
176.     }
177.     return 1;
178. }
179.
180. //PAGEBREAK!
181. int
182. sys_unlink(void)
183. {
184.     struct inode * ip, * dp;
185.     struct dirent de;
186.     char name[DIRSIZ], * path;
187.     uint off;
188.
189.     if(argstr(0, &path) < 0)                          //待删除的文件名
190.       return -1;
191.
192.     begin_op();
193.     if((dp = nameiparent(path, name)) == 0){          //dp 记录文件的上一级目录
194.       end_op();
195.       return -1;
196.     }
197.
198.     ilock(dp);
199.
200.     //Cannot unlink "." or ".."
201.     if(namecmp(name, ".") == 0 || namecmp(name, "..") == 0)
202.       goto bad;
203.
204.     if((ip = dirlookup(dp, name, &off)) == 0)         //在父目录中查找该文件
205.       goto bad;
206.     ilock(ip);
207.
208.     if(ip->nlink < 1)
209.       panic("unlink: nlink < 1");
210.     if(ip->type == T_DIR && !isdirempty(ip)){         //不能对非空目录进行删除
211.       iunlockput(ip);
```

```
212.        goto bad;
213.      }
214.
215.      memset(&de, 0, sizeof(de));
216.      if(writei(dp, (char *)&de, off, sizeof(de)) != sizeof(de))    //清除目录项
217.        panic("unlink: writei");
218.      if(ip->type == T_DIR){
219.        dp->nlink--;
220.        iupdate(dp);
221.      }
222.      iunlockput(dp);
223.
224.      ip->nlink--;                                     //文件 inode 引用计数-1
225.      iupdate(ip);
226.      iunlockput(ip);                       //iput 时若发现 ip->nlink==0,则会回收索引节点
227.
228.      end_op();
229.
230.      return 0;
231.
232. bad:
233.      iunlockput(dp);
234.      end_op();
235.      return -1;
236. }
237.
238. static struct inode *
239. create(char *path, short type, short major, short minor)
240. {
241.      uint off;
242.      struct inode *ip, *dp;
243.      char name[DIRSIZ];
244.
245.      if((dp = nameiparent(path, name)) == 0)        //完成路径和文件名的分离
246.        return 0;
247.      ilock(dp);
248.
```

```
249.    if((ip = dirlookup(dp, name, &off)) != 0){      //在父目录中查找本文件名
250.      iunlockput(dp);
251.      ilock(ip);
252.      if(type == T_FILE && ip->type == T_FILE)
253.        return ip;                                  //找到,则返回其 inode
254.      iunlockput(ip);
255.      return 0;
256.    }
257.
258.    if((ip = ialloc(dp->dev, type)) == 0)           //否则,需要创建一个新文件 inode
259.      panic("create: ialloc");
260.
261.    ilock(ip);
262.    ip->major = major;
263.    ip->minor = minor;
264.    ip->nlink = 1;
265.    iupdate(ip);
266.
267.    if(type == T_DIR){//Create . and .. entries    //对于创建目录
268.      dp->nlink++;                                  //for ".."
269.      iupdate(dp);
270.      //No ip->nlink++ for ".": avoid cyclic ref count
271.      if(dirlink(ip, ".", ip->inum) < 0 || dirlink(ip, "..", dp->inum) < 0)
272.        panic("create dots");        //每个目录内部都应该有两个默认目录项“.”和“..”
273.    }
274.
275.    if(dirlink(dp, name, ip->inum) < 0)             //创建目录项关联该 inode
276.      panic("create: dirlink");
277.
278.    iunlockput(dp);
279.
280.    return ip;
281. }
282.
283. int
284. sys_open(void)
```

```
285. {
286.    char * path;
287.    int fd, omode;
288.    struct file * f;
289.    struct inode * ip;
290.
291.    if(argstr(0, &path) < 0 || argint(1, &omode) < 0)
292.      return -1;
293.
294.    begin_op();
295.
296.    if(omode & O_CREATE){
297.      ip = create(path, T_FILE, 0, 0);
298.      if(ip == 0){
299.        end_op();
300.        return -1;
301.      }
302.    } else {
303.      if((ip = namei(path)) == 0){
304.        end_op();
305.        return -1;
306.      }
307.      ilock(ip);
308.      if(ip->type == T_DIR && omode != O_RDONLY){
309.        iunlockput(ip);
310.        end_op();
311.        return -1;
312.      }
313.    }
314.
315.    if((f = filealloc()) == 0 || (fd = fdalloc(f)) < 0){
316.      if(f)
317.        fileclose(f);
318.      iunlockput(ip);
319.      end_op();
320.      return -1;
321.    }
```

```
322.    iunlock(ip);
323.    end_op();
324.
325.    f->type = FD_INODE;
326.    f->ip = ip;
327.    f->off = 0;
328.    f->readable = !(omode & O_WRONLY);
329.    f->writable = (omode & O_WRONLY) || (omode & O_RDWR);
330.    return fd;
331. }
332.
333. int
334. sys_mkdir(void)
335. {
336.    char * path;
337.    struct inode * ip;
338.
339.    begin_op();
340.    if(argstr(0, &path) < 0 || (ip = create(path, T_DIR, 0, 0)) == 0){
341.      end_op();
342.      return -1;
343.    }
344.    iunlockput(ip);
345.    end_op();
346.    return 0;
347. }
348.
349. int
350. sys_mknod(void)
351. {
352.    struct inode * ip;
353.    char * path;
354.    int major, minor;
355.
356.    begin_op();
357.    if((argstr(0, &path)) < 0 ||
358.        argint(1, &major) < 0 ||
```

```
359.        argint(2, &minor) < 0 ||
360.        (ip = create(path, T_DEV, major, minor)) == 0){
361.      end_op();
362.      return -1;
363.    }
364.    iunlockput(ip);
365.    end_op();
366.    return 0;
367. }
368.
369. int
370. sys_chdir(void)
371. {
372.    char * path;
373.    struct inode * ip;
374.
375.    begin_op();
376.    if(argstr(0, &path) < 0 || (ip = namei(path)) == 0){
377.      end_op();
378.      return -1;
379.    }
380.    ilock(ip);
381.    if(ip->type != T_DIR){
382.      iunlockput(ip);
383.      end_op();
384.      return -1;
385.    }
386.    iunlock(ip);
387.    iput(proc->cwd);
388.    end_op();
389.    proc->cwd = ip;
390.    return 0;
391. }
392.
393. int
394. sys_exec(void)
395. {
```

```
396.    char * path, * argv[MAXARG];
397.    int i;
398.    uint uargv, uarg;
399.
400.    if(argstr(0, &path) < 0 || argint(1, (int *) &uargv) < 0){
401.       return -1;
402.    }
403.    memset(argv, 0, sizeof(argv));
404.    for(i=0;; i++){
405.       if(i >= NELEM(argv))
406.          return -1;
407.       if(fetchint(uargv+4 * i, (int *) &uarg) < 0)
408.          return -1;
409.       if(uarg == 0){
410.          argv[i] = 0;
411.          break;
412.       }
413.       if(fetchstr(uarg, &argv[i]) < 0)
414.          return -1;
415.    }
416.    return exec(path, argv);
417. }
418.
419. int
420. sys_pipe(void)
421. {
422.    int * fd;
423.    struct file * rf, * wf;
424.    int fd0, fd1;                           //管道的文件句柄
425.
426.    if(argptr(0, (void *) &fd, 2 * sizeof(fd[0])) < 0)
427.       return -1;
428.    if(pipealloc(&rf, &wf) < 0)             //分配管道
429.       return -1;
430.    fd0 = -1;
431.    if((fd0 = fdalloc(rf)) < 0 || (fd1 = fdalloc(wf)) < 0){
432.       if(fd0 >= 0)
```

```
433.        proc->ofile[fd0] = 0;                //如果只是 fd1 失败,则释放 fd0
434.        fileclose(rf);
435.        fileclose(wf);
436.        return -1;
437.    }
438.    fd[0] = fd0;                             //设置管道读端文件描述符
439.    fd[1] = fd1;                             //设置管道写端文件描述符
440.    return 0;
441. }
```

9.3　非核心功能

除了前面讨论的文件系统基本核心功能外,xv6 的文件系统还带有日志功能,用于保证文件写入的原子性。另外和 Linux 文件系统一样,涉及管道和设备。

9.3.1　日志层

xv6fs 虽然设计比较简单,但还是考虑了日志功能。如果写操作过程中断电崩溃,则极有可能损坏文件系统,例如,在断电后,目录有一个指向空闲 inode 节点的项将可能导致严重的问题。xv6 使用了日志式文件系统来确保写操作不会导致文件系统的破坏,进程的写操作像一种"原子"操作,写操作要么完全完成,要么完全未执行。

所有的写操作首先都会写入磁盘中存放日志的区域,只有当真正的写操作完成后才会撤销日志。这样,就算任何过程中断电或者其他原因导致系统崩溃,文件系统的组织结构都不会损坏,结果是要么写操作完全完成,要么都未完成。日志操作使得每个文件的写操作都分成两次操作,降低了写效率。

1. 工作原理

xv6 在硬盘中的日志区有一个初始块和数据块,初始块包括一个数组,数组的值为对应数据块的内容应该写入文件系统中的哪一块,初始块还有当前有效数据块的计数。在内存中用同样的结构来存储数据。

通过这种方式,bwrite()可以使用 log_write()替代,当修改了内存中的块缓冲区后,log_wirte()同时在 block 数组中记录这个块需要写到磁盘中的哪一块,但是没有立即写入,当调用 commit 时,调用 write_log()将待写入的数据保存在日志区盘块上,并调用

write_head()更新磁盘的日志记录,最后会调用 install_trans()真正地更新文件系统。此时,若发生崩溃会导致日志有非零的计数,以便重启后再次进行写操作,最后将计数变量置零,使日志失效并更新日志初始块。

xv6 日志读写支持并发操作,当要写操作时调用 begin_op,结束时调用 end_op,begin_op 检查日志是否正在提交,如果正在提交,则睡眠当前进程,如果不在提交,则增加操作次数,end_op 减少操作次数,当没有任何进程正在操作 log 时,调用 commit 提交日志。

2. 数据结构

log.c 中 log 结构体记录了日志系统的基本信息,包括日志区所在的磁盘设备、在磁盘中的位置和大小、正在执行的文件写操作个数、提交标志(是否正在执行写盘操作的提交),以及最重要的日志头表。

logheader 结构体是日志头表,使用 block[]最多可以记录 30 个日志,对应的日志盘块应该写入到磁盘的什么位置。

xv6 的日志管理,大致可以用图 9-11 表示。

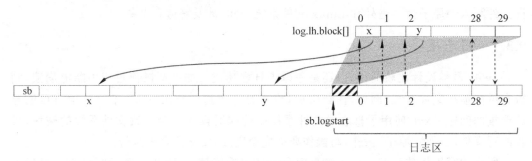

图 9-11　日志系统示意图

3. 相关的操作

■ **日志与初始化**

结构体 log 管理着日志系统的信息:start 和 size 是磁盘日志区起始盘块号和大小;outstanding 用于记录当前正在执行(还未结束)的有关磁盘写操作的系统调用;committing 用于标记当前正在提交的写操作。

初始化 initlog()在系统启动时,由第一个进程执行 forkret()时调用。主要任务是对内存中的 log 结构体进行初始化,从指定设备的超级块中读入日志区的起始盘块号、大小等信息。

启动时 initlog()还将检查日志系统,并尝试对未完成的操作(如果有的话)进行 redo

重做。

■ 写入到日志系统

xv6 所有的写盘操作都不是通过 bwrite() 直接完成, 而是通过 log_write() 在日志区登记, 并等待合适的时机写入目标盘块。log_write() 首先检查日志头表是否未用满, 否则拒绝本次写入。然后找到一个空闲表项、或者前面已经写过的相同盘块的表项, 将本次写入的盘块记录在对应的表项中。也就是说, 如果存在本次写入的盘块和以前写入的盘块相同的情况, 则前一次写操作将被"吸收消化掉"。

请读者注意, 此时数据仍然在目标盘块的内存块缓存中, log_write() 只是在日志头表中记录了"块缓存中的数据将要写入到指定的目标盘块中"这一事件。

write_log() 用于将"数据"从块缓存写入到磁盘的日志区, 此时如果掉电, 则本次写入失效, 虽然有了数据也是在 block[] 中记录了应该写入的目标盘块号, 但是重新启动后, 在日志区的 logheader 里并没有记录下来, 这需要下一步 write_head()。

wirte_head() 将内存中的 logheader 信息写入到磁盘的日志区第一个盘块中。完成 write_head() 操作之后, 即使系统掉电或其他原因崩溃, 也能将此次写事务完成, 我们不仅有待写入的数据, 也有待写入数据的目标盘块号, 因此是可以 redo"重做"该次写事务的。

begin_op() 和 end_op() 使用于同步控制, 要求不能在 commit 时进行写操作, 记录当前等待写入的请求数量 outstanding 计数值等。

■ 提交写盘操作

xv6fs 发出写操作后, 需要在结束前通过 end_op() 中执行 commit() 将写操作事务向日志系统提交, 才能生效。前面我们看到写操作必须经过图 9-12 的 4 个步骤才能将写操

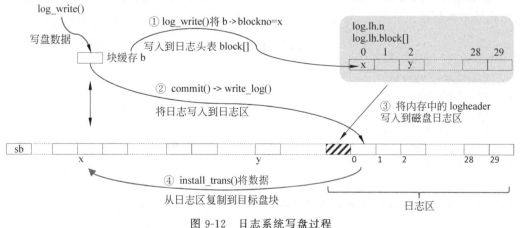

图 9-12　日志系统写盘过程

作事务登记在日志系统中。commit()就是用来发出 write_log()、write_head()和 instrall_trans()的。

■ 同步控制

xv6 在文件系统写操作前后调用 begin_op()和 end_op()用于同步控制。两个操作都需要持有 log.lock 锁，因此它们都是互斥运行的。它们都不能在提交阶段(log.committing==1)时操作，必须睡眠阻塞等待，又或者发现当前正在发出的写操作可能超出日志系统的能力上限，也将睡眠等待，直到下一次 commit 之后日志被清空才被唤醒。除了上面的情况外，begin_op()只需要通过 log.outstanding++表示有一个新增的写操作开始了。

当写操作快结束时，end_op()将会执行 outstanding--，如果发现 outstanding==0 则说明当前其他写操作都已经退出 end_op()，自己是剩下最后一个执行到 end_op()的写操作(新的写操作还没有达到)，因此需要负责日志提交并将标志 do_commit 标志置1，执行 commit()进行提交生效。

■ 恢复操作

恢复操作是在启动时，由第一个进程首次运行 forkret()时调用 initlog()->recover_from_log()完成的。为了恢复，首先由 read_head()从磁盘日志区(log.start 盘块)读入日志信息；然后，通过 install_tran()(作用和 write_log()相同)将日志头表中记录的写盘事务重新执行一次；最后通过将日志表长度设置为0(log.h.n=0)并 write_head()将日志清空，从而准备好文件系统初始的运行状态。

4. log.c

日志操作的函数都在代码 9-15 中，相关数据结构和函数代码都已经在前面分析讨论过，此处不再赘述。

代码 9-15 log.c

```
1.  #include "types.h"
2.  #include "defs.h"
3.  #include "param.h"
4.  #include "spinlock.h"
5.  #include "fs.h"
6.  #include "buf.h"
7.
8.  //Simple logging that allows concurrent FS system calls
```

```
9.  //
10. //A log transaction contains the updates of multiple FS system
11. //calls. The logging system only commits when there are
12. //no FS system calls active. Thus there is never
13. //any reasoning required about whether a commit might
14. //write an uncommitted system call's updates to disk
15. //
16. //A system call should call begin_op()/end_op() to mark
17. //its start and end. Usually begin_op() just increments
18. //the count of in-progress FS system calls and returns
19. //But if it thinks the log is close to running out, it
20. //sleeps until the last outstanding end_op() commits
21. //
22. //The log is a physical re-do log containing disk blocks
23. //The on-disk log format:
24. //   header block, containing block #s for block A, B, C, ...
25. //   block A
26. //   block B
27. //   block C
28. //   ...
29. //Log appends are synchronous
30.
31. //Contents of the header block, used for both the on-disk header block
32. //and to keep track in memory of logged block#before commit
33. struct logheader{
34.    int n;
35.    int block[LOGSIZE];                 //在 param.h 中定义为 30
36. };
37.
38. struct log{
39.    struct spinlock lock;
40.    int start;
41.    int size;
42.    int outstanding;                    //how many FS sys calls are executing
43.    int committing;                     //in commit(), please wait
44.    int dev;
```

```
45.      struct logheader lh;
46. };
47. struct log log;
48.
49. static void recover_from_log(void);
50. static void commit();
51.
52. void
53. initlog(int dev)
54. {
55.    if (sizeof(struct logheader) >= BSIZE)
56.      panic("initlog: too big logheader");
57.
58.    struct superblock sb;
59.    initlock(&log.lock, "log");
60.    readsb(dev, &sb);                          //读入超级块
61.    log.start = sb.logstart;                   //从中获取日志区的信息
62.    log.size = sb.nlog;
63.    log.dev = dev;
64.    recover_from_log();
65. }
66.
67. //Copy committed blocks from log to their home location
68. static void
69. install_trans(void)
70. {
71.    int tail;
72.
73.    for (tail = 0; tail < log.lh.n; tail++) {
74.      struct buf * lbuf = bread(log.dev, log.start+tail+1); //read log block
75.      struct buf * dbuf = bread(log.dev, log.lh.block[tail]); //read dst
76.      memmove(dbuf->data, lbuf->data, BSIZE);         //copy block to dst
77.      bwrite(dbuf);                                   //write dst to disk
78.      brelse(lbuf);
79.      brelse(dbuf);
80.    }
81. }
```

```
82.
83.  //Read the log header from disk into the in-memory log header
84.  static void
85.  read_head(void)
86.  {
87.    struct buf * buf = bread(log.dev, log.start);        //日志区开始是 log header
88.    struct logheader * lh = (struct logheader * ) (buf->data);
89.    int i;
90.    log.lh.n = lh->n;
91.    for (i = 0; i < log.lh.n; i++) {
92.      log.lh.block[i] = lh->block[i];
93.    }
94.    brelse(buf);
95.  }
96.
97.  //Write in-memory log header to disk
98.  //This is the true point at which the
99.  //current transaction commits
100. static void
101. write_head(void)
102. {
103.   struct buf * buf = bread(log.dev, log.start);
104.   struct logheader * hb = (struct logheader * ) (buf->data);
105.   int i;
106.   hb->n = log.lh.n;
107.   for (i = 0; i < log.lh.n; i++) {
108.     hb->block[i] = log.lh.block[i];
109.   }
110.   bwrite(buf);
111.   brelse(buf);
112. }
113.
114. static void
115. recover_from_log(void)
116. {
117.   read_head();
118.   install_trans();                           //if committed, copy from log to disk
```

```
119.    log.lh.n = 0;
120.    write_head();                           //clear the log
121. }
122.
123. //called at the start of each FS system call
124. void
125. begin_op(void)
126. {
127.    acquire(&log.lock);
128.    while(1){
129.      if(log.committing){
130.        sleep(&log, &log.lock);
131.      } else if(log.lh.n + (log.outstanding+1) * MAXOPBLOCKS > LOGSIZE){
132.        //this op might exhaust log space; wait for commit
133.        sleep(&log, &log.lock);
134.      } else {
135.        log.outstanding += 1;
136.        release(&log.lock);
137.        break;
138.      }
139.    }
140. }
141.
142. //called at the end of each FS system call
143. //commits if this was the last outstanding operation
144. void
145. end_op(void)
146. {
147.    int do_commit = 0;
148.
149.    acquire(&log.lock);
150.    log.outstanding -= 1;
151.    if(log.committing)
152.      panic("log.committing");
153.    if(log.outstanding == 0){
154.      do_commit = 1;
155.      log.committing = 1;
```

```
156.    } else {
157.      //begin_op() may be waiting for log space
158.      wakeup(&log);
159.    }
160.    release(&log.lock);
161.
162.    if(do_commit){
163.      //call commit w/o holding locks, since not allowed
164.      //to sleep with locks
165.      commit();
166.      acquire(&log.lock);
167.      log.committing = 0;
168.      wakeup(&log);
169.      release(&log.lock);
170.    }
171. }
172.
173. //Copy modified blocks from cache to log
174. static void
175. write_log(void)
176. {
177.    int tail;
178.
179.    for (tail = 0; tail < log.lh.n; tail++) {
180.      struct buf * to = bread(log.dev, log.start+tail+1);    //log block
181.      struct buf * from = bread(log.dev, log.lh.block[tail]); //cache block
182.      memmove(to->data, from->data, BSIZE);
183.      bwrite(to);                                             //write the log
184.      brelse(from);
185.      brelse(to);
186.    }
187. }
188.
189. static void
190. commit()
191. {
192.    if (log.lh.n > 0) {
```

```
193.    write_log();                    //Write modified blocks from cache to log
194.    write_head();                   //Write header to disk -- the real commit
195.    install_trans();                //Now install writes to home locations
196.    log.lh.n = 0;
197.    write_head();                   //Erase the transaction from the log
198.   }
199. }
200.
201. //Caller has modified b->data and is done with the buffer
202. //Record the block number and pin in the cache with B_DIRTY
203. //commit()/write_log() will do the disk write
204. //
205. //log_write() replaces bwrite(); a typical use is:
206. //  bp = bread(...)
207. //  modify bp->data[]
208. //  log_write(bp)
209. //  brelse(bp)
210. void
211. log_write(struct buf * b)                //只是记录要改写哪里,记录在内存中
212. {
213.    int i;
214.
215.    if (log.lh.n >= LOGSIZE || log.lh.n >= log.size - 1)
216.      panic("too big a transaction");
217.    if (log.outstanding < 1)
218.      panic("log_write outside of trans");
219.
220.    acquire(&log.lock);
221.    for (i = 0; i < log.lh.n; i++) {
222.      if (log.lh.block[i] == b->blockno)   //log absorbtion
223.        break;
224.    }
225.    log.lh.block[i] = b->blockno;
226.    if (i == log.lh.n)
227.      log.lh.n++;
228.    b->flags |= B_DIRTY;                    //prevent eviction
229.    release(&log.lock);
```

```
230. }
231.
```

9.3.2　特殊文件

xv6 中的特殊文件除了前面讨论的目录外,还有设备文件和管道文件。

1. 设备文件

设备文件的 inode 节点的类型为 T_DEV,因此能和普通文件区分开来,而且通过 inode 里的主次设备号(major 和 minor)进行区分。不同的设备读写操作函数和普通文件的读写操作不同,它们单独记录在 devsw[]数组中。devsw[]数组是在 file.c 中声明的全局变量,其类型是一个 devsw 结构体,摘录如下:

```
1.   struct devsw {
2.   int ( * read)(struct inode * , char * , int);
3.   int ( * write)(struct inode * , char * , int);
4.   };
```

各个设备在初始化时登记自身的读写函数。例如,控制台的读写操作就是在 consoleinit()时,设置为专用函数:

```
1.   devsw[CONSOLE].write = consolewrite;
2.   devsw[CONSOLE].read = consoleread;
```

在读写操作 readi()和 writei()时,使用的 devsw[CONSOLE].read()和 devsw [CONSOLE].write()就是上面设置的两个函数。

2. 管道文件

管道的本质是内核中的一段内存,可以通过文件系统的接口来访问。在代码 9-16 的第 12 行定义的 pipe 结构体中,最核心的是一个数据缓冲区 char data[PIPESIZE](PIPESIZE=512),使用自旋锁 lock 成员变量来保护,nread 和 nwrite 分别记录已经读和写的字节数,readopen 和 writeopen 用于记录该管道是否仍有读者或写者。

■ 访问接口

创建管道的用户态函数是 pipe(int *),对应的系统调用是 sys_pipe(),最终实现是 pipe.c 中的 pipealloc()。

　　管道一旦被创建之后,后续访问是通过文件系统的系统调用来完成的,甚至管道的撤销也是通过 close()完成的。因此管道相关的代码只需负责创建管道对象,以及将管道文件类型设置为 FD_PIPE 即可,对该类型文件的读写将使用管道相关的 piperead()/pipewrite()函数。在对该管道文件读写时,fileread()和 filewrite()里面会使用 piperead()和 pipewrite()来取代普通文件的读写操作,实际上读写的是管道的数据缓冲区(data[PIPESIZE])。

■ pipe.c

　　管道创建使用 pipealloc(),主要工作是分配 pipe 结构体,并创建两个 file 结构体分别用于读端和写端。为了和文件系统的 read()、write()和 close()对接,xv6 为管道提供了piperead()、pipewrite()和 pipeclose(),如代码 9-16 所示。

代码 9-16　pipe.c

```
1.  #include "types.h"
2.  #include "defs.h"
3.  #include "param.h"
4.  #include "mmu.h"
5.  #include "proc.h"
6.  #include "fs.h"
7.  #include "file.h"
8.  #include "spinlock.h"
9.
10. #define PIPESIZE 512
11.
12. struct pipe {
13.     struct spinlock lock;
14.     char data[PIPESIZE];
15.     uint nread;                      //number of bytes read
16.     uint nwrite;                     //number of bytes written
17.     int readopen;                    //read fd is still open
18.     int writeopen;                   //write fd is still open
19. };
20.
21. int
22. pipealloc(struct file **f0, struct file **f1)
23. {
24.     struct pipe * p;
```

```
25.
26.    p = 0;
27.    * f0 = * f1 = 0;
28.    if((* f0 = filealloc()) == 0 || (* f1 = filealloc()) == 0)
29.       goto bad;
30.    if((p = (struct pipe * ) kalloc()) == 0)
31.       goto bad;
32.    p->readopen = 1;
33.    p->writeopen = 1;
34.    p->nwrite = 0;
35.    p->nread = 0;
36.    initlock(&p->lock, "pipe");
37.    (* f0)->type = FD_PIPE;
38.    (* f0)->readable = 1;
39.    (* f0)->writable = 0;
40.    (* f0)->pipe = p;
41.    (* f1)->type = FD_PIPE;
42.    (* f1)->readable = 0;
43.    (* f1)->writable = 1;
44.    (* f1)->pipe = p;
45.    return 0;
46.
47. //PAGEBREAK: 20
48.    bad:
49.    if(p)
50.       kfree((char * )p);
51.    if(* f0)
52.       fileclose(* f0);
53.    if(* f1)
54.       fileclose(* f1);
55.    return -1;
56. }
57.
58. void
59. pipeclose(struct pipe * p, int writable)
60. {
61.    acquire(&p->lock);
```

```
62.    if(writable){
63.      p->writeopen = 0;
64.      wakeup(&p->nread);
65.    } else {
66.      p->readopen = 0;
67.      wakeup(&p->nwrite);
68.    }
69.    if(p->readopen == 0 && p->writeopen == 0){
70.      release(&p->lock);
71.      kfree((char *)p);
72.    } else
73.      release(&p->lock);
74. }
75.
76. //PAGEBREAK: 40
77. int
78. pipewrite(struct pipe * p, char * addr, int n)
79. {
80.    int i;
81.
82.    acquire(&p->lock);
83.    for(i = 0; i < n; i++){
84.      while(p->nwrite == p->nread + PIPESIZE){    //DOC: pipewrite-full
85.        if(p->readopen == 0 || proc->killed){
86.          release(&p->lock);
87.          return -1;
88.        }
89.        wakeup(&p->nread);
90.        sleep(&p->nwrite, &p->lock);              //DOC: pipewrite-sleep
91.      }
92.      p->data[p->nwrite++ % PIPESIZE] = addr[i];
93.    }
94.    wakeup(&p->nread);                            //DOC: pipewrite-wakeup1
95.    release(&p->lock);
96.    return n;
97. }
98.
```

```
99.  int
100. piperead(struct pipe * p, char * addr, int n)
101. {
102.    int i;
103.
104.    acquire(&p->lock);
105.    while(p->nread == p->nwrite && p->writeopen){ //DOC: pipe-empty
106.      if(proc->killed){
107.        release(&p->lock);
108.        return -1;
109.      }
110.      sleep(&p->nread, &p->lock);                 //DOC: piperead-sleep
111.    }
112.    for(i = 0; i < n; i++){                       //DOC: piperead-copy
113.      if(p->nread == p->nwrite)
114.        break;
115.      addr[i] = p->data[p->nread++ % PIPESIZE];
116.    }
117.    wakeup(&p->nwrite);                           //DOC: piperead-wakeup
118.    release(&p->lock);
119.    return i;
120. }
```

9.4　本章小结

　　xv6 文件系统与内核中其他部分联系并不算紧密,属于比较独立的部分,主要联系在于 exec 进程映像切换时与进程控制相交互。没有像 Linux 那样和内存管理也紧密联系在一起。

　　本章主要讨论了 xv6 文件系统的以下几个方面:

　　(1) xv6fs 的磁盘布局以及相关的超级块、索引节点、位图、目录及目录项等数据结构。其中超级块用于描述磁盘的整体布局等信息。索引节点独立占据一个区域,每个索引节点管理这本文件的数据盘块。位图独立占用一个区域,用于记录各个盘块是否被分配使用。一些特殊文件用作目录,目录文件内部切分成多个目录项用于将文件名与文件(以 inode 管理的)相关联,而且将所有文件组织成树形结构。需要注意,这些对象除了在磁盘中存在外,也在内存中存在一个副本。

(2) 文件的逻辑结构和物理结构。一个文件通过 inode 管理,其数据盘块通过 inode 的索引来管理,索引包括直接的和间接的,间接索引本身也需要占用磁盘盘块。需要掌握通过索引定位数据盘块的方法,以及位图和盘块号的转换计算方法。

(3) 文件操作的分层实现以及各层的主要任务,特别是各层的各种操作与 inode、目录项等数据结构的交互操作过程和步骤。读者需要能够回答以下问题:已知索引节点的前提下,如何读写该文件某一偏移上的数据盘块;块缓存在读写过程中起的作用;根目录文件怎么定位,怎么根据文件名在某一级目录中查找对应的索引节点号;写操作如何通过日志系统保证原子性。

关于文件系统对磁盘的读写操作,向上分析了文件系统的系统调项对接,向下的分析仅到 bread() 和 bwrite() 为止,再往下就是 IDE 硬盘驱动程序的 iderw() 操作了,这将在下面第 10 章设备管理中讨论分析。

练习

1. ialloc() 扫描读入索引节点时,通过重复发出 bread() 的方式来逐个查验索引节点。请编写代码使得同一盘块 inode 只需发出一次 bread() 就可以进行查找分析。

2. 设计并实现类似 Linux 的 proc 文件系统,使内核信息可以通过该特殊文件系统输出出来。例如每个进程的基本信息、进程映像、已打开文件等,使得可以使用 cat 查看上述信息。

3. writei() 对涉及的每个盘块都先执行读入到块缓存,然后将数据写入到块缓存,最后更新到磁盘上。实际上如果整个盘块都被改写,是没有必要先读入再改写的。请改写代码,完成相应的优化。

4. 请将块缓存 bcache 的 buf 双向链表改造成 Hash 链,以便可以在更大规模的系统上高效运用。

5. 修改位图管理,使得索引节点和位图等管理盘块不在位图中出现,从而避免对应位图被误读为 0 而被分配当作普通数据盘块使用。

第 10 章

设备管理

设备是以特殊文件的形式存在,在文件系统中提供访问接口。但是具体的设备读写操作,还需额外的代码来实现。这些与设备相关的操作涉及很多硬件细节,因此比较难以理解。本章将分别对终端设备(含键盘、串口设备)、IDE 设备、定时器和中断控制器进行分析讨论。

10.1 终端设备

终端设备是 shell 程序和其他用户程序进行输入输出的设备,以便和用户进行交互。但是 xv6 出于降低实现难度的目的,并没有以 tty 协议实现终端,而是直接用输入输出功能来实现简易的终端功能。唯一的控制台设备,在文件系统中以根目录下的控制台设备文件呈现给用户。

10.1.1 console/tty/terminal/shell

辨识这些术语需要知道 UNIX 主机早期的形态,当时的主机有一个面板控制台称为控制台(console)可以直接操作计算机,也可以通过一条电缆连接到远处的一个终端(terminal),早期终端是电传打字机(teletypewriter,即 tty),后来电传打字机换成了有屏幕的。这些都是具体的设备(当然也包括终端电缆上的传输协议),而 shell 则是软件,但是使用终端作为它的输入输出设备。如图 10-1 所示。

控制台强调的是操作面板(类似于管风琴的操控面板的地位),是和 UNIX 主机硬件一起的。终端(terminal)强调的是通过线缆连接到远程的设备,在远离主机的、线缆的另一端。如果是不带显式屏、利用打字机来输出信息的,则是 tty。

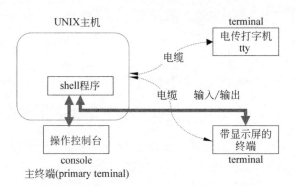

图 10-1　控制台(console)/电传打字机(tty)/终端(terminal)和 shell 的关系

但是用户通常在 shell 上操作计算机,因此 shell/terminal/tty/console 常常相互指代。再加上很多读者本来就分不清楚它们的区别,就造成了当前混用的情况。即便如此,也没有造成什么不良后果,因此读者在大多数情况下可以不用仔细辨认它们的区别。

10.1.2　终端及 CGA 显示器

shell 和应用程序通过终端与用户进行交互,由此终端主要负责输入与输出功能。xv6 的终端同时使用"键盘＋CGA 显示"和串口。也就是说无论是按键还是串口输入的数据,都将进入到输入缓冲区中,同理,输出显示也同时送往串口和 CGA 显示器上。

请读者回顾前面代码 6-8 的 main()函数,它打开"console"设备,并将用 dup(0)执行两次,使得标准输入、标准输出和标准出错文件都指向"console"设备。应用程序经过文件系统访问终端设备,其关系可以绘制成如图 10-2 所示。

1. 初始化

终端的输入缓冲区是定义于代码 10-1 的第 287 行的 consoleinit,完成的工作有:

- 初始化 cons.lock 自旋锁。
- 建立文件系统与控制台设备的联系:将 devsw[CONSOLE].write 设置为 consolewrite();将控制台设备 devsw[CONSOLE].read 设置为 consoleread()。
- 使能键盘中断,包括处理器上的 picenable(IRQ_KBD)和 IOAPIC 芯片上的 ioapicenable(IRQ_KBD, 0)。

consoleinit()的代码如下,考虑到 xv6 串口也是控制台设备,因此也应该有串口中断使能的代码。

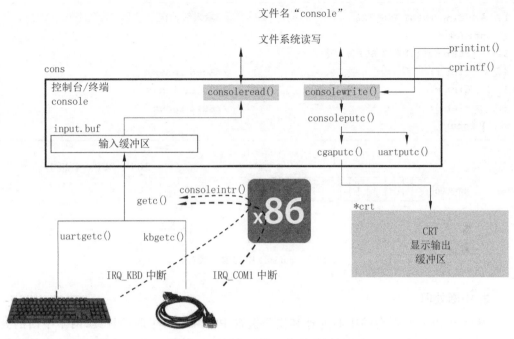

图 10-2 控制台/终端工作原理示意图

```
1.  void
2.  consoleinit(void)
3.  {
4.    initlock(&cons.lock, "console");
5.
6.    devsw[CONSOLE].write = consolewrite;
7.    devsw[CONSOLE].read = consoleread;
8.    cons.locking = 1;
9.
10.   picenable(IRQ_KBD);
11.   ioapicenable(IRQ_KBD, 0);
12. }
```

2. 输入缓冲区

终端的输入缓冲区定义于代码 10-1 的第 180 行的 input 结构体中,它是一个循环缓冲区,分别有读指针 r、写指针 w 和编辑指针 e。如图 10-3 所示。

```
1.  #define INPUT_BUF 128                      //输入缓冲区
2.  struct {
3.    char buf[INPUT_BUF];
4.    uint r;                                  //Read index
5.    uint w;                                  //Write index
6.    uint e;                                  //Edit index
7.  } input;
```

图 10-3　console 中的输入缓冲区

3. 中断处理

参见图 10-2,控制台的中断处理其实是键盘中断和串口中断的延续,两个中断的处理函数 kdbintr() 和 uartinitr() 都将调用 consoleintr(),将输入的字符写入到终端输入缓冲区 input.buf 中。

4. 读写操作

控制台的写操作(输出显示)将直接送往 CGA 显卡或串口,读操作则是间接地从输入缓冲区 input.buf 中读入,因此可能因 input.buf 为空而阻塞睡眠。input.buf 中的数据是通过键盘中断或串口中断而填写的。

■ **consoleread()**

consoleread() 是从输入缓冲区 input.buf[] 中读入数据,如果未能读入到指定数量的字符,则调用 sleep 进入睡眠(例如 shell 进程在等待用户输入命令时)。consoleread() 是输入缓冲区的唯一"消费者",它通过 cons.lock 自旋锁与该缓冲区的"生产者"(键盘中断代码和串口中断代码)实现互斥。

■ **consolewrite()**

向控制台设备(文件类型为 3)文件进行写操作,可以实现输出显示。该文件操作实际指向 consolewrite() 函数,它通过 uartputc() 和 cgaputc() 将输出缓冲区内容逐个字节输出到 CGA 显卡和串口终端上。如图 10-4 所示。

QEMU 为 xv6 仿真的是 CGA 彩色字符模式显卡,cagputc() 是在 CGA 显卡上显示字符。CGA 显卡有一个输出显示缓冲区,往里面写入数据即可显示对应的字符。该显示缓冲区在代码 10-1 的第 127 行定义为 static ushort crt[],它对应于 CGA 设备使用的 0xb8000 地址物理区间,因此需要通过 P2V()转换成虚地址。缓冲区中使用 2 个字节来表示一个要显示的字符,屏幕共有 25 行×80 列,共有 25×80×2 字节。每个字符的 2 个字节中的高 8 位显示色彩和属性(例如闪烁),低 8 位是字符的 ASCII 码。如图 10-5 所示。

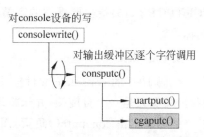

图 10-4　consolewrite()执行流程示意图

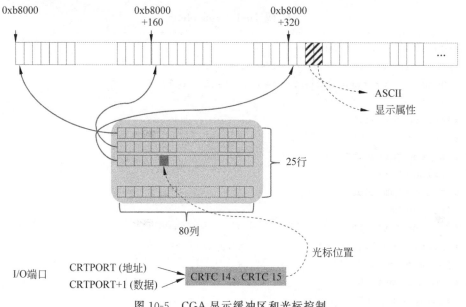

图 10-5　CGA 显示缓冲区和光标控制

因此 cgaputc()主要任务就是处理光标位置 pos 的计算、将指定的字符写入到 crt[pos]位置即可完成显示任务,其中,crt[pos]的低 8 位是 ASCII,高 8 位是显示属性(0x07 表示黑白色)。对于回车符,需要跳到下一行的行首;对于退格键 Backspace 需要将光标左移一格;必要时还需要滚屏。xv6 的 shell 代码中并没有处理 up/down/left/right 方向键,因此 shell 命令的修改只能通过 Backspace 退格键。

由于光标不属于"显示"内容,无法在显示缓冲区中表示,因此单独控制,通过 CGA 的 CRTC 控制寄存器来设置。光标位置表示为 col+80×row,需要两个字节的空间。这两个字节保存到 CRTC 的 14 号和 15 号寄存器中,首先用 outb(CRTPORT,14)或 outb

(CRTPORT,15)指出要操作的字节,然后用读、写 CRTPORT＋1 端口即可读取或设置光标位置。

5. console.c

代码 10-1 的 console.c 文件描述了控制台的基本功能。其中,cons 结构体描述了控制台,其实只是一个自旋锁,并未将缓冲区 input.buf[]、读写操作函数等包含为自己的成员。显示输出由 consputc()负责,而 consputc()会将显示字符通过 uartputc()送往串口,且同时通过 cgaputc()送往 CRT 显示器。输入由 consoleread()负责,它只需将 input.buf[]中的数据读出即可,input.buf[]的内容则由中断处理函数 consoleintr()填写,每次键盘按键或串口输入都会引发各自的中断处理函数往 input.buf[]中写入一个字符。

代码 10-1　console.c

```
1.  //Console input and output
2.  //Input is from the keyboard or serial port
3.  //Output is written to the screen and serial port
4.
5.  # include "types.h"
6.  # include "defs.h"
7.  # include "param.h"
8.  # include "traps.h"
9.  # include "spinlock.h"
10. # include "fs.h"
11. # include "file.h"
12. # include "memlayout.h"
13. # include "mmu.h"
14. # include "proc.h"
15. # include "x86.h"
16.
17. static void consputc(int);
18.
19. static int panicked = 0;
20.
21. static struct {
22.    struct spinlock lock;
23.    int locking;
24. } cons;
25.
```

```
26. static void
27. printint(int xx, int base, int sign)
28. {
29.     static char digits[] = "0123456789abcdef";
30.     char buf[16];
31.     int i;
32.     uint x;
33.
34.     if(sign && (sign = xx < 0))
35.       x = -xx;
36.     else
37.       x = xx;
38.
39.     i = 0;
40.     do{
41.       buf[i++] = digits[x % base];
42.     }while((x /= base) != 0);
43.
44.     if(sign)
45.       buf[i++] = '-';
46.
47.     while(--i >= 0)
48.       consputc(buf[i]);
49. }
50. //PAGEBREAK: 50
51.
52. //Print to the console. only understands %d, %x, %p, %s
53. void
54. cprintf(char * fmt, ...)
55. {
56.     int i, c, locking;
57.     uint * argp;
58.     char * s;
59.
60.     locking = cons.locking;
61.     if(locking)
62.       acquire(&cons.lock);
```

```
63.
64.    if (fmt == 0)
65.      panic("null fmt");
66.
67.    argp = (uint * )(void * )(&fmt + 1);
68.    for(i = 0; (c = fmt[i] & 0xff) != 0; i++){
69.      if(c != '%'){
70.        consputc(c);
71.        continue;
72.      }
73.      c = fmt[++i] & 0xff;
74.      if(c == 0)
75.        break;
76.      switch(c){
77.      case 'd':
78.        printint( * argp++, 10, 1);
79.        break;
80.      case 'x':
81.      case 'p':
82.        printint( * argp++, 16, 0);
83.        break;
84.      case 's':
85.        if((s = (char * ) * argp++) == 0)
86.          s = "(null)";
87.        for(;  * s; s++)
88.          consputc( * s);
89.        break;
90.      case '%':
91.        consputc('%');
92.        break;
93.      default:
94.        //Print unknown % sequence to draw attention
95.        consputc('%');
96.        consputc(c);
97.        break;
98.      }
99.    }
```

```
100.
101.    if(locking)
102.      release(&cons.lock);
103. }
104.
105. void
106. panic(char * s)
107. {
108.    int i;
109.    uint pcs[10];
110.
111.    cli();
112.    cons.locking = 0;
113.    cprintf("cpu with apicid %d: panic: ", cpu->apicid);
114.    cprintf(s);
115.    cprintf("\n");
116.    getcallerpcs(&s, pcs);
117.    for(i=0; i<10; i++)
118.      cprintf(" %p", pcs[i]);
119.    panicked = 1;                              //freeze other CPU
120.    for(;;)
121.      ;
122. }
123.
124. //PAGEBREAK: 50
125. #define BACKSPACE 0x100
126. #define CRTPORT 0x3d4
127. static ushort * crt = (ushort *)P2V(0xb8000);    //CGA memory
128.
129. static void
130. cgaputc(int c)
131. {
132.    int pos;
133.
134.    //Cursor position: col + 80 * row
135.    outb(CRTPORT, 14);
136.    pos = inb(CRTPORT+1) << 8;
```

```
137.    outb(CRTPORT, 15);
138.    pos |= inb(CRTPORT+1);
139.
140.    if(c == '\n')
141.      pos += 80 - pos%80;
142.    else if(c == BACKSPACE){
143.      if(pos > 0) --pos;
144.    } else
145.      crt[pos++] = (c&0xff) | 0x0700;        //black on white
146.
147.    if(pos < 0 || pos > 25*80)
148.      panic("pos under/overflow");
149.
150.    if((pos/80) >= 24){                      //Scroll up
151.      memmove(crt, crt+80, sizeof(crt[0]) * 23 * 80);
152.      pos -= 80;
153.      memset(crt+pos, 0, sizeof(crt[0]) * (24 * 80 - pos));
154.    }
155.
156.    outb(CRTPORT, 14);
157.    outb(CRTPORT+1, pos>>8);
158.    outb(CRTPORT, 15);
159.    outb(CRTPORT+1, pos);
160.    crt[pos] = ' ' | 0x0700;
161. }
162.
163. void
164. consputc(int c)
165. {
166.    if(panicked){
167.      cli();
168.      for(;;)
169.        ;
170.    }
171.
172.    if(c == BACKSPACE){
173.      uartputc('\b'); uartputc(' '); uartputc('\b');
```

```
174.    } else
175.      uartputc(c);                              //在串口回显字符
176.    cgaputc(c);                                 //在 cga 回显字符
177.}
178.
179.#define INPUT_BUF 128                            //输入缓冲区
180.struct {
181.    char buf[INPUT_BUF];
182.    uint r;                                      //Read index
183.    uint w;                                      //Write index
184.    uint e;                                      //Edit index
185.} input;
186.
187.#define C(x)  ((x)-'@')    //Control-x    //Ctrl 键和其他按键的组合
188.
189.void
190.consoleintr(int (* getc)(void))                  //串口中断传入 uartgetc() 函数指针
191.{                                                //键盘中断传入 kbdgetc()指针
192.    int c, doprocdump = 0;
193.
194.    acquire(&cons.lock);
195.    while((c = getc()) >= 0){                     //读入输入字符
196.      switch(c){
197.      case C('P'):    //Process listing    //按 Ctrl+P 组合键
198.        //procdump() locks cons.lock indirectly; invoke later
199.        doprocdump = 1;
200.        break;
201.      case C('U'):    //Kill line            //按 Ctrl+U 组合键
202.        while(input.e != input.w &&
203.              input.buf[(input.e-1) % INPUT_BUF] != '\n'){
204.          input.e--;
205.          consputc(BACKSPACE);
206.        }
207.        break;
208.      case C('H'): case '\x7f':              //Backspace
209.        if(input.e != input.w){
```

```
210.        input.e--;
211.        consputc(BACKSPACE);
212.      }
213.      break;
214.    default:
215.      if(c != 0 && input.e-input.r < INPUT_BUF){
216.        c = (c == '\r') ? '\n' : c;
217.        input.buf[input.e++ % INPUT_BUF] = c;          //字符存入循环缓冲区
218.        consputc(c);
219.        if(c == '\n' || c == C('D') || input.e == input.r+INPUT_BUF){
220.          input.w = input.e;
221.          wakeup(&input.r);
222.        }
223.      }
224.      break;
225.    }
226.  }
227.  release(&cons.lock);
228.  if(doprocdump) {
229.    procdump();                          //now call procdump() wo. cons.lock held
230.  }
231.}
232.
233.int
234.consoleread(struct inode * ip, char * dst, int n)
235.{
236.  uint target;
237.  int c;
238.
239.  iunlock(ip);
240.  target = n;
241.  acquire(&cons.lock);
242.  while(n > 0){
243.    while(input.r == input.w){
244.      if(proc->killed){
245.        release(&cons.lock);
```

```
246.        ilock(ip);
247.        return -1;
248.      }
249.      sleep(&input.r, &cons.lock);
250.    }
251.    c = input.buf[input.r++ % INPUT_BUF];
252.    if(c == C('D')){                    //EOF
253.      if(n < target){
254.        //Save ^D for next time, to make sure
255.        //caller gets a 0-byte result
256.        input.r--;
257.      }
258.      break;
259.    }
260.    * dst++ = c;
261.    --n;
262.    if(c == '\n')
263.      break;
264.    }
265.    release(&cons.lock);
266.    ilock(ip);
267.
268.    return target - n;
269. }
270.
271. int
272. consolewrite(struct inode * ip, char * buf, int n)
273. {
274.    int i;
275.
276.    iunlock(ip);
277.    acquire(&cons.lock);
278.    for(i = 0; i < n; i++)
279.      consputc(buf[i] & 0xff);
280.    release(&cons.lock);
281.    ilock(ip);
```

```
282.
283.    return n;
284. }
285.
286. void
287. consoleinit(void)
288. {
289.    initlock(&cons.lock, "console");
290.
291.    devsw[CONSOLE].write = consolewrite;
292.    devsw[CONSOLE].read = consoleread;
293.    cons.locking = 1;
294.
295.    picenable(IRQ_KBD);
296.    ioapicenable(IRQ_KBD, 0);
297. }
298.
```

10.1.3   键盘

键盘种类很多,xv6 里使用的是 QEMU 仿真出来的 PS/2 键盘。xv6 只是简单地实现了键盘输入的基本功能,因此对键盘控制器的设置保持默认设置,主要是检测是否有按键并读入按键扫描码。

1. 键盘工作原理

在经过初始化之后,键盘的主要作用就是扫描按键动作,如果有按键动作,则将其扫描码发送到键盘控制器 8042 芯片上。每个字母、数字、符号的按键扫描码并不能通过公式简单推算出来,必须通过查表才能知道。如图 10-6 所示。

■ 扫描码

每次按下一个键,将发送一个扫描码(make code);放开按键后,再发送一个扫描码(break code)。大多数 make code 是一个字节,少部分两字节扫描码是 E0 开头的,还有一个四字节的扫描码(对应 Pause 键)。大多数 break code 是由 F0 加上对应的 make code 组成,扩展键则是由 E0+F0 再加上对应的 make code 组成。表 10-1 是几个按键的 make code 和 break code。

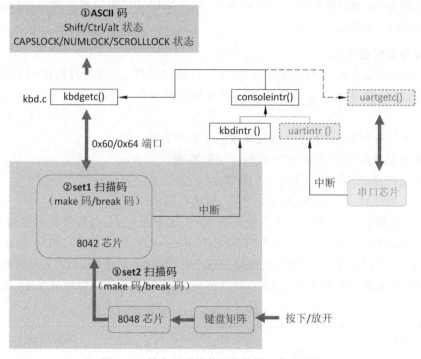

图 10-6　键盘子系统软硬件协同工作示意图

表 10-1　键盘 make code 和 break code 示例（Set 2）

按键	扫描码（make code）	扫描码（break code）
"A"	1C	F0,1C
"5"	2E	F0,2E
"F10"	09	F0,09
右箭头	E0,74	E0,F0,74
右 "Ctrl"	E0,14	E0,F0,14

对于一次按键"Shift＋g"动作，将由按下 Shift（0x12）、按下 g（0x34）、释放 g（0xF0，0x34）、释放 Shift（0xF0，0x12）四个动作构成，即序列 0x12、0x34、0xF0、0x34、0xF0、0x12。如果持续按键，则会按一定的频率重复发送扫描码。如果有多个按键长时间按下，则会将重复发送最后一个按键的扫描码。

上述扫描码我们称为键盘扫描码集合 2（Keyboard Scan Codes：Set 2），键盘控制器

8042 接收到 Set 2 的扫描码后会转换成 Set 1 的扫描码,PC 驱动程序读到的扫描码是后者 Set 1 扫描码(后面会讨论到)。

■ 键盘控制器 8042

幸运的是在 xv6 的代码中无需处理扫描码的细节信息,因为我们是和键盘控制器 8042 通信,而 8042 芯片会帮忙接收和处理按键的扫描码。8042 芯片有 4 个寄存器,分别是:

- 输入缓冲寄存器,保存从键盘接收的 1 字节数据。
- 输出缓冲寄存器,写出到键盘的 1 字节数据。
- 状态寄存器,8 个状态位,占 1 字节。
- 控制寄存器,7 个标志位,占 1 字节,可读可写。

这些寄存器的 I/O 端口地址请参见表 10-2,其中对 0x64 的写操作可以发出"Read Command Byte"读操作,也可以发出"Write Command Byte"写操作。无论是往 0x64 里面写出"读"或"写"命令,都不会将数值写到某个寄存器中,而是由 8042 芯片解释并执行。如果命令中需要带有参数则通过 0x60 端口传送,反之如有返回数据也从 0x60 端口读回。

表 10-2　键盘控制器 8042 的寄存器说明

端口(Port)	操作(Read/Write)	功能(Function)
0x60	读	读输入缓冲区
0x60	写	写输出缓冲区
0x64	读	读状态寄存器
0x64	写	写出命令

状态寄存器的 8 位标志定义如表 10-3 所示。

表 10-3　键盘控制器 8042 的状态寄存器标志

位	名称	说　　明
7	PERR	Parity Error,0 正常,1 奇偶检验错
6	TO	Receive Timeout,0 正常,1 表示键盘对命令的响应超时
5	MOBF	Transmit Timeout,0 表示正常,1 表示 15ms 内未收到键盘时钟信号(request-to-send)
4	INH	Inhibit flag,0 表示禁止与键盘通信,1 表示可以与键盘通信
3	A2	Address line A2,8042 内部使用,0 表示上次写入 0x60,1 表示上次写入的是 0x64
2	SYS	System flag,0 表示上电启动中,1 表示收到 BAT(Basic Assurance Test)自检结果

续表

位	名称	说　　明
1	IBF	Input Buffer Full，1 表示满，可以读入数据
0	OBF	Output Buffer Full，1 表示满，不可写出数据

例如从状态寄存器读入 0x14＝00010100b，则说明没有禁止键盘通信、8042 已经完成了 BAT 自测。

当 8042 接收一个有效的扫描码后，会转换成另一种扫描码存放在 0x60 端口，并设置 IBF 标志，发出 IRQ1 中断。8042 在接收到一个扫描码后将停止键盘时钟，禁止接收其他按键扫描码，直到输入寄存器清空。

IRQ1 中断对应 0x09 中断向量，驱动程序将从 0x60 读入按键扫描码，处理后写入键盘输入缓冲区。

■ 键盘控制器命令

键盘控制器命令需要写入到 0x64 端口，如果有参数，则需要随后写入到 0x60 中。命令可以发往 8042，只有当 8042 的 OBF 标志清零后才能发送下一个命令或参数。通过 8042 可以间接地控制 8048。

由于 xv6 使用键盘控制芯片 8042 的默认设置，因此并未发出实质性的控制命令。

2. kbd.h 和 kbd.c

kbd.h 和 kbd.c 是有关键盘操作的两个文件，其中，kbd.h 主要定义了码表转换用的数组，kbd.c 定义了键盘中断处理函数 kbdintr()和读取按键值的 kbdgetc()。

■ kbd.h

扫描码到 ASCII 转换的码表有三个，normalmap［256］、shfitmap［256］和 ctlmap［256］，分别对应于单键动作、Shift 组合按键、Ctrl 组合按键的 ASCII 码。Capslock、Numlock 和 Scrolllock 三个按键每按一次状态反转一次，因此使用 toggledmap［］码表进行转换，结果记录到 Shift 变量中。

这三个表都是以键盘扫描码集合 1（Keyboard Scan Codes：Set 1）转换为按键的 ASCII 码的。

按下和释放两个动作，分别产生两个 Set 1 扫描码。例如，Set 1 中按键"1"的 make 码是 0x02，break 码是 0x82(0x02＋0x80)；按键"A"的 make 码是 0x1E，break 码是 0x9E(0x1E＋0x80)。Set 1 扫描码的示例如表 10-4 所示。例如按键"1"的 Set 1 扫描码是 0x02，因此 normalmap［02］＝'1'，同理有按键"A"对应 normalmap［0x1E］＝'a'。也就是

说，将 Set 1 扫描码作为数组下标，就能从 normalmap[]中读取到相应按键的 ASCII 码值。

表 10-4　键盘 make code 和 break code 示例（Set 1）

按键	扫描码（make code）	按键（break code）
"A"	1E	9E
"1"	02	82
"L Shift"	2A	AA
"R Shift"	36	B6
"L Alt"	38	B8
"R Alt"	E0,38	E0,B8
"L Ctrl"	1D	9D
"R Ctrl"	E0,1D	E0,9D

代码 10-2　kbd.h

```
1. //PC keyboard interface constants
2.
3. #define KBSTATP        0x64      //kbd controller status port(I)
4. #define KBS_DIB        0x01      //kbd data in buffer  //对应状态字的 IBF 标志
5. #define KBDATAP        0x60      //kbd data port(I)
6.
7. #define NO             0
8.
9. #define SHIFT          (1<<0)    //Shift     在位 0 位置
10. #define CTL           (1<<1)    //Ctrl      在位 1 位置
11. #define ALT           (1<<2)    //Alt       在位 2 位置
12.
13. #define CAPSLOCK      (1<<3)    //Capslock    在位 3 位置
14. #define NUMLOCK       (1<<4)    //Numlock     在位 4 位置
15. #define SCROLLLOCK    (1<<5)    //Scrolllock    在位 5 位置
16.
17. #define E0ESC         (1<<6)    //EOESC     在位 6 位置
18.
19. //Special keycodes
20. #define KEY_HOME       0xE0
```

```
21. #define KEY_END        0xE1
22. #define KEY_UP         0xE2
23. #define KEY_DN         0xE3
24. #define KEY_LF         0xE4
25. #define KEY_RT         0xE5
26. #define KEY_PGUP       0xE6
27. #define KEY_PGDN       0xE7
28. #define KEY_INS        0xE8
29. #define KEY_DEL        0xE9
30.
31. //C('A') == Control-A                 //Ctrl+A组合键
32. #define C(x) (x - '@')
33.
34. static uchar shiftcode[256] =         //Shift/Ctrl/Alt 按键的扫描码转换表
35. {
36.     [0x1D] CTL,                       //Ctrl 键
37.     [0x2A] SHIFT,                     //Shift 键
38.     [0x36] SHIFT,                     //Shift 键
39.     [0x38] ALT,                       //Alt 键
40.     [0x9D] CTL,                       //Ctrl 键,释放 Break 键
41.     [0xB8] ALT                        //Alt 键,释放 Break 键
42. };
43.
44. static uchar togglecode[256] =        //这三个按键,每按一次状态反转一次
45. {
46.     [0x3A] CAPSLOCK,
47.     [0x45] NUMLOCK,
48.     [0x46] SCROLLLOCK
49. };
50.
51. static uchar normalmap[256] =
52. {
53.     NO,   0x1B, '1', '2', '3', '4', '5', '6',      //0x00
54.     '7',  '8',  '9', '0', '-', '=', '\b', '\t',
55.     'q',  'w',  'e', 'r', 't', 'y', 'u', 'i',       //0x10
56.     'o',  'p',  '[', ']', '\n', NO,  'a', 's',
57.     'd',  'f',  'g', 'h', 'j', 'k', 'l', ';',       //0x20
```

```
58.    '\'', '`',  NO,    '\\', 'z',  'x',  'c',  'v',
59.    'b',  'n',  'm',  ',',  '.',  '/',  NO,   '*',     //0x30
60.    NO,   ' ',  NO,   NO,   NO,   NO,   NO,   NO,
61.    NO,   NO,   NO,   NO,   NO,   NO,   NO,   '7',     //0x40
62.    '8',  '9',  '-',  '4',  '5',  '6',  '+',  '1',
63.    '2',  '3',  '0',  '.',  NO,   NO,   NO,   NO,      //0x50
64.    [0x9C] '\n',                                      //KP_Enter
65.    [0xB5] '/',                                       //KP_Div
66.    [0xC8] KEY_UP,    [0xD0] KEY_DN,
67.    [0xC9] KEY_PGUP,  [0xD1] KEY_PGDN,
68.    [0xCB] KEY_LF,    [0xCD] KEY_RT,
69.    [0x97] KEY_HOME,  [0xCF] KEY_END,
70.    [0xD2] KEY_INS,   [0xD3] KEY_DEL
71. };
72.
73. static uchar shiftmap[256] =
74. {
75.    NO,   033,  '!',  '@',  '#',  '$',  '%',  '^',     //0x00
76.    '&',  '*',  '(',  ')',  '_',  '+',  '\b', '\t',
77.    'Q',  'W',  'E',  'R',  'T',  'Y',  'U',  'I',     //0x10
78.    'O',  'P',  '{',  '}',  '\n', NO,   'A',  'S',
79.    'D',  'F',  'G',  'H',  'J',  'K',  'L',  ':',     //0x20
80.    '"',  '~',  NO,   '|',  'Z',  'X',  'C',  'V',
81.    'B',  'N',  'M',  '<',  '>',  '?',  NO,   '*',     //0x30
82.    NO,   ' ',  NO,   NO,   NO,   NO,   NO,   NO,
83.    NO,   NO,   NO,   NO,   NO,   NO,   NO,   '7',     //0x40
84.    '8',  '9',  '-',  '4',  '5',  '6',  '+',  '1',
85.    '2',  '3',  '0',  '.',  NO,   NO,   NO,   NO,      //0x50
86.    [0x9C] '\n',                                      //KP_Enter
87.    [0xB5] '/',                                       //KP_Div
88.    [0xC8] KEY_UP,    [0xD0] KEY_DN,
89.    [0xC9] KEY_PGUP,  [0xD1] KEY_PGDN,
90.    [0xCB] KEY_LF,    [0xCD] KEY_RT,
91.    [0x97] KEY_HOME,  [0xCF] KEY_END,
92.    [0xD2] KEY_INS,   [0xD3] KEY_DEL
93. };
94.
```

```
95.   static uchar ctlmap[256] =
96.   {
97.   NO,       NO,       NO,       NO,       NO,       NO,       NO,       NO,
98.   NO,       NO,       NO,       NO,       NO,       NO,       NO,       NO,
99.   C('Q'),   C('W'),   C('E'),   C('R'),   C('T'),   C('Y'),   C('U'),   C('I'),
100.  C('O'),   C('P'),   NO,       NO,       '\r',     NO,       C('A'),   C('S'),
101.  C('D'),   C('F'),   C('G'),   C('H'),   C('J'),   C('K'),   C('L'),   NO,
102.  NO,       NO,       NO,       C('\\'),  C('Z'),   C('X'),   C('C'),   C('V'),
103.  C('B'),   C('N'),   C('M'),   NO,       NO,       C('/'),   NO,       NO,
104.  [0x9C] '\r',        //KP_Enter
105.  [0xB5] C('/'),      //KP_Div
106.  [0xC8] KEY_UP,      [0xD0] KEY_DN,
107.  [0xC9] KEY_PGUP,    [0xD1] KEY_PGDN,
108.  [0xCB] KEY_LF,      [0xCD] KEY_RT,
109.  [0x97] KEY_HOME,    [0xCF] KEY_END,
110.  [0xD2] KEY_INS,     [0xD3] KEY_DEL
111.  };
112.
```

■ kbd.c

kbd.c 中就只有两个函数,一个是键盘中断服务函数 kbdintr(),另一个就是读取按键的 kbdgetc()。由于键盘工作于默认模式下,所以也没有单独的初始化函数。

kbdintr()比较简单,只是调用 consoleintr()将按键的 ASCII 码写入到 input.buf[]中。由于 consoleintr()是和串口共用的,因此需要将 kbdgetc()函数指针作为参数传入。

kbdgetc()函数读取的按键扫描码保存在 data 中,SHIFT/Ctrl 等按键状态保存在 shift 静态变量中,根据情况不同需要做不同处理:

(1) 如果是 E0 转义扫描码(否则转到 2),则通过 shift|=E0ESC 记录,返回 0 值。

(2) 如果是释放按键的操作(否则转到 3),且上一次是 E0ESC,则扫描码不变;否则 data&0x7F 取扫描码的低 7 位(相当于转换成 make 码[①])。清除 shift 对应的 Shift/Ctrl/Alt 位,清除 shift 中的 E0ESC 标志。

(3) 如果上一次是 E0 转义扫描码,则扫描码修正为 data|=0x80,然后清除 shift 中的 E0ESC 标志。

从上面可以看出 E0 扫描码仅能使 shift 的 E0ESC 位有效一次,然后会被清除。

---

① 似乎应该对"上一次是 E0ESC"的扫描码也取低 7 位,转换成 make 码,这样 shiftcode[]码表就更简单了。

　　根据 shiftcode[ ] 码表检查和记录 Shift、Ctrl 和 Alt 的按键情况。如果通过 toggledmap[]码表发现有 Capslock、Numlock 和 Scrolllock 按键,则进行变换。将处理后的扫描码经过 charcode[][]表转换成 ASCII 码。最后如果 Capslock 标记有效且 ASCII 字符是英文字符,则进行大小写转换,即 a~z 转换成 A~Z,反之如果扫描码转换后是 A~Z(例如 Shift＋'a'~Shift＋'z')则转换成 a~z,如代码 10-3 所示。

代码 10-3　kbd.c

```
1.  #include "types.h"
2.  #include "x86.h"
3.  #include "defs.h"
4.  #include "kbd.h"
5.
6.  int
7.  kbdgetc(void)
8.  {
9.    static uint shift;
10.   static uchar * charcode[4] = {        //4 种转换用的码表
11.     normalmap, shiftmap, ctlmap, ctlmap
12.   };
13.   uint st, data, c;
14.
15.   st = inb(KBSTATP);                 //读入端口 0x64,状态字
16.   if((st & KBS_DIB) == 0)            //IBF 标志为 0,表示无扫描码
17.     return -1;
18.   data = inb(KBDATAP);               //读入数据,0x60 端口
19.
20.   if(data == 0xE0){                  //接收到 E0 开始的双字节扫描码
21.     shift |= E0ESC;                  //只需标记 E0ESC
22.     return 0;                        //还无法知道按键动作,需等待下一个扫描码
23.   } else if(data & 0x80){            //最高位为 1,是释放按键的 break 码
24.     //Key released                   //无需返回 ASCII 码,但是需要记录 Shift 相关按键状态
25.     data = (shift & E0ESC ? data : data & 0x7F);//上次是否为 E0ESC 而不同
26.     shift &= ~(shiftcode[data] | E0ESC);    //清除 Shift/Ctrl/Alt 和 E0 状态
27.     return 0;
28.   } else if(shift & E0ESC){          //上一字节是 E0ESC
29.     //Last character was an E0 escape; or with 0x80
```

```
30.      data |= 0x80;
31.      shift &= ~E0ESC;                    //清除 E0ESC 位
32.    }
33.
34.    shift |= shiftcode[data];             //记录 Shift/Ctrl/Alt 键状态
35.    shift ^= togglecode[data];            //toggle 按键状态反转 (异或操作)
36.    c = charcode[Shift & (Ctrl | SHIFT)][data];  //确定用哪个表,并完成转换
37.    if(Shift & CAPSLOCK) {
38.      if('a' <= c && c <= 'z')
39.        c += 'A' - 'a';
40.      else if('A' <= c && c <= 'Z')
41.        c += 'a' - 'A';
42.    }
43.    return c;
44. }
45.
46. void
47. kbdintr(void)
48. {
49.    consoleintr(kbdgetc);                  //代码 101 的第 190 行
50. }
```

10.1.4   串口

xv6 也使用 RS-232 串口作为终端输入输出,它作为键盘/CRT 显示器的替代物。也就是说串口输入与按键一样,写入到 input.buf[]中;所有显示输出到 * cga 缓冲区的字符都会同时在串口输出端出现。

由于串口终端涉及通信格式、通信速率问题,因此必须通过 uartinit()初始化,然后才能正常读写。串口设备硬件比较简单,体现为几个 x86 的 I/O 端口,其中第一个串口为 COM1,其 I/O 端口起始编号为 0x3f8,因此代码 10-4 的 uartinit()在第 24~32 行通过多个 outb()往相应端口写入配置数据,就可以控制串口的波特率、停止位等工作模式。读入串口数据是通过 COM1＋5(0x3fc)端口,写出数据是通过 COM1＋0(0x3f8)端口,分别对应 inb(COM1＋5)和 outb(COM1＋0)。

关于 RS-232 的几个控制寄存器(端口)的详细说明,有需要的读者请自行查阅相关文献。

代码 10-4　uart.c

```
1.  //Intel 8250 serial port (UART).
2.
3.  #include "types.h"
4.  #include "defs.h"
5.  #include "param.h"
6.  #include "traps.h"
7.  #include "spinlock.h"
8.  #include "fs.h"
9.  #include "file.h"
10. #include "mmu.h"
11. #include "proc.h"
12. #include "x86.h"
13.
14. #define COM1    0x3f8
15.
16. static int uart;                        //is there a uart?
17.
18. void
19. uartinit(void)
20. {
21.   char * p;
22.
23.   //Turn off the FIFO
24.   outb(COM1+2, 0);
25.
26.   //9600 baud, 8 data bits, 1 stop bit, parity off
27.   outb(COM1+3, 0x80);                   //Unlock divisor
28.   outb(COM1+0, 115200/9600);
29.   outb(COM1+1, 0);
30.   outb(COM1+3, 0x03);                   //Lock divisor, 8 data bits
31.   outb(COM1+4, 0);
32.   outb(COM1+1, 0x01);                   //Enable receive interrupts
33.
34.   //If status is 0xFF, no serial port
35.   if(inb(COM1+5) == 0xFF)
36.     return;
```

```
37.     uart = 1;
38.
39.     //Acknowledge pre-existing interrupt conditions
40.     //enable interrupts
41.     inb(COM1+2);
42.     inb(COM1+0);
43.     picenable(IRQ_COM1);
44.     ioapicenable(IRQ_COM1, 0);
45.
46.     //Announce that we're here
47.     for(p="xv6...\n"; *p; p++)
48.        uartputc(*p);
49. }
50.
51. void
52. uartputc(int c)
53. {
54.     int i;
55.
56.     if(!uart)
57.        return;
58.     for(i = 0; i < 128 && !(inb(COM1+5) & 0x20); i++)
59.        microdelay(10);
60.     outb(COM1+0, c);
61. }
62.
63. static int
64. uartgetc(void)
65. {
66.     if(!uart)
67.        return -1;
68.     if(!(inb(COM1+5) & 0x01))
69.        return -1;
70.     return inb(COM1+0);
71. }
72.
73. void
```

```
74. uartintr(void)
75. {
76.    consoleintr(uartgetc);                    //代码10-1的第190行
77. }
1.
```

10.2　其他硬件

　　除了与用户交互的终端设备外,定时器和硬盘也是必不可少的。其中定时器用来产生定时中断,让 xv6 能周期性地获得执行,从而可以完成时间片轮转调度、指定时间的睡眠等操作;而硬盘则是承载 xv6 kernel 映像和文件系统的设备。

10.2.1　定时器

　　xv6 在单核系统上使用的是 8253 定时器,在内核初始化时调用 timerinit(),如代码 10-5 所示,该函数的功能就是让 8253 定时器每秒产生 100 次时钟中断。上述设置通过写入 IO_TIMER1 和 TIMER_MODE 端口而实现,对时钟控制器各个端口的细节感兴趣的读者,请自行阅读 intel 8253 定时器的相关材料。

代码 10-5　timer.c

```
1.  //Intel 8253/8254/82C54 Programmable Interval Timer (PIT)
2.  //Only used on uniprocessors
3.  //SMP machines use the local APIC timer
4.
5.  #include "types.h"
6.  #include "defs.h"
7.  #include "traps.h"
8.  #include "x86.h"
9.
10. #define IO_TIMER1      0x040                //8253 Timer #1
11.
12. //Frequency of all three count-down timers
13. //(TIMER_FREQ/freq) is the appropriate count
14. //to generate a frequency of freq Hz
```

```
15.
16. #define TIMER_FREQ        1193182
17. #define TIMER_DIV(x)      ((TIMER_FREQ+(x)/2)/(x))
18.
19. #define TIMER_MODE        (IO_TIMER1 + 3)    //timer mode port
20. #define TIMER_SEL0        0x00              //select counter 0
21. #define TIMER_RATEGEN     0x04              //mode 2, rate generator
22. #define TIMER_16BIT       0x30              //r/w counter 16 bits, LSB first
23.
24. void
25. timerinit(void)
26. {
27.    //Interrupt 100 times/sec
28.    outb(TIMER_MODE, TIMER_SEL0 | TIMER_RATEGEN | TIMER_16BIT);
29.    outb(IO_TIMER1, TIMER_DIV(100) % 256);
30.    outb(IO_TIMER1, TIMER_DIV(100) / 256);
31.    picenable(IRQ_TIMER);
32. }
```

　　xv6 并没有为时钟中断编写单独的处理函数,而是在 trap()中直接处理的(见代码 7-2 的第 50 行),主处理器 CPU0 负责"时钟滴答"计数值 ticks＋＋,其他处理器什么也不做。

　　在多核系统上使用的是各个核上 LAPIC 时钟,此时 xv6 通过 lapicinit()(见代码 10-8 的第 64~70 行)中完成时钟芯片的设置,并将时钟中断路由到 IRQ0(IRQ_TIMER),对应的中断向量是 32。

10.2.2　IDE 磁盘/块设备

　　早期的硬盘 IDE(Integrate Device Electronics)的读取方式比较复杂,需要分别指定 CHS(cylinder/head/sector,即柱面/磁头/扇区);后来的磁盘都支持 LBA(Logical Block Addressing,逻辑块寻址)模式,所有扇区都统一编号,只需指出扇区号即可完成访问。

1. LBA/IDE 硬盘工作原理

　　下面介绍在 LBA 的模式下用 PIO(program IO)实现磁盘的读取操作。主板有两个 IDE 通道,每个通道可挂载两个硬盘。访问第一个通道的第一个硬盘的扇区使用 I/O 地址是(0x1f0~0x1f7);访问第二个硬盘使用的地址是(0x1f8~0x1ff)。访问第二个通道的硬盘分别使用地址(0x170-0x177)和(0x178-0x17f)。我们以第一个通道的第一个硬盘为例,说明 I/O 端口寄存器的作用(注意选取本通道的主/从硬盘由第六个寄存器决定):

- 0x1f0：读数据,当 0x1f7 不为忙状态时,可以读;
- 0x1f2：每次读扇区的数目(最小是 1);
- 0x1f3：如果是 LBA 模式就是 LBA 参数的 0-7 位(相当于扇区);
- 0x1f4：如果是 LBA 模式就是 LBA 参数的 8-15 位(相当于磁头);
- 0x1f5：如果是 LBA 模式就是 LBA 参数的 16-23 位(相当于柱面);
- 0x1f6：第七位必须 1,第六位 1 为 LBA 模式,0 为 chs 模式,第五位必须 1,第四位是 0 为主盘、1 为从盘,3-0 位是 LBA 的参数 27-24 位;
- 0x1f7：读该寄存器将获得状态信息,写该寄存器则可以发出命令(例如发出读命令然后在不是忙的状态下可以从 0x1f0 读取数据)。命令举例如下：20H 读扇区,出错时允许重试(重读次数由制造商确定),21H 禁止重试;30H 写扇区(允许重试),31H 禁止重试。

对照上述定义,我们查看系统启动时载入内核的代码,如代码 4-8 的第 60 行定义的 readsect()函数,可以看出其操作细节：0x1f2＝1 表示读入一个扇区,0x1f3～0x1f5 给出的是 LBA 的第 0～23 位,0x1f6 为 0xE0(0x1110-0000)表示 LBA 模式访问第一个 IDE 控制器上的第一块(编号为 0)的硬盘,且 LBA 的第 24～27 位为 0x0000。然后通过 outb (0x1F7, 0x20)发出 0x20 的读命令,并通过 waitdisk()等待磁盘空闲,最后通过 insl (0x1F0, dst, SECTSIZE/4)读入整个扇区的数据,由于一次读入四字节,因此使用 SECTSIZE/4 次 I/O 操作。

2. ide.c

首先来看看代码 10-6 ide.c 的硬盘初始化函数 ideinit(),它主要是使能硬盘中断、检查是否有从盘,最后切换回主盘。

然后是 iderw()硬盘读写操作函数,传入的参数是一个块缓存,根据块缓存是否为"脏"(B_DIRTY)而进行写出或读入操作,挂入到磁盘请求队列 idequeue 上,真正的操作则要等到 idestart()开始。如果队列为空,则 iderw()会立即启动 idestart()发出操作命令,如果不为空则挂入 idequeue 即可,随着队列前面任务的完成,将在它们引起硬盘中断处理函数 ideintr()中不断执行队列后面的任务。

ideintr()是硬盘中断服务程序,在每一次请求操作完成后触发。因此 ideintr()的固定任务就是用 wakeup()唤醒等待该请求任务的进程,然后检查 idequeue 是否为空,不为空,则用 idestart()发出下一个请求任务。如果当前完成的请求任务是读入操作,则需要复制数据到用户缓冲区。

注意,IDE 驱动程序中并没有使用 DMA 方式,有兴趣的读者可以将代码修改为支持 DMA 方式以提升系统效率。

代码 10-6　ide.c

```
1.  //Simple PIO-based (non-DMA) IDE driver code
2.
3.  #include "types.h"
4.  #include "defs.h"
5.  #include "param.h"
6.  #include "memlayout.h"
7.  #include "mmu.h"
8.  #include "proc.h"
9.  #include "x86.h"
10. #include "traps.h"
11. #include "spinlock.h"
12. #include "fs.h"
13. #include "buf.h"
14.
15. #define SECTOR_SIZE   512
16. #define IDE_BSY       0x80
17. #define IDE_DRDY      0x40
18. #define IDE_DF        0x20
19. #define IDE_ERR       0x01
20.
21. #define IDE_CMD_READ  0x20
22. #define IDE_CMD_WRITE 0x30
23. #define IDE_CMD_RDMUL 0xc4
24. #define IDE_CMD_WRMUL 0xc5
25.
26. //idequeue points to the buf now being read/written to the disk
27. //idequeue->qnext points to the next buf to be processed
28. //You must hold idelock while manipulating queue
29.
30. static struct spinlock idelock;
31. static struct buf * idequeue;
32.
33. static int havedisk1;                   //是否有从盘
34. static void idestart(struct buf * );
35.
36. //Wait for IDE disk to become ready
```

```
37.  static int
38.  idewait(int checkerr)
39.  {
40.      int r;
41.
42.      while(((r = inb(0x1f7)) & (IDE_BSY|IDE_DRDY)) != IDE_DRDY)    //直到硬盘就绪
43.          ;
44.      if(checkerr && (r & (IDE_DF|IDE_ERR)) != 0)
45.          return -1;
46.      return 0;
47.  }
48.
49.  void
50.  ideinit(void)
51.  {
52.      int i;
53.
54.      initlock(&idelock, "ide");              //ide 锁的初始化
55.      picenable(IRQ_IDE);                     //pic 上使能 IDE 中断
56.      ioapicenable(IRQ_IDE, ncpu - 1);        //ioapic 上使能中断
57.      idewait(0);                             //等待直到 IDE 就绪
58.
59.      //Check if disk 1 is present
60.      outb(0x1f6, 0xe0 | (1<<4));             //检查第一个 IDE 控制器的从盘
61.      for(i=0; i<1000; i++){
62.          if(inb(0x1f7) != 0){                //对应端口的状态值不为 0
63.              havedisk1 = 1;                  //则说明有从盘
64.              break;
65.          }
66.      }
67.
68.      //Switch back to disk 0
69.      outb(0x1f6, 0xe0 | (0<<4));             //切换到主盘
70.  }
71.
72.  //Start the request for b.  Caller must hold idelock
73.  static void
```

```
74.  idestart(struct buf * b)
75.  {
76.    if(b == 0)
77.      panic("idestart");
78.    if(b->blockno >= FSSIZE)
79.      panic("incorrect blockno");
80.    int sector_per_block =  BSIZE/SECTOR_SIZE;
81.    int sector = b->blockno * sector_per_block;        //计算扇区号
82.    int read_cmd = (sector_per_block == 1) ? IDE_CMD_READ :  IDE_CMD_RDMUL;
83.    int write_cmd = (sector_per_block == 1) ? IDE_CMD_WRITE : IDE_CMD_WRMUL;
84.
85.    if (sector_per_block > 7) panic("idestart");
86.
87.    idewait(0);                                        //等待,直到 IDE 不忙
88.    outb(0x3f6, 0);      //generate interrupt          //允许产生中断
89.    outb(0x1f2, sector_per_block);   //number of sectors  //读入一个块的全部扇区
90.    outb(0x1f3, sector & 0xff);                        //0x1f3~0x1f6 给出 LBA 地址
91.    outb(0x1f4, (sector >> 8) & 0xff);
92.    outb(0x1f5, (sector >> 16) & 0xff);
93.    outb(0x1f6, 0xe0 | ((b->dev&1)<<4) | ((sector>>24)&0x0f));
94.    if(b->flags & B_DIRTY){                            //如果是脏块
95.      outb(0x1f7, write_cmd);                          //发出写操作
96.      outsl(0x1f0, b->data, BSIZE/4);
97.    } else {
98.      outb(0x1f7, read_cmd);
99.    }
100. }
101.
102. //Interrupt handler                                  //IDE 硬盘中断服务程序
103. void
104. ideintr(void)
105. {
106.   struct buf * b;
107.
108.   //First queued buffer is the active request
109.   acquire(&idelock);
```

```
110.    if((b = idequeue) == 0){
111.      release(&idelock);
112.      //cprintf("spurious IDE interrupt\n")
113.      return;
114.    }
115.    idequeue = b->qnext;
116.
117.    //Read data if needed
118.    if(!(b->flags & B_DIRTY) && idewait(1) >= 0)
119.      insl(0x1f0, b->data, BSIZE/4);
120.
121.    //Wake process waiting for this buf
122.    b->flags |= B_VALID;
123.    b->flags &= ~B_DIRTY;
124.    wakeup(b);
125.
126.    //Start disk on next buf in queue
127.    if(idequeue != 0)
128.      idestart(idequeue);
129.
130.    release(&idelock);
131. }
132.
133. //PAGEBREAK!
134. //Sync buf with disk
135. //If B_DIRTY is set, write buf to disk, clear B_DIRTY, set B_VALID
136. //Else if B_VALID is not set, read buf from disk, set B_VALID
137. void
138. iderw(struct buf * b)                      //IDE 读、写操作
139. {
140.    struct buf **pp;
141.
142.    if(!(b->flags & B_BUSY))
143.      panic("iderw: buf not busy");
144.    if((b->flags & (B_VALID|B_DIRTY)) == B_VALID)
145.      panic("iderw: nothing to do");
146.    if(b->dev != 0 && !havedisk1)
```

```
147.      panic("iderw: ide disk 1 not present");
148.
149.    acquire(&idelock);                          //DOC:acquire-lock
150.
151.    //Append b to idequeue
152.    b->qnext = 0;
153.    for(pp=&idequeue; * pp; pp=&( * pp)->qnext)      //DOC:insert-queue
154.       ;
155.    * pp = b;
156.
157.    //Start disk if necessary
158.    if(idequeue == b)
159.      idestart(b);
160.
161.    //Wait for request to finish
162.    while((b->flags & (B_VALID|B_DIRTY)) != B_VALID){
163.      sleep(b, &idelock);
164.    }
165.
166.    release(&idelock);
167. }
```

10.3　中断控制器

如果系统中只有一个 CPU,那么可以通过主 PIC(Programmable Interrupt Controller)芯片直接连接到 CPU 的 INTR 引脚,再配上一个从 PIC 芯片,就可以将外设中断扩展到 15 个。但是对于多 CPU 系统来说,上述方案并不可行,我们需要能将中断传到每个 CPU 的功能,这时需要更复杂的 APIC(Advanced Programmable Interrupt Controller)。

xv6 系统在单核处理器上使用 8259A 中断控制器来处理中断,在多核处理器上采用了 APIC 来处理中断。

10.3.1　APIC

下面先简要介绍一下 APIC 系统的组成和工作原理,然后再分别讨论 IOAPIC 和 LAPIC。APIC 经历了 APIC、xAPIC 和 x2APIC,APIC 使用专用的 APIC 总线来传递中断消息,而 xAPIC 则使用系统总线。其中,xAPIC 使用较多,而且 x2APIC 向下兼容 xAPIC。下面将使用 APIC 来指代上面的三者。

x86 多核系统上的中断采用 APIC 机制,其将中断控制器划分为两个部分(参见图 10-7):

(1) 一个是在 I/O 系统中的 IOAPIC(对应 ioapic.c),用于分发中断到某个处理器。

(2) 另一部分是关联在每一个处理器上的 LAPIC(本地 APIC/Local APIC[①],对应 lapic.c),用来处理发送给它的中断。

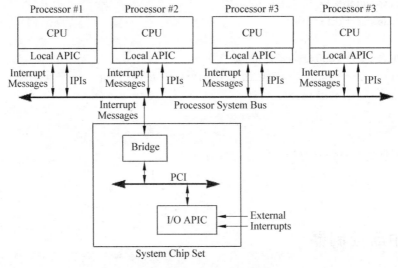

图 10-7　PC 上的 APIC 系统

当 I/O 设备在主板南桥 IOAPIC 的中断请求线(interrupt lines)产生中断信号时,IOAPIC 将根据内部的 PRT(Programmable Redirection Table)表格定位目标 CPU,然后将中断事件格式化成中断请求消息,并将该消息发送给目标 CPU 的 LAPIC。目标 CPU 上的 LAPIC 接收到消息后,再向该 CPU 发出中断请求进而获得处理,CPU 内部的中断响应过程在前面已经讨论过。

---

① 时钟芯片也是位于 LAPIC 上的,也就是说各个处理器核使用各自的时钟。

为了配合后面源代码的分析,需将图 10-7 所示的 APIC 的中断处理过程细化,具体步骤如下:

- 外设:

  外设发出中断到 IOAPIC 引脚。

- IOAPIC:

  IOAPIC 会查询引脚对应的 PRT 表中的一项 RTE;

  IOAPIC 根据 RTE 的设定,决定是否 mask 该中断;

  IOAPIC 根据 RTE 的设定,如 deliver mode, vector 等构建 interrupt message;

  IOAPIC 将 interrupt message 发送给 LAPIC;

- LAPIC:

  LAPIC 接收 interrupt message,设定 IRR ISR 等;

  LAPIC 提取 interrupt message 中的 vector,交给 processor;

- CPU:

  processor 查 IDT,完成中断处理;

  processor 发送 EOI 指示结束中断;

- 收到 EOI 指示后,逐级 LAPIC→IOAPIC→外设完成中断的结束操作。

10.3.2　IOAPIC

APIC 和早期的 PIC 项比较,最大的差别就是中断请求信号不再是通过硬连线传递,而是通过总线消息的方式传递。IOAPIC 最大的作用在于中断:接受外设产生的中断,并决定如何、向哪个 CPU 发送该中断消息。

1. 工作原理

IOAPIC 是依据其内部的 PRT(Programmable Redirection Table)表确定转发目的 CPU,转发的内容是一条格式化的中断消息。准确地说,消息是发送给某个 CPU 的 LAPIC,由 LAPIC 通知 CPU 进行处理。

目前典型的 IOAPIC 具有 24 个中断管脚,每个管脚对应一个 RTE(Redirection Table Entry,PRT 表项),里面的 Destination Field 标识了中断的目的 CPU。与 PIC 不同的是,IOAPIC 的管脚没有优先级,也就是说,连接在管脚上的设备是平等的。但这并不意味着 APIC 系统中没有硬件优先级。设备的中断优先级由它对应的 vector 决定,APIC 将优先级控制的功能放到了 LAPIC 中,我们在后面会看到。

IOAPIC 对外只表现为两个地址:0xFEC-xy00 和 0xFEC0-xy10(其中 xy 是 x86 的 APIC 基址重定位寄存器的值),分别用于 1)内部寄存器选择、2)读写数据,如表 10-5 所示。

表 10-5　IOAPIC 寄存器 I/O 地址及作用

在 PIIX3 系统上 xy 由 APIC 基地址重定位寄存器(Base Address Relocation Register)的 x 和 y 字段确定,其中 x＝0x0～0xF,y＝0x0,0x4,0x8,0xC。

端口地址	助记符	寄 存 器 名	访问模式	D/I#
FEC0 xy00h	IOREGSEL	I/O 寄存器选择（index）	R/W	0
FEC0 xy10h	IOWIN	I/O 数据窗口（data）	R/W	1

2. 内部寄存器

通过上述两个接口地址,可以访问 IOAPIC 内部的寄存器。内部寄存器的索引安排如表 10-6 所示。内部编号为 00 的是 IOAPIC ID、01 是版本号,02 是仲裁 ID,10～3F 是 24 个中断重定向表 PRT,每一项 64 位称为 RTE。

表 10-6　IOAPIC 内部寄存器

地址偏移	助记符	寄存器名	访问模式
00h	IOAPICID	IOAPIC ID	R/W
01h	IOAPICVER	IOAPIC Version	RO
02h	IOAPICARB	IOAPIC Arbitration ID	RO
10-3Fh	IOREDTBL[0:23]	Redirection Table (Entries 0-23) (64 bits each)	R/W

IOPIC 内部寄存器中的 0x10～0x3F 是 PRT 表(每一项是一个 RET),用于设定各个外设中断如何向 CPU 传递,传送方式由对应的 8 个字节 RTE 决定,具体的位域定义如表 10-7。需要注意的是一个 RTE 对应的中断,其中断向量号是通过 RTE[7:0]设置的,起点 T_IRQ0＝32 是在 traps.h 中定义。还要注意的是 RTE[63:56]是该中断信号应当传递到哪个 CPU 上(可以用 APIC ID 或 CPU ID)。中断传递模式是 RTE[10:8]共有 8 种,xv6 外设使用的是 000,类似于老式 PID 的方式(记录在 APIO 的 IRR 和 ISR 寄存器对应的位上)。

表 10-7　RTE

位	描　　述
63:56	Destination Field,目的字段,R/W(可读写)。根据 Destination Filed(见下)值的不同,该字段值的意义不同,它有两个意义: Physical Mode(Destination Mode 为 0 时):其值为 APIC ID,用于标识一个唯一的 APIC。 Logical Mode(Destination Mode 为 1 时):其值根据 LAPIC 的不同配置,代表一组 CPU(具体见 LAPIC 相关内容)
55:17	Reserved,预留未用

续表

位	描 述
16	Interrupt Mask,中断屏蔽位,R/W。 0：对应管脚产生的中断被发送至 LAPIC。 1：对应的中断管脚被屏蔽,这时产生的中断将被忽略
15	Trigger Mode,触发模式,R/W。指明该管脚的中断由什么方式触发。 0：Edge,边沿触发 1：Level,电平触发
14	Remote IRR,远程 IRR,RO(只读)。只对 level 触发的中断有效,当该中断是 edge 触发时,该值代表的意义未定义。 当中断是 level 触发时,LAPIC 接收了该中断,该位置一,LAPIC 写 EOI 时,该位清零
13	Interrupt Input Pin Polarity(INTPOL),中断管脚的极性,R/W。指定该管脚的有效电平是高电平还是低电平。 0：高电平 1：低电平
12	Delivery Status,传送状态,RO。 0：IDEL,当前没有中断 1：Send Pending,IOAPIC 已经收到该中断,但由于某种原因该中断还未发送给 LAPIC 笔者：某种原因,例如 IOAPIC 没有竞争到总线
11	Destination Mode,目的地模式,R/W。 0：Physical Mode,解释见 Destination Field 1：Logical Mode,同上
10：8	Delivery Mode,传送模式,R/W。用于指定该中断以何种方式发送给目的 APIC,各种模式需要和相应的触发方式配合。可选的模式如下,字段相应的值以二进制表示： Fixed：000b,发送给 Destination Filed 列出的所有 CPU,level、edge 触发均可。 Lowest Priority：001b,发送给 Destination Filed 列出的 CPU 中,优先级最低的 CPU(CPU 的优先级见 LAPIC 相关内容)。Level、edge 均可 SMI：010b,System Management Interrupt,系统管理中断。只能为 edge 触发,并且 vector 字段写 0 NMI：100b,None Mask Interrupt,不可屏蔽中断。发送给 Destination Field 列出的所有 CPU,Vector 字段值被忽略。NMI 是 edge 触发,Trigger Mode 字段中的值对 NMI 无影响,但建议配置成 edge。 INIT：101b,发送给 Destination Filed 列出的所有 CPU,LAPIC 收到后执行 INIT 中断(详细信息参考相关 CPU spec 中 INIT 中断一节)。触发模式同 NMI。 ExtINT：111b,发送给 Destination Filed 列出的所有 CPU。CPU 收到该中断后,认为这是一个 PIC 发送的中断请求,并回应 INTA 信号(该 INTA 脚连接到的是与该管脚相连的 PIC 上,而非 IOAPIC 上) 笔者：ExtINT 用于 PIC 接在 APIC 上的情况,见后面的 Virtual Wire Mode
7：0	Interrupt Vector,中断向量,R/W。指定该中断对应的 vector,范围从 10h 到 FEh(x86 架构前 16 个 vector 被系统预留,见后面相关内容)

3. ioapic.c

阅读 ioapic.c 必须结合前面给出的寄存器地址、作用和位域的定义。首先参见表 10-5 及其说明文字,IOAPIC 宏给出了 IOAPIC 的物理地址 0xFEC00000(由于 QEMU 仿真的 主板只有一个 IOAPIC,则 0xFEC0xy00 中的 xy 取值为 00),并将 IOAPIC 的 I/O 地址空 间用 ioapic 结构体来表示,对应于表 10-5。ioapicread()和 ioapicwrite()工作原理相同, 通过 ioapic->reg = reg 指定寄存器,然后对 ioapic->data 进行读写,即可完成对应寄存器 的读写操作。

PRT 表是在 ioapicinit()中完成初始化的。第 i 个 RTE 的 64 位信息分成两个 32 位 整数来表示,对应两个地址:REG_TABLE+2*i 和 REG_TABLE+2*i+1。系统刚启 动时,main()->ioapicinit()将所有的 RTE 都设置为边沿触发、高电平有效、屏蔽、不传送 状态。中断向量号则被设置为从 32 递增,即 T_IRQ0+i=32+i。在各个设备(例如 IDE 硬盘)初始化时,才将对应的中断通过 ioapicenable()设定为传递给指定 CPU 核,如屏 显 10-1 所示。可以看出,这些设备中断被 xv6 固定地传送到编号为 0 或 ncpu-1 的处理 器上,其他处理器将不会处理外设中断。

在多核初始化时,xv6 将找到的 IOAPIC 信息写入到 mpioapic 结构体中(见代码 4-12 的 第 40 行,如代码 10-7 所示)。

屏显 10-1　设备初始化代码中使能中断

```
lqm@lqm-VirtualBox:~/xv6-public-xv6-rev9$ grep ioapicenable *.c
console.c:  ioapicenable(IRQ_KBD, 0);
ide.c:  ioapicenable(IRQ_IDE, ncpu - 1);
ioapic.c:ioapicenable(int irq, int cpunum)
uart.c:  ioapicenable(IRQ_COM1, 0);
```

代码 10-7　ioapic.c

```
1.  //The I/O APIC manages hardware interrupts for an SMP system
2.  //http://www.intel.com/design/chipsets/datashts/29056601.pdf
3.  //See also picirq.c
4.
5.  #include "types.h"
6.  #include "defs.h"
7.  #include "traps.h"
8.
9.  #define IOAPIC  0xFEC00000       //Default physical address of IO APIC
```

```
10.
11. #define REG_ID       0x00          //Register index: ID          IO APIC 的 ID
12. #define REG_VER      0x01          //Register index: version     版本信息
13. #define REG_TABLE    0x10          //Redirection table base      重定向表
14.
15. //The redirection table starts at REG_TABLE and uses
16. //two registers to configure each interrupt
17. //The first (low) register in a pair contains configuration bits
18. //The second (high) register contains a bitmask telling which
19. //CPUs can serve that interrupt.
20. #define INT_DISABLED   0x00010000 //Interrupt disabled          对应 RTE[16]
21. #define INT_LEVEL      0x00008000 //Level-triggered (vs edge-)   对应 RTE[15]
22. #define INT_ACTIVELOW  0x00002000 //Active low (vs high)         对应 RTE[13]
23. #define INT_LOGICAL    0x00000800 //Destination is CPU id (vs APIC ID)
                                                                     对应 RTE[11]
24.
25. volatile struct ioapic * ioapic;   //结构体指针 (见第 28 行定义)
26.
27. //IO APIC MMIO structure: write reg, then read or write data
28. struct ioapic{
29.    uint reg;                       //地址偏移=0,对应 0xFFC0xy00
30.    uint pad[3];
31.    uint data;                      //地址偏移=16,对应 0xFFC0xy10
32. };
33.
34. static uint
35. ioapicread(int reg)                //从 IOAPIC 内部寄存器 reg 读出数据
36. {
37.    ioapic->reg = reg;
38.    return ioapic->data;
39. }
40.
41. static void
42. ioapicwrite(int reg, uint data)    //往 IOAPIC 内部寄存器 reg 写入数据 data
43. {
44.    ioapic->reg = reg;
45.    ioapic->data = data;
```

```
46. }
47.
48. void
49. ioapicinit(void)
50. {
51.     int i, id, maxintr;
52.
53.     if(!ismp)
54.         return;
55.
56.     ioapic = (volatile struct ioapic *) IOAPIC;      //ioapic 位于 0xFEC00-0000 物理
                                                          地址
57.     maxintr = (ioapicread(REG_VER) >> 16) & 0xFF;   //版本信息里有最大中断数量的信息
58.     id = ioapicread(REG_ID) >> 24;                  //读入 IO APIC 的 ID 值
59.     if(id != ioapicid)
60.         cprintf("ioapicinit: id isn't equal to ioapicid; not a MP\n");
61.
62.     //Mark all interrupts edge-triggered, active high, disabled
                                                          //全部中断设为边沿、高有效、屏蔽
63.     //and not routed to any CPUs                      //且不传递到任何一个 CPU
64.     for(i = 0; i <= maxintr; i++){
65.         ioapicwrite(REG_TABLE+2 * i, INT_DISABLED | (T_IRQ0 + i));
                                                          //中断向量号起始值是 32
66.         ioapicwrite(REG_TABLE+2 * i+1, 0);
67.     }
68. }
69.
70. void
71. ioapicenable(int irq, int cpunum) //对指定 CPU 开启指定的 irq(初始化时,24 个都被禁止)
72. {
73.     if(!ismp)
74.         return;
75.
76.     //Mark interrupt edge-triggered, active high
77.     //enabled, and routed to the given cpunum
78.     //which happens to be that cpu's APIC ID
79.     ioapicwrite(REG_TABLE+2 * irq, T_IRQ0 + irq);   //清除了原来设置的 INT_DISABLED 位
```

```
80.     ioapicwrite(REG_TABLE+2 * irq+1, cpunum<< 24);    //传递的目的 CPU ID(即 APIC ID)
81. }
```

10.3.3　LAPIC

收到来自 IOAPIC 的中断消息后,LAPIC 会将该中断交由 CPU 处理。与 IOAPIC 比较,LAPIC 具有更多的寄存器以及更复杂的机制。

1. LAPIC 中断源

对于目前的 LAPIC 来说,它可能从以下几个来源接收中断:

(1) 本处理器内部产生的中断,包括:

* APIC timer generated interrupts:LAPIC 可以通过编程设置某个 counter,让定时器在固定时间间隔内向处理器发送中断。
* Performance monitoring counter interrupts:是指处理器中的 PMU 性能计数器在发生溢出事件时向处理器发送中断。
* Thermal Sensor interrupts:是由温度传感器触发的中断。
* APIC internal error interrupts:是 LAPIC 内部错误触发的中断。

(2) 通过 LINT0 和 LINT1 线接入到本 CPU 的中断;Locally connected I/O devices 通过这两根线(local interrupt pins ,LINT0 and LINT1)向本处理器发送的中断。

(3) Externally connected I/O devices:是指外部设备通过 IOAPIC 向 LAPIC 发送的中断。

(4) Inter-processor interrupts (IPIs):是指处理器之间通过 IPI 的方式发送的中断。

上面的(1)和(2)两种类型的中断源称为本地中断源(local interrupt sources),LAPIC 会预先在 Local Vector Table (LVT)表中设置好相应的中断递送(delivery)方案,在接收到这些本地中断源时,根据 LVT 表中的方案对相关中断进行递送。但是 xv6 直接禁止了 LINI0 和 LINT1 两根中断请求线,因此将 LVT 表中对应的两项内容设置为禁止发出中断。另外,由于 xv6 不响应处理器发出的性能计数器、热传感器发出的中断,因此相应 LVT 表项都设置为禁止发出中断。xv6 主要关注 IOAPIC 通过系统总线发过来的格式化的中断消息。

既然是 IOAPIC 发过来的中断消息,那么先要注意前面设置的 RTE 表项,中断的 delivery mode 可能有好几种,其中 NMI、SMI、INIT、ExtINT 和 SIPI 这几种 delivery mode 的中断将会直接交由 CPU 进行处理,如果当前 CPU 正在处理这些 delivery mode 的中断,则会禁止相同的中断递送进来。除此之外,还有一种被称为 fixed 的 delivery mode,也就是普通的中断,它们的递送机制是受到 IRR 和 ISR 寄存器控制和影响的。从 ioapic.c 的 ioapicinit()中可以看出 xv6 只负责传送 fixed 模式的中断,也就是说全部都受 IRR 和 ISR 影响。

2. LAPIC 中断处理步骤

下面来了解一下 LAPIC 是如何将这些中断递送给处理器进行处理,具体分成两类:

(1) 对于 Pentium4 和 Xeon 系列:

- 通过中断消息的 destination field 字段,确定该中断是否是发送给自己的。
- 如果该中断的 delivery mode 为 NMI、SMI、INIT、ExtINT、SIPI,直接交由 CPU 处理。
- 如果不是以上所列举的中断,则将 IRR 中相应的位置一。
- 当中断被 pending 到 IRR 寄存器中后,根据 TPR 和 PPR 寄存器,判断当前最高优先级的中断是否能发送给 CPU 进行处理,并将 ISR 寄存器中相应的位置一。
- 软件写 EOI 寄存器通知中断处理完成。如果中断为 level 触发,该 EOI 广播到所有 IOAPIC,NMI、SMI、INIT、ExtINT、SIPI 类型中断无需写 EOI。

(2) 对于 Pentium 系列和 P6 架构:

- 确定该中断是否由自己接收。如果是一个 IPI,且 delivery mode 为 lowest priority,LAPIC 与其他 LAPIC 一起仲裁该 IPI 由谁接收。
- 若该中断由自己接收,且类型为 NMI、SMI、INIT、ExtINT、INIT-deassert 或 MP 协议中的 IPI 中断(BIPI、FIPI、SIPI),直接交由 CPU 处理。
- 将中断 pending 到 IRR 或 ISR 寄存器,若已有相同的的中断 pending 在 IRR 和 ISR 寄存器上,拒绝该中断消息,并通知 sender "retry"。
- 同 Pentium 4、Xeon 系列流程。
- 同 Pentium 4、Xeon 系列流程。

3. LAPIC 寄存器

前面看到中断处理步骤中,需要多个寄存器的配合,下面逐个进行介绍。

IRR(In-Service Register)和 ISR(Interrupt Request Register)都是 256 位的寄存器(由 8 个 64 位寄存器组成),每个位对应一种外设中断,其中第 0 到第 16 个位是 reserve 的。IRR 和 ISR 每个位代表的意思分别如下:

- IRR:如果第 n 位的位被置 1,则代表 LAPIC 已接收 vector 为 n 的中断,但还未交 CPU 处理。
- ISR:如果第 n 位的位被置 1,则代表 CPU 已开始处理 vector 为 n 的中断,但还未完成。

需要注意的是,当 CPU 正在处理某中断时,如果又递送过来一个相同 vector 的中断,则相应的 IRR 位会再次置一;如果某中断被记录在 ISR 中(pending)但未处理,同类型的中断再次递送过来,则 IRR 中相应的位被置一。这说明在 APIC 系统中,同一类型中断最多可以被计数两次。

其他几个控制寄存器(除非特殊说明,否则都是 32 位的寄存器)是:

- EOI Register,写入 0 用于发 EOI 命令。
- TPR(Task Priority Register),每个 LAPIC 会被分配一个仲裁优先级(范围为 0～15),低于(小于)该优先级的中断会被 APIC 屏蔽。中断的优先级别计算公式为:优先级别 ＝ vector ／ 16。NMI、SMI、ExtINT、INIT、start-up delivery 的中断不受 TPR 约束。xv6 在 lapicinit()中设置 TPR＝0,表示 APIC 不屏蔽任何外设中断(仍可能被 CPU 屏蔽)。
- PPR(Processor Priority Register),处理器优先级寄存器,取值范围为[0,15]。该寄存器决定当前 CPU 正在处理的中断的优先级级别,以确定一个 Pending 在 IRR 上的中断是否发送给 CPU。与 TPR 不同,它的值由 CPU 动态设置而不是由软件设置,因此 xv6 代码不设置该寄存器。
- ICR(Interrupt Command Register),64 位中断命令寄存器,例如可以发 IPI 消息给其他 CPU 核。
- LVT(Local Vector Table),本地中断向量表。

在 xv6 代码中,对于处理来自 IOAPIC 的中断消息而言,最重要的寄存器还是 IRR、ISR 以及 EOI,当处理完某个中断之后,LAPIC 需要通过软件写 EOI 寄存器来告知中断处理的结束。

4. LVT

LVT 实际上是一片连续的地址空间,每 32 位为一项,作为各个本地中断控制(其中低 16 位和 IOAPIC 的 RTE 的低 16 位的功能相似):

xv6 将图 10-8 中的 LINT0、LINT1、ERROR、PC 的 LVT 项都做了设置,其中 LINT0/LINT1/PC 禁止它们发出中断。虽然 ERROR 在 LVT 中没有被屏蔽,但是中断号 T_IRQ0 ＋ IRQ_ERROR ＝ 32＋19 ＝51,在 traps.c 中并没有被专门处理,而是在缺省处理中提示错误。IRQ_RSPURIOUS 在 traps.c 的处理是打印提示,然后用 lapiceoi() 通知结束中断。

lapicinit.c 的第 36～39 行给出了它们的 LVT 地址,第 72～82 行进行了设置。

5. lapic.c

lapic.c 中定义了若干与 LAPIC 相关的操作函数。其中,lapicw()用于往 LAPIC 控

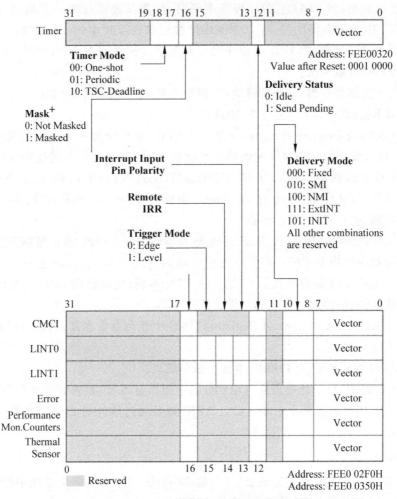

图 10-8　LAPIC 相关的控制寄存器

制寄存器写入设置的值,此函数有两个参数,第一个参数为 lapic 的偏移地址,第二个参数为要写入的值。

　　lapicinit() 初始化本 CPU 的 LAPIC,它依赖于 lapicw() 完成具体的设置工作。它首先通过第 62 行使能 LAPIC,然后在第 68～70 行设置和使能本地时钟中断、第 73～74 行禁止 LINT0/LINT1 中断、第 78～79 行禁止 PMU 中断以及在第 82 行使能 LAPIC 内部 ERROR 的中断。第 85～86 行是清除错误状态寄存器,第 89 行发出中断结束信号,最后第 98 行允许所有中断的传递。

其余几个函数的作用如下：

- cpunum()：用自己的 apicid 确定自己的 CPU 编号；
- lapiceoi()：响应中断，即向 EOI 寄存器发送 0；
- lapicstartap()：通过写 ICR 寄存器的方式启动 AP 从处理器，此函数有两个参数，第一个参数为要启动的 AP 的 ID，第二个参数为启动代码的物理地址。读者可以回顾前面 AP 从处理器启动地址在 0x7000，就是通过这里构建的 IPI 记录，也就是说 startothers()->lapicstartap() 传入的 0x7000。

第 14～43 行定义了相关寄存器的索引（整数数组的下标索引）以及一些用于设置的常量，如代码 10-8 所示。

代码 10-8　lapic.c

```
1.  //The local APIC manages internal (non-I/O) interrupts
2.  //See Chapter 8 & Appendix C of Intel processor manual volume 3
3.
4.  #include "param.h"
5.  #include "types.h"
6.  #include "defs.h"
7.  #include "date.h"
8.  #include "memlayout.h"
9.  #include "traps.h"
10. #include "mmu.h"
11. #include "x86.h"
12. #include "proc.h"                      //ncpu
13.
14. //Local APIC registers, divided by 4 for use as uint[] indices
15. #define ID      (0x0020/4)             //ID
16. #define VER     (0x0030/4)             //Version
17. #define TPR     (0x0080/4)             //Task Priority
18. #define EOI     (0x00B0/4)             //EOI
19. #define SVR     (0x00F0/4)             //Spurious Interrupt Vector
20. #define ENABLE    0x00000100           //Unit Enable
21. #define ESR     (0x0280/4)             //Error Status
22. #define ICRLO   (0x0300/4)             //Interrupt Command
23. #define INIT      0x00000500           //INIT/RESET
24. #define STARTUP   0x00000600           //Startup IPI
25. #define DELIVS     0x00001000          //Delivery status
```

```
26.    #define ASSERT     0x00004000        //Assert interrupt (vs deassert)
27.    #define DEASSERT   0x00000000
28.    #define LEVEL      0x00008000        //Level triggered
29.    #define BCAST      0x00080000        //Send to all APICs, including self
30.    #define BUSY       0x00001000
31.    #define FIXED      0x00000000
32. #define ICRHI    (0x0310/4)            //Interrupt Command [63:32]
33. #define TIMER    (0x0320/4)            //Local Vector Table 0 (TIMER)
34.    #define X1          0x0000000B       //divide counts by 1
35.    #define PERIODIC   0x00020000        //Periodic
36. #define PCINT    (0x0340/4)            //Performance Counter LVT
37. #define LINT0    (0x0350/4)            //Local Vector Table 1 (LINT0)
38. #define LINT1    (0x0360/4)            //Local Vector Table 2 (LINT1)
39. #define ERROR    (0x0370/4)            //Local Vector Table 3 (ERROR)
40.    #define MASKED     0x00010000        //Interrupt masked
41. #define TICR     (0x0380/4)            //Timer Initial Count
42. #define TCCR     (0x0390/4)            //Timer Current Count
43. #define TDCR     (0x03E0/4)            //Timer Divide Configuration
44.
45. volatile uint * lapic;   //Initialized in mp.c  //mp.c 中定义,被设置为 lapic 的起始地址
46.
47. static void
48. lapicw(int index, int value)              //将 value 写入到 index 指定的寄存器
49. {
50.    lapic[index] = value;
51.    lapic[ID];                            //wait for write to finish, by reading
52. }
53. //PAGEBREAK!
54.
55. void
56. lapicinit(void)
57. {
58.    if(!lapic)
59.       return;
60.
61.    //Enable local APIC; set spurious interrupt vector   //使能 LAPIC
62.    lapicw(SVR, ENABLE | (T_IRQ0 + IRQ_SPURIOUS));//IRQ_SPURIOUS 在 traps.h 设置为 31
```

```
63.
64.    //The timer repeatedly counts down at bus frequency
65.    //from lapic[TICR] and then issues an interrupt
66.    //If xv6 cared about precise timekeeping
67.    //TICR would be calibrated using an external time source   //使能 LAPIC 上的定时器
68.    lapicw(TDCR, X1);                                          //分频系数=0x0B
69.    lapicw(TIMER, PERIODIC | (T_IRQ0 + IRQ_TIMER));           //计时周期
70.    lapicw(TICR, 10000000);                                   //时钟计数器初值
71.                 //----以下是设置 LVT 表对应 LINT0、LINT1、PC、ERROR 4 项-------
72.    //Disable logical interrupt lines                 //屏蔽 LINT0/LINT1 中断线
73.    lapicw(LINT0, MASKED);
74.    lapicw(LINT1, MASKED);
75.
76.    //Disable performance counter overflow interrupts
77.    //on machines that provide that interrupt entry
78.    if((((lapic[VER]>>16) & 0xFF) >= 4)     //如果此版本 APIC 产生性能计数器溢出中断
79.      lapicw(PCINT, MASKED);                //禁止性能计数器溢出中断
80.
81.    //Map error interrupt to IRQ_ERROR       //将 APIC 内部出错中断映射到 IRQ_ERROR
82.    lapicw(ERROR, T_IRQ0 + IRQ_ERROR);      //IRQ_ERROR 在 traps.h 设置为 19
83.
84.    //Clear error status register (requires back-to-back writes)
                                               //清除错误状态寄存器
85.    lapicw(ESR, 0);
86.    lapicw(ESR, 0);
87.
88.    //Ack any outstanding interrupts         //响应已经发出的中断
89.    lapicw(EOI, 0);
90.
91.    //Send an Init Level De-Assert to synchronise arbitration ID's
92.    lapicw(ICRHI, 0);
93.    lapicw(ICRLO, BCAST | INIT | LEVEL);
94.    while(lapic[ICRLO] & DELIVS)
95.      ;                                      //等待 IPI 消息传递完成
96.
97.    //Enable interrupts on the APIC (but not on the processor) //使能 LAPIC 上的中断
98.    lapicw(TPR, 0);                          //但处理器上还未使能
```

```
99.  }
100.
101. int
102. cpunum(void)
103. {
104.   int apicid, i;
105.
106.   //Cannot call cpu when interrupts are enabled:
107.   //result not guaranteed to last long enough to be used
108.   //Would prefer to panic but even printing is chancy here:
109.   //almost everything, including cprintf and panic, calls cpu
110.   //often indirectly through acquire and release
111.   if(readeflags()&FL_IF){
112.     static int n;
113.     if(n++ == 0)
114.       cprintf("cpu called from %x with interrupts enabled\n",
115.         __builtin_return_address(0));
116.   }
117.
118.   if (!lapic)                          //没有 APIC,不是 SMP
119.     return 0;
120.
121.   apicid = lapic[ID] >> 24;
122.   for (i = 0; i < ncpu; ++i) {
123.     if (cpus[i].apicid == apicid)      //根据 apicid 查看处理器编号
124.       return i;
125.   }
126.   panic("unknown apicid\n");
127. }
128.
129. //Acknowledge interrupt                //中断响应
130. void
131. lapiceoi(void)
132. {
133.   if(lapic)
134.     lapicw(EOI, 0);                    //写出 EOI
135. }
```

```
136.
137. //Spin for a given number of microseconds
138. //On real hardware would want to tune this dynamically
139. void
140. microdelay(int us)                          //用于简易延迟
141. {
142. }
143.
144. #define CMOS_PORT    0x70                    //BIOS 的 CMOS 地址端口
145. #define CMOS_RETURN  0x71                    //BIOS 的 CMOS 数据端口
146.
147. //Start additional processor running entry code at addr
148. //See Appendix B of MultiProcessor Specification
149. void
150. lapicstartap(uchar apicid, uint addr)
151. {
152.     int i;
153.     ushort * wrv;
154.
155.     //"The BSP must initialize CMOS shutdown code to 0AH
156.     //and the warm reset vector (DWORD based at 40:67) to point at
157.     //the AP startup code prior to the [universal startup algorithm]"
158.     outb(CMOS_PORT, 0xF);                     //offset 0xF is shutdown code
159.     outb(CMOS_PORT+1, 0x0A);
160.     wrv = (ushort *)P2V((0x40<<4 | 0x67));    //Warm reset vector
161.     wrv[0] = 0;
162.     wrv[1] = addr >> 4;
163.
164.     //"Universal startup algorithm."
165.     //Send INIT (level-triggered) interrupt to reset other CPU
166.     lapicw(ICRHI, apicid<<24);
167.     lapicw(ICRLO, INIT | LEVEL | ASSERT);
168.     microdelay(200);
169.     lapicw(ICRLO, INIT | LEVEL);
170.     microdelay(100);                          //should be 10ms, but too slow in Bochs
171.
172.     //Send startup IPI (twice!) to enter code
```

```
173.    //Regular hardware is supposed to only accept a STARTUP
174.    //when it is in the halted state due to an INIT.   So the second
175.    //should be ignored, but it is part of the official Intel algorithm
176.    //Bochs complains about the second one.   Too bad for Bochs
177.    for(i = 0; i < 2; i++){
178.      lapicw(ICRHI, apicid<<24);
179.      lapicw(ICRLO, STARTUP | (addr>>12));
180.      microdelay(200);
181.    }
182.  }
183.
184. #define CMOS_STATA    0x0a
185. #define CMOS_STATB    0x0b
186. #define CMOS_UIP    (1 << 7)                      //RTC update in progress
187.
188. #define SECS      0x00
189. #define MINS      0x02
190. #define HOURS     0x04
191. #define DAY       0x07
192. #define MONTH     0x08
193. #define YEAR      0x09
194.
195. static uint cmos_read(uint reg)                   //读取 CMOS 的 reg 寄存器值
196. {
197.    outb(CMOS_PORT,  reg);
198.    microdelay(200);
199.
200.    return inb(CMOS_RETURN);
201. }
202.
203. static void fill_rtcdate(struct rtcdate * r)  //读入 CMOS 实时时钟 RTC 的计时
204. {
205.    r->second = cmos_read(SECS);
206.    r->minute = cmos_read(MINS);
207.    r->hour   = cmos_read(HOURS);
208.    r->day    = cmos_read(DAY);
209.    r->month  = cmos_read(MONTH);
```

```
210.    r->year   = cmos_read(YEAR);
211. }
212.
213. //qemu seems to use 24-hour GWT and the values are BCD encoded
214. void cmostime(struct rtcdate * r)
215. {
216.    struct rtcdate t1, t2;
217.    int sb, bcd;
218.
219.    sb = cmos_read(CMOS_STATB);
220.
221.    bcd = (sb & (1 << 2)) == 0;
222.
223.    //make sure CMOS doesn't modify time while we read it
224.    for(;;) {
225.     fill_rtcdate(&t1);
226.     if(cmos_read(CMOS_STATA) & CMOS_UIP)
227.         continue;
228.     fill_rtcdate(&t2);
229.     if(memcmp(&t1, &t2, sizeof(t1)) == 0)
230.       break;
231.    }
232.
233.    //convert
234.    if(bcd) {
235. #define    CONV(x)     (t1.x = ((t1.x >> 4) * 10) + (t1.x & 0xf))
236.     CONV(second);
237.     CONV(minute);
238.     CONV(hour  );
239.     CONV(day   );
240.     CONV(month );
241.     CONV(year  );
242. #undef    CONV
243.    }
244.
245.    * r = t1;
246.    r->year += 2000;
247. }
```

10.4　本章小结

xv6 的设备管理框架比较简单,主要涉及到一个设备文件的读写操作函数列表,在对设备文件读写时,使用的是这些函数而不是普通的磁盘文件读写函数。而且管理的设备比较少,只有键盘、CRT 显示器、串口和 IDE 磁盘,并没有涉及 PCI 或 USB 那样的总线设备,也没有像 Linux 那样使用设备驱动模型来组织设备与驱动程序。因此,xv6 设备管理的主要重点在于设备的操作,需要了解硬件设备的寄存器定义以及其工作原理。

练习

尝试将定时器的时钟频率降下来,或者用软件的方法将时钟 ticks 的计数减慢,直到系统的响应时间明显变慢,例如 shell 中按下一个键能看到明显的延迟才显示出来。

第 **11** 章

高级实验

在学习了 xv6 的全部源代码并完成了初级和中级实验之后,本章组织了几个综合性实验,需要涉及多个模块的知识。本章实验的完整代码可以从 https://github.com/luoszu/xv6-exp/tree/master/code-examples/l3 下载。

11.1 实现 xv6 内核线程

创建线程的开销比创建进程要小,线程可以共享进程的主要资源,例如内存映像、打开的文件等等。在 xv6 上实现线程所涉及的主要工作如下:

(1) 实现 clone() 系统调用,用于创建一个内核线程。

(2) 实现 join() 系统调用,用于回收一个内核线程。

(3) 实现用户线程库,封装对线程的管理,而用户只需要知道接口的使用即可。

(4) 提供测试样例,包括共享进程空间、多线程并行。

由于这里的实验代码需要 alloc() 和 free() 的内存管理机制,因此需要在前面中级实验的基础之上进行。

11.1.1 修改 PCB

为了支持内核线程,我们将进程控制块 PCB 改造成线程控制块 TCB,其为线程和进程共用的控制块,在 proc 结构体中添加如下的两个变量:

```
1.  struct proc * pthread;                 //Parent thread
2.  void * ustack;                         //User thread stack
```

新增的两个成员变量分别用于记录父线程和本线程自身的用户栈,作为线程私有资源。在内核态中,线程的初始用户态栈被设置了线程执行的起点(伪造返回的 PC 指针)、传递的参数值。

在这里的简化线程方案中,我们确定几个称谓:进程在未创建新的线程时,只有一个执行流,称为主线程或父线程;新创建的执行流称为子线程。主线程随着进程创建而存在,子线程创建后共享主线程的进程映像,并且在线程库登记线程的资源(线程栈)。

11.1.2 sys_clone 和 sys_join 系统调用

1. sys_clone()

线程的创建由 clone() 系统调用实现。clone() 的实现和 fork() 的实现极其相似,不过子线程共享了父线程/主线程的进程映像和其他大多数资源。此外 clone() 还要负责初始化用户栈,使得线程回到用户态后能找到对应的入口。用户栈的设置可以参考 exec() 函数。clone() 的实现放在了 proc.c,如代码 11-1 所示。

代码 11-1 clone()

```
1.  //调用 clone()前需要分配好线程栈的内存空间,并通过 stack 参数传入
2.  int clone(void(*fcn)(void*), void* arg, void* stack)
3.  {
4.  //cprintf("in clone, stack start addr = %p\n", stack)     //打印本线程的堆栈
5.     struct proc * curproc = proc;//记录发出 clone 的进程(np->pthread记录的父线程)
6.     struct proc * np;
7.
8.     if((np = allocproc()) == 0)                 //为新线程分配 PCB/TCB
9.      return -1;
10.
11.    //由于共享进程映像,只需使用同一个页表即可,无需复制内容
12.    np->pgdir = curproc->pgdir;                 //线程间共用同一个页表
13.    np->sz = curproc->sz;
14.    np->pthread = curproc;                      //exit 时用于找到父进程并唤醒
15.    np->ustack = stack;                         //设置自己的线程栈
16.    np->parent = 0;
17.    * np->tf = * curproc->tf;                   //继承 trapframe
18.
19.    int * sp = stack + 4096 - 8;                //下面将在线程栈填写 8 字节内容
20.
```

```
21.   //在内核栈中"伪造"现场,假装成返回地址是 fcn、用户堆栈是线程栈
22.   np->tf->eip = (int)fcn;
23.   np->tf->esp = (int)sp;                    //top of stack
24.   np->tf->ebp = (int)sp;                    //栈帧指针
25.   np->tf->eax = 0;
26.
27.   //在用户态栈"伪造"现场,将参数和返回地址(无用的)保存在里面
28.   * (sp + 1) = (int)arg;                    //*(np->tf->esp+4) = (int)arg
29.   * sp = 0xffffffff;                        //返回地址(没有用到)
30.
31.   for(int i = 0; i < NOFILE; i++)           //复制文件描述符
32.     if(curproc->ofile[i])
33.       np->ofile[i] = filedup(curproc->ofile[i]);
34.   np->cwd = idup(curproc->cwd);
35.
36.   safestrcpy(np->name, curproc->name, sizeof(curproc->name));
37.   int pid = np->pid;
38.
39.   acquire(&ptable.lock);
40.   np->state = RUNNABLE;
41.   release(&ptable.lock);
42.
43.                                            //返回新线程的 pid
44.   return pid;
45. }
```

　　由于新创建线程的内核栈 trapframe 里的 eip 被设置成传入的参数 fcn(即线程函数),因此当 clone()返回到用户态后,将执行 fcn 所指定的函数。用户态的线程栈则填写了对应的线程函数的参数以及返回地址。在这里的简化实现中,要求线程结束处必须显式调用 exit()。当然也可以将返回地址填上 exit()的地址,从而不必显式调用。

　　这里的简化实现方案并没有对页表的引用进行计数,如果主线程提前结束释放内存空间,会造成子线程的异常。

　　将上述核心函数 clone()封装成系统调用 sys_clone(),如代码 11-2 所示。

代码 11-2　sys_clone()

```
1.  int sys_clone(void){
2.    char * fnc;
```

```
3.      char * arg;
4.      char * stack;
5.      argptr(0,&fnc,0);
6.      argptr(1,&arg,0);
7.      argptr(2,&stack,0);
8.
9.      return clone((void (*)(void *))fnc,(void *)arg,(void *)stack);
10. }
```

2. sys_join

在这里的简化方案中,子进程和子线程结束时的资源回收过程有所不同:

(1) 子进程的 PCB 由父进程调用 wait() 回收。

(2) 子线程的 PCB/TCB 由父进程/线程调用 join() 回收。

由于两者差异很小,因此 join() 的实现和 wait() 极其相似。join() 可看作 clone() 的逆过程,是当前线程回收状态为 ZOMBIE 的子线程。子线程需要调用 exit() 才会变成 ZOMBIE 线程。

join() 的实现如代码 11-3 所示。由于线程退出并不需要撤销进程映像,因此不需要像 wait() 那样执行 freevm()。

代码 11-3   join()

```
1.  int
2.  join(void** stack)
3.  {
4.  //cprintf("in join, stack pointer = %p\n", * stack)
5.      struct proc * curproc = proc;
6.      struct proc *p;
7.      int havekids;
8.      acquire(&ptable.lock);
9.      for(;;) {
10.     //scan through table looking for zombie children
11.       havekids = 0;
12.       for(p = ptable.proc; p < &ptable.proc[NPROC]; p++) {
13.         if(p->pthread != curproc)   //判定是否自己的子线程
14.           continue;
15.
```

```
16.        havekids = 1;
17.        if(p->state == ZOMBIE) {
18.         * stack = p->ustack;
19.          int pid = p->pid;
20.          kfree(p->kstack);          //释放内核栈
21.          p->kstack = 0;
22.          p->state = UNUSED;
23.          p->pid = 0;
24.          p->parent = 0;
25.          p->pthread = 0;          //记录父线程的指针,p->ustack = 0,线程用户态栈
26.          p->name[0] = 0;
27.          p->killed = 0;
28.          release(&ptable.lock);
29.          return pid;
30.        }
31.      }
32.
33.      //No point waiting if we don't have any children
34.      if(!havekids || curproc->killed) {
35.        release(&ptable.lock);
36.        return -1;
37.      }
38.      //Wait for children to exit
39.      sleep(curproc, &ptable.lock);
40.    }
41.    return 0;
42. }
```

将上述核心函数 clone()封装成系统调用 sys_clone(),如代码 11-4 所示。

代码 11-4　sys_join()

```
1.  int sys_join(void){
2.    char * stack;
3.    argptr(0,& stack,0);
4.    return join((void**)stack);
5.  }
```

可以看出,如果主线程调用 join()时,子线程还未执行 exit(),那就找不到状态为 ZOMBIE 子线程,主线程将会进入睡眠状态。因此子线程退出时需要唤醒对应的主线程。我们需要在 proc.c 的 exit() 中增加唤醒主线程的功能,具体代码如下。

```
1.  //Parent might be sleeping in join()
2.  if(curproc->parent==0 && curproc->pthread!=0)
3.    wakeup1(curproc->pthread);
4.  else wakeup1(curproc->parent);
```

3. 用户态函数

sys_clone()和 sys_join()两个系统调用还需要封装成用户态可调用的函数,例如可以是同名的 clone()和 join(),经过编译链接形成库供应用程序调用。如何将系统调用封装成用户态可调用函数的内容在初级实验和系统调用章节已经讨论过,此处不再赘述。

11.1.3 线程库的实现

clone() 和 join()只实现了内核线程,为了方便用户程序调用,我们还需要实现相应的用户线程库,帮忙管理用户栈和线程的协调。用户库为 uthread.c,需要将其添加到 Makefile 的 ULIB 变量中。其中,thread_create() 和 thread_join() 是暴露给用户程序使用的,如代码 11-5 所示。

代码 11-5　uthread.c

```
1.  #include "types.h"
2.  #include "user.h"
3.
4.  #define NTHREAD 4                    //一个进程的最大线程数（不包括主线程）
5.  #define PGSIZE  4096
6.  struct {
7.    int pid;
8.    void* ustack;
9.    int used;
10. } threads[NTHREAD];                  //TCB 表
11.
12. //add a TCB to thread table
13. void add_thread(int* pid, void* ustack) {
14.   for(int i = 0; i < NTHREAD; i++) {
```

```
15.      if(threads[i].used == 0) {
16.        threads[i].pid = * pid;
17.        threads[i].ustack = ustack;
18.        threads[i].used = 1;
19.        break;
20.      }
21.    }
22. }
23. void remove_thread(int * pid) {
24.    for(int i = 0; i < NTHREAD; i ++) {
25.      if(threads[i].used && threads[i].pid == * pid) {
26.        free(threads[i].ustack);              //释放用户栈
27.        threads[i].pid = 0;
28.        threads[i].ustack = 0;
29.        threads[i].used = 0;
30.        break;
31.      }
32.    }
33. }
34.
35. int thread_create(void ( * start_routine)(void * ), void * arg) {
36.    //If first time running any threads, initialize thread table with zeros
37.    static int first = 1;
38.    if(first) {
39.      first = 0;
40.      for(int i = 0; i < NTHREAD; i++) {
41.        threads[i].pid = 0;
42.        threads[i].ustack = 0;
43.        threads[i].used = 0;
44.      }
45.    }
46.    void* stack = malloc(PGSIZE);            //allocate one page for user stack
47.    int pid = clone(start_routine, arg, stack); //system call for kernel thread
48.    add_thread(&pid, stack);                 //save new thread to thread table
       return pid;
49. }
50.
```

```
51.
52.
53.  int thread_join(void) {
54.    for(int i = 0; i < NTHREAD; i ++) {
55.      if(threads[i].used == 1) {
56.        int pid = join(&threads[i].ustack);   //回收子线程
57.
58.        if(pid > 0) {
59.          remove_thread(&pid);
60.          return pid;
61.        }
62.      }
63.    }
64.    return 0;
65.  }
66.
67.  void printTCB(void) {
68.    for(int i = 0; i < NTHREAD; i ++)
69.      printf(1, "TCB %d: %d\n", i, threads[i].used);
70.  }
```

thread_create()用于创建线程,需要提供待执行的线程函数和运行参数。thread_create()通过 clone() 创建线程,需要提前用 malloc() 分配一个线程栈,最后借助 add_thread()将线程记录在本进程的 TCB 数组 threads[NTHREAD]中。对应地有一个 thread_join()用于等待线程结束,它通过 join() 系统调用回收已经停止的线程,然后通过 remove_thread()将其从本进程的线程数组 threads[NTHEAD]中删除。

由于创建线程时并没有检查子线程数量是否超过 NTHREAD 上限,因此需要用户代码自行遵循这个约定。读者也可以为 thread_create()增加这个检查。

11.1.4　测试样例

测试样例为 test.c,内容如代码 11-6,它将调用用户态库中的 clone()和 join()。这个测试程序进行如下测试:测试 join() 和 clone() 的参数是否传递成功;线程间是否共享进程空间;子线程是否继承了主线程的文件描述符(但不共享);测试用户栈是否设置正确(可以将代码 11-1 的第 4 行的注释去掉,从而可以打印线程栈的起始地址);测试 join()得到的 pid 是否等于 clone() 得到的 pid(同个线程);调用 wait()时处理 fork(),调用

join()时处理 clone()；保证线程库不会产生内存泄漏问题（用户栈的分配与回收）；测试线程的递归（斐波那契数列）；若线程不调用 exit()，则应该发生非法地址中断；测试子线程和主线程的进程空间大小是否一致。

代码 11-6　线程测试代码 test.c

```
1.  #include "types.h"
2.  #include "user.h"
3.  #include "fcntl.h"
4.
5.  volatile int global = 1;              //测试线程对内存的共享
6.
7.  int F(int n)                          //斐波那契数列，测试用户栈
8.  {
9.      if(n < 0)
10.         printf(1, "请输入一个正整数\n");
11.     else if(n == 1 || n == 2)
12.         return 1;
13.     else {
14.         return F(n - 1) + F(n - 2);
15.     }
16.     return 0;
17. }
18.
19. void worker(void* arg) {
20.     printf(1, "thread %d is worker.\n", * (int * )arg);   //测试参数传递
21.
22.
23.     global = F(15);                   //测试全局变量、压栈测试
24.
25.                                       //测试文件描述符
26.     write(3, "hello\n", 6);           //3 号文件即 main()中打开的 tmp 文件
27.     exit();
28. }
29.
30. int
31. main()
32. {
```

```
33.    int t = 1;
34.    open("tmp", O_RDWR | O_CREATE);        //tmp 对应 3 号文件
35.    int pid = thread_create(worker, &t);   //创建一个子线程
36.    thread_join();                         //等待回收一个子线程
37.    printf(1, "thread id = %d\n", pid);
38.    printf(1, "global = %d\n", global);
39.    exit();
40. }
```

　　运行如屏显 11-1,可以看出成功创建了线程并将参数传入,线程通过递归计算得到的斐波那契数列也正确,global 变量的使用结果也验证了线程间共享内存的事实,检查 tmp 文件也可以看到相应的字符串。读者可以尝试其他更全面的测试,例如使主线程不执行 thread_join()而提前结束,观察运行结果。

屏显 11-1　线程测试输出

```
$ test
thread 1 is worker.
thread id = 4          #线程号
global = 610           #线程共享变量 global 记录斐波那契数列递归值
```

11.2　文件系统实验

　　文件系统方面我们安排了三个实验,一个是为 xv6 文件系统增加文件读写权限控制,第二个实现恢复刚被删除的文件内容,第三个是和设备有关的磁盘裸设备读写。

11.2.1　文件权限

　　本实验将在原来的 xv6 文件系统上,增加文件读写权限控制,具体步骤如下:
　　(1) 在 inode 上添加读写权限标志。
　　(2) 提供修改读写权限的系统调用。
　　(3) 修改相应的读写系统调用,添加读写权限检查。
　　(4) 提供测试样例。

1. 添加访问权限位

xv6 的 inode 结构体定义在 file.h,其中一部分信息要存储在硬盘中,这部分内容用

dinode 描述。由于磁盘布局是很严格的,所以结构体的大小都是设计好的。xv6 中用来描述文件类型的变量是 short 类型,为了增加文件权限功能,且不影响文件系统布局,我们将 short 类型拆成两个 char 类型,一个用来当作 mode 来描述文件权限,此时新的 dinode 定义如代码 11-7。

代码 11-7　增加访问权限的 dinode

```
1.  //On-disk inode structure
2.  struct dinode {
3.      char   mode;                    //文件权限
4.      char   type;                    //File type
5.      short major;                    //Major device number (T_DEV only)
6.      short minor;                    //Minor device number (T_DEV only)
7.      short nlink;                    //Number of links to inode in file system
8.      uint size;                      //Size of file (bytes)
9.      uint addrs[NDIRECT+1];          //Data block addresses
10. };
```

这样就完美地将文件的权限管理添加到了文件系统,由于 type 的类型变化,我们要适配所有涉及 type 类型的函数或变量(使用 grep -rn "short type" *.c *.h 可以快速定位)。

(1) 在 mkfs.c 中,对函数 ialloc() 进行修改,将参数中的 type 全部改为 char 类型,并在函数中初始化 mode 为 3。

(2) 修改 fs.c 中的 ialloc() 中参数 type 改为 char 类型,并在函数中初始化 mode 为 3。同时修改在 defs.h 中的声明。

(3) 修改 sysfile.c 中的 create() 函数,将其参数 type 类型改为 char。

(4) 在 fs.c 中的 ilock() 中,将 dinode->mode 传递给 inode->mode

(5) 在 fs.c 中的 iupdate() 中,将 inode->mode 传递给 dinode->mode

(6) 在 stat.h 中,修改 stat 结构体,添加 char 类型的 mode,并把 type 修改为 char 类型。

(7) 在 ls.c 中,修改其中的几处 printf 输出语句,使其能打印文件的访问权限 mode。

做完以上修改后,运行 xv6,执行 ls 命令,结果如下:

```
$ ls
.              3 1 1 512
```

```
..              3 1 1 512
README.md       3 2 2 59
cat             3 2 3 13660
echo            3 2 4 12668
forktest        3 2 5 8104
grep            3 2 6 15536
init            3 2 7 13252
kill            3 2 8 12720
ln              3 2 9 12620
```

从左到右分别是：文件名、访问权限、文件类型、索引节点、文件大小。

2. 设置权限的系统调用

xv6 的文件有 3 种类型，分别是目录、文件、设备。我们只限制普通文件的读写权限，即 T_FILE 类型的文件读写才受到控制。而且将 mode 的最低位作为读位，次低位作为写位，则有

- 3 表示可读可写。
- 2 表示可写。
- 1 表示可读。
- 0 表示不可读不可写。

为了支持文件权限，且不改变 xv6 的接口，我们需要实现专门的系统调用来改变文件的读写权限。用户接口定义如下：

```
1.    int chmod(const char * pathname, char mode);
```

参考 link()系统调用过程，我们新增 sys_chmod()来修改 inode->mode，该函数可以放到 sysfile.c 中实现，如代码 11-8 所示。

代码 11-8　sys_chmod()

```
1.  int
2.  sys_chmod(void)
3.  {
4.      char * pathname;                    //路径名
5.      int mode;                           //新的访问权限
6.      struct inode * ip;
7.      if(argstr(0, &pathname) < 0 || argint(1, &mode) < 0)
```

```
8.       return -1;
9.
10.    begin_op();
11.
12.    if((ip = namei(pathname)) == 0) {        //找不到对应索引节点
13.      end_op();
14.      return -1;
15.    }
16.
17.    ilock(ip);
18.    ip->mode = (char)mode;                    //修改权限
19.    iupdate(ip);                              //更新 dinode
20.    iunlock(ip);
21.
22.    end_op();
23.
24.    return 0;
25. }
```

3. 读写前判断

接下来可以使用新增的权限来限制读写操作了。文件的读写函数分别是 fileread()
和 filewrite(),它们位于 file.c 中。

其中,fileread() 中的修改部分如代码 11-9,执行读操作之前进行 mode 权限检查。

代码 11-9　具有权限检查的 fileread()

```
1.    if(f->type == FD_INODE) {              //文件类型
2.      ilock(f->ip);                        //索引节点为临界资源
3.      if((f->ip->mode & 1) == 0) {         //不可读
4.        iunlock(f->ip);
5.        return -1;                         //表示读操作失败
6.      }
7.
8.      ...
9.    }
```

filewrite() 中的修改部分如代码 11-10,多了写之前的访问权限判断。

代码 11-10　具有权限检查的 filewrite()

```
1.    if(f->type == FD_INODE){
2.      begin_op();
3.      ilock(f->ip);
4.      if((f->ip->mode & 2) == 0) {        //判断是否可写
5.        iunlock(f->ip);
6.        end_op();
7.        return -1;                        //表示写操作失败
8.      }
9.      iunlock(f->ip);
10.     end_op();
11.
12.        ...
13.    }
```

这样,就完成了读写的权限判断。

4. 测试样例

首先,我们需要实现一个用户程序 chmod,其可以在 shell 中直接修改某个文件的访问权限,具体如代码 11-11。

代码 11-11　chmod 程序

```
1.  #include "types.h"
2.  #include "stat.h"
3.  #include "user.h"
4.
5.  int
6.  main(int argc, char * argv[])
7.  {
8.    if(argc <= 2) {
9.      printf(1, "format: chmod pathname mode\n");
10.     exit();
11.   }
12.   chmod(argv[1], atoi(argv[2]));
13.   exit();
14. }
```

接下来开始读写操作权限控制测试。首先在默认读写权限（可读＋可写）的情况下，用 echo hello > content 将数据写入到 content 文件中，此时用 ls 查看 content 文件，其访问权限为 3（表示可读＋可写）。

```
$ echo hello > content        #利用重定向生成 content 文件
$ ls                          #显示 content 文件属性
content         3 2 20 6      #3 表示可读可写
$ cat content                 #读 content 的内容
hello                         #成功读取
$ echo world > content        #修改 content 内容
$ cat content                 #查看内容，发现修改成功
world
```

然后重复上面的操作，但是第一次写入 hello 后用 chmod 命令将 content 修改为可读不可写的权限，然后执行第二次写入 world。由于第二次写操作前关闭了写入权限，因此后面重新读入文件后，发现第二次写操作并没有成功，数据仍是原来的旧数据 hello。

```
$ echo hello > content        #创建 content
$ cat content                 #查看 content 内容
hello
$ ls                          #查看 content 文件属性
content         3 2 20 6
$ chmod content 1             #修改 content 的访问权限
$ ls                          #查看修改后的文件属性
content         1 2 20 6
$ echo world> content         #修改 content 内容
$ cat content                 #查看内容，发现修改失败
hello
```

最后，我们先将 hello 写入到 content，然后用 chmod 命令将 content 设置为可写不可读的权限，再使用 cat 命令读取 content 文件内容时，会提示出错失败。

```
$ echo hello > content        #生成 content 文件
$ cat content                 #读取文件
hello
$ ls                          #查看文件属性
```

```
content          3 2 21 6
$ chmod content 2              #修改访问权限
$ ls                           #查看修改后的文件属性
content          2 2 21 6
$ cat content                  #读取内容失败
cat: read error
```

如果想设置为不可读不可写模式,只需执行命令 chmod pathname 0 即可。

11.2.2　恢复被删除的文件

我们尝试删除一个文件后,需要根据原有文件留存的数据盘块,将其恢复。由于 xv6 在删除文件时,虽然清除了 inode 内容,但是数据盘块没有清除。因此重建 inode 信息就可以恢复文件。我们做一个实验演示,先将索引信息保存下来,然后删除文件,最后再恢复文件内容。本实验展示的删除和恢复过程如下:

(1) 在用 rm 命令删除一个文件前,先用一个新的系统调用将其 inode 索引表记录到一个临时文件中。

(2) 调用 rm 删除文件后,利用临时文件中保存的索引表找回文件内容。

1. 记录索引表

由于 inode 记录着盘块的组织,如果 inode 内容被清除了,那么即使盘块数据还在,也无法知道具体在哪些盘块上,也就访问不了文件。

早期的 EXT2 文件系统,删除文件操作只是将磁盘索引节点标志设置为无效,而没有清空其 inode 内容,因此通过扫描索引节点表,将那些无效的但其索引表仍有内容的索引节点重新生效,就能找回被删除的文件——前提是它们的数据盘块还没有被改写。但 xv6 的文件系统以及 Linux 的 EXT3/4 等文件系统在删除文件时,都会将 inode 内容清空,因此也就无法凭空恢复这些信息——所以本实验中先要将文件 inode 信息保存下来。

为了简化实验,我们先记录将要删除的文件索引表内容,然后直接按照索引表重建一个文件。所以我们需要实现相应的代码来记录所指定文件的 inode,以便删除后还能根据 inode 的索引表找到所有的盘块并恢复文件。

我们需要添加一个 shell 命令,实现将文件(例如 README.md)的 inode 的索引表保持到 temp 文件中。但保存 README.md 文件的 inode 索引表时,所使用的命令格式如下:

```
savei README.md
```

　　程序源代码为 savei.c,其内容如代码 11-12。由于我们在前面已经学习过 xv6 文件系统的知识,所以就不再细述代码的工作原理。

代码 11-12　savei.c

```
1.  #include "types.h"
2.  #include "stat.h"
3.  #include "user.h"
4.  #include "fcntl.h"
5.
6.  int
7.  main(int argc, char * argv[])
8.  {
9.    if(argc < 2) {
10.     printf(1, "format: savei filename temp\n");
11.     exit();
12.   }
13.
14.   uint addrs[14];                  //存储索引信息的数组
15.   geti(argv[1], addrs);            //新增系统调用,用于获取索引信息,详见下文
16.
17.   int fd = open("temp", O_CREATE | O_RDWR);    //将索引信息写到 temp 文件上
18.   write(fd, addrs, sizeof(addrs));
19.   close(fd);
20.   exit();
21. }
```

　　其中,geti()用于读取索引表,属于内核功能,需要以一个新增的系统调用方式实现。作用是复制索引表到一个临时文件 temp 中,其核心代码如代码 11-13。该系统调用还需要在用户态库中以 geti()函数的形式出现,从而可以被 savei 应用程序调用。索引表记录在 addrs[]中,其中 addrs[13]用于保存文件大小。

代码 11-13　sys_geti()

```
1.  int
2.  sys_geti()
3.  {
4.    char * filename;                 //文件名
5.    uint * addrs;                    //将索引表复制到内存地址 addrs 处
```

```
6.     struct inode * ip;
7.     if(argstr(0, &filename) < 0 || argint(1, (int *)&addrs) < 0)
8.       return -1;
9.
10.    begin_op();
11.
12.    if((ip = namei(filename)) == 0) {         //得不到对应索引节点
13.      end_op();
14.      return -1;
15.    }
16.
17.    ilock(ip);                                //同步 inode 和 dinode
18.    for(int i = 0; i < 13; i ++)
19.      addrs[i] = ip->addrs[i];                //复制索引
20.      addrs[13]= ip->size;
21.    iunlock(ip);
22.    end_op();
23.    return 0;
24. }
```

2. 删除文件

记录完索引节点后,使用 xv6 自带的 rm 命令将文件删除,具体命令如下:

```
rm README.md
```

文件删除后,要保证该文件的数据盘块内容不被修改。删除后,虽然数据盘块内容还在,但需要避免进行任何文件写操作,否则将这些数据盘块重新分配给其他文件就会将盘块内容改写。所以如果想恢复被删文件,必须在删除文件后尽可能快地恢复文件。

3. 恢复数据

由于我们直接保存了文件的索引表,因此可以直接进行恢复,按文件的逻辑顺序读出盘块即可。恢复程序为 recoveri.c,内容如代码 11-14。

代码 11-14　recoveri.c

```
1.  #include "types.h"
2.  #include "stat.h"
3.  #include "user.h"
```

```
4.  #include "fcntl.h"
5.
6.  char buf[512];                                    //盘块缓冲区
7.
8.  int main(int argc, char * argv[])
9.  {
10.    if(argc < 2) {
11.      printf(1, "format: savei filename temp\n");
12.      exit();
13.    }
14.    uint addrs[13];
15.    int fd;
16.                                                   //从前保存的 temp 中读出索引表
17.    fd = open("temp", O_RDONLY);
18.    read(fd, addrs, sizeof(addrs));
19.    close(fd);
20.                                                   //根据索引信息读取相应的盘块
21.    fd = open(argv[1], O_CREATE | O_RDWR);
22.    for(int i = 0; i < addrs[13]/512 && addrs[i] != 0; i++) {
23.      recoverb(addrs[i], buf);                     //读取数据到缓存块 buf 中
24.      write(fd, buf, 512);                         //写到新文件
25.    }
26.    close(fd);
27.    exit();
28. }
```

其中,recoverb()是新增的系统调用,用于获取盘块数据。核心代码如下:

```
1.  int sys_recoverb() {
2.      uint blockno;
3.      char * buf;
4.      if(argint(0, (int *)&blockno) < 0 || argstr(1, &buf) < 0)
5.          return -1;
6.      struct buf * b = bread(1, blockno);
7.      if(blockno >= NINDIRECT) { //当在间接块时的读取
8.          uint * a = (uint *)b->data;
9.          blockno = a[blockno-NINDIRECT];
10.         b = bread(1, blockno);
```

```
11.      }
12.      memmove(buf, b->data, 512);
13.      brelse(b);
14.      return 0;
15. }
```

4. 样例演示

实现完上面的功能后,我们可以测试一下恢复功能了。测试过程如下,所有操作都是在 shell 中完成。

```
$ ls                        #查看待删除文件的属性
README.md         2 2 59
$ cat README.md             #查看待删除文件的内容
``` bash
sudo apt-get install qemu
make
make qemu-nox
```
$ savei README.md   #存储待删除文件的索引信息
$ ls   #查看索引信息文件属性
temp   2 21 52
$ rm README.md   #删除 README.md
$ recoveri newfile   #利用 temp 中的索引信息读取盘块恢复文件,保证在 newfile
$ ls
newfile   2 22 512 #可以看到新文件占用了索引节点号 2
$ cat newfile   #查看内容,恢复成功
``` bash
sudo apt-get install qemu
make
make qemu-nox
```
```

读者可以尝试修改 xv6 的 itrunc(),使得删除文件用特殊的 type 标识,但保留索引节点的大部分信息。这样,在删除文件后可以通过扫描索引节点表,将被删除的索引节点给用户列出来,用户根据需要选择其中一个进行恢复。由于在上述情况下,被删除的索引节点中还存在文件名,可作为用户挑选的依据。

11.2.3　磁盘裸设备的读写

如果想在 xv6 上尝试新的文件系统,或者建立虚存的交换分区,都需要对磁盘裸设备

进行读写。下面我们展示如何在 xv6 上不经过文件系统就能直接进行磁盘的读写。

1. 实验环境准备

准备磁盘镜像文件 rawdisk.img，大小为 RAWSPACE_SIZE＝512 * 8000 B。需要在 Makefile 中添加如下语句生成磁盘镜像，并把 README.md（或其他文件）的内容复制到磁盘镜像文件 rawdisk.img 中。

```
1.  rawdisk.img: README.md
2.      dd if=/dev/zero of=rawdisk.img bs=512 count=8000
3.      dd if=README.md of=rawdisk.img
```

修改 Makefile 的 QEMU 仿真命令选项 QEMUOPTS 中包含的 $（QEMUEXTRA）变量，这用于为我们添加额外设备。于是在 QEMUOPTS 上面添加一行，将设备挂载到 QEMU 上，如下所示：

```
1.  QEMUEXTRA = -drive file=rawdisk.img,index=2,media=disk,format=raw
```

同时为了方便重新编译，在 Makefile 的 make clean 命令上添加一项“rawdisk.img”，用于删除该文件。

2. xv6 启用新磁盘

下面修改 xv6 IDE 硬盘初始化代码，使得系统启动时对 rawdisk 盘进行初始化。xv6 系统在 ideinit() 中检测磁盘，磁盘 0 是存放 bootblock 和 kernel 的，既然启动了，说明已经存在，因此只需要检测磁盘 1（文件系统）和新增加的磁盘 2（rawdisk）。将 xv6 原来的 ideinit() 列出如代码 11-15 所示，注意其中的磁盘 1 的检测方法。

代码 11-15　xv6 原来的 ideinit()

```
1.  void
2.  ideinit(void)
3.  {
4.      int i;
5.
6.      initlock(&idelock, "ide");
7.      ioapicenable(IRQ_IDE, ncpu - 1);    //多处理器的中断，只打开最后一个 CPU 的中断
8.      idewait(0);                         //等待磁盘接受命令
9.
```

```
10.    //Check if disk 1 is present
11.    outb(0x1f6, 0xe0 | (1<<4));          //写 0x1f6 端口来选择磁盘 1
12.    for(i=0; i<1000; i++){               //循环延迟等待
13.      if(inb(0x1f7) != 0){
14.        havedisk1 = 1;
15.        break;
16.      }
17.    }
18.
19.    //Switch back to disk 0.
20.    outb(0x1f6, 0xe0 | (0<<4));          //选回磁盘 0
21. }
```

既然是通过 outb(0x1f6，0xe0｜(1<<4)) 来检测磁盘 1 是否就绪，那么我们可以添加一段代码检测磁盘 2(rawdisk)是否就绪，将代码 11-16 插入 ideinit() 的第 18 行后面。注意磁盘 2 是第二个通道的 0 号磁盘，所对应的 I/O 端口号和第一个通道上的磁盘 0/1 的 I/O 端口号不同。

代码 11-16   检测新增硬盘

```
1.    //Check if disk 2 is present
2.    outb(0x176, 0xe0 | (0<<4));        //writes to I/O port 0x176 to select disk 0
3.    for(i=0; i<1000; i++){
4.        if(inb(0x177) != 0){
5.            cprintf("检测到 rawdisk\n");
6.            break;
7.        }
8.    }
```

如果磁盘挂载成功，则会输出"检测到 rawdisk"的语句。

3. 实现裸磁盘读写

在 ide.c 中添加函数，直接编写操控 ide 的驱动程序跳过文件系统。其中盘块号 blockno 为正数表示读出，盘块号负数表示写入(写入的盘块为 -blockno)，如代码 11-17 所示。

代码 11-17   裸盘读入

```
1.  void rdraw(int blockno, char * fb)
2.  {
```

```
3.     int flag = 0;                              //flag=1 表示写入操作,flag=0 表示读出
4.     if (blockno < 0)
5.     {
6.       flag = 1;
7.       blockno = -blockno - 1;
8.     }
9.
10.    while ((inb(0x177) & (IDE_BSY | IDE_DRDY)) != IDE_DRDY)
11.      ;                                        //等待硬盘准备好
12.    outb(0x172, 1);                            //指定读取或写入的扇区个数
13.    outb(0x173, blockno & 0xff);               //lba 地址的低 8 位
14.    outb(0x174, (blockno >> 8) & 0xff);        //lba 地址的中 8 位
15.    outb(0x175, (blockno >> 16) & 0xff);       //lba 地址的高 8 位
16.    outb(0x176, 0xe0 | ((0) << 4) | ((blockno >> 24) & 0x0f));
                             //设置 LBA28 模式为 device0 并设置 LAB 高 24~27 位
17.
18.    if (flag)                                  //flag=1,执行写操作
19.    {
20.      while ((inb(0x177) & (IDE_BSY | IDE_DRDY)) != IDE_DRDY); //等待硬盘准备好
21.      outb(0x177, IDE_CMD_WRITE);                       //写命令
22.      while ((inb(0x177) & (IDE_BSY | IDE_DRDY)) != IDE_DRDY); //等待硬盘准备好
23.      outsl(0x170, fb, BSIZE / 4);       //io 端口、内存缓存起始地址、表示输出输入的量
24.    }
25.    else                                       //flag=0,执行读操作
26.    {
27.      while ((inb(0x177) & (IDE_BSY | IDE_DRDY)) != IDE_DRDY); //等待硬盘准备好
28.      outb(0x177, IDE_CMD_READ);                        //读命令
29.      while ((inb(0x177) & (IDE_BSY | IDE_DRDY)) != IDE_DRDY); //等待硬盘准备好
30.      insl(0x170, fb, BSIZE / 4);
31.    }
32. }
```

在 sys_file 中的系统调用函数 sys_rdraw()如代码 11-18 所示。

代码 11-18　sys_rdraw()

```
1.  int sys_rdraw(void)
2.  {
```

```
3.     int blockno = 0;
4.     char * fb = 0;
5.     if(argint(0, &blockno) < 0)
6.       return -1;
7.     if(argstr(1, &fb) < 0)
8.       return -1;
9.     rdraw(blockno, fb);
10.    return 0;
11. }
```

最后定义系统调用所需的系统调用号等附属工作,封装成用户态函数 rdraw(int blocknum,void * buf),以供应用程序使用。

4. 测试验证

编写代码 11-19 的 readraw.c 应用程序,运行后检验读写结果。readraw.c 调用了新添加用户态函数 rdraw(),它将发出对应的 sys_rdraw()系统调用。

代码 11-19　readraw.c

```
1.  #include "types.h"
2.  #include "stat.h"
3.  #include "user.h"
4.  int main(int argc, char * argv[])
5.  {
6.      char s1[600] = "blocknum:   input wowo buf\n\0";
7.      char s2[600] = "blocknum:   input haha buf\n\0";
8.      char s3[600] = " output buf\n\0";
9.      int i;
10.     //测试写入盘块 0、1、2、3、4,写入内容为"write block X"
11.     for(i = -1 ; i >  -5 ; --i){
12.         printf(1,"write block %d\n",-i-1);
13.         s1[10] = -i-1+'0';
14.         rdraw(i,s1);                      //写入负数 i 代表写入第-i-1盘块
15.     }
16.
17.     //打印"read block X",然后读入并打印,应该为"write block X"
18.     for(i = 0; i < 4; i++){
19.         printf(1,"read block %d\n",i);
```

```
20.            rdraw(i,s3);
21.            printf(1,"%s\n",&s3);
22.        }
23.        for(i = -1 ; i >   -5; --i){
24.            printf(1,"write block %d\n",-i-1);
25.            s2[10] = -i-1+'0';
26.            rdraw(i,s2);
27.        }
28.        for(i = 0; i < 4; i++){
29.            printf(1,"read block %d\n",i);
30.            rdraw(i,s3);
31.            printf(1,"%s\n",&s3);
32.        }
33.        exit();
34. }
```

启动系统后运行 readraw 可执行文件，输出如屏显 11-2。系统启动时打印出"have disk2"，证明检测出我们新增的磁盘。执行 readraw 后对盘块 0～3 写入字符串 "blocknum：X input wowo buf"，再逐个读出其内容也是"blocknum：X input wowo buf"，其中 X 分别是 0～3。将写入内容更新为"blocknum：X input haha buf"，再次读入内容则为刚写入的"blocknum：X input haha buf"。以上操作证明读写功能正常，读者可以进一步进行其他功能的测试。

屏显 11-2　运行 readraw 的输出

```
Booting from Hard Disk..xv6...
have disk2
cpu0: starting
sb: size 1000 nblocks 941 ninodes 200 nlog 30 logstart 2   inodestart 32 bmap
start 58
init: starting sh
$ readraw
write block 0
write block 1
write block 2
write block 3
read block 0
```

```
blocknum: 0 input wowo buf

read block 1
blocknum: 1 input wowo buf

read block 2
blocknum: 2 input wowo buf

read block 3
blocknum: 3 input wowo buf

write block 0
write block 1
write block 2
write block 3
read block 0
blocknum: 0 input haha buf

read block 1
blocknum: 1 input haha buf

read block 2
blocknum: 2 input haha buf

read block 3
blocknum: 3 input haha buf
```

11.3　虚拟内存

　　我们仅允许进程空间中堆栈后面(高地址)sbrk()分配的空间换出,堆栈前面的内容不换出(exec()中生成的进程空间)。虚拟内存需要和请求式分页结合,所以在使用申请的物理页帧之前,系统不会进行分配操作,直到产生缺页中断,才调用相应的中断程序进行分配。

　　为了复用 xv6 的代码,我们依旧使用 xv6 的文件系统作为交换磁盘,在 param.h 中有个参数 FSSIZE,我们将其扩大到 128000,保证有充足的盘块。修改 memlayout.h 中的参数 PHYSTOP 为 0x400000,也就是大页模式的 4 M,这样空闲内存也就大概 2M 多,易于测试。实验中,观察到上述配置下系统的物理页大概在 700 个左右。

本实验总共实现了 7 个核心函数。3 个用于 vm.c 中实现缺页异常和换入换出,2 个用于 fs.c 中实现盘块的分配。分别是 balloc8() 和 bfree8(),分配 8 块连续盘块。最后实现物理页帧和盘块的数据交换,在 bio.c 中实现 read_page_from_disk() 和 write_page_to_disk()

```
1.  pgfault()                                  //缺页异常函数,会调用 swapout() 和 swapin()
2.  void swapout()                             //换出一个物理页帧
3.  void swapin(char * mem, pte_t * pte)       //根据缺页 pte 读入盘块到 mem 指向的页帧
4.  uintballoc8(int dev)                       //连续 8 个盘块用于存放一个页帧
5.  void bfree8(int dev, uint blockno)         //释放 8 个连续的盘块
6.  void write_page_to_disk(int dev, char * va, uint blockno)
                                               //从 va 开始的内存数据写到 blockno 连续 8 个磁盘块
7.  void read_page_from_disk(int dev, char * va, uint blockno)
                                               //读 blockno 开始的连续 8 个磁盘块
```

为了记录剩余页帧数量,需要修改 kmem 结构体,加上一个 count 计数值(=freelist 长度),每次 kalloc() 和 kfree() 后,做相应修改。

11.3.1　虚存交换机制

本实验实现的虚存交换机制比较简陋,换出的页帧内容保存到磁盘文件系统的普通文件数据区,而不是像 Linux 那样使用独立的交换分区获交换文件。换出的页帧所在的盘块号直接保存在其 pte 的高位,其 pte 低 12 位仍用作标志用途。

交换机制的作用范围仅限于本进程的 sbrk() 之上的物理页帧,而且一个进程并不会去抢占其他进程的物理页帧。我们为此在 proc.h 中添加一个变量 swap_start,用来记录 sbrk() 的起始地址。swap_start 以下的空间是进程创建时建立的空间,它们在本实验中不涉及交换的内存区间。修改 xv6 代码,在 exec() 和 fork() 中对 swap_start 进行初始化。

本实验演示一个进程启动后,分配和使用的内存总量超过系统剩余的内存总量时,呈现的本进程内部的交换过程。本实验并没有实现一个完整全面的虚存交换功能。

1. 换出方案

换出某个进程的一个页帧的方法是:

（1）在交换区起始地址 proc->swap_start 到 proc->sz 区间，找到有映射的页帧（walk），解除页表映射；为了知道某个虚页是否有映射，可以用 walkpgdir() 查找对应的 pte 项，然后用（* pte）& PTE_P！ = 0 检验是否有映射。如果一个进程没有可换出的页帧，查找下一个进程。

（2）将页帧内容写入到文件系统中。由于一块物理页帧的大小相当于 8 块盘块，我们需要分配连续的 8 块盘块，调用 8 次 bwrite() 写入即可。

（3）记录换出页帧的去向，以便将来可以换入。将换出的盘块号记录在页表项 PTE 中。此时 PTE 的 SWAPPED 位 = 0（（* pte）^ PTE_SWAPPED），其他高 20 位记录该页帧在对应磁盘上的盘块号。SWAPPED 是我们定义为 0x200 的一个值，供换入换出标志使用。从未使用过的物理页帧的 PTE 为 0；调出磁盘的状态 PTE_SWAPPED 位为 1，高 20 位记录 blockno；有映射的 PTE_P 为 1，所以这三种区别正好对应三种情况。此时有映射和换出页的 PTE 如图 11-1 所示。

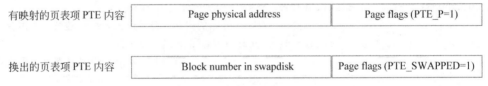

图 11-1　有映射和换出页的 PTE

由于我们简化了交换机制，没有设置独立的交换区或者交换文件，而是直接将文件系统的数据区内的盘块用于换出。也就是说，换出的内容将离散地分布在文件系统的数据盘块区，每个换出的页以连续 8 个盘块的形式出现。

2. 编码实现

接下来讨论交换功能的具体实现。bio.c 文件主要负责磁盘的读写，在这里我们实现 write_page_to_disk() 和 read_page_from_disk() 操作用于承担换进换出时的磁盘读写操作，如代码 11-20 所示。

代码 11-20　write_page_to_disk() 和 read_page_from_disk()

```
1.   //blockno 起始的连续 8 块盘块数据复制到 va 起始的物理页帧中
2.   void read_page_from_disk(int dev, char * va, uint blockno)
3.   {
4.       struct buf * b;                          //xv6 的读写必须经过缓存块
5.
6.       for(int i = 0; i < 8; i ++) {            //物理页帧分 8 片存入 8 个盘块
```

```
7.      b = bread(dev, blockno + i);              //将磁盘数据读到缓存块
8.      memmove(va + i * 512, b->data, 512);      //将缓存块数据写入物理页帧
9.      brelse(b);                                //释放缓存块
10.    }
11. }
12.
13. //将 4096 字节的物理页帧写到 blockno 起始的连续 8 块盘块中
14. void write_page_to_disk(int dev, char * va, uint blockno)
15. {
16.    struct buf * b;
17.
18.    for(int i = 0; i < 8; i ++)
19.    {
20.      b = bget(dev, blockno + i);               //获取设备 1 上第 blockno+i 个盘块
21.      memmove(b->data, va + i * 512, 512);      //将数据移动到物理内存上
22.      bwrite(b);                                //写磁盘
23.      brelse(b);                                //释放缓存块
24.    }
25. }
```

由于是简化实现,并没有专门建立交换区,而是直接在普通文件区找到连续 8 个盘块(对应一个页,共 4KB)来存储一个换出的页帧。xv6 磁盘读写是建立在缓存块已经分配的基础上,所以我们还要负责缓存块的分配和释放,借用 bfree() 和 balloc() 实现两个函数 bfree8() 和 balloc8(),为数据交换提供容量为 4KB 的缓存块,具体如代码 11-21 所示。

代码 11-21   balloc8()和 bfree8()

```
1.    //Allocate 8 zeroed disk blocks
2.    uint
3.    balloc8(uint dev)
4.    {
5.      for(uint b = 0; b < sb.size; b += BPB) {              //逐块遍历位图
6.        struct buf * bp = bread(dev, BBLOCK(b, sb));        //读取某一块位图
7.        for(uint bi = 0; bi < 512 && b + bi * 8 < sb.size; bi ++) {
8.          if(bp->data[bi] == 0) {                           //连续 8 块未分配(1 字节)
9.            bp->data[bi] = ~bp->data[bi];                   //按位取反,全 1
```

```
10.          bwrite(bp);                         //更新位图
11.          brelse(bp);                         //释放缓存位图的缓存块
12.          for(int i = 0; i < 8; i++)          //分配连续的 8 块盘块
13.            bzero(dev, b + bi * 8 + i);
14.          return b + bi * 8;                  //返回连续 8 块的第一块
15.        }
16.      }
17.      brelse(bp);
18.    }
19.    panic("balloc: out of blocks");
20.  }
21.  //Free 8 disk blocks
22.  void
23.  bfree8(int dev, uint b)
24.  {
25.    for(uint i = 0; i < 8; i ++)             //逐个调用 bfree 即可
26.      bfree(dev, b + i);
27.  }
```

这样一来,物理页帧和磁盘盘块的交互接口算是完成了。

11.3.2 缺页异常

由于我们将页面调出到磁盘后,进程再去访问就会发生缺页中断,我们首先要测试和验证一下 xv6 的缺页中断号。我们知道在 sys_sbrk() 函数中会调用 growproc(n) 来申请物理页帧,我们将其注释掉,重新运行 xv6,执行某个可执行文件(例如 ls)后会出现如下语句。

```
$ ls
pid 3 sh: trap 14 err 6 on cpu 0 eip 0x112c addr 0x4004--kill proc
```

这是因为 sh(shell)在执行外部命令 ls 的时候会调用 sbrk()函数分配内存并使用,但由于我们注释掉了 growproc()并没有为之分配内存,因此导致缺页异常。上面的提示说明缺页中断号是 14,ls 进程因缺页异常而被撤销。

既然要实现换入换出机制,我们索性实现延迟分配物理页帧,sys_sbrk()只修改进程空间大小而不进行物理页帧的分配和页表的映射,也就是将请求式分页和交换结合。需要注意,替换子进程执行的 exec,exec 并没有使用 sys_sbrk(),也就是说装入新进程的

ELF 可执行文件过程不会和我们的交换机制相关,只有调用 sys_sbrk() 函数才会"假装"分配内存(只修改 proc->sz),才涉及我们实现的交换机制。对于 sys_sbrk() 分配的内存,直到真正访问对应内存区时才因 pte 没有有效映射而引起缺页,再由缺页中断程序执行分配操作。

　　修改 trap.c 的 trap(),添加缺页中断处理,其中 T_PGFLT 定义在 traps.h 中。

```
1.    case T_PGFLT:
2.      pgfault();
3.      break;
```

　　将中断处理 pgfault() 函数定义在 vm.c(因为涉及 mappages()),其工作步骤如下:
　　(1) 如果缺页地址大于 sz,则表示非法地址(未分配),终止程序。
　　(2) 如果地址小于 proc->sz 且大于 swap_start,则是合法的可交换地址,需要进行处理。首先检查引起缺页的 PTE 中 SWAPPED 位,判定该页是否被调出内存。如果是被换出,则启动交换机制;如果不是,则调用 kalloc() 生成一个物理页帧以供使用。如果 kaclloc() 没有分配到物理页帧,则从进程空间中 swap_start~sz 之间找一个物理页帧调出磁盘。如果没有找到可供换出的页帧,则撤销本进程。

　　缺页时需要找到一块已经有映射的页换出去,由于对应功能函数 pgfault() 和进程空间有关,我们将 pgfault() 代码放到 vm.c 中。当需要执行页帧交换功能时,从 swap_start 开始遍历,找到一个直接返回,中断程序 pgfault() 实现如代码 11-22 所示。

代码 11-22　pgfault()

```
1.  //缺页中断处理
2.  void
3.  pgfault()
4.  {
5.      unsigned addr = PGROUNDDOWN(rcr2());  //获取导致中断的线性地址,要取整
6.    char * mem;
7.
8.    if(addr >= proc->sz) {                 //越界
9.      cprintf("pgfault out of boundary!\n");
10.      proc->killed = 1;
11.      return;
12.    }
13.
```

```
14.     mem = kalloc();                        //分配一块物理页帧
15.     while(mem == 0) {                      //没有分享到空闲页帧
16.       cprintf("执行换出操作\n");
17.       swapout();                           //进程空间找个页换出到磁盘去
18.       mem = kalloc();                       //再分配一次,可能再次失败,但本实验未进行处理
19.     }
20.
21.     pte_t * pte = walkpgdir(proc->pgdir, (void *) addr, 1);
                                                //定位该地址对应的 pte
22.
23. //    cprintf("pte: %p\n", pte);           //该信息用于调试,不调试时被注释掉
24.
25.     if(( * pte & PTE_SWAPPED) == 0) {       //该地址上的首次访问(第一次分配)
26.       memset(mem, 0, PGSIZE);
27.     }
28.     else {                                  //该页帧上次被换出,则其内容需要从磁盘读入
29.       cprintf("将物理页从磁盘调入内存\n");
30.       swapin(mem, pte);                      //根据 pte 的盘块号将数据取回来
31.     }
32.
33.     //最后建立映射
34.     mappages(proc->pgdir, (char *) addr, PGSIZE, V2P(mem), PTE_W | PTE_U);
35. }
```

其中的换出和换入功能由 swapout() 和 swapin() 负责,我们将在 vm.c 中实现,具体如代码 11-23 所示。此处 swapout() 换出时,我们从进程地址最高端开始往低地址扫描,直到 proc->swap_start。后面进行验证时,我们会反过来扫描体现不同交换算法的差异。

代码 11-23　swapout() 和 swapin()

```
1.  void
2.  swapout() {                                //换出一个物理页帧
3.    pte_t *pte;
4.    pde_t *pgdir = proc->pgdir;
5.    uint a = proc->sz;                       //a 记录进程空间走高点
6.    a = PGROUNDDOWN(a);                       //对 a 进行页边界对齐
7.
```

```
8.      int sz = proc->sz;
9.      for( ; a > proc-> swap_start; a -= PGSIZE) {
                                        //扫描 proc->swap_start 到 proc->sz 区间
10.     pte = walkpgdir(pgdir, (char*)a, 0);
11.     if(*pte  & PTE_P && ((*pte & PTE_SWAPPED) == 0 )) {
                                        //找到一个有映射的页帧(可换出)
12.         uint pa = PTE_ADDR(*pte);        //获取该页帧物理地址
13.
14.         uint blockno = balloc8(1);        //申请 8 个盘块
15.         write_page_to_disk(1, (char*)P2V(pa), blockno);   //写入磁盘
16.         kfree((char*)V2P(pa));            //释放对应的页帧
17.         *pte = (blockno << 12);//利用 pte 记录换出位置,盘块号,低 12 位清零(含 PTE_P)
18.         *pte = *pte | PTE_SWAPPED;        //将其 swapped 位置 1
19.         return;
20.       }
21.     }
22. }
23.
24. void
25. swapin(char* mem, pte_t* pte){          //换出的页帧其 pte 中保存了所在的盘块号
26.     uint blockno = *pte >> 12;         //取磁盘号
27.     read_page_from_disk(1, mem, blockno);  //读入到内存
28. }
```

11.3.3 功能验证

接着我们进行简单的验证工作,编写代码 11-24 所示的应用程序 swap-demo,其内部操作安排如下:

(1) 为了便于实验观察,我们先分配并使用系统的大部分物理页帧,直到剩下 1 个物理页帧。

(2) 然后分配 4 个页,用于验证延时分配。

(3) 分别给这 4 个页的第一字节写入数值 a~d。访问第 4 个页的第一字节并打印输出,然后访问第 1 到第 4 个页的第一字并输出,验证缺页功能和交换功能。

其中的 bstat()用与打印系统剩余物理页帧数量,也就是前面提到的 kmem 结构体新增的 count。

代码 11-24　swap-demo.c

```
1.  #include "types.h"
2.  #include "stat.h"
3.  #include "user.h"
4.  void
5.  mem(void){
6.      char * adTable[11];                    //用于记录新分配的页(地址)
7.      for(int i = 0; i < 4; i++){
8.              adTable[i] = sbrk(4096);       //延迟分配页帧
9.      }
10.     printf(1,"-----------------------------------------\n");
11.     for(int i = 0 ; i < 4; i ++){          //逐页写入一个字节
12.         adTable[i][1] = 'a' + i ;          //发出写访问,需要换出一个页
13.     }
14.     printf(1,"-----------------------------------------\n");
15.     printf(1,"访问第 4 个页,其内容是 %c, 不发生缺页异常\n\n",adTable[3][1]);
16.     printf(1,"下面展示缺页异常的交换功能:\n");
17.     for(int i = 0,cnt = 1; cnt < 4; i= (i+1) % 4 ,cnt++){
18.         printf(1,"第%d个页的内容是: %c\n\n",i+1,adTable[i][1]);//访问第 i 个页
19.         sleep(100 * 3);                    //进程休眠,便于观察
20.     }
21. }
22.
23. int
24. main(void)
25. {
26.     bstat();                 //设置系统调用,打印 freelist 链表的长度
27.     for(int i = 1 ; i <= 689; i++)
28.         sbrk(4096)[1] = 1;   //把物理页分配出去,并执行写入访问引起物理内存分配
29.     bstat();
30.     mem();                   //执行操作,展示交换行为
31.     return 0;
32. }
```

代码 11-24 的运行结果如屏显 11-3 所示。系统中物理页帧数量 690,我们先分配了 689 个页帧并访问使用,因此显示只剩下 1 个页帧。用 sbrk(4096)分配 4 个页,此时只是

把本进程 proc->sz 的值增大,并没有实际的分配。接着访问 4 个页的首字节,会出现 4
次缺页异常,由于还有 1 个空闲物理页帧,所以第一次访问直接分配空闲的物理页,但是
后面 3 次访问由于系统空闲物理页为 0,所以就需要 3 次换出操作。接着访问第 4 个页,
因为刚刚最后访问的是第 4 个页,所以第 4 个页对应的数据还在内存,并没有换出去磁
盘,所以并不会发生缺页。接着访问输出第 1~4 页的首字节,都会发生缺页异常,并依次
出现换出、换入操作。

屏显 11-3　虚拟内存功能验证

```
物理页帧总数: 690
物理页帧总数: 1
----------------------------------------
执行换出操作
执行换出操作
执行换出操作
----------------------------------------
访问第 4 个页,其内容是 d, 不发生缺页异常
下面展示缺页异常的交换功能:
执行换出操作
将物理页从磁盘调入内存
第 1 个页的内容是: a
执行换出操作
将物理页从磁盘调入内存
第 2 个页的内容是: b
执行换出操作
将物理页从磁盘调入内存
第 3 个页的内容是: c
执行换出操作
将物理页从磁盘调入内存
第 4 个页的内容是: d
```

我们反转 swapout( )的扫描过程,从低地址 proc-> proc-> swap_start 到高地址
proc->sz 方向查找换出页,则发现最后分配的 4 个页帧第一次访问时有四次缺页,但第二
次访问时不会引起缺页,因为换出的时前面分配的那些映射到低地址处页帧。此时结果
如屏显 11-4 所示。

屏显 11-4　修改 swapout() 换出算法后的 virtualMem 输出

```
$ virtualMem
物理页帧总数: 690
物理页帧总数: 1
---------------------------------------
执行换出操作
执行换出操作
执行换出操作
---------------------------------------
访问第 4 个页,其内容是 d, 不发生缺页异常

下面展示缺页异常的交换功能:
第 1 个页的内容是: a

第 2 个页的内容是: b

第 3 个页的内容是: c

第 4 个页的内容是: d
```

11.4　用户-终端实验

在早期的 UNIX 系统中,因为硬件资源非常宝贵,所以操作系统允许多个用户共享使用一台机器,不同用户通过自己的物理终端(Terminal)连接到计算机,拥有自己的账户和属于自己的任务。而对于操作系统来说,用户的不同任务实际上对应的就是不同的进程,通过进程调度使不同用户的任务并发运行。

在现代操作系统中,这种允许多个用户同时登录使用资源的特性被保留下来,但随着技术进步也不再需要物理终端来登录了。现代操作系统内部的终端都是以虚拟终端的形式存在,通过切换不同的虚拟终端便可同时登录多个用户。

本实验就是模拟多个用户在多个终端上并发使用 xv6 系统,但是做了很多简化,只允许一个活动终端存在,其他终端上的进程都暂时处于阻塞状态。虽然这样并不合理,但是也能展示用户通过不同终端共享同一系统时,将标准输入文件、标准输出文件和出错文件动态地连接到系统的过程。本实验主要涉及用户机制和虚拟终端机制,以及受到影响的

shell 和 init 进程。

11.4.1 设计思路

用户机制为所有进程(除 init 进程外)提供了一个所有者,系统进入 shell 进程前必须要进行登录操作,获得一个用户身份,这之后 shell 执行的所有命令进程都属于这个用户。同时本实现也提供了退出命令,退出后必须再次登录才能重新进入 shell 处理其他命令。

虚拟终端机制保障了多个用户同时登录时输出输入不会混乱。为了实现简便,我们规定了系统中只有两个虚拟终端,而且只能互斥的使用真实的输入和输出设备。也就是说,用户进程可以通过访问这两个虚拟终端的设备文件对它们进行读写,但只有当前活跃的虚拟终端能访问物理的输出输入设备。

1. 用户机制

用户机制的核心实现比较简单,它主要包括 3 个系统调用:登录接口,查询当前登录用户接口和退出接口。进入 shell 进程后会马上调用登录接口,它要求用户输入用户名和密码,若能匹配到系统用户列表的某一项,就可以设置 shell 进程的 uid 和当前登录用户,并把当前登录状态置 1。查询当前登录用户接口的实现就是把当前登录用户的 uid 返回。

在修改后的 xv6 系统上,init 进程和 shell 的互动关系如图 11-2 所示。init 进程的 main() 将创建两个终端,默认使用 1 号终端并将其连接到键盘和 CRT 显示器,启动 shell,如果发现 shell 返回,则重新启动一个 shell。对 shell 程序也做了相应的修改,在进入命令处理循环之前,先要进行登录操作以完成用户身份验证。如果执行 chvc 命令切换终端,则将当前终端上的进程阻塞起来,并切换到另一终端。如果另一终端已经完成登录,则恢复上次阻塞的进程;如果另一终端还没有登录,则还需要进行身份认证,然后启动 shell 命令循环。

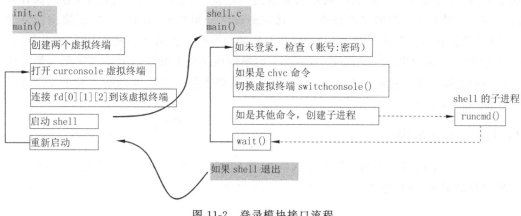

图 11-2 登录模块接口流程

退出接口需要保证在退出后不再进入命令处理过程,因此我们在每次处理输入命令前都加上一个登录状态判断。如果用户调用的登出命令,退出方法会将当前登录用户清空并把登录状态置为 0,所以 shell 进程就跳出了命令处理的循环,进入登录方法。

2. 终端的输入输出

在 xv6 的设计中,进程前 3 个文件描述符分别对应标准输入、标准输出和错误输出。在不同进程中,它们前三个文件描述符对应的设备文件可以是不同的,所以在进程需要与物理设备交互时,系统会比较它们请求的虚拟终端 id 与当前虚拟终端设备 id 是否一致,只有一致的请求才允许与物理设备交互,而不一致时,系统会把这个请求的进程睡眠,并加入到睡眠队列中。

本实验创建两个终端设备,分时地连接到真实的输入输出设备上,如图 11-3 所示。

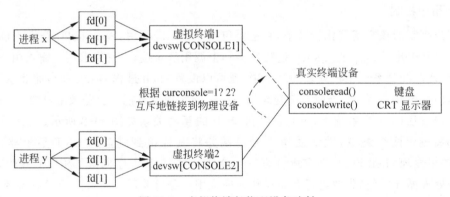

图 11-3   虚拟终端与物理设备映射

实现上面机制的前提是不同虚拟终端中的文件描述符对应不同的设备文件,在切换虚拟终端时,将通过一个 chvt() 函数来完成这一功能。系统初始化过程中,会默认打开终端设备 1 号并把进程的文件操作符作相应的映射。用户调用 chvt() 来切换虚拟终端时,首先把进程前 3 个文件描述符关闭,接着连接到另一个虚拟终端设备,执行到此处时,shell 进程的标准输出输入已经变了,因此可以唤醒该终端上睡眠队列中的进程。最后因为切换的虚拟终端可能还没有登录用户,所以还需要进行一次登录判断才能正式进入另一个虚拟终端环境。

11.4.2   代码实现

为了实现上面的一个简化的多终端机制,我们需要分别对用户进行管理、对终端进行管理以及对 shell 进行修改。

1. 用户 id 管理

首先需要实现的是用户模块。首先需要在 proc.h 中的 proc 结构体添加 uid 属性,表示当前进程属于哪个用户:

```
1.   uint uid;
```

接着在新的文件 multiuser.c 中添加与用户相关的 user 和 userlist,如代码 11-25 所示。

代码 11-25　multiuser.c

```
1.  #include "types.h"
2.  #include "defs.h"
3.  #include "param.h"
4.  #include "mmu.h"
5.  #include "proc.h"
6.  #include "spinlock.h"
7.  #include "memlayout.h"
8.
9.  #define MAXUSERNUM 5                  //系统最大支持的用户数
10.
11. struct user{
12.   char * username;                   //用户名
13.   char * password;                   //密码
14.   int  uid;                          //对应的 uid
15. };
16.
17. struct user userlist[MAXUSERNUM] = {  //系统全局的用户表,可以在此添加用户
18.   {"popo","123",0},
19.   {"rua","546",1}
20. };
21.                               //当前登录状态,目前只有两个虚拟终端所以数组长度为 2
22. int loginstate[2] = {-1,-1};
```

此时系统中允许最多 MAXUSERNUM =5 个不同的用户,而且存在两个默认用户分别是:popo,其密码为 123;rua,其密码为 546。该机制下的用户不能动态扩展,只能在本文件中进行预先设置。

然后需要在 defs.h 中添加以下函数的定义，并把它们都添加到系统调用中。

```
1.  //multiuser.c
2.  int      login(char *, char *);
3.  int      getloginstate(void);
4.  int      getcuruid(void);
5.  void     logout(void);
```

上述的 login()、getloginstate()、getcuruid()和 logout()几个核心函数的实现在 multiuser.c 文件中。首先是用户登录的 login 方法实现，根据输入的用户名和密码，在 userlist[]进行检索匹配，从而验证是否合法用户，如代码 11-26 所示。

代码 11-26　multiuser.c 的 login()

```
1.  int
2.  login(char * username, char * pwd)
3.  {
4.    username[strlen(username)-1] = 0;        //处理回车符号
5.    pwd[strlen(pwd)-1] = 0;                  //处理回车符号
6.    cprintf("username : %s, pwd : %s.\n",username,pwd);
7.    for (int i = 0; i < MAXUSERNUM; i++)      //在用户表中查找
8.    {
9.      if(!strncmp(username,userlist[i].username,strlen(username))){
10.       if(!strncmp(pwd,userlist[i].password,strlen(pwd))){
11.         loginstate[getcurconsole()-1] = i;   //把当前终端的登录状态置为 uid
12.         proc->uid = i;                       //设置 shell 进程 uid
13.         return 0;
14.       }
15.     }
16.   }
17.   return -1;
18. }
```

函数 getloginstate()用于读取当前的登录状态，即 loginstate[]中记录的对应终端的状态，如果已经登录，则是对应的用户 uid，如代码 11-27 所示。

代码 11-27　multiuser.c 的 getloginstate()

```
1.  int
2.  getloginstate()
3.  {
4.     proc->uid = loginstate[getcurconsole()-1];
          //注意每次调用都会把当前进程的 uid 重置一下,主要是为了方便后面切换终端的操作
5.     return loginstate[getcurconsole()-1];      //返回当前的状态
6.  }
```

getcuruid()是获取本进程 uid 的函数,具体是从进程控制块中获取,如代码 11-28 所示。

代码 11-28　multiuser.c 的 getcuruid()

```
1.  int
2.  getcuruid()
3.  {
4.     return proc->uid;                    //直接返回当前进程的 uid
5.  }
```

logout()是退出登录的函数,将当前终端的登录状态 loginstate[]对应的值置为－1,如代码 11-29 所示。

代码 11-29　multiuser.c 的 logout()

```
1.  void
2.  logout()
3.  {
4.     cprintf("logout : uid %d.\n",proc->uid);
5.     loginstate[getcurconsole()-1] = -1;    //直接把当前终端的登录状态置为-1
6.  }
```

将上述 4 个核心函数封装成相应的系统调用函数,如果有参数则需要处理,否则只是简单的封装,具体如代码 11-30 所示。

代码 11-30　multiuser.c 4 个核心功能的系统调用封装

```
1.  int
2.  sys_login(void)
```

```
3.  {
4.     char * username, * pwd;
5.     if(argstr(0, &username) < 0 || argstr(1,&pwd)<0)
6.       return -1;
7.     return login(username,pwd);
8.  }
9.  int
10. sys_getloginstate(void)
11. {
12.    return getloginstate();
13. }
14. int
15. sys_getcuruid(void)
16. {
17.    return getcuruid();
18. }
19. int
20. sys_logout(void)
21. {
22.    logout();
23.    return 0;
24. }
```

  这些系统调用还需要封装成用户态可调用的函数,经过编译链接形成库供应用程序调用。系统调用如何封装成用户态可调用函数的内容在初级实验和系统调用章节已经讨论过,此处不再赘述。

  进程创建过程也需要做相应的修改。由于在 proc.h 中为进程结构体新添加了一个 uid,所以对应的要为其初始化。在 proc.c 的 allocproc()中将 uid 初始化为-1。

```
1.  static struct proc *
2.  allocproc(void)
3.  {
4.     ...
5.
6.  found:
7.     p->state = EMBRYO;
```

```
8.      p->pid = nextpid++;
9.      p->shm = KERNBASE;
10.     p->shmkeymask = 0;
11.
12.     p->mqmask = 0;
13.
14.     p->uid = -1;                            //初始化 uid 为-1
15.
16.
17.     release(&ptable.lock);
18.
19.     //Allocate kernel stack
20.     if((p->kstack = kalloc()) == 0){
21.       p->state = UNUSED;
22.       return 0;
23.     }
24.     ...
25.
26.     return p;
27. }
```

同理,在 proc.c 的 fork()中也要作相应的修改,子进程将继承父进程的 uid。

```
1.  int
2.  fork(void)
3.  {
4.      ...
5.      np->sz = proc->sz;
6.      np->parent = proc;
7.      *np->tf = *proc->tf;
8.      np->uid = getcuruid();                  //复制父进程的 uid
9.
10.     //Clear %eax so that fork returns 0 in the child
11.     np->tf->eax = 0;
12.
13.     for(i = 0; i < NOFILE; i++)
14.       if(proc->ofile[i])
```

```
15.      np->ofile[i] = filedup(proc->ofile[i]);
16.    ...
17. }
```

2. 终端管理

接下来需要实现的是虚拟终端部分。首先在 console.c 中添加 curconsole,用于记录当前活跃的终端号。

```
1.    static int curconsole = 1;          //当前的终端号,默认为 1
```

然后在 file.h 添加终端号的定义,从原来只有一个终端变为两个终端。

```
1.  #define CONSOLE1 1
2.  #define CONSOLE2 2
```

因为添加了一个新的虚拟终端,所以在 console 的初始化方法中要对它们进行初始化(console.c)。

```
1.  void
2.  consoleinit(void)
3.  {
4.      initlock(&cons.lock, "console");
5.
6.      devsw[CONSOLE1].write = consolewrite;    //绑定终端 1 的写方法
7.      devsw[CONSOLE1].read = consoleread;      //绑定终端 1 的读方法
8.      devsw[CONSOLE2].write = consolewrite;    //绑定终端 2 的写方法
9.      devsw[CONSOLE2].read = consoleread;      //绑定终端 2 的读方法
10.     cons.locking = 1;
11.
12.     picenable(IRQ_KBD);
13.     ioapicenable(IRQ_KBD, 0);
14. }
```

然后修改它们的读写方法,在读写过程中添加判断终端设备号的条件,如果进程读写的终端不是活跃终端,则睡眠阻塞。

```
1.  int
2.  consoleread(struct inode * ip, char * dst, int n)
3.  {
4.    uint target;
5.    int c;
6.
7.    iunlock(ip);
8.    target = n;
9.    acquire(&cons.lock);
10.   while(n > 0){
11.     while(input.r == input.w || ip->major != curconsole){ //添加条件判断设备号
12.       if( proc->killed){
13.         release(&cons.lock);
14.         ilock(ip);
15.         return -1;
16.       }
17.       sleep(&input.r, &cons.lock);        //如果设备号与当前终端设备号对不上,当
                                               前进程就睡眠
18.     }
19.     c = input.buf[input.r++ % INPUT_BUF];
20.     if(c == C('D')){                       //EOF
21.       if(n < target){
22.         //Save ^D for next time, to make sure
23.         //caller gets a 0-byte result
24.         input.r--;
25.       }
26.       break;
27.     }
28.     * dst++ = c;
29.     --n;
30.     if(c == '\n')
31.       break;
32.   }
33.   release(&cons.lock);
34.   ilock(ip);
35.
36.   return target - n;
```

```
37. }
38.
39. int
40. consolewrite(struct inode * ip, char * buf, int n)
41. {
42.    int i;
43.    iunlock(ip);
44.    acquire(&cons.lock);
45.    if(ip->major != curconsole){          //判断设备号和当前终端设备号是否一致,
                                              不一致的话睡眠当前进程
46.        sleep(&input.w, &cons.lock);
47.    }
48.    for(i = 0; i < n; i++)
49.      consputc(buf[i] & 0xff);
50.    release(&cons.lock);
51.    ilock(ip);
52.
53.    return n;
54. }
```

还要在 defs.h 中添加如下两个函数,getcurconsole( )用于读取当前终端号,changshell(void)切换终端时唤醒随眠进程。

```
1. int      getcurconsole(void);
2. void     changshell(void);
```

接下来就是 changshell()和 getcurconsole()这两个功能函数的实现,如代码 11-31 所示。

代码 11-31　changshell()和 getcurconsole()

```
1. void
2. changshell()
3. {
4.    curconsole = curconsole==1? 2:1;     //只有俩虚拟终端,一个条件判断即可
5.    wakeup(&input.r);                     //切换终端时唤醒之前在读过程睡眠的方法
6.    wakeup(&input.w);                     //切换终端时唤醒之前在写过程睡眠的方法
7. }
8. int
```

```
9.  getcurconsole(void)
10. {
11.     return curconsole;                    //直接返回当前终端号即可
12. }
```

相应的系统调用对应于 sys_changshell() 和 sys_getcurconsole()。

```
1.  void
2.  sys_changshell(void)
3.  {
4.      changshell();
5.  }
6.
7.  int
8.  sys_getcurconsole(void)
9.  {
10.     return getcurconsole();
11. }
```

同样,这两个系统调用还需要封装成用户态可调用的函数,经过编译链接形成库供应用程序调用。系统调用如何封装成用户态可调用函数的内容在初级实验和系统调用章节已经讨论过,此处不再赘述。

3. 修改 shell

在完成用户模块和虚拟终端模块后,我们需要在初始化过程和进入 shell 过程中使用它们。涉及到启动时的 init 程序和 shell 程序。

对于 sh.c 中的 main() 进行修改,使得其运行之初先要输入用户名和密码才允许进行后续执行。

```
1.  int
2.  main(void)
3.  {
4.      static char buf[100];
5.      int fd;
6.
7.      //Ensure that three file descriptors are open
```

```
8.    while((fd = open("console1", O_RDWR)) >= 0 || (fd = open("console2", O_
   RDWR)) >= 0) {
9.      if(fd >= 3) {
10.        close(fd);
11.        break;
12.      }
13.    }
14.    char username[10];                    //缓存用户名
15.    char pwd[10];                         //缓存密码
16.
17. shloop:                                  //循环点标记
18.
19.    //在这里加上了条件判断,是否已经登录
20.    while( 1 ) {
21.    if(getloginstate() == -1) {           //如未经登录,先检查账号和密码
22.      do {
23.        printf(1,"please input the name: ");
24.        gets(username,10);                //输入用户名
25.        printf(1,"please input the password: ");
26.        gets(pwd,10);                     //输入密码
27.      } while (login(username,pwd) != 0); //循环直到登录成功
28.    }
29.
30.    if ( getcmd(buf, sizeof(buf)) >= 0) {
31.      if(buf[0] == 'c' && buf[1] == 'd' && buf[2] == ' ') {
32.        //Chdir must be called by the parent, not the child
33.        buf[strlen(buf)-1] = 0;           //chop \n
34.        if(chdir(buf+3) < 0)
35.          printf(2, "cannot cd %s\n", buf+3);
36.        continue;
37.      }else if (strcmp(buf,"chvc\n")==0)   //如果输入的命令为 chvc
38.      {
39.        close(0);                         //关闭 0、1、2 号文件描述符
40.        close(1);
41.        close(2);
42.        if(getcurconsole()==1){           //判断当前终端为几号
43.          open("console2", O_RDWR);       //0,打开 2 号终端,映射到 0
```

```
44.          }else
45.          {
46.            open("console1", O_RDWR);        //0,打开 1 号终端,映射到 0
47.          }
48.
49.          dup(0);                           //映射文件描述符 1
50.          dup(0);                           //映射文件描述符 2
51.          changshell();                     //调用切换终端方法
52.          goto shloop;                      //跳回前面判断目标终端是否已经登录
53.       }
54.
55.       if(fork1() == 0)
56.         runcmd(parsecmd(buf));             //执行正常的 shell 命令
57.       wait();
58.    }
59.    exit();
60. }
```

对于 init.c 中的 main()也要修改,修改后的 init.c 如代码 11-32 所示。init 负责在 shell 退出后(例如用 kill 命令)再次启动 shell,以便能持续响应用户的命令。而现在的执行逻辑是,当 shell 退出后,新的 shell 需要根据当前终端号决定打开 1 号终端还是 2 号终端。

代码 11-32　init.c 的 main()

```
1.  int
2.  main(void)
3.  {
4.    int pid, wpid;
5.
6.    if(open("console1", O_RDWR) < 0){
7.      mknod("console1", 1, 1);        //添加终端设备 1
8.      mknod("console2", 2, 2);        //添加终端设备 2
9.      //open("console1", O_RDWR);     //这里暂时先不打开终端 1 设备文件
10.   }
11.   //dup(0);  //stdout 1            //暂时先不映射到 1 号文件描述符
12.   //dup(0);  //stderr 2            //暂时先不映射到 2 号文件描述符
```

```
13.
14.
15.    for(;;){
16.      close(0);        //当用户退出登录时会到达这里,需要释放原本的 0,1,2 号文件描述符
17.      close(1);
18.      close(2);
19.      if(getcurconsole()==1){        //如果为 1 号终端
20.        open("console1", O_RDWR);    //0   打开 1 号终端设备,映射到文件描述符 0
21.      }else
22.      {
23.        open("console2", O_RDWR);    //0   打开 2 号终端设备,映射到文件描述符 0
24.      }
25.
26.      dup(0);                        //同时映射到 1 号文件描述符
27.      dup(0);                        //同时映射到 2 号文件描述符
28.      printf(1, "init: starting sh\n");
29.      pid = fork();
30.      if(pid < 0){
31.        printf(1, "init: fork failed\n");
32.        exit();
33.      }
34.      if(pid == 0){
35.        exec("sh", argv);
36.        printf(1, "init: exec sh failed\n");
37.        exit();
38.      }
39.      while((wpid=wait()) >= 0 && wpid != pid){
40.        printf(1, "zombie \n");
41.      }
42.    }
43. }
```

上述实现方案仅是一个多用户和多终端的演示,由于是简化实现,其许多设计并不合理。有兴趣的读者请修正执行。

11.4.3   功能验证

我们设计这样一个验证:先在虚拟终端 1 中执行一个延时输出的后台任务 T,然后

马上切换到虚拟终端 2;由于此时任务 T 输出到非活跃终端,所以进入睡眠;然后再切换回虚拟终端 1,这时阻塞的任务 T 将被唤醒,并且可以输出。

如屏显 11-5,用户在虚拟终端 1 登录 popo 用户后执行 multi 这个后台任务,这个任务会延后输出"rec is hello";然后我们调用"chvc"切换虚拟终端 2 并登录 rua 用户,可以看到此时 multi 进程的 uid 为 1 且由于输出阻塞处于睡眠状态;再次切换回虚拟终端 1 后,multi 被唤醒并输出所期待的"rec is hello";最后执行 logout 退出 popo 用户,再次登录 popo 用户以验证 logout 功能。

屏显 11-5 终端切换过程演示

```
init: starting sh
please input the name: popo
please input the password: 123
username : popo, pwd : 123.
$ ps
name    pid     state       uid
init    1       SLEEPING    -1
sh      2       SLEEPING    0
ps      3       RUNNING     0
$ multi &
$ chvc
please input the name: rua
please input the password: 546
username : rua, pwd : 546.
$ ps
name    pid     state       uid
init    1       SLEEPING    -1
sh      2       SLEEPING    1
ps      6       RUNNING     1
multi   5       SLEEPING    0
$ chvc
$ rec is hello
zombie!

$
$ ps
name    pid     state       uid
```

```
init     1        SLEEPING   -1
sh       2        SLEEPING   0
ps       9        RUNNING    0
$ logout
logout : uid 0.
please input the name: popo
please input the password: 123
username : popo, pwd : 123.
$ ps
name    pid      state      uid
init     1        SLEEPING   -1
sh       2        SLEEPING   0
ps       11       RUNNING    0
$
```

上述 logout、multi 和 ps 分别是 logout.c、multi.c 和 ps.c 经编译后生成的可执行文件。logout.c 只是简单地进行系统调用,用于退出,具体实现如代码 11-33 所示。

代码 11-33　logout.c

```
1.  #include "types.h"
2.  #include "stat.h"
3.  #include "user.h"
4.  #include "fcntl.h"
5.
6.
7.  int
8.  main(int argc, char * argv[])
9.  {
10.   logout();
11.   exit();
12. }
```

multi.c 是演示用的应用程序,核心功能是进行延时,然后输出字符串"rec is hello",具体实现如代码 11-34 所示。

代码 11-34 multi.c

```
1.  #include "types.h"
2.  #include "user.h"
3.  #define SIZE 400
4.  int main(int argc, char** argv)
5.  {
6.      char str[] = "";
7.      for (int k = 1; k <= SIZE; ++k) {
8.          for (int i = 1; i <= SIZE; ++i) {
9.              for (int j = 1; j <= SIZE; ++j) {
10.                     strcpy(str, "multi_user");
11.             }
12.         }
13.     }
14.     printf(1, "rec is hello\n");
15.     exit();
16. }
```

ps.c 用于显式进程信息，也是简单地进行系统调用，具体实现如代码 11-35。

代码 11-35 ps.c

```
1.  #include "types.h"
2.  #include "stat.h"
3.  #include "user.h"
4.  #include "fcntl.h"
5.
6.  int
7.  main(int argc, char * argv[])
8.  {
9.    cps();
10.   exit();
11. }
```

其中，cps 方法实现在 proc.c 中，如代码 11-36 所示。

代码 11-36　proc.c 中的 cps()

```
1.  //current process status
2.  int
3.  cps()
4.  {
5.    struct proc * p;
6.
7.    //Enable interrupys on this processor
8.    sti();
9.
10.   //Loop over process table looking for process with pid
11.   acquire(&ptable.lock);
12.   cprintf("name \t pid \t state \t\t uid\t\n");
13.   for(p = ptable.proc;p < &ptable.proc[NPROC];p++){
14.    if (p->state == SLEEPING)
15.      cprintf("%s \t %d \t SLEEPING \t  %d\t\n",p->name, p->pid, p->uid);
16.    else if (p->state == RUNNING)
17.      cprintf("%s \t %d \t RUNNING  \t  %d\t\n",p->name, p->pid, p->uid);
18.    else if (p->state == RUNNABLE)
19.      cprintf("%s \t %d \t RUNNABLE \t  %d\t\n",p->name, p->pid, p->uid);
20.   }
21.   release(&ptable.lock);
22.
23.   return 22;
24. }
```

相应的系统调用实现为代码 11-37。

代码 11-37　sys_cps()

```
1.  int
2.  sys_cps (void)
3.  {
4.    return cps();
5.  }
```

同样的，cps 系统调用还需要封装成用户态可调用的函数，经过编译链接形成库供应用程序调用。系统调用如何封装成用户态可调用函数的内容在初级实验和系统调用章节已经讨论过,此处不再赘述。

为了能在 xv6 中执行 multi 和 logout 和 ps 几个应用程序,还需要在 Makefile 中 UPROGS 下添加_multi\和_logout 以及_ps。

11.5 本章小结

本章的几个实验需要综合多方面的知识点才能完成,当读者完成上述的实验操作后,经历了一次高强度的综合训练。由于实验是基于简化的思路进行设计的,考虑得并不周全。读者可以基于自己的理解,发现其不足并自行进行完善。

在此恭喜读者完成了学习任务,经历了 xv6 实验课程锻炼并获得操作系统核心编程能力的提升!

练习

1. 为线程实验中的示例代码与"信号量"实验结合,使得多线程可以正确地访问临界资源。

2. 结合文件系统的知识将中级实验中的无名管道,修改为命令管道。

3. 修改调度器,使得 scheduler() 运行于当前进程的上下文,类似于 Linux 那样无需单独的一个调度器执行流。

4. 将用户 id 和文件访问权限联系起来,实现类似 Linux 下的文件访问权限管理功能。

5. 结合磁盘裸设备读写功能,将本章示例中的虚存交换从普通文件数据区转移到独立的磁盘分区,从而不再和文件系统共用一个磁盘。

第 12 章

x86 架构概述

本章主要给出 xv6 运行的硬件平台 x86 的基本概念，主要是 ISA 架构范畴内的硬件知识。读者在后续阅读中，需要注意联系 xv6 运行中的各个阶段和 x86 硬件配置及状态的关系，从而知道相应代码的运行环境及需要解决的问题。

处理器以外的相关硬件，键盘、CRT 显示器、串口和中断管理芯片等，已经在第 10 章讨论过。

12.1 x86 的 ISA 架构

在讨论处理器架构的话题中，经常会涉及 ISA 架构和微架构两个术语，前者是指对处理器硬件的抽象，用于支撑上层软件编写，而后者则是对该抽象的内部实现，用于硬件体系结构设计和分析。我们分析 xv6 操作系统在 x86 处理器上运行，实际上只需要知道 x86 处理器的 ISA 架构即可。ISA 架构的全称是 Instruction Set Architecture，涵盖了该处理器的寄存器组织、汇编指令格式和功能、存储器及 I/O 地址组织、异常/终端机制等概念。我们先给出寄存器和内存组织的信息，其余的信息在后续讨论中根据需要在做必要的补充。

12.1.1 寄存器

x86 平台上的"操作数"可以是内存单元、寄存器或者是 I/O 端口，其中寄存器位于处理器内部，我们首先来学习 x86 ISA 寄存器组织，即寄存器命名及其用途。在刚启动时，x86 处理器工作于最初的 8086 模式，此时 x86 中软件可见的主要寄存器如图 12-1 所示

（另有 80 位的浮点寄存器没有展示[①]），这些寄存器是学习应用编程所需了解的内容。我们学习的 xv6 是操作系统，因此还需要了解更多的硬件知识，后面会逐步增加所需的 x86 ISA 的背景知识。

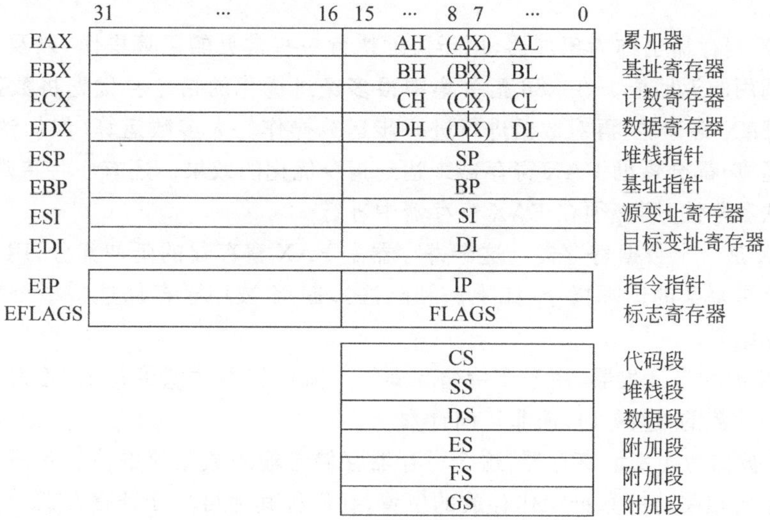

图 12-1　x86 ISA 寄存器组织

这些寄存器可以简单归纳如下：

4 个数据寄存器（EAX、EBX、ECX 和 EDX）；

2 个栈指针寄存器（ESP 和 EBP）；

2 个变址寄存器（ESI 和 EDI）；

1 个指令指针寄存器（EIP）；

6 个段寄存器（ES、CS、SS、DS、FS 和 GS）；

1 个标志寄存器（EFLAGS）。

1. 通用寄存器

我们把图 12-1 中 x86 前 8 个 32 位寄存器称为通用寄存器，分别命名为 EAX/EBX/ECX/EDX/ESP/EBP/ESI/EDI。为了兼容原来的 16 位架构，这些寄存器的低 16 位仍按照原来的命名方式，去掉前缀"E"并且对应于 x86 16 位架构中的相应寄存器 AX/BX/CX/DX/SP/BP/SI/DI。同样出于兼容性的目的，前 4 个通用寄存器 EAX/EBX/ECX/EDX 的低 16 位还可以继续划分成高低各 8 位，例如 AX 可以划分成各自可以独立访问

---

① 由于操作系统并不使用浮点处理，因此我们不讨论浮点寄存器。

的 AH 和 AL。

虽然称它们是通用寄存器,但只是表明它们可以通用,保存任意数据,而实际上软硬件在使用这 8 个寄存器时,还是有一些特殊的约定。具体而言,这些"特定"的功用说明如下:

- EAX 寄存器也称为累加器,用于协助执行一些常见的运算操作,以及用于传递函数调用的返回值。在 x86 指令集中很多经过优化的指令会优先将数据写入或读出 EAX 寄存器,再对数据进行进一步运算操作。大多数运算(如加法、减法和比较运算)都会借助 EAX 寄存器来达到指令优化的效果。还有一些特殊的指令(如乘法和除法)则必须在 EAX 寄存器中进行。

- EDX 是一个数据寄存器。这个寄存器是 EAX 寄存器的延伸部分,用于协助完成一些更复杂的运算指令(如乘法和除法),EDX 被用于存储这些指令操作的额外数据结果。

- ECX 被称为计数器,用于支持循环操作。需要特别注意的是 ECX 寄存器通常是反向计数的(递减 1),而非正向计数。

- ESI 被称为源变址寄存器,这个寄存器存储着输入数据流的位置信息。EDI 寄存器指向相关目的数据操作存放的位置,我们称其为目的变址寄存器。这 2 个寄存器主要涉及数据处理的循环操作(例如字符串复制)。可以简记为 ESI 用于"读",EDI 用于"写"。在数据操作中使用源变址寄存器和目的变址寄存器可以极大地提高程序运行效率。

- ESP 和 EBP 寄存器分别被称为栈指针和基址指针。这些寄存器用于控制函数调用和相关栈操作。当一个函数被调用时,调用参数连同函数的返地址将先后被压入函数栈中。ESP 寄存器始终指向函数栈的最顶端,由此不难推出在调用函数过程中的某一时刻,ESP 指向了函数的返回地址。EBP 寄存器被用于指向函数栈帧的最低端。在某些情况下,编译器为了指令优化的目的可能会避免将 EBP 寄存器用作栈帧指针。在这种情况下,被"释放"出来的 EBP 寄存器可以像其他寄存器一样另作他用。

- EBX 是唯一一个没有被指定特殊用途的寄存器,是真正意义上的"通用"寄存器。

2. 专用寄存器

除了 8 个通用寄存器外,剩下的都是专用寄存器。指令指针寄存器 EIP 记录了下一条指令的地址;标志寄存器 EFLAGS 用于记录运算结果的某些特征、处理器状态等信息;6 个段寄存器(ES、CS、SS、DS、FS 和 GS)则在内存访问时确定地址起点(我们在内存组织小节进行了讨论)。下面仅对 EFLAGS 的标志位进行说明,各标志位所在位置如图 12-2 所示。

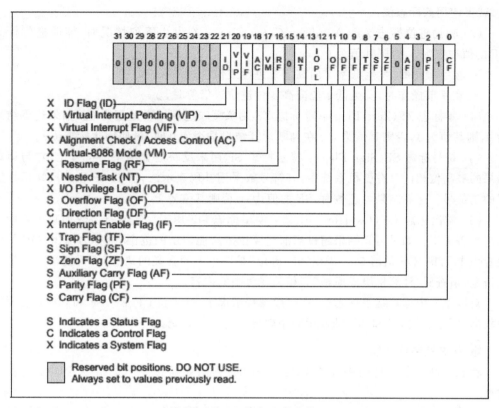

图 12-2　EFLAGS 寄存器

光是阅读下面的标志位文字说明,也许并不能很好地理解其功能作用。但读者无须担心,在 xv6 源码中仅有少量几个汇编文件,仅涉及中断允许位、方向标志位。

■ 运算结果标志位

在每次算术逻辑运算后将设置相关的运算结果标志位。x86 的结果标志位说明如下。

(1) 进位标志 CF(Carry Flag):进位标志 CF 主要用来反映运算是否产生进位或借位。如果运算结果的最高位产生了一个进位或借位,那么其值为 1,否则其值为 0。使用该标志位的情况有:多字(字节)数的加减运算、无符号数的大小比较运算、移位操作、字(字节)之间移位、专门改变 CF 值的指令等。

(2) 奇偶标志 PF(Parity Flag):奇偶标志 PF 用于反映运算结果中"1"的个数的奇偶性。如果"1"的个数为偶数,则 PF 值为 1,否则其值为 0。利用 PF 可进行奇偶校验检查,或产生奇偶校验位。在数据传送过程中,为了提供传送的可靠性,如果采用奇偶校验方法,就可使用该标志位。

(3) 辅助进位标志 AF(Auxiliary Carry Flag):在发生下列情况时,辅助进位标志 AF 的值被置为 1,否则其值为 0。

- 在字操作时,发生低字节向高字节进位或借位时。
- 在字节操作时,发生低 4 位向高 4 位进位或借位时。

(4) 零标志 ZF(Zero Flag):零标志 ZF 用来反映运算结果是否为 0。如果运算结果为 0,则其值为 1,否则其值为 0。在判断运算结果是否为 0 时,可使用此标志位。

(5) 符号标志 SF(Sign Flag):符号标志 SF 用来反映运算结果的符号位,它与运算结果的最高位相同。在微机系统中,有符号数采用补码表示法,所以 SF 也就反映运算结果的正负号。运算结果为正数时,SF 的值为 0,否则其值为 1。

(6) 溢出标志 OF(Overflow Flag):溢出标志 OF 用于反映有符号数加减运算所得结果是否溢出。如果运算结果超过当前运算位数所能表示的范围,则称为溢出,OF 的值被置为 1,否则,OF 值清 0。“溢出”和“进位”是两个不同含义的概念,不要混淆。如果不太清楚,请查阅“计算机组成原理”等相关课程中的内容。

对以上 6 个运算结果标志位,在一般编程情况下,标志位 CF、ZF、SF 和 OF 的使用频率较高,而标志位 PF 和 AF 的使用频率较低。

■ 状态控制标志位

状态控制标志位是用来控制 CPU 操作的,它们要通过专门的指令才能使之发生改变。

(1) 追踪标志 TF(Trap Flag):当追踪标志 TF 被置为 1 时,CPU 进入单步执行方式,即每执行一条指令,产生一个单步中断请求。这种方式主要用于程序的调试。指令系统中没有专门的指令来改变标志位 TF 的值,但程序员可用 popf 来改变其值。

(2) 中断允许标志 IF(Interrupt-enable Flag):中断允许标志 IF 是用来决定 CPU 是否响应 CPU 外部的可屏蔽中断而发出的中断请求。但不管该标志为何值,CPU 都必须响应 CPU 外部的不可屏蔽中断所发出的中断请求,以及 CPU 内部产生的中断请求。具体规定如下:

- 当 IF=1 时,CPU 可以响应 CPU 外部的可屏蔽中断发出的中断请求。
- 当 IF=0 时,CPU 不响应 CPU 外部的可屏蔽中断发出的中断请求。

CPU 的指令系统中有专门的指令来改变标志位 IF 的值,sti 和 cli 分别用于开启和关闭中断使能。xv6 启动代码中会关闭中断,然后在合适的时候再打开。

(3) 方向标志 DF(Direction Flag):方向标志 DF 用来决定在串操作指令执行时有关指针寄存器发生调整的方向。具体规定在 5.2.11 节中给出。在微机的指令系统中,还提供了专门的指令来改变标志位 DF 的值。

■ **32 位标志寄存器增加的标志位**

相对于 x86-16 结构，x86-32 增加了一些标志位，用于支持保护模式和虚拟 8086 模式等。

（1）I/O 特权标志 IOPL（I/O Privilege Level）：I/O 特权标志用两位二进制位来表示，也称为 I/O 特权级字段。该字段指定了要求执行 I/O 指令的特权级。如果当前的特权级在数值上小于或等于 IOPL 的值，那么，该 I/O 指令可执行，否则将发生一个保护异常。

xv6 的内核代码将运行于最高的 0 级，而用户代码则运行于最低的 3 级，读者可以在启动代码中关于段寄存器设置。例如 main()->seginit()设置的段有 0 级的 SEG_KCODE 和 SEG_KDATA，3 级的 SEG_UCODE 和 SEG_UDATA 等。

（2）嵌套任务标志 NT（Nested Task）：嵌套任务标志 NT 用来控制中断返回指令 IRET 的执行。具体规定如下。

- 当 NT＝0，用堆栈中保存的值恢复 EFLAGS、CS 和 EIP，执行常规的中断返回操作。
- 当 NT＝1，通过任务转换实现中断返回。

（3）重启动标志 RF（Restart Flag）：重启动标志 RF 用来控制是否接受调试故障。规定：RF＝0 时，表示"接收"调试故障，否则拒绝之。在成功执行完一条指令后，处理机把 RF 置为 0，当接收到一个非调试故障时，处理机就把它置为 1。

（4）虚拟 8086 方式标志 VM（Virtual 8086 Mode）：如果该标志的值为 1，则表示处理机处于虚拟的 8086 方式下的工作状态，否则，处理机处于一般保护方式下的工作状态。xv6 并不使用这种模式，可以暂不关心该标志位。

3. 控制寄存器

x86-32 引入保护模式，因此需要相应的控制寄存器。控制寄存器不是普通应用编程所能涉及的寄存器，且必须在最高特权级才能修改设置它们，因此通常由操作系统内核代码对它们进行设置。

x86-32 的控制寄存器有 5 个：CR0、CR1、CR2、CR3、CR4，如图 12-3 所示。xv6 利用 CR0 启用分段和分页地址模式，利用 CR3 记录当前页表的基址（Page-Directory Base），利用 CR4 启动 4MB 大页模式。CR1 是硬件保留未用的寄存器，xv6 也不使用它。CR2 是缺页地址（Page-Fault Linear Address）寄存器，由于 xv6 并没有实现虚存的换页功能，因此并未使用该寄存器。这些寄存器各字段的用途现在还无法展开讨论，我们会在后面讨论 x86 的保护模式及分页机制时加以说明。当设置 CR0 的 PE 位后，将启动保护模式，从而可以看到更多的硬件资源和相应的更多的寄存器。

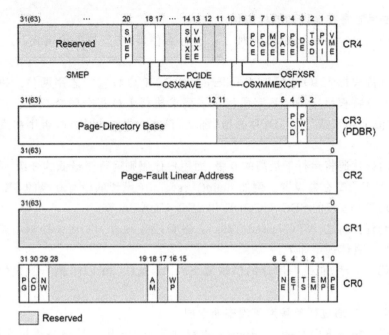

图 12-3　控制寄存器

12.1.2　内存组织

x86-32 可以工作在实地址模式,也可以工作在基于段的保护模式,在保护模式下还可以开启分页机制。

1. 段式内存管理

我们把 x86-32 的实地址模式和保护模式的分段管理都当作段式内存来看待。

■ 实地址模式

x86-32 系统刚启动时处于地址模式,此时无论是读取指令还是访问数据,给出的地址都是以段地址和段内偏移的形式。将段地址左移 4 位加上段内偏移即可形成物理内存地址,例如访问指令使用 CS 段寄存器和 IP 寄存器:CS<<4 + IP。

■ 保护模式

xv6 只在启动时短暂工作于实地址模式,然后很快就设置 CR0 的 PE 位进入保护模式。在保护模式下,段寄存器的值不再直接作为地址使用,而是当作一个间接(索引)信息,经过段表的转换才能形成段的起始地址,再加上偏移量最终形成物理地址。在保护模式下,如果启用了分页机制,则可以形成段页式内存管理。

保护模式不仅支持地址编码上的二维管理,还提供对各段访问属性的控制,是否可读、是否可写、是否可以执行,以及特权级(优先级),使得低特权级的用户代码不能访问高特权级的操作系统内核代码和数据。在保护模式下,中断入口(及系统调用)的管理也不再是一个简单的地址,而是提供各种“门”机制来加强访问控制。

整体上说,保护模式克服了实地址模式下用户代码可以任意改变内存空间任意数据的漏洞,从而杜绝了早期 x86 平台病毒泛滥(且危害程度大)的现象。

关于保护模式的内存分段和分页机制我们在 12.2 节继续专门展开讨论。

2. 特权级 ring0～ring4

进入保护模式时,任何代码在运行时都带有一个运行级别,低级别代码不能访问高级别的数据、不能调用高级别的代码。但是也有例外的情况,当用户需要访问进行系统调用时,通过一个系统调用门而进入内核,该门可以让低运行级别的代码执行高运行级别的内核代码。

这些特权级别形成 ring0～ring4 共 4 种保护级别,其中环 0 级别最高处于最中心,对应内核代码和数据;环 3 级别最低位于最外层,通常对应于用户代码和数据。

xv6 需要区分用户态和内核态,因此需要控制在不同特权保护级别间切换。启动保护模式后,x86 处理器的 CS 寄存器中有 CPL 位(2 位)用于记录当前代码的特权级。

12.2　x86 MMU 地址部件

由于历史原因,x86-32 处理器需要考虑与老式处理器相兼容,使得其内存的组织有些难以理解。x86 处理器刚启动时处于实模式状态只能访问 1MB 空间,进入保护模式后才可以访问 32 位地址空间,还可以进一步开启分页机制。因此 xv6 和 Linux 或其他 x86 上的操作系统一样,都必须经历从实地址启动再换到保护模式的转变。

本节讨论 x86 处理器内存管理单元(Memory Management Unit,MMU)提供的实模式和保护模式下的寻址方式,而具体的设置以及从实模式到保护模式(及分页)转换的细节,请参见前面 xv6 内核启动过程的分析。

12.2.1　模式及地址空间

首先给读者讲述 x86 处理器模式以及相应的寻址方式。不论是哪种模式,其地址的产生都首先和段寄存器相关。

程序中的代码、数据、堆栈等自然呈现出不同的属性,因此也要求它们按照不同的

"段"分开管理,而不是简单的一视同仁。也就是说,分段管理是程序的内在需求。但是在分段管理上,处理器硬件到底如何支持可以呈现出不同方式,甚至是软硬件协作完成。

下面将段寄存器及其中英文名字一起列出,帮助读者记忆。

- CS:代码段寄存器(Code Segment Register);
- DS:数据段寄存器(Data Segment Register);
- ES:附加段寄存器(Extra Segment Register);
- SS:堆栈段寄存器(Stack Segment Register);
- FS:附加段寄存器(Extra Segment Register);
- GS:附加段寄存器(Extra Segment Register)。

从图 12-1 可以看出段寄存器都是 16 位的,因此 x86-32 和 x86-16 在段寄存器的命名和寄存器位宽上是完全一样的,但其使用方法却并不相同。

1. 模式选择

xv6 内核启动时将会先后经历 x86 处理器的实地址模式、分段的保护模式、段页式的保护模式三个阶段。地址模式的转换是通过修改控制寄存器 CR0(参见图 12-3)来完成的,其中涉及 PE 和 PG 两位,分别对应于进入保护模式和开启分页机制,具体组合如表 12-1 所示。其中 00 编码对应的是实地址模式,01 编码的是分段保护模式,11 编码的是段页式保护模式,10 编码属于错误(没有对应的模式)。

表 12-1　CR0 的 PE 位和 PG 位组合及其寻址模式

PG	PE	寻 址 方 式
0	0	实模式
0	1	保护模式
1	0	无效/出错
1	1	分页的保护模式

2. x86 的逻辑地址、线性地址和物理地址

进入保护模式后,x86 处理器启动了分段管理机制,甚至还可以开启分页管理机制,因此具有逻辑地址、线性地址和物理地址这三个概念。

在 x86 处理器的 MMU 中,进程虚存空间使用的是逻辑地址,逻辑地址经过分段单元(segmentation unit)转换为线性地址,然后线性地址再经过分页单元(paging unit)的硬件转换成物理地址,具体如图 12-4 所示。这样就不能笼统地使用虚地址来表示程序地址,而必须区分"逻辑地址"和"线性地址"的区别。前者是"分段+段内偏移"的二维地址,

而线性地址则是一维的地址,这也是称为"线性"的原因。

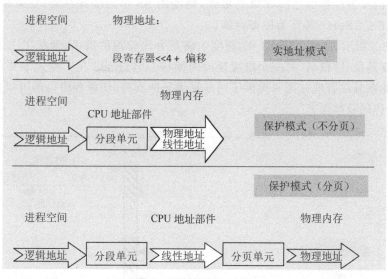

图 12-4　x86 保护模式下的逻辑地址、线性地址和物理地址

如果不开启分页,则线性地址直接用作物理地址。而启动了分页机制,则线性地址还需要经过页表转换才能变成物理地址。x86 的分页机制采用多级页表,需要经过多次转换才能完成线性地址到物理地址的转换。

在图 12-4 给出的三种地址模式中,我们对不同地址空间使用了不同的术语。编程语言中使用的地址(例如指针、函数地址等)称为逻辑地址,经过分段机制后形成的是线性地址。如果没有启动分页,则线性地址可以用作物理地址去访问物理内存。如果又开启分页机制,则线性地址还需要经过分页后才形成物理地址。

在 xv6 的启动过程中,我们先后经历实地址模式、保护模式(不分页)、保护模式(分页、大页模式)和保护模式(分页,4KB/页)共 4 种模式。

12.2.2　实地址模式

x86 在实地址模式时,地址表示成"段:偏移"(segment:offset)的形式,其中的 segment 是该段的基地址,段基址的偏移部分被存放在 offset 里。逻辑地址到线性地址的变换方式:segment << 4 + offset。由于段地址寄存器只有 16 位,因此最多只能访问 1MB 地址空间。

每个地址自动关联到一个段,因此程序中出现的显式地址实际上只有 offset。如果 CS=0x1000 且 IP=0x0055,则对应指令的物理地址为 0x10000+0x0055=0x10055,参见

图 12-7 上部中的"实模式"部分。对于数据访问的地址形成过程也是类似的,只是使用不同的相关联的段寄存器而已。如果是堆栈,则使用 SS 作为段寄存器;如果是其他数据,则使用 DS、ES、GS、HS 等作为段寄存器。

　　如图 12-5 所示,此时可以在一定程度上满足分段管理的需求,形成了二维的地址空间,一个维度是段号/段名,另一个维度是段内偏移。但是 x86 在实模式下并没有访问权限控制,因此在分段管理方面只提供了对地址编码的支持,使得各段内部可以从 0 地址组织其内部的代码或数据。

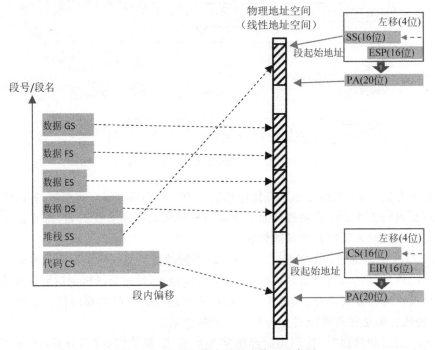

图 12-5　实地址模式下段式管理示意图

　　实地址模式(Real-address Mode),不仅涉及地址的形成,其实还确定了 IA-32 架构或 Intel 64 架构提供的一种工作模式。该模式基本上提供了和 8086 一样的执行环境。因此只能看到图 12-1 中的部分硬件资源,基本能运行原本在 8086/8088/80186/80188 上运行的程序。

- 首先,是和 8086 一样的执行环境,可寻址的内存空间,范围为 $[0, 1M]$。因最初支持实地址模式的 8086 处理器只有 20 条地址线,所以其寻址范围最大只能到 2^{20}。
- 可用的通用寄存器是 AX、BX、CX、DX、SI、DI、BP、SP。这些寄存器负责临时存放运算结果,或临时存放运算需要的操作数,或临时存放操作数在内存中的地址,或辅助构筑栈(Stack)。

- 可用的段寄存器有 CS、DS、ES、SS。这些段寄存器负责存放段的基地址(准确点,实模式下的地址计算是通过将段寄存器里的数值左移 4 位得到的)。
- 可用 FLAGS 标记寄存器。
- IP 寄存器存放下一条要执行指令在代码段里的偏移,它联合 CS 决定了下一条要执行的指令在内存里的地址(即 CS<<4 ＋ IP)。
- 专注浮点运算的寄存器。最初支持实地址模式的 8086 处理器,需要一个名为 8087 的 math 协处理器来执行浮点运算。
- 可寻址的 I/O 空间。处理器的数据线和地址线除了可用于内存数据的传输和寻址外,还可以用于与其他外部设备进行数据的传输和寻址外部设备。当然,也可以通过 Memory-mapped IO 来访问外部设备的数据。I/O 空间的寻址范围为[0,FFFFH]。处理器提供了专门的指令来访问 I/O 空间里的数据。
- 中断的机制(中断向量表)。
- 支持 8086 所有的指令集。

除了上述内容,x86-32 实地址模式并不完全等于 8086,相对于原来的 8086 硬件,还有扩展的部分:

- 利用操作数大小修饰符(Operand Size Override Prefix),可访问 32 位的操作数。在此情况下,可访问 32 位的寄存器 EAX、EBX、ECX、EDX、ESP、EDI、ESI。
- 可访问增加的两个寄存器 FS 和 GS。
- 可执行一些 8086 里没有的指令,这些指令是由后面 IA-32 架构的处理器引入的。
- 利用地址大小修饰符(Address Prefix),可指定 32 位的地址偏移。

12.2.3　保护模式

xv6 启动代码把 x86 处理器从实地址模式很快切换到保护模式。保护模式需要通过设置 CR0 寄存器,将其 PE 位置 1。然后会通过设置 PG 位为 1,从而打开分页机制。CR0 寄存器各字段的占位及其说明请见图 12-6。

下面仍是以 CS：IP 取指令的地址形成为例,说明保护模式下(未分页)的物理地址形成过程。但是需要注意和区分,在处于刚启动的实模式下时,段寄存器 CS、DS、ES、SS 的内容是直接作为段基地址的段部分。一旦开启保护模式,则 CS、DS、ES、SS 段寄存器是作为一个间接信息(索引),称为"段选择子"(后面简称选择子),在全局描述符表 GDT 或局部描述符表 LDT 里指定一个具体的项,后者才具有段的地址起点的信息(以及访问权限等信息)。

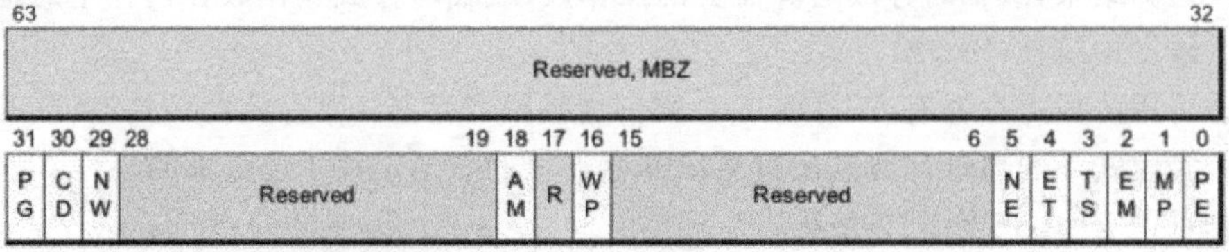

Bits	Mnemonic	Description	R/W
63–32	Reserved	Reserved, Must be Zero	
31	PG	Paging	R/W
30	CD	Cache Disable	R/W
29	NW	Not Writethrough	R/W
28–19	Reserved	Reserved	
18	AM	Alignment Mask	R/W
17	Reserved	Reserved	
16	WP	Write Protect	R/W
15-6	Reserved	Reserved	
5	NE	Numeric Error	R/W
4	ET	Extension Type	R
3	TS	Task Switched	R/W
2	EM	Emulation	R/W
1	MP	Monitor Coprocessor	R/W
0	PE	Protection Enabled	R/W

图 12-6　CR0 寄存器定义

如果在保护模式下 CS＝0x1000 且 IP＝0x0055，那么将 CS 的 0x1000 作为选择子在全局描述符表或局部描述符表中选择一个“段描述符”，假设所取出的段描述符基地址 Base＝0x7fff3000，则线性地址为 0x7fff3000＋0x0055＝0x7fff30055，其过程如图 12-7 所示。此时可支持的物理内存空间从原来的 1MB 提升到了 4GB(2^{32})。

从上面的例子可以看出，每个逻辑地址由 16 位的段选择符＋32 位的偏移量组成，其中段是实现逻辑地址到线性地址转换机制的基础。

在保护方式下，段的特征有以下三个：段基址、段限长、段属性。这三个特征存储在段描述符(segment descriptor)之中，用以实现从逻辑地址到线性地址的转换。我们使用段选择子(CS、DS、ES、SS、HS、GS 之一)来定位段描述符在这个表中的位置。

下面我们来学习段选择子和段描述符(表)的知识。

1. 段选择子

实模式下的 6 个段寄存器 CS、DS、ES、FS、GS 和 SS，在保护模式下称为段选择器。在保护模式下，尽管访问内存时也需要指定一个段，但段选择器的内容不再是逻辑段地址，而是段描述符在描述符表中的索引号。在保护模式下访问一个段时，传送到段选择器的是段选择符，也叫段选择子。其结构如图 12-8 所示。

段选择子由三部分组成，共 16 位，第一部分是描述符的索引号，用来在描述符表中选

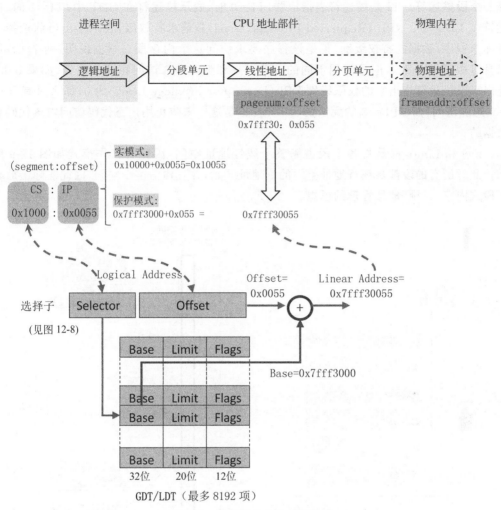

图 12-7　保护模式中的分段机制

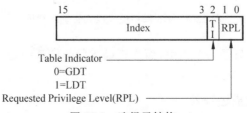

图 12-8　选择子结构

择一个段描述符。TI 是描述符表指示器,TI＝0 时,表示描述符在 GDT 中;TI＝1 时,描述符在 LDT 中。RPL(Requested Privilege Level)是请求特权级,表示给出当前选择子的那个程序/数据的特权级别,正是该程序要求访问这个内存段。举例说明,两个 CS 可以具有相同的 Index,但是使用不同的 RPL＝0 和 RPL＝3 访问相同的数据,如果 index 选出来段描述符指出它的权限级别 DPL(Descriptor Privilege Level)为 0,那么只有 RPL ＝0 的能访问,而 RPL＝3 的无法访问。xv6 正是这样来防止用户态代码访问内核代码和数据的。

　　xv6 和 Linux 都是将各个段占满整个线性地址空间,因此其工作模式如图 12-9 所示。此时所有的段都从现行地址空间的 0 地址开始,并且覆盖整个空间,因此实际上放弃了段式内存"二维"地址管理的思想。

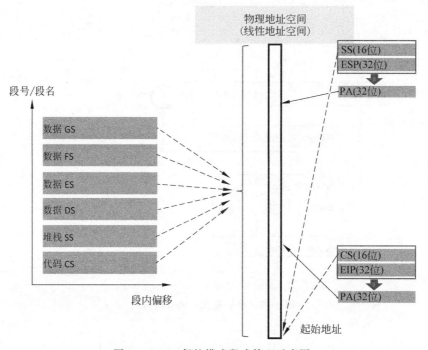

图 12-9　xv6 保护模式段式管理示意图

　　可以看出段选择子只是一个索引,而真正描述段的信息的是段描述符,下面立刻对段描述符进行分析。

2. 段描述符以及段描述符表

　　段的描述符有两大类,一类是用来指出数据或代码段;另一类是用于系统管理,指出局部描述符表 LDT、任务状态段 TSS、4 种门（中断门、陷阱门、调用门、系统门）。这些描述符构成三种表：GDT、LDT、IDT。下面逐个进行分析讨论。

■ **段描述符**

段描述符长 64 位，用于描述一个段的起始地址、长度和属性三种信息，其内部定义如图 12-10 所示（绘制成上下两个 32 位）。

图 12-10　段描述符

段基址规定线性地址空间中段的开始地址，使用段描述符的第一个 32 位数据的 16～31 位和第二个 32 位数据的 0～7、24～31 位。因为基地址长度与寻址地址长度相同，所以段基地址可以是 0～4GB 范围内的任意地址，而不像实模式下规定的边界必须被 16 整除。不过，还是建议应当选取那些 16 字节对齐的地址。尽管对于 Intel 处理器来说，允许不对齐的地址，但是，对齐能够使程序在访问代码和数据时的性能最优。

段界限规定段的大小。在保护模式下，段界限用 20 位表示，而且段界限可以是以字节为单位或以 4K 字节为单位。偏移量从 0 开始递增，段界限决定了偏移量的最大值。对于向下扩展的段，如堆栈段来说，段界限决定了偏移量的最小值。

标志位分散在多处，其中 G＝0，说明段长度计量单位为字节，G＝1，说明计量单位为页，即 4KB；P＝0，说明该段不在主存中，会抛出异常，P＝1，则说明描述符已在主存中；DPL 记录描述符的特权级；TYPE 比较复杂，记录段的具体属性。其余位为保留位和系统专用位。

D/B：当描述符指向可执行代码段时，这一位称为 D 位，D＝1 使用 32 位地址和 32/8 位操作数，D＝0 使用 16 位地址和 16/8 位操作数。如果指向向下扩展的数据段，则这一位称为 B 位，B＝1 时，段的上界为 4GB，B＝0 时，段的上界为 64KB。如果指向堆栈段，则这一位称为 B 位，B＝1 时，使用 32 位操作数，堆栈指针用 ESP，B＝0 时，使用 16 位操作数，堆栈指针用 SP。

AVL(available and reserved bit)：通常为 0。

DPL：特权级，0 为最高特权级，3 为最低，表示访问该段时 CPU 所需处于的最低特权级。

S：S＝1 表示该描述符指向的是代码段或数据段；S＝0 表示系统段(TSS、LDT)和门描述符。

TYPE：类型，和 S 结合使用，具体如下。

（1）S＝1(代码段或数据段)且 TYPE＜8 时，为数据段描述符。数据段都是可读的，但不一定可写，如表 12-2 所示。

表 12-2　S＝1 且 TYPE＜8 时的段类型

取值	类型 TYPE				说　明
	X	E	W	A	数据段
0	0	0	0	0	只读
1	0	0	0	1	只读、已访问
2	0	0	1	0	读写
3	0	0	1	1	读写、已访问
4	0	1	0	0	只读、向下扩展
5	0	1	0	1	只读、向下扩展、已访问
6	0	1	1	0	读写、向下扩展
7	0	1	1	1	读写、向下扩展、已访问

（2）S＝1 且 TYPE＞＝8 时，为代码段描述符。代码段都是可执行的，一定不可写，不一定可读如表 12-3 所示。

表 12-3　S＝1 且 TYPE＞＝8 时的段类型

取值	类型 TYPE				说　明
	X	C	R	A	代码段
8	1	0	0	0	执行
9	1	0	0	1	执行、已访问
10	1	0	1	0	执行、可读
11	1	0	1	1	执行、可读、已访问
12	1	1	0	0	只执行、一致

续表

取值	类型 TYPE				说　明
	X	C	R	A	代码段
13	1	1	0	1	只执行、已访问、一致
14	1	1	1	0	执行、可读、一致
15	1	1	1	1	执行、可读、一致、已访问

（3）S＝0 时，描述符可能为 TSS、LDT 和 4 种门描述符，也就是该描述符不是用来指出代码或数据，而是还有一些特殊用途的管理数据。具体的类型如表 12-4 所示。虽然 TSS 和任务门都和 x86 的硬件任务概念相关，但是需要区分前者是处理器现场等信息记录，后者是任务切换的入口机制。

表 12-4　S＝0 时的段类型

取值	类型 TYPE				说　明
0	0	0	0	0	保留
1	0	0	0	1	16 位 TSS
2	0	0	1	0	LDT
3	0	0	1	1	16 位 TSS(忙)
4	0	1	0	0	16 位调用门(Call Gate)
5	0	1	0	1	任务门(Task Gate)
6	0	1	1	0	16 位中断门(Interrupt Gate)
7	0	1	1	1	16 位陷阱门(Trap Gate)
8	1	0	0	0	保留
9	1	0	0	1	32 位 TSS
10	1	0	1	0	保留
11	1	0	1	1	32 位 TSS(忙)
12	1	1	0	0	32 位调用门
13	1	1	0	1	保留
14	1	1	1	0	32 位中断门
15	1	1	1	1	32 位陷阱门

■ GDT/LDT

每个段都需要一个描述符,因此在内存中开辟出一段空间,用户存放这些描述符。在这段空间里,所有的描述符都是挨在一起集中存放的,这就构成一个描述符表。描述符表的长度可变,最多可以包含 8K(8192)个这样的描述符。这是因为段选择子是 16 位的,其中低位的 3 位用来作标志位,余下 13 位只能索引 8192 个项。

x86 有 GDT 和 LDT 两种描述符表,它们可以形成两层的层次关系,如图 12-11 所示。但是系统中只有一个 GDTR 寄存器和一个 LTDR 寄存器,因此在任何一个时刻,只有一个 GDT 和一个 LDT 生效。

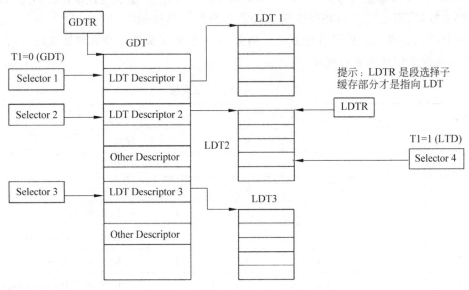

图 12-11   GDTR/LDTR 和 GDT/LDT

其实 LDT 本质上和 GDT 是差不多的,区别在于全局(Global)可见和局部(local)可见。由于 LDT 本身也是一个段,所以它也有个描述符描述它,这个描述符就存储在 GDT 中。对应这个描述符也会有一个选择子,LDTR 装载的就是这样一个选择子。LDTR 可以在程序中随时改变,通过使用 lldt 指令。

查找 GDT 在线性地址中的基地址,需要借助 GDTR 寄存器;而查找 LDT 相应基地址,需要的是 GDT 中的段描述符。访问 LDT 需要使用段选择子,为了减少访问 LDT 时的段转换次数,LDT 的段选择子、段基址、段限长都要放在 LDTR 寄存器及其缓存之中。

对于操作系统来说,每个系统必须定义一个 GDT,用于系统中的所有任务和程序。

可选择性定义若干个 LDT。GDT 本身不是一个段,而是线性地址空间[①]的一个数据结构;GDT 的线性基地址和长度必须加载进 GDTR 之中。因为每个描述符长度是 8,所以 GDT 的基地址最好进行 8 字节对齐。

GDT 的线性基地址在 GDTR 中,又因为每个描述符占 8 个字节,因此描述符在表内的偏移地址是索引号乘以 8。当处理器在执行任何改变段选择器的指令时(比如 pop、mov、jmp far、call far、iret、retf),就将指令中提供的索引号乘以 8 作为偏移地址,同 GDTR 中提供的线性基地址相加,以访问 GDT。如果没有发现什么问题(比如超出了 GDT 的界限),就自动将找到的描述符加载到不可见的描述符高速缓存部分。加载的内容包括段的线性基地址、段界限和段的访问属性。此后,每当有访问内存的指令时,就不再访问 GDT 中的描述符,直接用当前段选择子对应的段寄存器描述符高速缓存提供线性基地址。

■ 中断描述符表 IDT

中断描述符表 IDT 容量为 2KB,最多 256 个中断描述符(或称为各种类型的门)。IDT 表会在后面中断机制中专门讨论。

■ 描述符寄存器:(GDTR 和 LDTR)

GDTR:共 48 位,高 32 位为全局描述符表 GDT 的基址,低 16 位存放 GDT 限长,如图 12-12 所示。

GDT 在内存中的起始位置32位	GDT 的长度(字节数) 16位
47　　　　　　　　　　　　　　　　　　16	15　　　　　　　　　　　　　　　　　0

图 12-12　GDTR

LDTR:共 16 位,高 13 位存放 LDT 在 GDT 中的索引。也就是说 LDTR 实际上和 CS/DS/SS/ES 等段寄存器(索引子,参见图 12-8)本质上是一样的。

12.2.4　分页机制

x86 处理器在进入保护模式之后,仅仅是启用的分段内存管理机制,分页机制还未开启。如果启用分页硬件机制并结合软件的换页技术可以实现虚拟内存,从而让进程的编程空间可以大于系统的物理内存。OS 提供虚存管理后的地址变换过程如图 12-13 所示,使得多任务执行环境下的应用程序编程者对内存的使用更加简单、有效和方便。

由于 xv6 在启动时使用了 x86 硬件的大页模式,后续运行是采用 4KB 页,因此读者需要对两种模式都有一些认知。

---

① 区别于页表寄存器所记录的页表起始物理地址。

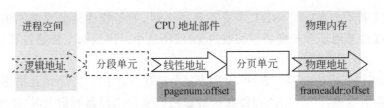

图 12-13　xv6 启动过程所经历的三种地址

CR0 寄存器的定义如前面图 12-6 所示,当前关注的是关于分页的 PG 位。

■ 4KB 页模式

在 32 位系统中,两级页表机制,全局页目录 PGD(Page Grobal Directory)和页目录 PD(Page Directory),保存数据的页和保存页表项的物理页,其在管理上没有什么本质区别。在 64 位系统上需要经过 4 级页表。xv6 中每个进程有自己的全局页目录表 PGD,通过 proc->pgd 访问。

需要注意:页表内容由操作系统软件填写,而由地址硬件部件使用。页表虽由处理器地址部件使用,但却保存在 CPU 外部的内存中(近期常用的少量页表项保存在处理器内部的 TLB 中)。

每一个线性地址都分成几个部分,分别是 PD 索引号、PT 索引号以及页内偏移,其逻辑关系如图 12-14。

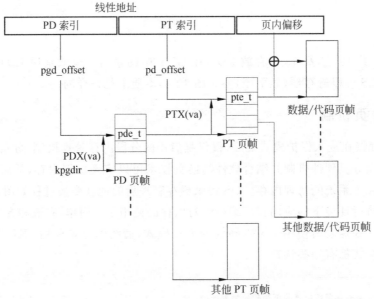

图 12-14　32 位系统上进程虚地址(线性地址)到物理地址的转换过程

在 xv6 与页表处理相关的代码中,只是用两级页表且不区分 PDE 和 PTE,而使用同一个数据类型 pte(typedef uint pte_t),读者需要注意区分。

xv6 在系统启动、进程切换等时机,都需要设置页表 proc->pgd 写入到 CR3 页表寄存器。处理器发出的每个虚地址访问过程中的地址转换过程都是由硬件完成的。

下面以 xv6 在 x86-32 系统上的例子来说明虚地址 0x00c04005 转换成物理地址的过程。在不支持 PAE 的 32 位 x86 机器上使用两层页表。物理页大小为 4KB,物理内存大小为 2GB,CR3 寄存器指向第 48 号物理页帧,其转换过程如图 12-15 所示,最终读入"xyz"的值。

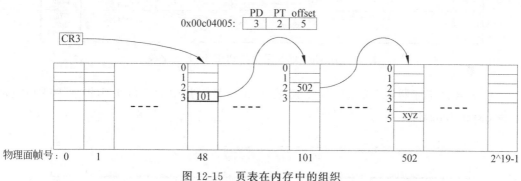

图 12-15　页表在内存中的组织

xv6 在 mmu.h 中定义了有关页表操作的几个宏,用于地址的处理:

(1) PDX 宏(代码 5-3 的第 116 行)用于取得虚地址的页目录索引值,即上图中的 PD。

(2) PTX 宏(代码 5-3 的第 119 行)用于获得需地址的页表索引值,即上图中的 PT。

(3) PGADDR(代码 5-3 的第 122 行)用于将 PD-PT-offset 三者拼接成一个地址。

硬件是在使用 CR3 和各级页表(包括 4MB 大页和 4KB 小页)的时候,各个字段的用途如图 12-16 所示。最低位为 P 位,R/W 的读写权限位,U/S 是区分 user 和 supervisor,PWT 是"写直达"(Write Throught),PCD 是禁止缓存(Cache Disable),A 位是访问位,D 位是脏位(改写过)。

■ 大页模式

xv6 启动时首先启用的是大页模式,每个页有 4MB,因此程序发出的虚地址(线性地址)被划分成 10 位:22 位两个部分,前面 10 位用来做页目录索引,后面用来做页内偏移。因此 xv6 只需要使用一级页表即可以完成虚实地址转换,每个页表只需要占用 4KB 即可(1024 项)。在页表转换过程中,如果 PGD 项指出是大页,则不需要后续转换。

31 30 29 28 27 26 25 24 23 22 21 20 19 18 17 16 15 14 13 12	11 10 9 8 7 6 5	4	3	2 1 0	
Address of page directory[1]	Ignored	P C D	PW T	Ignored	CR3
Bits 31:22 of address of 4MB page frame / Reserved (must be 0) / Bits 39:32 of address[2] / PAT	Ignored G 1 D A	P C D	PW T	U/S R/W 1	PDE: 4MB page
Address of page table	Ignored 0 Ign A	P C D	PW T	U/S R/W 1	PDE: page table
Ignored				0	PDE: not present
Address of 4KB page frame	Ignored G PAT D A	P C D	PW T	U/S R/W 1	PTE: 4KB page
Ignored				0	PTE: not present

图 12-16　CR3 以及页表项 PDE/PTE 的字段

CR4 控制寄存器定义如图 12-17 所示，xv6 只关心其中的页帧大小扩展 PSE（Page Size Extensions）位。

63		32
	Reserved, MBZ	

31 30 29 28 27 26 25 24 23 22 21 20 19	18	17 16 15 14 13 12 11	10	9	8	7	6	5	4	3	2	1	0
Reserved, MBZ	OSXSAVE	Reserved, MBZ	OSXMM EXCPT	OSF XSR	P C E	P G E	M C E	P A E	P S E	D E	T S D	P V I	V M E

Bits	Mnemonic	Description	Access Type
63–19	—	Reserved	Reserved, MBZ
18	OSXSAVE	XSAVE and Processor Extended States Enable Bit	R/W
17–11	—	Reserved	Reserved, MBZ
10	OSXMMEXCPT	Operating System Unmasked Exception Support	R/W
9	OSFXSR	Operating System FXSAVE/FXRSTOR Support	R/W
8	PCE	Performance-Monitoring Counter Enable	R/W
7	PGE	Page-Global Enable	R/W
6	MCE	Machine Check Enable	R/W
5	PAE	Physical-Address Extension	R/W
4	PSE	Page Size Extensions	R/W
3	DE	Debugging Extensions	R/W
2	TSD	Time Stamp Disable	R/W
1	PVI	Protected-Mode Virtual Interrupts	R/W
0	VME	Virtual-8086 Mode Extensions	R/W

图 12-17　CR4 寄存器

x86 处理器上的分页地址变换过程，可以用图 12-18 概括表示。

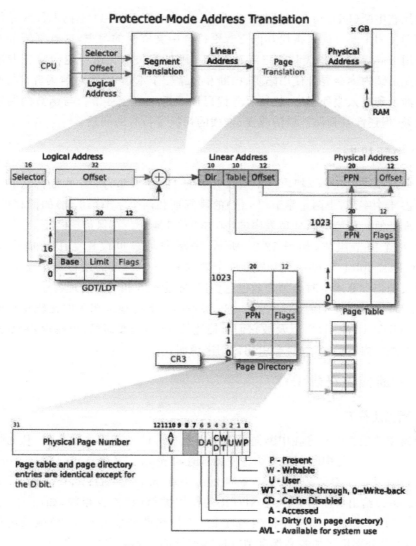

图 12-18　x86 分页地址工作模式

12.3　中断/异常/系统调用

操作系统的系统调用、硬件设备的事件处理都离不开中断机制。xv6 在进入内核态后将切换到内核堆栈,从而与用户进程的执行流脱离关系。xv6 自带的英文文献使用

trap 来指代软中断(INT 指令)、硬件中断和异常,这源于 PDP-11 上的 UNIX 系统中的术语。我们则使用中断一词来指代其他三者更符合中文资料的习惯,这有别于 xv6 的英文资料中使用 trap 来统一指代其他三者。而 x86 硬件相关的文献可能会将三者进行明显区分。因此后续内容会混合使用陷阱、中断和异常三个术语,必要时请读者自行区分。

中断涉及到进入服务程序、执行服务代码以及返回三个环节。与函数的调用和返回有相似之处,但还涉及到保护级的改变、堆栈的切换等特有的问题。

12.3.1　中断机制

在实地址模式中,CPU 把内存中从 0 开始的 1K 字节作为一个中断向量表。表中的每个表项占 4 个字节,由两个字节(16 位)的段基址和两个字节(16 位)的偏移量组成,这样构成的地址便是相应中断处理程序的(20 位)入口地址。在保护模式下,中断向量表中的表项由 8 个字节组成,如图 12-20 所示,中断向量表也改称为中断描述符表 IDT(Interrupt Descriptor Table)。其中的每个表项称为一个门描述符(Gate Descriptor),"门"的含义是当中断发生时必须先通过这些门,才能进入相应的处理程序。

有了 IDT 的概念后,图 12-19 给出 x86 保护模式下的地址相关的比较完整的系统框图,包含了 GDT、LDT、IDT,以及被它们所描述的代码段、数据段、堆栈段、TSS 段等。后面再讨论的相关内容的时候,将会引用该图来说明。

12.3.2　中断描述符表 IDT

1. 中断描述符表

处理器硬件根据中断号在中断向量表中查找相应的处理程序的入口,从而做出相应的响应。x86 架构上的中断向量表称为中断描述符表(IDT,Interrupt Descriptor Table),中断描述符表是一个系统表,由 x86 处理器的 IDT 寄存器(IDTR,Interrupt Descriptor Table Register)给出具体信息。与 GDTR 的作用类似(结构也相同,如图 12-12 所示),IDTR 寄存器用于存放中断描述符表 IDT 的 32 位线性基地址和 16 位表长度值。指令 LIDT 和 SIDT 分别用于加载和保存 IDTR 寄存器的内容。在机器刚加电或处理器复位后,基地址被默认地设置为 0,而长度值被设置成 0xFFFF。

从 x86 硬件体系结构上说,中断描述符表 IDT 中的描述符可以有三种类型:任务门描述符(Task Gate)、中断门描述符(Interrupt Gate)和陷阱门描述符(Trap Gate)。Linux 利用中断门描述符记录中断入口,利用陷阱门描述符记录异常处理代码入口,用任务门描述符记录 Double Fault 处理代码入口。

如图 12-19 左下角所示,IDT 表的每一项都和一个 Interrupt Vector 中断(中断及异常)向量一一对应,发生中断或异常时 CPU 硬件将中断号作为访问该表的索引,自动找

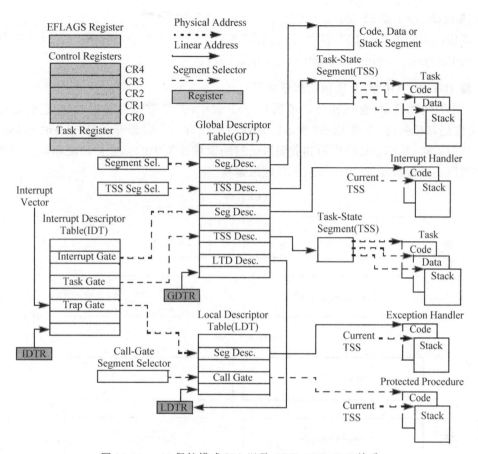

图 12-19　x86 保护模式 ISA 以及 GDT、LDT、IDT 关系

到相应的"中断处理程序入口地址"及相关的"访问特权级"有关的信息等,即中断描述符。每个描述符需要 8 个字节,所以该表长度最大为 256×8＝2048 字节。

2. 中断门、陷阱门、任务门和调用门

在 IDT 表中存放的不是段描述符(存储段描述符和系统段描述符),而是四种门描述符。门描述符并不描述某种内存段,而是描述控制转移的入口点。这种描述符好比一个通向另一代码段的门。通过这种门,可实现任务内特权级的变换和任务间的切换,所以这种门描述符也称为控制门。

前面提到过,描述符的 s＝0 时,表示的不是代码或数据,而是系统相关的 LDT 或 4 种门描述符,请回顾表 12-4。可以出现在 IDT 表中的有中断门(s＝0,TYPE＝D110)、陷阱门(s＝0,TYPE＝D111)和任务门(s＝0,TYPE＝0101),其中的中断门和陷阱门的 D＝

0 是 16 位而 D＝1 是 32 位。

调用门不能出现在 IDT 表中，只能出现在 GDT 或 LDT 中，例如图 12-19 中下部的所示的 Call-Gate Segment Selector 使用的是 LDT。

■ **IDT 的门（中断门、陷阱门和任务门）**

x86 的四种门中，有三种可以出现在 IDT 表中，并与中断机制相联系，它们是中断门、陷阱门和任务门，如图 12-20 所示。每种门都还有一个段选择子（Segment Selector）和一些标志位，其标志位的作用和前面讨论过的段描述符中的标志位功能相同。中断门和陷阱门还有偏移地址，用于指出入口地址偏移。

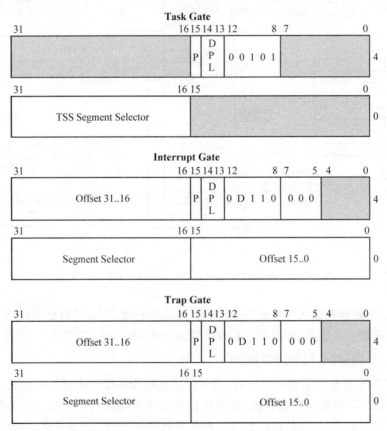

图 12-20   任务门、中断门和陷阱门

（1）任务门：任务门（Task Gate）用于指示某个任务，利用段间转移指令 JMP 和段间调用指令 CALL，通过任务门可实现任务切换。任务门内的选择子必须指向 GDT 中的任

务状态段 TSS 描述符(将在 12.3.3 节详细讨论),门中的偏移(低 16 位)无意义。任务的入口点保存在 TSS 中,xv6 和 Linux 都不使用这种方式进入内核代码。后面会专门讨论 TSS 任务状态段,以及 xv6 如何利用 TSS 在进入内核时进行堆栈切换。

(2) 中断门和陷阱门:中断门(Interrupt Gate)和陷阱门(Trap Gate)描述中断和异常处理程序的入口点。中断门和陷阱门内的选择子必须指向代码段描述符,门内的偏移就是对应代码段的入口点的偏移。

中断门和陷阱门只有在中断描述符表 IDT 中才有效。Linux/x86 的系统调用机制使用 INT 指令通过中断门来完成系统调用并进入内核态。中断门与陷阱门相似,不同之处在于,通过中断门后,处理器将清除 IF 标志从而屏蔽可屏蔽中断,但是通过陷阱门不清除 IF。

■ **GDT/LDT 中的门(调用门)**

调用门用于在不同特权级之间实现受控的程序控制转移,通常仅用于使用特权级保护机制的操作系统中。本质上,它只是一个描述符,一个不同于代码段和数据段的描述符,可以出现在 GDT 或者 LGT 中,但是不能出现在 IDT(中断描述符表)中。xv6 和 Linux 都没有用到调用门,读者如不感兴趣可以跳过本节内容。

调用门描述某个子程序的入口。调用门内的选择子必须实现代码段描述符,调用门内的偏移是对应代码段内的偏移。利用段间调用指令 CALL,通过调用门可实现任务内从外层特权级切换到内层特权级。xv6 和 Linux 并不使用 CALL 指令和调用门来执行内核代码(完成用户态到内核态的转换)。

在图 12-21 所示的门描述符内偏移 4 字节,位 0 至位 4 是参数个数字段,该字段只在调用门描述符中有效,在其他门描述符中无效。主程序通过堆栈把入口参数传递给子程序,如果在利用调用门调用子程序时,引起特权级的转换和堆栈的改变,那么就需要将外层堆栈中的参数复制到内层堆栈。该参数个数字段就是用于说明这种情况发生时,要复制的双字参数的数量。

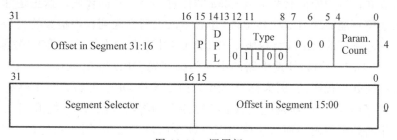

图 12-21　调用门

x86 提供的将同一任务内部的代码分成不同的运行级别,这在常见的操作系统实现中并没有对应的模式和机制。也就是说现在商用的各种常见处理器和操作系统上，一个程序内部的优先级是固定且唯一的。因此 Linux 和 xv6 都没有使用调用门。

■ 四种门的区别和联系

（1）任务门和其他三种门相比，在任务门中不需要用段内位移，因为任务门不指向某一个子程序的入口，TSS 本身是作为一个段来对待的（TSS 段内已经有任务的现场，含 EIP 等内容）。而中断门、陷阱门和调用门则都要指向一个子程序，所以必须结合使用段选择子和段内位移。此外，任务门中相对于 D 标志位的位置永远是 0。

（2）中断门和陷阱门在使用上的区别不在于中断是外部产生的还是有 CPU 本身产生的，而在于通过中断门进入中断服务程序时，CPU 会自动将中断关闭（将 EFLAGS 寄存器中 IF 标志位置 0），以防止嵌套中断产生，而通过陷阱门进入服务程序时，则维持 IF 标志位不变。这是二者唯一的区别。

（3）调用门和其他三者区别在于不能出现在 IDT 表中。因为它和中断没有直接关系：通过调用门跳转到一个过程应该是在同一任务内的，没有发生任务切换，属于同一进程上下文。但 CPL 可能会改变，权限可能会更高。

（4）任务门虽然可以位于 IDT 中，但是它与中断门和陷阱门区别在于：其目的是用新任务（x86 TSS 定义的硬件任务）方式，而不是通过过程去处理中断或异常。

xv6 对门的处理比较简单，直接根据需要填写。而 Linux 代码则对这三类硬件类型的门进一步细分（根据所填写的内容再作区分），分成了以下五种软件概念上的门：中断门（Interrupt Gate）、系统门（System Gate）、系统中断门（System Interrupt Gate）、陷阱门（Trap Gate）和任务门（Task Gate）。

3. 优先级变化

所有通过这些门进行的跳转都需经过严格的权限检查，否则用户态代码可以通过 int 指令随意触发并执行中断向量号为 0～255 的任意一个中断的代码。这正是"门"的本义，所以中断描述符不能简单看成跳转地址，还必须认识到它起到权限检查的关卡作用。

首先是发起调用时，CPU 特权级 CPL（其 CS 中最低 2 位）不得低于（数值小于或等于）门的特权级 DPL。例如外设中断的中断门描述符 DPL 为 0，从用户态 CPL=3 是无法直接调用中断处理代码的，因为此时 CPL＞门描述符 DPL，即特权级不够高（特权级越高数值越小）。只有硬件中断发生后，CPU 硬件自动将特权级提升（提升到 0 级）后才能跳转去执行中断处理代码。而系统调用则可以在用户态发生，因为系统调用所使用的陷阱门的 DPL=3，所以 CPL 为任何特权级的代码都可以发出系统调用。

其次，即使通过了上面的检查，还需要检查跳转目标的代码段描述符的 DPL，如果目标代码段描述符 DPL 高于（数值小于或等于）被中断的代码 CPL，才可以执行。也就是中断代码可以打断用户代码,反之如果允许低优先级(CPL 数值大)的代码可以打断高优先级(CPL 数值小)的代码,这是不合理的。

简单说,门的 DPL 用于控制是否允许执行这个门所对应的代码,而目标代码的 DPL用于控制它所描述的代码能否打断现有任务,它们的关系见图 12-22。CPL 是当前进程的权限级别(Current Privilege Level),是当前正在执行的代码所在段的特权级,存在于ECS 寄存器的低两位。

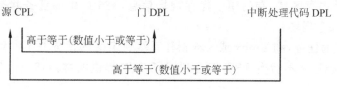

图 12-22　门的特权级检查

如果有优先级提升(从用户态进入到内核态),硬件自动地从通过 Task SegmentDescriptor 从 TSS 段中获取相应运行级别的堆栈信息(ss：esp),并将当前进程的 ss：esp 保存到新堆栈里,从而完成堆栈切换。否则,如果优先级不发生变化,则不需要切换堆栈。

■ CPL、DPL 和 RPL

CPL 是当前进程的权限级别(Current Privilege Level),是当前正在执行代码所在段的特权级,存在于 cs 寄存器的低两位。当程序转移到不同特权级的代码段时,处理器将改变 CPL。xv6 和 Linux 一样都只有 0 和 3 两个值,分别表示用户态和内核态。

RPL 说明的是进程对段访问的请求权限(Request Privilege Level),对于段选择子而言,每个段选择子有自己的 RPL,它说明的是进程对段访问的请求权限,有点像函数参数。而且 RPL 是一个动态概念,两次访问同一段时的 RPL 可以不同(用不同的选择子,例如 DS)。RPL 可能会削弱 CPL 的作用,例如当前 CPL＝0 的进程要访问一个数据段,它把段选择符(DS)中的 RPL 设为 3,这样虽然它对该段仍然只有特权为 3 的访问权限。因为你不可能得到比自己更高的权限,你申请的权限一定要比你实际权限低才能通过CPU 的审查,才能对你放行。所以实际上 RPL 的作用是程序员可以把自己的程序降级运行,有时为了更好的安全性,程序可以在适当的时机把自身降低权限(RPL 设成更大的值)。

DPL 存储在段描述符中,规定访问该段的权限级别(Descriptor Privilege Level),每个段的 DPL 固定。

回顾 GDT/LDT 内容,一个段描述符的 DPL 是固定的,由段描述符的低 2 位指出。但是我们可以用不同的 RPL 来访问这个段,使用不同的段选择子。例如,内核代码是 0

级,可以通过1级或3级的 ds/es 去访问一个3级的数据。但是内核代码0级,不能通过1级或3级的 DS 去访问内核数据区。

12.3.3 TSS 和内核栈

在一个多任务环境中,当任务发生切换时,必须保存现场(比如通用寄存器,段寄存器,栈指针等),根据这些保存的被切换任务的状态,可以在下次执行时恢复现场。每个任务都应当有一片内存区域,专门用于保存现场信息,x86 提供的任务状态段(Task State Segment)用于保存现场。

x86 所希望的任务,和 Linux 或 xv6 操作系统所定义的任务并不一致,Linux/xv6 在任务(进程)切换时,并不切换 TSS,但是利用了 TSS 提供的堆栈切换信息和处理器寄存器现场信息。

虽然 Intel 设计的初衷是用 TSS 来做任务切换,然而,在现代操作系统中(无论是Windows 还是 Linux),都没有使用这种方式来执行任务切换,比如线程切换和进程切换。主要原因是这种切换速度非常慢,一条指令要消耗 200 多个时钟周期。Linux 中只用到一个 TSS,所以我们必须提前创建一个 TSS,并且至少初始化 TSS 中的 ss0 和 esp0。因此我们使用 TSS 的唯一理由就是为 0 特权级的任务提供栈。当用户模式下发生中断时,CPU 会自动的从 TSS 中取出 0 级栈,然后一系列 push 指令建立起 trapframe。TSS 中并不需要保存 ss3 和 sp3,因为从低特权级向高特权级跃迁时,低特权级代码的堆栈会被保存在高特权级堆栈中。因此返回时可以从堆栈中获得其位置,例如 iret 返回时,如果发现其 CS 是用户态时,将会从堆栈中恢复原来保存的 SS 和 SP。

通过学习调用门、中断门和陷阱门可知,代码发生提权时,是需要切换栈的。之前遗留的一个问题是,栈段描述符和栈顶指针从哪里来? 那时只是简单的讲了一下是从 TSS 中来。如果代码从 ring3 跨到 ring0 环,现在观察图 12-23,可以看到确实存在这么一个 SS0 和 ESP0。提权时,CPU 就从这个 TSS 里把 SS0 和 ESP0 取出来,放到 ss 和 esp 寄存器中,从而切换到高优先级的堆栈上。

下面来学习 TSS 的相关细节知识。

■ TSS 内容

TSS(Task State Segment,任务状态段),是一块位于内存中的结构体。需要注意,不要把它和任务切换动作直接关联起来,虽然任务切换可能依赖于 TSS 信息。TSS 在内存中的布局如图 12-23 所示。

在创建一个任务时,我们要为这个任务创建 TSS 并填写其字段。

- 前一任务链接(TSS Back Link):TSS 内偏移 0 处是前一个任务的 TSS 描述符的选择子(Previous Task Link)。

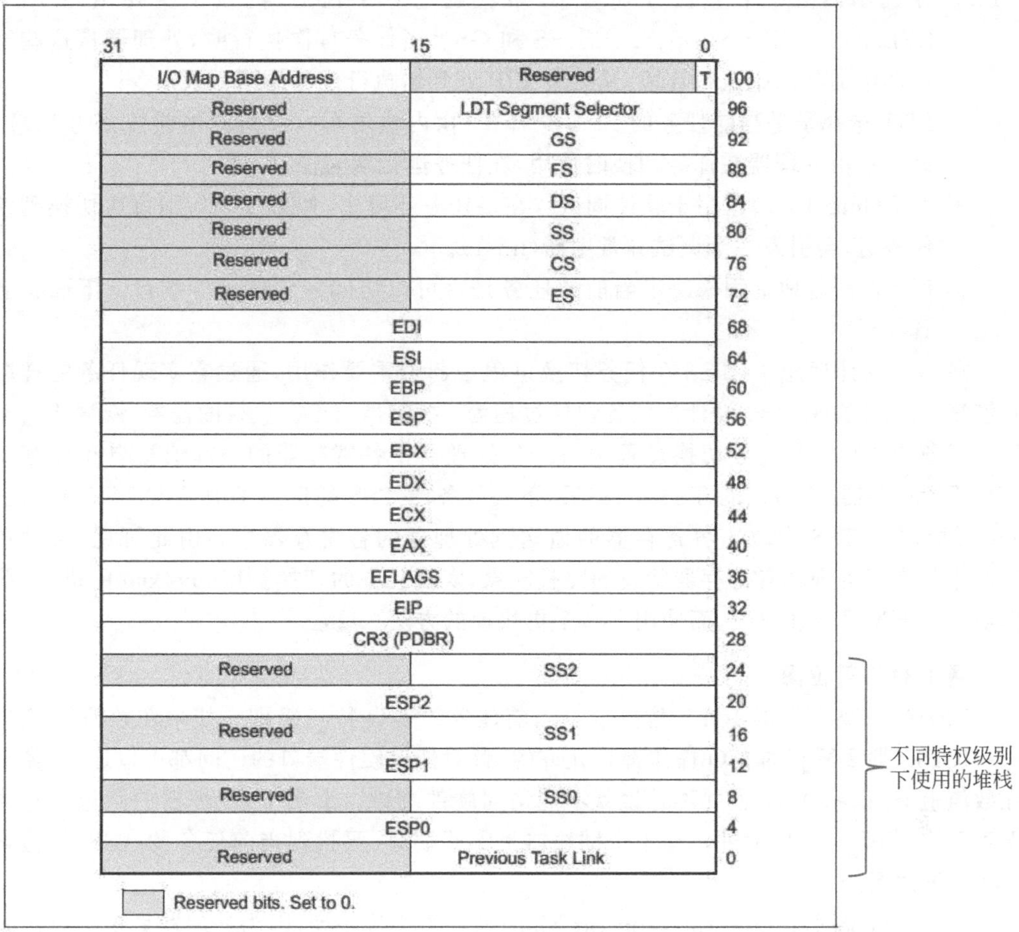

31	15	0	
I/O Map Base Address	Reserved	T	100
Reserved	LDT Segment Selector		96
Reserved	GS		92
Reserved	FS		88
Reserved	DS		84
Reserved	SS		80
Reserved	CS		76
Reserved	ES		72
EDI			68
ESI			64
EBP			60
ESP			56
EBX			52
EDX			48
ECX			44
EAX			40
EFLAGS			36
EIP			32
CR3 (PDBR)			28
Reserved	SS2		24
ESP2			20
Reserved	SS1		16
ESP1			12
Reserved	SS0		8
ESP0			4
Reserved	Previous Task Link		0

（24~0 偏移的部分标注）不同特权级别下使用的堆栈

Reserved bits. Set to 0.

图 12-23　TSS 任务状态段的布局

当 Call 指令、中断或者异常产生任务切换,处理器会把旧任务的 TSS 选择子复制到新任务的 TSS 的 Back Link 字段中,并且设置新任务的 NT(EFLAGS 的位 14)为 1,以表明新任务嵌套于旧任务中。由于 xv6 只用一个 TSS,因此在创建一个任务时,这个字段可以填写 0。

- SS0,SS1,SS2 和 ESP0,ESP1,ESP2 分别是 0/1/2 特权级堆栈的选择子和栈顶指针。这些内容应当由任务的创建者填写,且属于填写后一般不变的静态字段。
- CR3 和分页有关,如果没有启用分页,可以填写 0。
- 偏移为 0x20~0x5C 的区域是处理器各个寄存器的快照部分,用于任务切换时保存现场。在一个多任务环境中，每次创建一个任务，内核至少要填写 EIP、EFLAGS、ESP、CS、DS、SS、ES、FS 和 GS。当任务首次执行时，处理器从这些寄存器中加载初始执行环境，从 CS：EIP 处开始执行任务的第一条指令。

- LDT 选择子是当前任务的 LDT 选择子（由内核填写），以指向当前任务的 LDT。该信息由处理器在任务切换时使用，在任务运行期间保持不变。

- T(Debug Trap)位用于软件调试。在多任务环境中，如果 T=1，则每次切换到该任务时，会引发一个调试异常中断(int 1)。

- I/O 位图基地址用来决定当前的任务是否可以访问特定的硬件端口。下面将会具体说明。

在 x86 设计理念中，TSS 在任务切换过程中起着重要作用，通过它实现任务的挂起和恢复。Intel 为 x86-32 设计的任务切换过程为：挂起当前正在执行的任务，恢复或启动另一任务的执行。在任务切换过程中，首先，处理器中各寄存器的当前值被自动保存到 TR(任务寄存器)所指定的 TSS 中；然后，下一任务的 TSS 的选择子被装入 TR；最后，从 TR 所指定的 TSS 中取出各寄存器的值送到处理器的各寄存器中。由此可见，通过在 TSS 中保存任务现场各寄存器状态的完整映象，实现任务的切换。Linux/xv6 的进程/线程切换并不遵循上述方案，而使用了一个更快速的方法。

■ I/O 许可位图

EFLAGS 寄存器的 IOPL 位决定了当前任务的 I/O 特权级别。如果在数值上 CPL<=IOPL，那么所有的 I/O 操作都是允许的，针对任何硬件端口的访问都可以通过；如果在数值上 CPL>IOPL，也并不是说就不能访问硬件端口。事实上，处理器的意思是总体上不允许，但个别端口除外。至于个别端口是哪些端口，要找到当前任务的 TSS，并检索 I/O 许可位图。

I/O 许可位图(I/O Permission Bit Map)是一个比特序列，因为处理器最多可以访问 65536 个端口，所以这个比特序列最多允许 65536 比特（即 8KB）。TSS 段里面就记录了这个 8KB 位图的起点。

如图 12-24 中的加底纹部分，第一个字节代表端口 0~7，第二个字节代表端口 8~15，以此类推。每个比特的值决定了相应的端口是否允许访问。为 1 时禁止访问，为 0 时允许访问。

在 TSS 内偏移为 102 字节的那个字单元，是 I/O 位图基地址字段 I/O Map Base Addr，它指明了 I/O 许可位图相对于 TSS 起始处的偏移，例如下图中这个字段的值是 144。

有几点需要说明：

(1) 如果 I/O 位图基地址的值>=TSS 的段界限（就是 TSS 描述符中的段界限），就表示没有 I/O 许可位图。

(2) 处理器要求 I/O 位图的末尾必须附加一个全 1 的字节,即 0xFF。

(3) 处理器不要求为每一个 I/O 端口都提供位映射,对于那些没有在位图中映射的位,处理器假定它对应的比特是 1(禁止访问)。

(4) TSS 描述符中的界限值包括 I/O 许可位图在内,也包括最后附加的 0xFF。以图 12-24 为例,TSS 的界限值是 149(总大小 150 减去 1)。

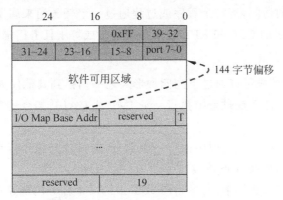

图 12-24 (TSS 指出的)I/O 许可位图

1. TSS 描述符

CPU 是通过 TR(Task Register)寄存器来确定 TSS 位置的,如图 12-25 所示。和 GDTR,IDTR 不同的是,TR 寄存器是段寄存器(保护模式下的术语称为段选择子),对应的段寄存器还有 cs、ds、es、ss、fs 和 gs。和 LDT 一样,必须为每个 TSS 在 GDT 中创建对应的描述符。

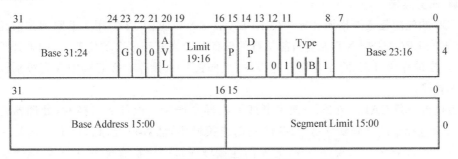

图 12-25 TSS 描述符(S=0、TPYE=10B1)

B 位是"忙"位(Busy)。在任务刚刚创建时,它应该为 0,表明任务不忙。当任务开始执行时,或者处于挂起状态(临时被中断执行)时,由处理器固件把 B 位置 1。

任务是不可重入的。就是说在多任务环境中,如果一个任务是当前任务,那么它可以切换到其他任务,但是不能从自己切换到自己。在 TSS 描述符中设置 B 位,并由处理器固件进行管理,以防止这种情况的发生。

在一个任务门描述符中,TSS 段选择子域要在装入 TR 后指向 GDT 中的一个 TSS 描述符,该段选择子中的 RPL 并没有被使用。在任务切换期间,任务门描述符的 DPL 控制着对 TSS 描述符的访问,当一个程序或过程通过一个任务门来调用或跳转到一个任务时,指向任务门选择子的 CPL 和 RPL 域值必须小于或等于任务门描述符的 DPL 域值。

■ 任务切换

x86 处理器被设计成可以通过下列四种形式之一切换到其他任务执行:

(1) 在当前程序、任务或过程中执行一条 JMP 或 CALL 指令转到 GDT 中 TSS 描述符(直接任务转换)。

(2) 在当前程序、任务或过程中执行一条 JMP 或 CALL 指令转到 GDT 或当前 LDT 中一个任务门描述符(间接任务转换)。

(3) 通过一个中断(或异常)向量指向 IDT 中的一个任务门描述符(间接任务转换)。

(4) 当标志位 EFLAGS・NT 设置时,当前任务执行指令 IRET(或 IRETD,用于 32 位程序转换(直接任务转换)。

对于指令 JMP、CALL、IRET、中断和异常,它们都是程序执行时的一种控制流转向机制。一个 TSS 描述符、一个任务门(调用或跳转到一个任务)或标志位 NT(执行指令 IRET 时)的状态共同决定了是否发生任务切换。

再次重申 Linux 和 xv6 都不使用任务门和 TSS 进行任务切换。

■ 任务连接

TSS 的先前任务连接域和标志位 EFLAGS・NT(见图 12-2)用于返回到先前任务执行,标志位 EFLAGS・NT 说明当前执行的任务是否嵌套于嵌套的任务中,如果处于嵌套状态,在当前任务 TSS 的先前任务连接域(反向链)中,保存有嵌套链中较高级别任务的 TSS 选择子。

当执行一条 CALL 指令、一次中断或一次异常产生一次任务切换时,处理器将当前 TSS 的段选择子复制到新任务 TSS 的先前连接域中,然后设置标志位 EFLAGS・NT,标志位 EFLAGS・NT,说明 TSS 的先前连接域通过一个被存储的 TSS 段选择子保存了。如果软件中通过执行指令 IRET 来恢复新任务(实际上就是过去被挂起的任务),处理器通过先前连接域中的值和标志位 NT 来返回到先前的任务,即如果标志位 EFLAGS・NT 设置,处理器执行一次任务切换,切换到先前连接域中所指定的任务。

与 CALL 指令不同的是：当执行一条 JMP 指令产生一次任务切换时,新任务是不允许嵌套的,即如果标志位 NT 清除,则先前连接域没有用,一般采用指令 JMP 派遣一个新任务。

2. 内核执行现场

3. 内核栈

进入内核态后需要使用本进程专门的内核栈,这不仅是因为内核数据与用户态数据的保护级别不同,也是因为内核代码的执行与用户态代码没有紧密的联系。

■ TSS 与堆栈切换

由于内核代码执行完毕后还需要返回到用户态继续执行,所以用户态的断点必须保存在该进程的内核栈中。当进程执行系统调用,执行 int n 指令从用户态进入到内核态时,该 INT 指令实际完成了以下几条操作：

（1）如果 INT 指令发生了不同优先级之间的控制转移,则首先从 TSS(任务状态段)中获取高优先级的核心堆栈信息(SS 和 ESP),然后把低优先级堆栈(即进程用户态堆栈)信息(SS 和 ESP)保留到高优先级堆栈(即内核栈)中。

（2）把 EFLAGS,当前处理器的 CS,EIP 寄存器值压入高优先级堆栈(核心栈)中。

（3）通过 IDT 加载中断处理入口代码的 CS：EIP(控制转移至中断处理函数)。

但是如果已经在内核态(例如在分配内存),此时执行 int n 系统调用,则无须记录 ss 和 esp。此时的内核栈结构如图 12-26 所示。

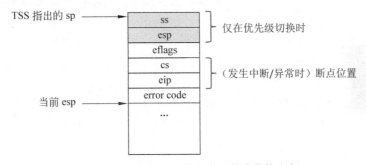

图 12-26　用户态转入内核态后的内核栈空间

硬件完成上述堆栈切换后,将根据 IDT 表跳转到指定的处理代码完成不同的中断处理。

如果是在内核态发生中断,则不需要进行堆栈切换,因为已经使用内核态堆栈了,于是直接保存断点现场即可。

当服务完成后,执行 IRET 指令返回到被打断的执行流(可能是内核态也可能是用户态)。其操作是从内核栈弹出并恢复相关寄存器的值,其中的 CS：EIP 则用于回复原来被打断的执行流。如果 IRET 根据 CS 中的 RPL 发现是返回到用户态,则还会利用堆栈中保存的 SS：ESP 恢复用户态堆栈。

12.4　本章小结

本章学习的内容是了解 x86 硬件 ISA 架构,帮助读者阅读源码时理解具体细节。因为本书主要目的是让读者学习一个真实操作系统的"实现",因此读者必须具备 x86 硬件的相关概念。但是当前纯粹靠阅读文字和代码材料并不能很好地理解其行为,读者需要在分析具体代码时,反复回顾这里的硬件知识点,才能达到理解软件和硬件结合的境界。